# ARM Cortex－M3 嵌入式系统设计和典型实例

## ——基于 LM3S811

来清民　来俊鹏　编著

北京航空航天大学出版社

## 内容简介

本书以 ARM Cortex－M3 LM3S811 为载体，以 C 语言为主线，以 MDK 平台为手段，采用项目设计思路，结合 LM3S811 基本的应用实例和生动的经典实例，把 LM3S811 繁杂、抽象的知识与生动的实例相结合，详细讲解 LM3S811 的结构体系，力图降低学习 LM3S811 的门槛，使 LM3S811 的初学者能够尽快掌握其基本知识和设计方法。主要内容包括 LM3S811 的实验设备及器材的使用介绍，MDK 集成开发环境和使用，LM3S811 的基本知识、程序设计基础和典型应用实例。

本书可作为高等院校计算机、电子信息、自动化、电力电气、电子技术及机电一体化等相关专业的嵌入式系统教学用书，也可作为高年级本科生、研究生及 LM3S811 爱好者自学的入门教材。

**图书在版编目(CIP)数据**

ARM Cortex－M3 嵌入式系统设计和典型实例 ：基于 LM3S811 / 来清民，来俊鹏编著. -- 北京 ：北京航空航天大学出版社，2013.6

ISBN 978－7－5124－1119－7

Ⅰ. ①A… Ⅱ. ①来… ②来… Ⅲ. ①微处理器－系统设计 Ⅳ. ①TP332

中国版本图书馆 CIP 数据核字(2013)第 076130 号



**ARM Cortex－M3 嵌入式系统设计和典型实例**

**——基于 LM3S811**

来清民　来俊鹏　编著

责任编辑　宋淑娟

*

北京航空航天大学出版社出版发行

北京市海淀区学院路 37 号(邮编 100191)　http://www.buaapress.com.cn

发行部电话：(010)82317024　传真：(010)82328026

读者信箱：emsbook@gmail.com　邮购电话：(010)82316936

涿州市新华印刷有限公司印装　各地书店经销

*

开本：710×1 000　1/16　印张：27.5　字数：586 千字

2013 年 6 月第 1 版　2013 年 6 月第 1 次印刷　印数：4 000 册

ISBN 978－7－5124－1119－7　定价：59.00 元

# 前　言

ARM 公司于 2005 年推出了 Cortex－M3 内核，就在当年，ARM 公司与其他投资商合资成立了 Luminary（流明诺瑞）公司，并由该公司率先设计、生产与销售基于 Cortex－M3 内核的 ARM 芯片——Stellaris（群星）系列 ARM 芯片。Cortex－M3 内核是 ARM 公司整个 Cortex 内核系列中的微控制器系列（M）内核，该内核主要应用于低成本、小引脚数和低功耗场合，并具有极强的运算能力和中断响应能力。

Luminary Micro 的 Stellaris 系列微控制器包含运行在 50 MHz 频率下的 ARM Cortex－M3 MCU 内核、嵌入 Flash 和 SRAM、一个低压降的稳压器、集成的掉电复位和上电复位功能、模拟比较器、10 位 ADC、SSI、GPIO、看门狗和通用定时器、UART、$I^2C$、运动控制 PWM 及正交编码器输入，从而使 Cortex－M3 非常适合于楼宇和家庭自动化、工厂自动化和控制、工控电源设备、步进电机、有刷和无刷直流电机及交流感应电机等领域的应用。因此，国内很快形成了学习 LM3S811 嵌入式技术的热潮，很多电子竞赛和大专院校的嵌入式系统课程也转向以 LM3S811 芯片为主。但是，市场上具有 LM3S811 应用实例的著作仍然较少，读者迫切需要通俗易懂的 LM3S811 实用教材。

本书紧密结合读者的学习习惯和认知规律，从学习的目的出发，采用项目驱动机制，以 LM3S811 为对象，精选了 24 个典型工程实例，包括基础应用及精典综合应用，从入门到精通，深入介绍了 ARM Cortex－M3 芯片的基础应用与综合项目开发的流程、方法和技巧，具有很强的实践指导性。本书不仅以软、硬件工程的思想由浅入深地介绍 Cortex－M3 的相关知识及项目开发技巧，而且在介绍处理器芯片功能的同时，又深化了编程设计的应用，使读者能够迅速掌握 Cortex－M3 的技术。

读者在学习本书时，不必对每一个库函数都达到掌握和应用的程度，而是通过对项目进行编程和练习，在使用中掌握各个库函数的调用；也不必严格遵循章节顺序，对难于理解的某些章节可以暂时跳过去，先从书中的实际项目出发，进行有针对性的学习，待到熟悉和掌握了 ARM Cortex－M3 的基本特性之后，再回过头来攻克难点，这样，可达到事半功倍的效果。

全书共 14 章，具体内容安排如下：

第 1～2 章简要介绍 ARM Cortex－M3 处理器内核结构及指令系统、LM3S811 的开发过程及方法、步骤。读者通过学习，将对 ARM Cortex－M3 有一个入门性的认识，为后续学习打下基础。第 3～12 章结合项目实例详细介绍存储器和系统控制、GPIO 模块、中断系统、通用定时计数模块、通用异步串行通信(UART)模块、同步串行通信接口(SSI)模块、$I^2C$ 接口模块、电压比较器模块、模/数转换器(ADC)模块、看门狗定时器和脉冲宽度调制 PWM 模块的功能及使用方法，这些是 ARM Cortex-M3 的最基本内容。第 13 章主要讲解 LM3S811 的典型应用和综合应用，包括 LM3S811 驱动矩阵式键盘、12864 液晶显示和步进电机，以及基于 SHT21 的温度/湿度测控与万年历系统、超声波测距和频率测定系统。通过对这些经典实例的学习，能够使读者迅速掌握 ARM Cortex-M3 的特点，快速提高编程水平，实现从入门到精通的目标。第 14 章首先介绍 μC/OS-Ⅱ操作系统的特点，然后阐述 μC/OS-Ⅱ在 LM3S811 上的移植实例。

本书第 13 章由来俊鹏编写，其余各章由来清民编写，全书由来清民统稿。

在本书编写过程中得到了很多人的支持和帮助。首先感谢学校给我提供了电路与系统重点学科这样一个可以去奋斗的平台；感谢我的同事和领导的支持与帮助；感谢我的父母，是他们从小培养了我的学习能力和对知识的孜孜追求；感谢我的学生胡荷娟同学，她在繁忙的学习中验证了书中大部分的实验例程。

本书在编写过程中参考了国内外一些同人在 LM3S811 应用工程等方面的文献及资料，参考了广州致远电子股份有限公司编写的 LM3S811 应用手册和 ARM Cortex-M3 说明书，在此对他们的辛勤劳动表示衷心感谢。

由于作者水平有限，且全书完成得比较仓促，对于书中出现的错误和不妥之处，恳请读者批评指正，并提出宝贵意见。有兴趣的朋友可发送邮件到 lqm_911@163.com 与作者交流，也可发送邮件到 emsbook@gmail.com 与本书策划编辑交流。

作　者

2012 年 12 月

# 目 录

# 第 1 章

# ARM Cortex - M3 处理器内核结构概述

## 1.1 嵌入式系统概述

嵌入式系统在近年风靡起来，从 20 世纪 70 年代单片机的出现，到今天各式各样的嵌入式微处理器和微控制器的大规模应用，嵌入式系统不仅反映了当代最新技术的先进水平，也为社会科技发展做出了不可估量的贡献。

### 1.1.1 嵌入式系统概念

#### 1. 什么是嵌入式系统

嵌入式系统是计算机、通信、半导体、微电子、语音图像数据传输，甚至传感器等先进技术与具体应用对象相结合后的更新换代产品，是技术密集、投资强度大、高度分散、不断创新的知识密集型系统。

嵌入式系统不仅与一般 PC 机上的应用系统不同，而且与针对不同具体应用而设计的嵌入式系统之间存在很大差别。嵌入式系统一般功能单一、简单，在兼容性方面要求不高，而且在规模大小和成本方面限制也较多。

那么怎样理解嵌入式系统的概念呢？这有必要从现代计算机的发展历史来了解嵌入式系统的由来，并从学科建设的角度来探讨嵌入式系统较为准确的定义。

**(1) 始于微型机时代的嵌入式应用**

电子数字计算机诞生于 1946 年，在其后漫长的历史进程中，计算机始终是供养在特殊机房中的实现数值计算的大型昂贵设备。直到 20 世纪 70 年代，随着微处理器的出现，计算机才出现了历史性的变化。以微处理器为核心的微型计算机以其小型化、价廉、高可靠性的特点，迅速走出机房；基于高速数值计算能力的微型机，表现出的智能化水平引起了控制专业人士的兴趣，要求将微型机嵌入到一个对象体系中，实现对象体系的智能化控制。例如，将微型计算机经电气加固、机械加固，并配置各种外围接口电路，安装到大型舰船中构成自动驾驶仪或轮机状态监测系统。这样，计算机便失去了原来的形态和通用的计算机功能。为了区别于原有的通用计算机系统，把嵌入到对象体系中，实现对对象体系智能化控制的计算机称为嵌入式计算机系统。因此，嵌入式系统诞生于微型机时代，嵌入式系统的嵌入性本质是将一个计算机嵌入到一个对象体系中去，这一观点是理解嵌入式系统的基本出发点。

**(2) 现代计算机技术的两大分支**

由于嵌入式计算机系统是将计算机嵌入到对象体系中，实现对对象体系的智能化控制，因此，它有着与通用计算机系统完全不同的技术要求和技术发展方向。

通用计算机系统的技术要求是高速、海量的数值计算，技术发展方向是总线速度的无限提升和存储容量的无限扩大；而嵌入式计算机系统的技术要求则是对对象体系的智能化控制能力，技术发展方向是与对象体系密切相关的嵌入性能、控制能力和控制的可靠性。

早期，人们将通用计算机系统进行改装，在大型设备中实现嵌入式应用。然而，对于众多的对象系统（如家用电器、仪器仪表、工控单元……），无法嵌入通用计算机系统，况且嵌入式系统与通用计算机系统的技术发展方向完全不同，因此，必须独立地发展通用计算机系统与嵌入式计算机系统，这就形成了现代计算机技术发展的两大分支。

如果说微型机的出现使计算机进入到现代计算机发展阶段，那么嵌入式计算机系统的诞生，则标志着计算机进入了通用计算机系统与嵌入式计算机系统两大分支并行发展的时代，从而形成 20 世纪末计算机的高速发展时期。

**(3) 两大分支发展的里程碑事件**

通用计算机系统与嵌入式计算机系统的专业化分工发展，促进了 20 世纪末、21 世纪初计算机技术的飞速发展。计算机专业领域集中精力发展通用计算机系统的软、硬件技术，不必兼顾嵌入式应用的要求，通用微处理器迅速从 286、386、486 发展到奔腾系列；操作系统则迅速扩大计算机基于高速、海量的数据文件处理能力，使得通用计算机系统进入到尽善尽美的阶段。

而嵌入式计算机系统则走上了一条完全不同的道路，这条独立发展的道路就是单芯片化道路。它动员了原有的传统电子系统领域的厂家与专业人士，接过起源于计算机领域的嵌入式系统，承担起发展与普及嵌入式系统的历史任务，迅速将传统的电子系统发展到智能化的现代电子系统时代。

因此，现代计算机技术发展的两大分支的里程碑意义在于：它不仅形成了计算机发展的专业化分工，而且将发展计算机技术的任务扩展到传统的电子系统领域，使计算机成为进入人类社会全面智能化时代的有力工具。

## 2. 嵌入式系统的定义与特点

如果已经了解了嵌入式（计算机）系统的由来与发展，那么对嵌入式系统就不会产生过多的误解，而是能够历史地、本质地、普遍适用地定义嵌入式系统。

**(1) 嵌入式系统的定义**

按照历史性、本质性和普遍性要求，嵌入式系统应定义为“嵌入到对象体系中的专用计算机系统”。“嵌入性”、“专用性”与“计算机系统”是嵌入式系统的三个基本要素，对象体系则指嵌入式系统所嵌入的宿主系统。

**(2) 嵌入式系统的特点**

嵌入式系统的特点与定义不同，它是由定义中的三个基本要素衍生出来的。不同的嵌入式系统，其特点会有所差异。

**1) 与“嵌入性”相关的特点**

由于是嵌入到对象体系中，因此必须满足对象系统的环境要求，如物理环境（小型）、电气/气氛环境（可靠）、成本（价廉）等要求。

**2) 与“专用性”相关的特点**

软、硬件的裁剪性，以及满足对象要求的最小软、硬件配置等。

**3) 与“计算机系统”相关的特点**

嵌入式系统必须是能够满足对象体系控制要求的计算机系统。

与前两个特点相呼应，这样的计算机必须配置与对象体系相适应的接口电路。另外，在理解嵌入式系统定义时，不要与嵌入式设备相混淆。嵌入式设备指内部有嵌入式系统的产品、设备，例如，内含单片机的家用电器、仪器仪表、工控单元、机器人、手机和 PDA 等。

### 3. 嵌入式系统的特性

**(1) 功能的单一性**

嵌入式系统包含简单的嵌入式系统和复杂的嵌入式系统。在通常情况下，由于设计思想的原因，一个嵌入式系统只能执行一个或一组特定的功能，而不具备如个人计算机那种随着执行程序的不同而有着不同的功能表现。例如生活中常用的数码相机，无论功能如何强大，均只能执行照相这一特定任务。而个人计算机则可以运行不同的执行程序，进而执行如计算、字处理、统计和游戏等不同任务。不过，随着嵌入式技术的发展，某些复杂的嵌入式设备已经能够通过更新来对自身功能进行升级，并具有多种能力，例如智能手机，除了进行电话通信之外，还可以进行网上聊天和游戏等。

**(2) 系统的紧凑性**

由于设计指标的严格约束，嵌入式系统需要综合考虑价格、体积、功耗和可靠性等问题。简单的嵌入式系统，其成本必须在几美元之内，体积与芯片大小可比拟，并且处理速度要足够快，还需要有较低的功耗，以便延长续航时间。

除了成本之外，复杂的嵌入式系统也同样面临上述问题。此外，由于系统的复杂性和体积及功耗等问题，往往在开发过程中都会遇到更为棘手的“样机建立时间”和“上市时间”等类似问题。

**(3) 运用的实时性**

很多嵌入式系统都要不断地对其所处环境的变化做出反应，而且要实时得到计算结果，不能延迟。例如，汽车的定速控制器需要持续检测速度等参数，并针对不同情况做出反应，同时还要在有限时间内对汽车的加速度进行计算，从而控制发动机中喷油嘴的开合程度，使汽车保持一定的速度，而计算延迟将会导致控制失灵。又如倒车雷达系统，这个嵌入式系统就需要实时计算汽车的速度和与车后物体的距离，等等。然而，传统计算机则主要用于计算，偶尔的计算延迟并不会对系统产生致命的影响。

#### 4. 如何理解嵌入式系统

嵌入式系统是面向用户、面向产品、面向应用的，它必须与具体应用相结合才会具有生命力，才更具有优势。因此，可以这样理解上述三个面向的含义，即嵌入式系统是与应用紧密结合的，它具有很强的专用性，必须结合实际系统需求进行合理的裁减利用。

嵌入式系统是将先进的计算机技术、半导体技术和电子技术与各个行业的具体应用相结合后的产物，这一点决定了它必然是一个技术密集、资金密集、高度分散、不断创新的知识集成系统。所以，介入嵌入式系统行业，就必须有一个正确的定位。例如 Palm 公司之所以在 PDA 领域占有 70％以上的市场，就是因为其立足于个人电子消费品，着重发展图形界面和多任务管理；而风河公司的 Vxworks 之所以在火星车上得以应用，则是因为其高实时性和高可靠性。

嵌入式系统必须根据应用需求对软、硬件进行裁剪，以满足应用系统的功能、可靠性、成本和体积等要求。所以，如果能建立相对通用的软、硬件基础，并在其上开发出适应各种需要的系统，就是一个比较好的发展模式。目前，嵌入式系统的核心往往是一个只有几 K 至几十 K 的微内核，需要根据实际使用情况进行功能扩展或裁减；但是由于微内核的存在，使得这种扩展能够非常顺利地进行。

### 1.1.2 嵌入式系统的应用

嵌入式技术应用前景广阔，领域包括：信息家电、工业控制、环境工程、军事国防、汽车电子和医疗电子等。

#### 1. 信息家电

嵌入式系统在信息家电中应用得很广泛，如在移动电话、数码相机、便携式摄像机、MP3/MP4、GPS 和 PMP 等产品中，均用到了嵌入式技术。目前，具有互动用户界面(例如触摸屏控制)、能够远程控制和进行智能管理的信息家电代表了嵌入式系统的发展方向。

#### 2. 工业控制

目前，大量的嵌入式处理器应用于诸如工业过程控制、数控设备、电力系统运行和检测等方面。早期工业用嵌入式系统产品虽然只采用低级处理器，完成简单的控制和监控任务，但是其使用数量非常巨大。随着技术的发展，出现了智能化的嵌入式工控系统，使得32位处理器成为主流。

在工业控制设备中，一些工业控制机采用以X86为核心处理器的计算机系统。由于它们具有体积小、稳定可靠等特点，所以受到用户的青睐。不过，这些工业控制机采用的往往是DOS和Windows操作系统，虽然具有嵌入式的特点，却不能称为纯粹的嵌入式系统。随着节能环保意识的提升，32位MCU在工业控制中的应用加快了。

### 3. 环境工程

"传感器网络"作为未来四大支柱产业之一，经常用于高危环境的检测中。当前许多公司都开发针对环境检测的传感器网络类嵌入式节点。

### 4. 军事国防

嵌入式系统广泛应用于军事指挥、通信系统和兵器系统中。当前，各种先进的武器控制系统如导弹和鱼雷控制系统，以及坦克、飞机中的稳定控制系统、成像控制系统、制导系统乃至单兵系统等，都有嵌入式系统的身影。

例如，图1-1是洛克希德·马丁公司推出的一种可大幅度增加士兵负重能力的金属骨架。这种新型装备的全称是"人类负重外骨骼"(简称HULC)，是一种能够通过提供外力来满足士兵对机动性和支撑性需要的机器人技术装备。洛克希德·马丁公司介绍称，目前，HULC系统的最大负重量可以达到90.7 kg。

图1-1 可增加士兵负重能力的金属骨架系统

士兵穿上HULC就变身为科幻电影中的大力士，可以背负很重的装备却仍能健步如飞、轻松地翻山越岭，其实HULC的核心就是基于性能强大的微控制器和传感器的嵌入式系统，它通过传感器感测士兵的每一个动作，然后微控制器让HULC背负的重量通过电池驱动的金属骨骼转移到地面上，从而减轻士兵的负荷。

### 5. 汽车电子

随着汽车向机电化和智能化发展，汽车中的嵌入式应用日益普遍，据统计，以前平均每部汽车大约会使用20颗MCU，而现在汽车中使用的MCU数量已达40～

60 颗，部分高档轿车 MCU 的数量已经达到上百颗，这些 MCU 应用于汽车车身控制、信息娱乐、发动机控制和安全防盗等各个方面，尤其是近年来，随着汽车总线技术如 CAN 总线、Lin 总线的普及，汽车嵌入式应用呈现加速势态。

#### 6. 医疗电子

随着越来越多的国家步入老龄化，人们的保健意识日益增强，这给嵌入式系统带来了新的用武之地，人们目前熟悉的血糖仪、数字体温计、血压计等便携式保健产品都属于嵌入式系统的范畴；而 B 超机、监护仪、CT 等大型医疗设备也属于嵌入式系统；此外，那些可以进入人体体内进行疾病探测和治疗的药丸摄像机、探头等也属于嵌入式系统。

### 1.1.3 嵌入式系统的分类及其发展

#### 1. 嵌入式系统的分类

按照上述嵌入式系统的定义，只要满足定义中三要素的计算机系统，都可称为嵌入式系统。嵌入式系统按形态可分为设备级（工控机）、板级（单板、模块）和芯片级（MCU、SoC）。

有些人把嵌入式处理器当做嵌入式系统，但是由于嵌入式系统是一个嵌入式计算机系统，因此，只有用嵌入式处理器构成一个计算机系统，并将其作为嵌入式应用时，这样的计算机系统才可称为嵌入式系统。

嵌入式系统与对象系统密切相关，其主要技术发展方向是满足嵌入式应用的要求，不断扩展对象系统所要求的外围电路（如 ADC、DAC、PWM、日历时钟、电源监测、程序运行监测电路等），形成满足对象系统要求的应用系统。所以，嵌入式系统作为一个专用计算机系统，要不断向计算机应用系统发展。因此，可以把定义中的专用计算机系统引申成满足对象系统要求的计算机应用系统。

#### 2. 嵌入式系统的独立发展道路

嵌入式系统的出现已有 30 多年的历史，近几年来，随着计算机、通信、消费电子融合趋势日益明显，嵌入式系统已成为一个研究热点。纵观嵌入式系统的发展历程，大致经历了 4 个发展时期。

##### (1) 以单芯片为核心的可编程控制器形式的系统

这类系统具有与监测、伺服设备相配合的功能，大部分应用于一些专业性强的工业控制系统中，一般没有操作系统的支持，通过汇编语言编程对系统进行直接控制。这一阶段系统的主要特点是：系统结构和功能相对单一，处理效率较低，存储容量较小，几乎没有用户接口。由于这种嵌入式系统使用简单，价格低，所以以前在国内工业领域应用较为普遍；但现在已远不能适应高效的、需要大容量存储的现代工业控制和新兴信息家电等领域的需求。

**(2) 以嵌入式CPU为基础、以简单操作系统为核心的嵌入式系统**

这类系统的主要特点是：CPU种类繁多，通用性较弱；系统内核小，效率高；操作系统具有一定的兼容性和扩展性；应用软件较专业，但用户界面不够友好。

**(3) 以嵌入式操作系统为标志的嵌入式系统**

这类系统的主要特点是：嵌入式操作系统能够运行于各种不同类型的微处理器上，兼容性好；操作系统内核小、效率高，并且具有高度的模块化和扩展性；具备文件和目录管理、多任务、网络支持、图形用户界面窗口等功能；具有大量的应用程序接口API，开发应用程序较简单；嵌入式应用软件丰富。

**(4) 以互联网为标志的嵌入式系统**

目前大多数嵌入式系统还孤立于互联网之外；但随着互联网的发展及互联网技术与信息家电、工业控制技术的结合日益紧密，嵌入式设备与互联网的结合将代表着嵌入式系统的未来。目前，很多公司致力于M2M(机器对机器)通信技术，IBM公司还推出了“智慧的星球”计划，标志着嵌入式技术进入到一个新的层次。

在探索单片机的发展道路过程中有过两种模式，即“Σ模式”与“创新模式”。“Σ模式”本质上是通用计算机直接芯片化的模式，是将通用计算机系统中的基本单元进行裁剪后集成在一个芯片上，构成单片微型计算机。“创新模式”则完全按照嵌入式的应用要求设计全新的体系结构、微处理器、指令系统、总线方式和管理模式等。Intel公司的MCS－48、MCS－51就是按照创新模式发展起来的单片形态的嵌入式系统(单片微型计算机)。MCS－51是在MCS－48探索的基础上进行全面完善的嵌入式系统。历史证明，“创新模式”是嵌入式系统独立发展的正确道路，MCS－51的体系结构也因此成为单片嵌入式系统的典型结构体系。

## 1.2　ARM Cortex－M3内核

嵌入式系统应用广泛，已经渗透到生产、生活的方方面面。随着嵌入式技术应用领域的不断扩展，对嵌入式系统的要求越来越高，而作为嵌入式系统核心的微处理器也面临日益严峻的挑战。各类嵌入式应用产品普遍采用以各种ARM微处理器为核心的嵌入式应用系统。ARM微处理器内核，以其性能优良、可靠高效、经济实用而著称，很多知名半导体厂商都推出了各种以ARM内核为核心的CPU、附加各类常用外设和接口的单片高集成微处理器。

ARM公司自成立以来，一直以知识产权(IP，Intelligence Property)提供者的身份出售知识产权，在32位RISC CPU开发领域中不断取得突破，其设计的微处理器结构已经从V3发展到V7。Cortex系列微处理器是基于ARM V7架构的，分为Cortex－M、Cortex－R和Cortex－A三类。ARM系列微处理器的核心及体系结构如表1－1所列。

表 1 - 1 ARM 系列微处理器的核心及体系结构

| 核 心 | 体系结构 |
|---|---|
| ARM1 | V1 |
| ARM2 | V2 |
| ARM2As，ARM3 | V2a |
| ARM6，ARM600，ARM610，ARM7，ARM700，ARM710 | V3 |
| Strong ARM，ARM8，ARM810 | V4 |
| ARM7TDMI，ARM710T，ARM720T，ARM740T，ARM9TDMI，ARM920T，ARM940T | V4T |
| ARM9E - S，ARM10TDMI，ARM1020E | V5TE |
| ARM1136J(F) - S，ARM1176JZ(F) - S，ARM11MPCore | V6 |
| ARM1156T2(F) - S | V6T2 |
| ARM Cortex - M，ARM Cortex - R，ARM Cortex - A | V7 |

### 1.2.1 ARM Cortex 处理器技术特点

ARM V7 架构是在 ARM V6 架构的基础上诞生的。该架构采用了 Thumb - 2 技术，是在 ARM 的 Thumb 代码压缩技术的基础上发展起来的，并保持了对现存 ARM 解决方案的完整的代码兼容性。Thumb - 2 技术比纯 32 位代码少使用 31％的内存，减小了系统开销，同时能够提供比已有的基于 Thumb 技术的解决方案高出 38％的性能。ARM V7 架构还采用了 NEON 技术，将 DSP 和媒体处理能力提高了近 4 倍，并支持改良的浮点运算，满足下一代 3D 图形、游戏物理应用及传统嵌入式控制应用的需求。此外，ARM V7 还支持改良的运行环境，以迎合不断增加的 JIT (Just In Time)和 DAC(Dynamic Adaptive Compilation)技术的使用。

ARM V7 架构在设计时充分考虑了与早期 ARM 处理器软件的兼容性，ARM Cortex - M系列支持 Thumb - 2 指令集(Thumb 指令集的扩展集)，可以执行所有已有的为早期处理器编写的代码。通过一个前向的转换方式，使得为 ARM Cortex - M 系列处理器编写的用户代码可以与 ARM Cortex - R 系列处理器完全兼容。基于 ARM Cortex - M 系列的系统代码(如实时操作系统)可以很容易地移植到基于 ARM Cortex - R 系列的系统上。ARM Cortex - A 和 Cortex - R 系列处理器还支持 ARM32 位指令集，向后完全兼容早期的 ARM 处理器，包括从 1995 年发布的 ARM7TDMI 处理器到 2002 年发布的 ARM11 处理器系列。图 1 - 2 为 V5～V7 架构的处理器技术比较。由于应用领域的不同，基于 V7 架构的 Cortex 处理器系列所采用的技术也不同。

| V5 | V6 | V7A&R | V7M |
|---|---|---|---|
| | | 动态编译器支持 | |
| | | 向量浮点运算V3 | |
| | | NEON技术 单指令多数据 | |
| | Thumb-2技术(可选) | Thumb-2技术(必须) | |
| | Trust Zone技术 | | |
| | 单指令多数据 | | |
| 向量浮点运算V2 | | | |
| Jazelle技术 | | | 仅Thumb-2技术 |

图 1-2 V5 至 V7 架构比较

在命名方式上，基于 ARM V7 架构的 ARM 处理器已经不再沿用过去的数字命名方式，而是冠以 Cortex 的代称。基于 V7A 的称为“Cortex - A 系列”，基于 V7R 的称为“Cortex - R 系列”，基于 V7M 的称为“Cortex - M3 系列”。

## 1.2.2 ARM Cortex - M3 处理器技术特点

ARM Cortex - M3 拥有以下性能：

- 实现单周期 Flash 应用最优化；
- 准确快速的中断处理。永不超过 12 周期，仅 6 周期的末尾连锁(tail-chaining)；
- 有低功耗时钟门控(clock gating)的 3 种睡眠模式；
- 单周期乘法和乘法累加指令；
- ARM Thumb - 2 混合的 16/32 位固有指令集，无模式转换；
- 包括数据观察点和 Flash 补丁在内的高级调试功能；
- 原子位操作，在一个单一指令中读取/修改/编写；
- 1.25 DMIPS/MHz(与 0.9 DMIPS/MHz 的 ARM7 和 1.1 DMIPS/MHz 的 ARM9 相比)。

ARM Cortex - M3 处理器是为存储器和处理器的尺寸对产品成本影响极大的各种应用专门开发设计的，其结构如图 1 - 3 所示。它整合了多种技术，减少使用内存，并在极小的 RISC 内核上提供低功耗和高性能，可实现由以往的代码向 32 位微控制器的快速移植。ARM Cortex - M3 处理器是门数使用最少的 ARM CPU，相对于过去的设计大大减小了芯片面积，可减小装置的体积或采用更低成本的工艺进行生产，仅 33 000 门的内核，性能可达 1.2 DMIPS/MHz。此外，基本系统外设还具备高度集成化特点，集成了许多紧耦合系统外设，合理利用了芯片空间，使系统满足下一代产品的控制需求。

ARM Cortex - M3 处理器结合了执行 Thumb - 2 指令的 32 位哈佛微体系结构和系统外设，包括 Nested Vectored Interrupt Controller 和 Arbiter 总线。该技术方

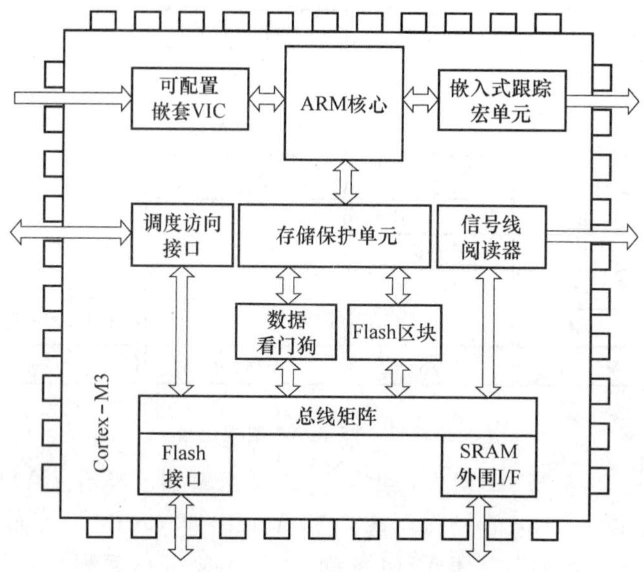


**图 1－3　ARM Cortex－M3 技术结构**

案在测试和实例应用中表现出较高的性能：在采用 180 nm 的工艺时，芯片性能达 1.2 DMIPS/MHz，时钟频率高达 100 MHz。Cortex－M3 处理器还实现了 tail-chaining 中断技术。该技术是一项完全基于硬件的中断处理技术，最多可减少 12 个时钟周期数，在实际应用中可减少 70％中断；推出了新的单线调试技术，避免使用多引脚进行 JTAG 调试，并全面支持 RealView 编译器和 RealView 调试产品。RealView 工具向设计者提供了模拟、创建虚拟模型、编译软件、调试、验证和测试基于 ARM V7 架构的系统等功能。

## 1.3　ARM Cortex－M3 内核结构

基于 ARM V7 架构的 Cortex－M3 处理器带有一个分级结构。它集成了名为 CM3Core 的中心处理器内核和先进的系统外设，实现了内置的中断控制、存储器保护及系统的调试和跟踪功能。这些外设可进行高度配置，允许 Cortex－M3 处理器处理大范围的应用并更贴近系统需求。目前，Cortex－M3 内核和集成部件(图 1－4)已进行了专门的设计，用于实现最小存储容量、减少引脚数目和降低功耗的目的。

Cortex－M3 中央内核基于哈佛架构，指令和数据各使用一条总线(图 1－4)。与 Cortex－M3 不同，ARM7 系列处理器使用冯·诺依曼(von Neumann)架构，指令和数据共用信号总线及存储器。由于可以从存储器中同时读取指令和数据，所以 Cortex－M3 处理器可对多个操作并行执行，从而加快了应用程序的执行速度。

内核流水线分为取指、译码和执行 3 个阶段。当遇到分支指令时，译码阶段也包含预测的指令取指，这提高了执行的速度。处理器在译码阶段自行对分支目的地指

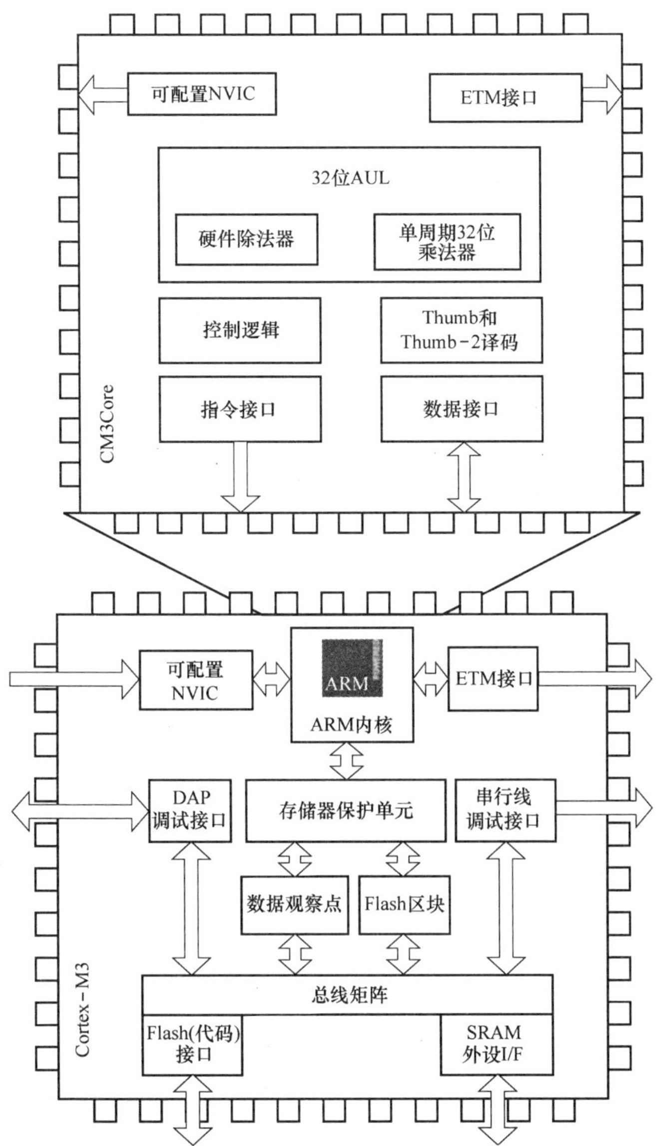


图 1－4　Cortex－M3 内核和集成部件框图

令进行取指。在稍后的执行过程中，处理完分支指令后便知道下一条要执行的指令。如果分支不跳转，那么紧跟着的下一条指令随时可供使用。如果分支跳转，那么在跳转的同时分支指令可供使用，空闲时间限制为一个周期。

Cortex－M3 内核包含一个适用于传统 Thumb 和新型 Thumb－2 指令的译码器、一个支持硬件乘法和硬件除法的先进 ALU、控制逻辑和用于连接处理器其他部件的接口。

Cortex－M3 处理器是一个 32 位处理器，带有 32 位宽的数据路径、寄存器库和存储器接口。其中有 13 个通用寄存器、2 个堆栈指针、1 个链接寄存器、1 个程序计数器和一系列包含编程状态寄存器的特殊寄存器。

Cortex－M3 处理器支持两种工作模式（线程（Thread）和处理器（Handler））和两个等级的访问形式（有特权或无特权），在不牺牲应用程序安全的前提下实现了对复杂开放式系统的执行。无特权代码的执行限制或拒绝了对某些资源的访问，如某个指令或指定的存储器位置。Thread 是常用的工作模式，它同时支持享有特权的代码和没有特权的代码。当异常发生时，进入 Handler 模式，在该模式中所有代码都享有特权。此外，所有操作均根据以下两种工作状态进行分类：Thumb 代表常规执行操作，Debug 代表调试操作。

Cortex－M3 处理器是一个存储器映射系统，为高达 4 GB 的可寻址存储空间提供简单和固定的存储器映射，同时，这些空间为代码（代码空间）、SRAM（存储空间）、外部存储器/器件和内部/外部外设提供预定义的专用地址。另外，还有一个特殊区域专门供厂家使用，如图 1－5 所示。

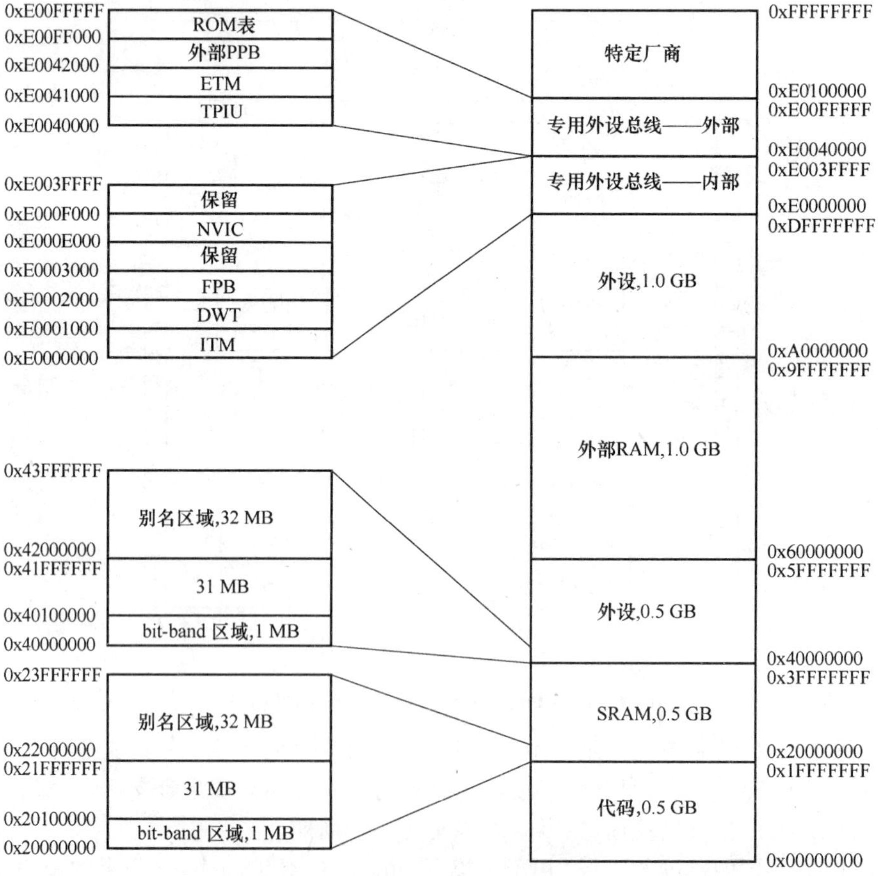

0xE00FFFFF
ROM表
0xE00FF000
外部PPB
0xE0042000
ETM
0xE0041000
TPIU
0xE0040000

0xE003FFFF
保留
0xE000F000
NVIC
0xE000E000
保留
0xE0003000
FPB
0xE0002000
DWT
0xE0001000
ITM
0xE0000000

0x43FFFFFF
别名区域,32 MB
0x42000000
0x41FFFFFF
31 MB
0x40100000
bit-band 区域,1 MB
0x40000000

0x23FFFFFF
别名区域,32 MB
0x22000000
0x21FFFFFF
31 MB
0x20100000
bit-band 区域,1 MB
0x20000000

0xFFFFFFFF
特定厂商
0xE0100000
0xE00FFFFF
专用外设总线——外部
0xE0040000
0xE003FFFF
专用外设总线——内部
0xE0000000
0xDFFFFFFF
外设,1.0 GB
0xA0000000
0x9FFFFFFF
外部RAM,1.0 GB
0x60000000
0x5FFFFFFF
外设,0.5 GB
0x40000000
0x3FFFFFFF
SRAM,0.5 GB
0x20000000
0x1FFFFFFF
代码,0.5 GB
0x00000000

**图 1－5　Cortex－M3 存储器映射**

借助 bit-banding 技术(图 1－6),Cortex－M3 处理器可以在简单系统中直接对数据的单个位进行访问。存储器映射包含两组分别位于外设空间和 SRAM 的、大小均为 1 MB 的bit-band区域和 32 MB 的别名区域。在别名区域中,某个地址上的加载/存储操作将直接转化为对该地址别名的位的操作。对别名区域中的某个地址进行写操作,如果使其最低有效位置位,那么 bit-band 位为 1,如果使其最低有效位清零,那么 bit-band 位为零。读别名后的地址将直接返回适当的 bit-band 位中的值。除此之外,该操作为原子位操作,其他总线活动不能对其中断。

基于传统 ARM7 处理器的系统只支持访问对齐的数据,只有沿着对齐的字边界才可以对数据进行访问和存储。Cortex－M3 处理器采用非对齐数据访问方式,使非对齐数据可以在单核访问中进行传输。当使用非对齐传输时,这些传输将转换为多个对齐传输,但这一过程不为程序员所见。

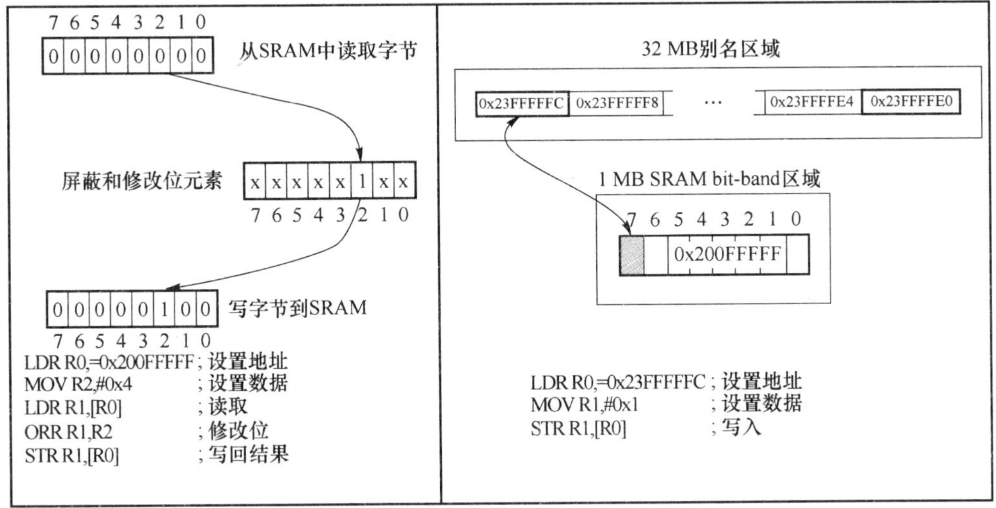


**图 1－6 传统的位处理方法和 Cortex－M3 bit-banding 的比较**

Cortex－M3 处理器除了支持单周期 32 位乘法操作之外,还支持带符号的和不带符号的除法操作,这些操作使用 SDIV 和 UDIV 指令,根据操作数大小的不同在 2～12个周期内完成。如果被除数与除数大小接近,那么除法操作可以更快地完成。Cortex－M3 处理器凭借着这些在数学能力方面的改进,成为众多高数字处理强度应用(如传感器读取和取值或硬件在线仿真系统)的理想选择。

## 1.4 Thumb－2 指令集架构

### 1. Cortex－M3 指令系统特点

ARM7 可以使用 ARM 和 Thumb 两种指令集,而 Cortex－M3 只支持最新的

Thumb－2 指令集。这样设计的优势在于：

① 免去 Thumb 与 ARM 代码的互相切换。对于早期的处理器来说，这种状态切换会降低性能。

② Thumb－2 指令集的设计是专门面向 C 语言的，而且包括 If/Then 结构（预测接下来的四条语句的条件执行）、硬件除法及本地位域操作。

③ Thumb－2 指令集允许用户在 C 代码层面维护和修改应用程序，C 代码部分非常易于重用。

④ Thumb－2 指令集还包含调用汇编代码的功能，但 Luminary 公司认为没有必要使用任何汇编语言。

综合以上优势，新产品的开发将更易于实现，且上市时间也会大为缩短。

### 2. Thumb－2 指令集架构

ARM V7－M 是 ARM V7 架构的微控制器部分，它与早期的 ARM 架构不同，早期的 ARM 架构只单独支持 Thumb－2 指令集。Thumb－2 技术是 16 位和 32 位指令的结合，实现了 32 位 ARM 指令的性能，匹配原始的 16 位 Thumb 指令集，并与之后向兼容。图 1－7 显示了预测的 Dhrystone bench mark 结果，由结果可见，Thumb－2 技术确实达到了预期的目标。

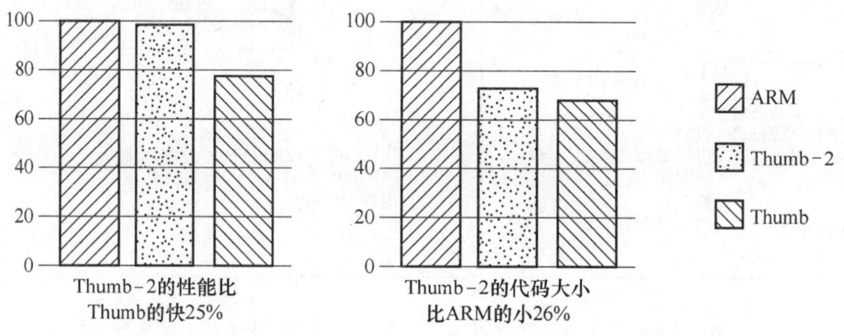


**图 1－7　与 ARM、Thumb 及 Thum－2 相关的 Dhrystone 性能和代码大小**

在基于 ARM7 处理器的系统中，处理器内核会根据特定的应用切换到 Thumb 状态（以获取高代码密度）或 ARM 状态（以获取出色的性能）。然而，在 Cortex－M3 处理器中则无需交互使用指令，16 位指令和 32 位指令共存于同一模式，使得复杂性大幅下降，代码密度和性能均得到提高。由于 Thumb－2 指令集是 16 位 Thumb 指令集的扩展集，所以 Cortex－M3 处理器可执行之前所写的任何 Thumb 代码。得益于 Thumb－2 指令集，Cortex－M3 处理器同时兼容于其他 ARM Cortex 处理器的家族成员。

Thumb－2 指令集用于多种不同应用，使紧凑代码的编写更加简单、快捷。BFI 和 BFC 指令为位字段指令，在网络信息包处理等应用中得到广泛使用。SBFX

和 UBFX 指令改进了对寄存器插入或提取多个位的能力，这一能力在汽车应用中的表现相当出色。RBIT 指令的作用是将一个字中的位反转，在 DFT 等 DSP 运算法则的应用中非常有用。表分支指令 TBB 和 TBH 用于平衡高性能和代码的紧凑性。Thumb - 2 指令集还引入了一个新的 If/Then 结构，这意味着有多达 4 个后续指令可以进行条件执行。

## 1.5 嵌套向量中断控制器(NVIC)

嵌套向量中断控制器是 Cortex - M3 处理器中一个完整的部分，它可以进行高度配置，为处理器提供出色的中断处理能力。在 NVIC 的标准执行中，它提供了 1 个非屏蔽中断(NMI)和 32 个通用物理中断，这些中断带有 8 级的抢占优先权。NVIC 可以通过综合选择配置为 1～240 个物理中断中的任何 1 个，并带有多达 256 个优先级。

Cortex - M3 处理器使用一个可以重复定位的向量表，表中包含了将要执行的函数的地址，可供具体的中断处理器使用。在中断被接受之后，处理器通过指令总线接口从向量表中获取地址。向量表复位时指向零，编程控制寄存器可以使向量表重新定位。

为了减少门数并提高系统的灵活性，Cortex - M3 已从 ARM7 处理器的分组映像寄存器异常模型升级到了基于堆栈的异常模型。当异常发生时，编程计数器、编程状态寄存器、链接寄存器和 R0～R3 及 R12 等通用寄存器将被压进堆栈。在数据总线对寄存器压栈的同时，指令总线从向量表中识别出异常向量，并获取异常代码的第一条指令。一旦压栈和取指完成，中断服务程序或故障处理程序就开始执行，随后寄存器自动恢复，中断了的程序也因此恢复正常的执行。由于可以在硬件中处理堆栈操作，因此，Cortex - M3 处理器免去了在传统的 C 语言中断服务程序中为了完成堆栈处理所要编写的汇编程序包，这使应用程序的开发变得更加简单。

NVIC 支持中断嵌套(压栈)，允许通过提高中断的优先级对中断进行提前处理。它还支持中断的动态优先权重置。优先权级别可以在运行期间通过软件进行修改。正在处理的中断会防止被再一次激活，直到中断服务程序完成，所以在改变它们的优先级的同时，也避免了意外重新进入中断的风险。

在背对背中断情况中，传统的系统将重复两次状态保存和状态恢复的过程，从而导致延迟的增加。Cortex - M3 处理器使用末尾连锁(tail-chaining)技术简化了激活的和未决的中断之间的移动，如图 1 - 8 所示。末尾连锁技术把需要用时 30 个时钟周期才能完成的连续的堆栈弹出和压入操作替换为 6 个周期就能完成的指令取指，实现了延迟的降低。处理器状态在进入中断时自动保存，在中断退出时自动恢复，比软件执行用时更少，大大提高了频率为 100 MHz 的子系统的性能。

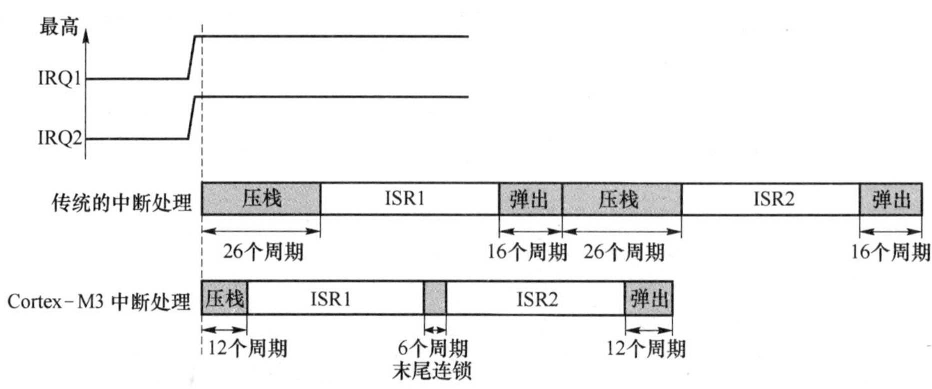


**图 1-8 NVIC 中的末尾连锁技术**

NVIC 还采用了支持内置睡眠模式的 Cortex - M3 处理器的电源管理方案。立即睡眠模式(sleep now)被等待中断(WFI)或等待事件(WFE)中的一个指令调用,这些指令可以使内核立即进入低功耗模式,异常被挂起。退出时睡眠模式(sleep on exit)在系统退出最低优先级的中断服务程序时使其进入低功耗模式。内核将保持睡眠状态直至遇上另一个异常。由于只有一个中断可以退出该模式,所以系统状态不会被恢复。系统控制寄存器中的 SLEEPDEEP 位如果置位,那么该位可以用来控制内核及其他系统部件,以获得最理想的节电方案。

NVIC 还集成了一个递减计数的 24 位系统滴答定时器(SysTick),它可以定时产生中断,从而提供理想的时钟来驱动实时操作系统或其他预定的任务。

## 1.6 存储器保护单元(MPU)

MPU 是 Cortex - M3 处理器中一个可选的部分,它通过保护用户应用程序中操作系统所使用的重要数据、分离处理任务(禁止访问各自的数据)、禁止访问存储器区域、将存储器区域定义为只读,以及对有可能破坏系统的未知的存储器访问进行检测等手段来改善嵌入式系统的可靠性。

MPU 使应用程序可以拆分为多个进程。每个进程不仅有指定的存储器(代码、数据、栈和堆)和器件,而且还可以访问共享的存储器和器件。MPU 还会增强用户和特权访问规则。这包括以正确的优先级别执行代码及加强享有特权的代码和用户代码对存储器和器件的使用权的控制。

MPU 将存储器分成不同的区域,并通过防止无授权的访问对存储器实施保护。MPU 支持多达 8 个区域,每个区域又可以分为 8 个子区域。所支持区域的大小从 32 B 开始,以 2 为倍数递增,最大可达 4 GB 可寻址空间。每个区域都对应一个区域号码(从 0 开始的索引),用于对区域进行寻址。另外,也可以为享有特权的地址定义一个默认的背景存储器映射。对未在 MPU 区域中定义的或在区域设置中被禁止的存储器位置进行访问将会导致存储器管理故障(memory management fault)异常的产生。

区域的保护是根据规则来执行的,这些规则以处理的类型(读、写和执行)和执行访问的代码的优先级为基础进行制定。每个区域都包含一组位影响访问的允许类型,以及一组位影响所允许的总线操作。MPU还支持重叠的区域(覆盖同一地址的区域)。由于区域大小是乘以2所得的结果,所以重叠意味着一个区域有可能完全包含在另一个区域里面。因此,有可能出现多个区域包含在单个区域中及嵌套重叠的情况。当寻址重叠区域中的位置时,返回的将是拥有最高区域号码的区域。

## 1.7 调试和跟踪

对Cortex - M3处理器系统进行调试和跟踪是通过调试访问端口(debug access port)来实现的。调试访问端口可以是一个2针的串行调试端口(serial wire debug port)或串行JTAG调试端口(serial wire JTAG debug port)。通过将Flash区块、断点单元、数据观察点、跟踪单元,以及可选的嵌入式跟踪宏单元(embedded trace macrocell)和指令跟踪宏单元(instruction trace macrocell)等一系列功能相结合,在内核部分就可以采用多种类型的调试方法及监控函数。例如,可以设置断点、观察点,定义默认条件或执行调试请求,监控停止操作或继续操作。所有这些功能在ARM架构的产品中都已经实现,只是Cortex - M3将这些功能整合起来,方便了开发人员的使用。

对Cortex - M3处理器系统的调试访问是通过调试访问端口来实现的。该端口可以作为串行线调试端口(SW - DP)(构成一个两脚(时钟和数据)接口)或串行线JTAG调试端口(SWJ - DP)(使能JTAG或SW协议)来使用。SWJ - DP在上电复位时默认为JTAG模式,并且可以通过外部调试硬件所提供的控制序列进行协议的切换。

调试操作可以通过断点、观察点、出错条件或外部调试请求等各种事件进行触发。当调试事件发生时,Cortex - M3处理器可以进入挂起模式或调试监控模式。在挂起模式期间,处理器将完全停止程序的执行。挂起模式支持单步操作。中断可以暂停,也可以在单步运行期间进行调用,如果对其屏蔽,那么外部中断将在逐步运行期间被忽略。在调试监控模式中,处理器通过执行异常处理程序来完成各种调试任务,同时允许享有更高优先权的异常发生。该模式同样支持单步操作。

Flash区块和断点(FPB)单元执行6个程序断点和2个常量数据取指断点,或者执行块操作指令,或者查询位于代码存储空间和系统存储空间之间的常量数据。该单元包含6个指令比较器,用于匹配代码空间的指令取指。通过向处理器返回一个断点指令,每个比较器都可以把代码重新映射到系统空间的某个区域或执行一个硬件断点。这个断点单元还包含两个常量比较器,用于匹配从代码空间加载的常量及将代码重新映射到系统空间的某一个区域。

数据观察点和跟踪(DWT)单元包含 4 个比较器,每个比较器都可以配置为硬件观察点。当比较器配置为观察点使用时,它既可以比较数据地址,也可以比较编程计数器,如图 1－9 所示。

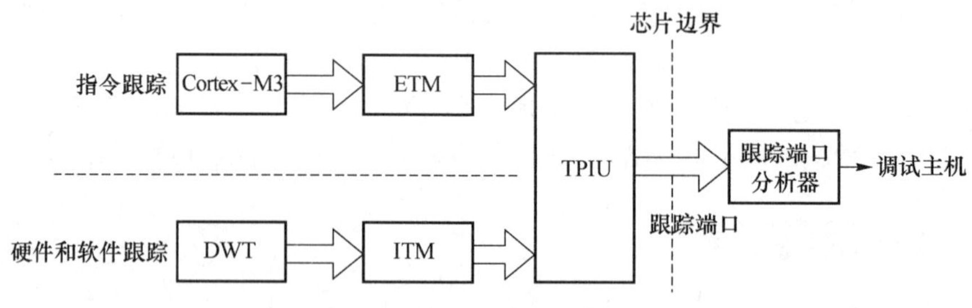


图 1－9　Cortex－M3 跟踪系统

DWT 比较器还可以配置用来触发 PC 采样事件和数据地址采样事件,以及通过配置使嵌入式跟踪宏单元(ETM)发出指令跟踪流中的触发数据包。

ETM 是设计用于单独支持指令跟踪的可选部件,其作用是确保在对区域的影响最小的情况下实现程序执行的重建。ETM 使指令的跟踪具有高性能和实时性,通过压缩处理器内核的跟踪信息后进行数据传输可以满足最小化带宽的需求。

Cortex－M3 处理器采用带 DWT 和 ITM(测量跟踪宏单元)的数据跟踪技术。DWT 提供指令执行统计并通过产生观察点事件来调用调试或触发指定系统事件上的 ETM。ITM 是由应用程序驱动的跟踪资源,支持跟踪 OS 和应用程序事件的 printf 类型调试;它还接受 DWT 的硬件跟踪数据包及处理器内核的软件跟踪激励,并使用时间戳来发送诊断系统信息。跟踪端口接口单元 TPIU(Trace Port Interface Unit)接收 ETM 和 ITM 的跟踪信息,然后将其合并、格式化,并通过串行线浏览器 SWV(Serial Wire Viewer)发送到外部跟踪分析器单元。

通过单引脚导出数据流,SWV 支持简单和具有成本效率的系统事件分析。曼彻斯特编码和 UART 都是 SWV 支持的格式。

## 1.8　总线矩阵和接口

Cortex－M3 处理器总线矩阵把处理器和调试接口连接到外部总线,也就是把基于 32 位 AMBA AHB－Lite 的 ICode、DCode 和系统接口连接到基于 32 位 AMBA APB 的专用外设总线 PPB(Private Peripheral Bus)上。总线矩阵也采用非对齐数据访问方式及 bit-banding 技术。

32 位 ICode 接口用于获取代码空间中的指令,只有 CM3Core 可以对其访问。所有取指的宽度都是一个字,每个字里的指令数目取决于所执行代码的类型及其在存储器中的对齐方式。32 位 DCode 接口用于访问代码存储空间中的数据,

CM3Core 和 DAP 都可以对其访问。32 位系统接口分别获取和访问系统存储空间中的指令和数据，与 DCode 相似，可以被 CM3Core 和 DAP 访问。PPB 可以访问 Cortex－M3 处理器系统外部的部件。

# 1.9　Luminary Micro 的 Stellaris 系列 LM3S811 简介

## 1.9.1　Stellaris 系列 ARM Cortex－M3 简介

Luminary Micro（流明诺瑞）公司设计、经销、出售基于 ARM Cortex－M3 的微控制器（MCU）。作为 ARM 公司的 Cortex－M3 技术的主要合伙人，Luminary Micro 公司已经向业界推出了首颗 Cortex－M3 处理器的芯片，用 8/16 位的成本获得了 32 位的性能，其结构如图 1－10 所示。

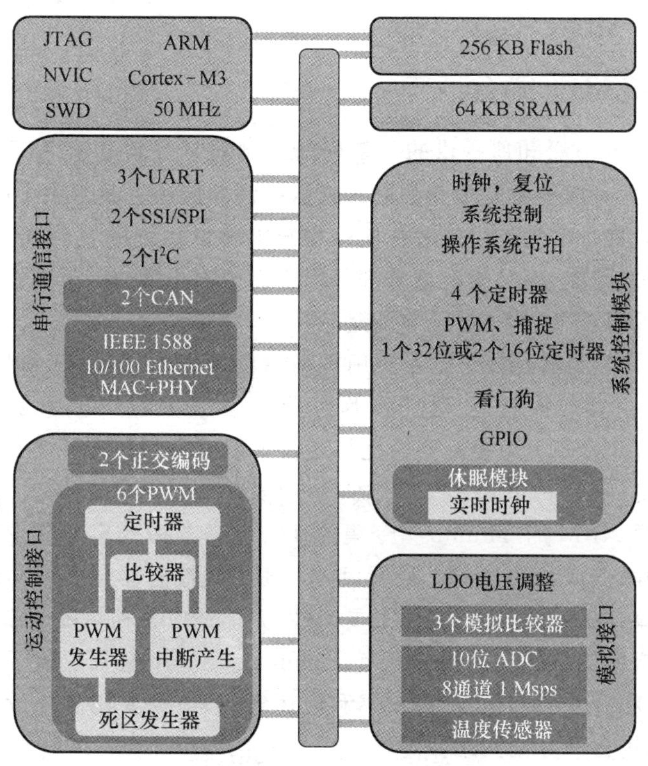


注：单位sps表示每秒采样次数。

**图 1－10　Cortex－M3 处理器的构造**

Luminary Micro 的 Stellaris（群星）系列微控制器包含运行在 50 MHz 频率下的 ARM Cortex－M3 MCU 内核、嵌入 Flash 和 SRAM、一个低压降的稳压器、集成的掉电复位和上电复位功能模块、模拟比较器、10 位 ADC、SSI、GPIO、看门狗和通用定时器、UART、$I^2C$、运动控制 PWM 及正交编码器输入。提供的外设直接通向引脚，没有功能复用，这个丰富的功能集非常适合楼宇和家庭自动化、工厂自动化和控制、工控电源设备、步进电机、有刷和无刷直流电机及交流感应电机等应用。

2009 年 TI 公司收购 Luminary Micro 公司。Luminary Micro 公司是首家做 ARM Cortex－M3 内核处理器的公司，在被 TI 公司收购之前，Luminary Micro 公司生产的 Stellaris Cortex－M3 内核芯片已经在业界享有盛誉。

Stellaris Cortex－M3 芯片的特点是：

① 通用的架构；

② 简易的开发流程；

③ 丰富的模拟外设和通信接口；

④ 丰富的设计资源(外设驱动库、SCH & PCB 库、示例代码……)；

⑤ 低廉的价格。

## 1.9.2 LM3S811 简介

Luminary Micro 公司所提供的一系列微控制器是首款基于 ARM Cortex－M3 的控制器，它们为对成本尤其敏感的嵌入式微控制器应用方案带来了高性能的 32 位运算能力。这些具备领先技术的芯片使得用户能够以传统的 8 位和 16 位器件的价位来享受 32 位的性能，而且所有型号都是以小占位面积的封装形式提供。工业范围内遵循 RoHS 标准的 48 脚 LQFP 封装。

LM3S811 微控制器是针对工业应用方案而设计的，包括测试和测量设备、工厂自动化、HVAC 和建筑控制、运动控制、医疗器械、火警安防及电力/能源。

除此之外，LM3S811 微控制器的优势还在于能够方便地运用多种 ARM 的开发工具和片上系统(SoC)的底层 IP 应用方案，以及广大的用户群体。另外，该微控制器还使用了兼容 ARM 的 Thumb 指令集的 Thumb－2 指令集来减少存储容量的需求，并以此达到降低成本的目的。最后，LM3S811 微控制器与 Stellaris 系列的所有成员都是代码兼容的，这为用户提供了灵活性，并能适应各种精确的需求。

为了能够帮助用户的产品快速上市，Luminary Micro 公司提供了一整套的解决方案，包括评估和开发用的板卡、白皮书和应用笔记、方便使用的外设驱动程序库以及强劲的支持、销售和分销网络。

### 1. LM3S811 微控制器的 32 位 RISC 特性

特性包括：

① 采用为小封装应用方案而优化的 32 位 ARM Cortex－M3 V7M 架构，工作频率为 50 MHz。提供系统时钟，包括一个简单的 24 位写清零、递减、自装载计数器，同时具有灵活的控制机制。

② 仅采用与 Thumb 兼容的 Thumb－2 指令集以获取更高的代码密度。

③ 采用硬件除法和单周期乘法。

④ 集成嵌套向量中断控制器(NVIC)使中断的处理更为简捷，26 个中断具有 8 个优先等级。

⑤ 带存储器保护单元(MPU)提供特权模式来保护操作系统的功能；非对齐式数据访问使数据能够更为有效地存放到存储器中；精确的位操作(bit-banding)不仅最大限度地利用了存储器空间，而且还改良了对外设的控制。

### 2. 内部存储器

特性包括：

① LM3S811 微控制器具有 64 KB 单周期 Flash，以 2 KB 为单位，可由用户管理对 Flash 块的保护。

② 可由用户管理对 Flash 的编程，也可由用户定义和管理 Flash 保护块。

③ LM3S811 微控制器具有 8 KB 单周期访问的 SRAM。

### 3. 通用定时器

LM3S811 微控制器有 3 个通用定时器模块(GPTM)，每个都可配置为一个 32 位定时器或两个 16 位定时器，或者用来启动一个 ADC 事件。

32 位定时器模式的特性包括：

① 作为可编程的单次触发(one-shot)定时器；

② 作为可编程的周期定时器；

③ 使用外部 32.768 kHz 时钟作为输入时的实时时钟；

④ 在进行周期和单次触发模式下的调试期间，控制器使 CPU 的暂停(halt)标志有效时的暂停操作(stalling)可由用户来控制使能；

⑤ 作为 ADC 事件触发器。

16 位定时器模式的特性包括：

① 带有 8 位预分频器的通用定时器功能；

② 作为可编程的单次触发定时器；

③ 作为可编程的周期定时器；

④ 在调试期间，控制器使 CPU 的暂停标志有效时的暂停操作可由用户来控制使能；

⑤ 作为 ADC 事件触发器。

16 位输入捕获模式的特性包括：

① 可进行输入边沿计数捕获；

② 可进行输入边沿时间捕获。

16 位 PWM 模式的特性包括：

① 是一种简单的 PWM 模式；

② PWM 信号的输出反相可用软件编程控制。

### 4. 可遵循 ARM FiRM 规范的看门狗定时器

特性包括：

① 带有可编程装载寄存器的 32 位向下计数器；

② 带有使能的独立看门狗时钟；

③ 带有中断屏蔽的可编程中断产生逻辑；

④ 提供锁定寄存器保护，以防止软件跑飞（run away）；

⑤ 带有使能/禁能的复位产生逻辑；

⑥ 在调试期间，控制器使 CPU 的暂停标志有效时的暂停操作可由用户来控制使能。

### 5. 同步串行接口(SSI)

特性包括：

① 实现主机或从机操作；

② 实现可编程的时钟位速率和预分频；

③ 带有独立的发送和接收 FIFO，16 位宽、8 单元深；

④ 可实现 Freescale SPI、Micro Wire 或 Texas Instruments 同步串行接口的可编程接口操作；

⑤ 具有 4～16 位的可编程数据帧大小；

⑥ 具有用于诊断/调试测试的内部回送测试模式。

### 6. UART

特性包括：

① 具有 2 个完全可编程的 16C550-type UART；

② 带有独立的 16×8 发送（Tx）和 16×12 接收（Rx）的 FIFO，可减轻 CPU 中断服务的负担；

③ 带有可编程的波特率产生器，并带有分频器；

④ 可编程设置 FIFO 的长度，包括 1 B 深度的操作，以提供传统的双缓冲接口；

⑤ FIFO 触发水平可设为 1/8，1/4，1/2，3/4 和 7/8；

⑥ 标准异步通信位包括开始位、停止位和奇偶校验位；

⑦ 可进行无效起始位检测；

⑧ 可进行行中止的产生和检测。

### 7. ADC

特性包括：

① 可进行独立和差分输入配置；

② 用做单端输入时有 4 个 10 位的通道（输入）；

③ 采样速率为 500 000 次/秒；

④ 具有灵活、可配置的模/数转换；

⑤ 具有4个可编程的采样转换序列，1～8个入口宽度，每个序列均带有相应的转换结果FIFO；

⑥ 每个序列都可由软件或内部事件（定时器、模拟比较器、PWM或GPIO）触发片上温度传感器。

### 8. 模拟比较器

特性包括：

① 是1个集成的模拟比较器；

② 可把输出配置为驱动输出引脚、产生中断或启动ADC采样序列；

③ 比较两个外部引脚输入或将外部引脚输入与内部可编程参考电压相比较。

### 9. $I^2C$

特性包括：

① 在标准模式下，主机和从机接收和发送操作的速度可达100 kbps，在快速模式下可达400 kbps；

② 可产生$I^2C$模块的中断；

③ 主机带有仲裁和时钟同步功能，支持多个主机和7位寻址模式。

### 10. PWM

特性包括：

① 具有3个PWM信号发生模块，每个模块都带有1个16位的计数器、2个比较器，1个PWM信号发生器和1个死区发生器；

② 1个16位的计数器运行于递减或递增/递减模式，输出频率由1个16位的装载值控制，可同步更新装载值，当计数器的值到达零或装载值时生成输出信号；

③ 2个PWM比较器的值的更新可以同步，在匹配时产生输出信号；

④ PWM信号发生器根据计数器和PWM比较器的输出信号来产生PWM输出信号，可产生两个独立的PWM信号；

⑤ 带有死区发生器，可产生2个带有可编程死区延时的PWM信号，适合驱动半H桥(half-H bridge)；

⑥ PWM信号可以被旁路；

⑦ 作为灵活的输出控制模块，每个PWM信号都具有PWM输出使能功能，每个PWM信号都可以选择将输出反相（极性控制）或进行故障处理，可进行PWM发生器模块的定时器同步、PWM发生器模块的定时器/比较器更新同步，并且PWM发生器模块的中断状态可以被汇总；

⑧ 可启动一个ADC采样序列。

## 11. GPIO

特性包括：

① 可以具有高达 32 个 GPIO，具体数目取决于配置；

② 输入/输出可承受 5 V 电压；

③ 中断产生可编程为边沿触发或电平检测；

④ 在读和写操作中通过地址线进行位屏蔽；

⑤ 可启动一个 ADC 采样序列；

⑥ GPIO 端口的配置可编程控制为带弱上拉或下拉电阻，设置为 2 mA、4 mA 和 8 mA 的端口驱动，可进行 8 mA 驱动的斜率控制，可设置为开漏使能和数字输入使能。

## 12. 功　率

特性包括：

① 片内低压差（LDO）稳压器，具有可编程的输出电压，用户可调节的范围为 2.25～2.75 V；

② 控制器的低功耗模式有睡眠模式和深度睡眠模式；

③ 外设的低功耗模式用于软件控制单个外设的关断；

④ LDO 带有检测不可调整电压和自动复位功能，可由用户控制使能；

⑤ 3.3 V 电源掉电检测可通过中断或复位来报告。

## 13. 灵活的复位源

包括 6 个复位源：

① 上电复位；

② 复位引脚有效；

③ 掉电（BOR）检测器向系统发出电源下降的警报；

④ 软件复位；

⑤ 看门狗定时器复位；

⑥ 内部低压差稳压器输出变为不可调整。

## 14. 其他特性

6 个复位源的特性是：

① 可进行可编程的时钟源控制；

② 可对单个外设的时钟进行选通以节省功耗；

③ 具有遵循 IEEE 1149.1—1990 标准的测试访问端口（TAP）控制器；

④ 可通过 JTAG 和串行线接口进行调试访问；

⑤ 具有完整的 JTAG 边界扫描。

## 1.9.3　LM3S811 内部结构图和引脚图

LM3S811 内部结构除了包含 ARM Cortex - M3 内核外，还包含通用 GPIO 模块、定时计数器模块、同步串行通信 SSI 模块、比较器模块、PWM 模块、ADC 模块、$I^2C$ 模块和通用异步收发器 UART 模块。其内部结构图如图 1 - 11 所示。

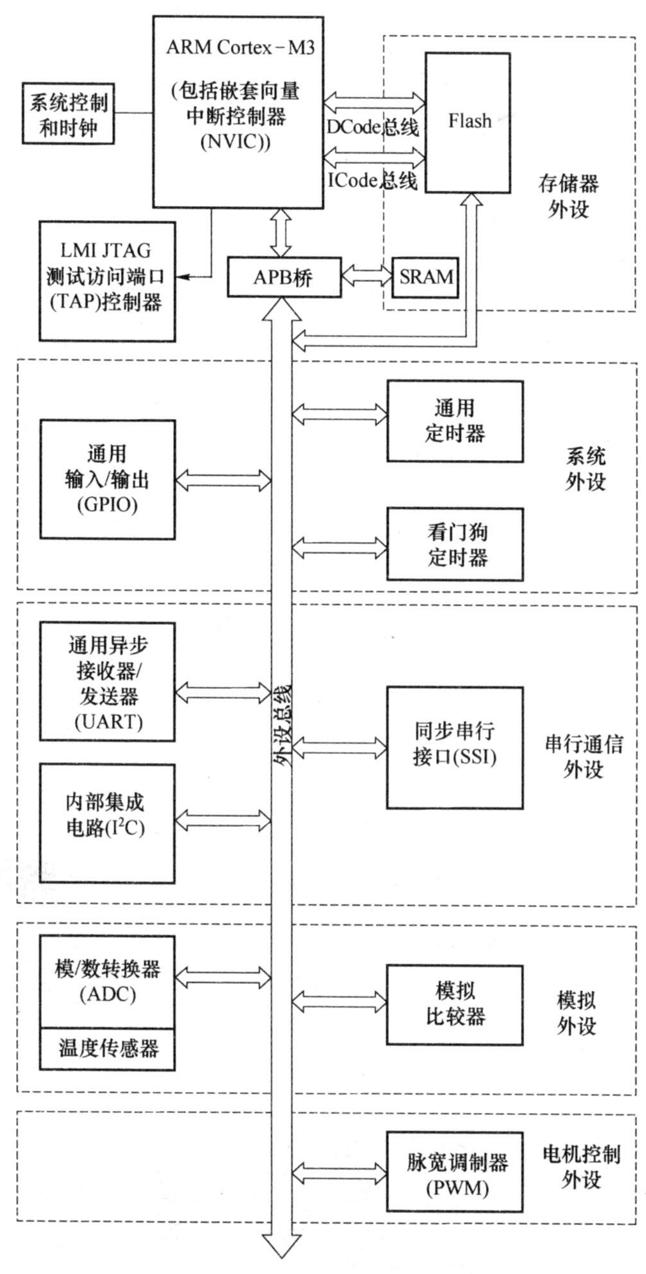


图 1 - 11　LM3S811 内部结构图

LM3S811 共有 48 个引脚，采用 LQFP 封装，引脚图如图 1-12 所示，各个引脚功能如表 1-2 所列。

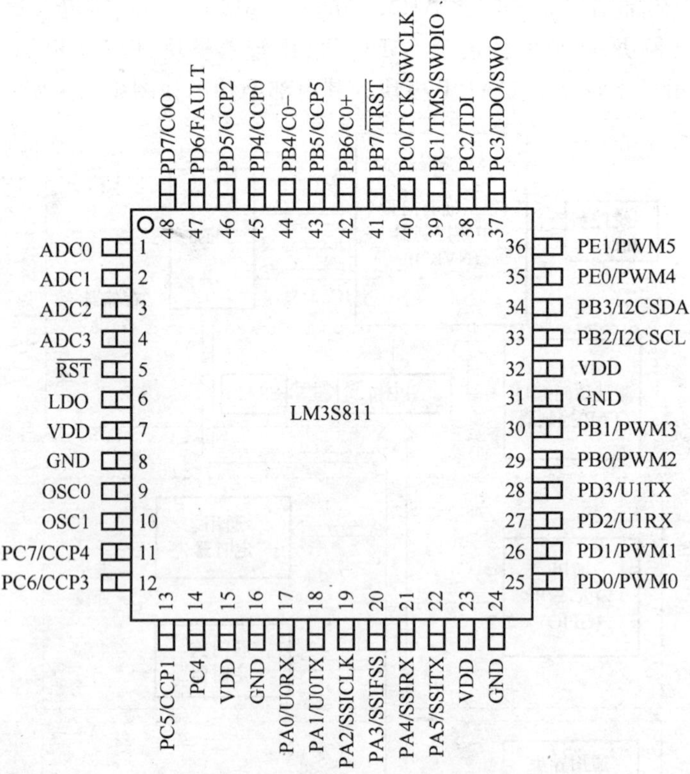


**图 1-12　LM3S811 引脚图**

通过软件用 GPIOAFSEL 寄存器来使能引脚功能。在默认情况下所有复用引脚均为 GPIO 引脚，只有 5 个 JTAG 引脚(PB7 和 PC[3:0])除外，这 5 个引脚默认用做 JTAG 功能。

**表 1-2　按引脚编号排列的信号**

| 引脚号 | 引脚名称 | 引脚类型 | 缓冲区类型 | 描　述 |
|---|---|---|---|---|
| 1 | ADC0 | I | 模拟 | 模/数转换器输入 0 |
| 2 | ADC1 | I | 模拟 | 模/数转换器输入 1 |
| 3 | ADC2 | I | 模拟 | 模/数转换器输入 2 |
| 4 | ADC3 | I | 模拟 | 模/数转换器输入 3 |
| 5 | $\overline{\text{RST}}$ | I | TTL | 系统复位输入 |
| 6 | LDO | — | 电源 | 低压差稳压器输出电压，在该引脚和 GND 之间需要一个 1 μF 或更大的外部电容 |
| 7 | VDD | — | 电源 | I/O 和某些逻辑的电源正极 |

续表 1－2

| 引脚号 | 引脚名称 | 引脚类型 | 缓冲区类型 | 描 述 |
| --- | --- | --- | --- | --- |
| 8 | GND | — | 电源 | 逻辑和 I/O 引脚的地参考 |
| 9 | OSC0 | I | 模拟 | 主振荡器晶体输入或外部时钟参考输入 |
| 10 | OSC1 | O | 模拟 | 主振荡器晶体输出 |
| 11 | PC7 | I/O | TTL | GPIO 端口 C 位 7 |
| | CCP4 | I/O | TTL | 捕获/比较/PWM 4 |
| 12 | PC6 | I/O | TTL | GPIO 端口 C 位 6 |
| | CCP3 | I/O | TTL | 捕获/比较/PWM 3 |
| 13 | PC5 | I/O | TTL | GPIO 端口 C 位 5 |
| | CCP1 | I/O | TTL | 捕获/比较/PWM 1 |
| 14 | PC4 | I/O | TTL | GPIO 端口 C 位 4 |
| 15 | VDD | — | 电源 | I/O 和某些逻辑的正极电源 |
| 16 | GND | — | 电源 | 逻辑和 I/O 引脚的地参考 |
| 17 | PA0 | I/O | TTL | GPIO 端口 A 位 0 |
| | U0RX | I | TTL | UART 模块 0 接收 |
| 18 | PA1 | I/O | TTL | GPIO 端口 A 位 1 |
| | U0TX | O | TTL | UART 模块 0 发送 |
| 19 | PA2 | I/O | TTL | GPIO 端口 A 位 2 |
| | SSICLK | I/O | TTL | SSI 时钟 |
| 20 | PA3 | I/O | TTL | GPIO 端口 A 位 3 |
| | SSIFSS | I/O | TTL | SSI 帧 |
| 21 | PA4 | I/O | TTL | GPIO 端口 A 位 4 |
| | SSIRX | I | TTL | SSI 模块 0 接收 |
| 22 | PA5 | I/O | TTL | GPIO 端口 A 位 5 |
| | SSITX | O | TTL | SSI 模块 0 发送 |
| 23 | VDD | — | 电源 | I/O 和某些逻辑的电源正极 |
| 24 | GND | — | 电源 | 逻辑和 I/O 引脚的地参考 |
| 25 | PD0 | I/O | TTL | GPIO 端口 D 位 0 |
| | PWM0 | O | TTL | PWM 0 |
| 26 | PD1 | I/O | TTL | GPIO 端口 D 位 1 |
| | PWM1 | O | TTL | PWM 1 |
| 27 | PD2 | I/O | TTL | GPIO 端口 D 位 2 |
| | U1RX | I | TTL | UART 模块 1 接收。当在 IrDA 模式下时，该信号具有 IrDA 调制功能 |
| 28 | PD3 | I/O | TTL | GPIO 端口 D 位 3 |
| | U1TX | O | TTL | UART 模块 1 发送。当在 IrDA 模式下时，该信号具有 IrDA 调制功能 |

续表 1－2

| 引脚号 | 引脚名称 | 引脚类型 | 缓冲区类型 | 描　述 |
|---|---|---|---|---|
| 29 | PB0 | I/O | TTL | GPIO 端口 B 位 0 |
| | PWM2 | O | TTL | PWM 2 |
| 30 | PB1 | I/O | TTL | GPIO 端口 B 位 1 |
| | PWM3 | O | TTL | PWM 3 |
| 31 | GND | — | 电源 | 逻辑和 I/O 引脚的地参考 |
| 32 | VDD | — | 电源 | I/O 和某些逻辑的电源正极 |
| 33 | PB2 | I/O | TTL | GPIO 端口 B 位 2 |
| | I2CSCL | I/O | OD | $I^2C$ 模块 0 时钟 |
| 34 | PB3 | I/O | TTL | GPIO 端口 B 位 3 |
| | I2CSDA | I/O | OD | $I^2C$ 模块 0 数据 |
| 35 | PE0 | I/O | TTL | GPIO 端口 E 位 0 |
| | PWM4 | O | TTL | PWM 4 |
| 36 | PE1 | I/O | TTL | GPIO 端口 E 位 1 |
| | PWM5 | O | TTL | PWM 5 |
| 37 | PC3 | I/O | TTL | GPIO 端口 C 位 3 |
| | TDO | O | TTL | JTAG TDO |
| | SWO | O | TTL | JTAG SWO |
| 38 | PC2 | I/O | TTL | GPIO 端口 C 位 2 |
| | TDI | I | TTL | JTAG TDI |
| 39 | PC1 | I/O | TTL | GPIO 端口 C 位 1 |
| | TMS | I/O | TTL | JTAG TMS |
| | SWDIO | I/O | TTL | JTAG SWDIO |
| 40 | PC0 | I/O | TTL | GPIO 端口 C 位 0 |
| | TCK | I | TTL | JTAG TCK |
| | SWCLK | I | TTL | JTAG SWCLK |
| 41 | PB7 | I/O | TTL | GPIO 端口 B 位 7 |
| | $\overline{\text{TRST}}$ | I | TTL | JTAG TRST |
| 42 | PB6 | I/O | TTL | GPIO 端口 B 位 6 |
| | C0＋ | I | 模拟 | 模拟比较器 0 正极输入 |
| 43 | PB5 | I/O | TTL | GPIO 端口 B 位 5 |
| | CCP5 | I/O | TTL | 捕获/比较/PWM 5 |
| 44 | PB4 | I/O | TTL | GPIO 端口 B 位 4 |
| | C0－ | I | 模拟 | 模拟比较器 0 负极输入 |
| 45 | PD4 | I/O | TTL | GPIO 端口 D 位 4 |
| | CCP0 | I/O | TTL | 捕获/比较/PWM 0 |

续表 1 - 2

| 引脚号 | 引脚名称 | 引脚类型 | 缓冲区类型 | 描　述 |
|---|---|---|---|---|
| 46 | PD5 | I/O | TTL | GPIO 端口 D 位 5 |
| | CCP2 | I/O | TTL | 捕获/比较/PWM 2 |
| 47 | PD6 | I/O | TTL | GPIO 端口 D 位 6 |
| | FAULT | I | TTL | PWM 错误 |
| 48 | PD7 | I/O | TTL | GPIO 端口 D 位 7 |
| | C0O | O | TTL | 模拟比较器 0 输出 |

# 习　题

1. 什么是嵌入式系统？它与通用计算机有何区别？
2. ARM Cortex - M3 有何特点？
3. LM3S811 内部包含哪些模块？
4. LM3S811 有几个 GPIO 口？

# 第 2 章

# ARM Cortex－M3 LM3S811 的开发过程

ARM Cortex－M3 LM3S811 的开发环境可以使用 IAR 编译环境，也可以使用 Keil μVision4 编译环境，这里采用的是 Keil μVision4。

Keil 公司是一家业界领先的微控制器(MCU)软件开发工具的独立供应商，它由两家私人公司联合运营，分别是德国慕尼黑的 Keil Elektronik GmbH 和美国德克萨斯的 Keil Software Inc。Keil 公司制造和销售种类广泛的开发工具，包括 ANSI C 编译器、宏汇编程序、调试器、连接器、库管理器、固件和实时操作系统核心(real-time kernel)。有超过 10 万名微控制器开发人员正在使用这种已得到业界认可的解决方案。

Keil C51 编译器自 1988 年引入市场以来已成为事实上的行业标准，它支持超过 500 种的 8051 变种。Keil C51 是美国 Keil Software 公司出品的 51 系列兼容单片机 C 语言软件开发系统，与汇编语言相比，C 语言在功能、结构性、可读性、可维护性上都有明显的优势，因而易学易用。Keil 提供了包括 C 编译器、宏汇编、连接器、库管理和一个功能强大的仿真调试器等在内的完整开发方案，通过一个集成开发环境(μVision)将这些部分组合在一起。运行 Keil 软件需要 Windows 2000、Windows XP 等操作系统。如果使用 C 语言编程，那么 Keil 几乎就是不二之选，即使不使用 C 语言而仅用汇编语言编程，其方便易用的集成环境和强大的软件仿真调试工具也会令人事半功倍。

## 2.1 Keil μVision4 的安装和使用

### 2.1.1 Keil μVision4 简介

Keil μVision4 是美国 Keil Software 公司 2009 年 2 月发布的集体开发工具。它引入了灵活的窗口管理系统，使开发人员能够使用多台监视器，并提供了视觉上的表面对窗口位置任何地方的完全控制。新的用户界面可以更好地利用屏幕空间和更有效地组织多个窗口，从而提供一个整洁、高效的环境来开发应用程序。新版本支持更多最新的 ARM 芯片，还添加了一些其他新功能。

2011 年 3 月在 ARM 公司发布的最新集成开发环境 Real View MDK 开发工具

中集成了最新版本的 Keil μVision4，其编译器和调试工具实现了与 ARM 器件的最完美匹配。

## 2.1.2 Keil μVision4 的安装

安装步骤是：

① 双击软件安装包如图 2－1 所示，弹出如图 2－2 所示的界面，单击 Next 按钮，进入 License 界面。

图 2－1 Keil μVision4 软件安装包

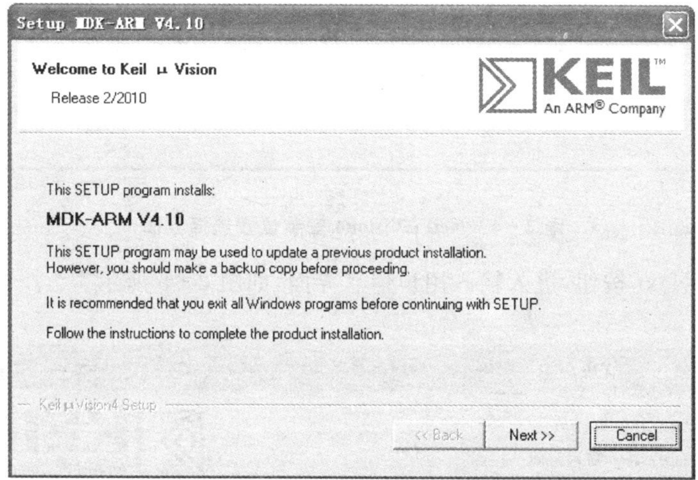


图 2－2 Keil μVision4 安装界面

② 选中“I agree…”复选框如图 2－3 所示，单击 Next 按钮，进入安装位置选择界面，如图 2－4 所示。

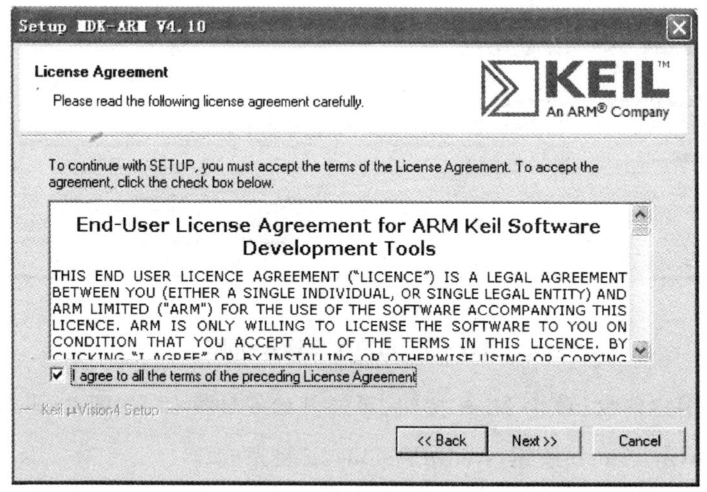


图 2－3 Keil μVision4 安装的 License 界面

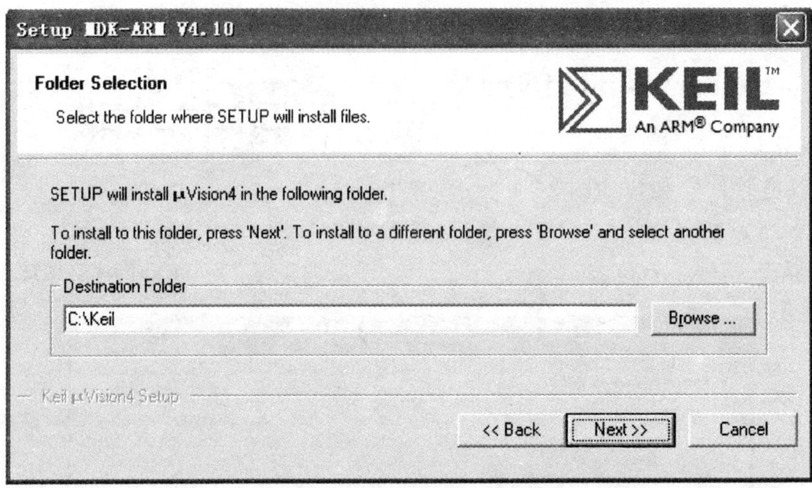


图 2－4　Keil μVision4 安装位置选择界面

③ 单击 Next 按钮，进入输入用户信息界面，如图 2－5 所示。

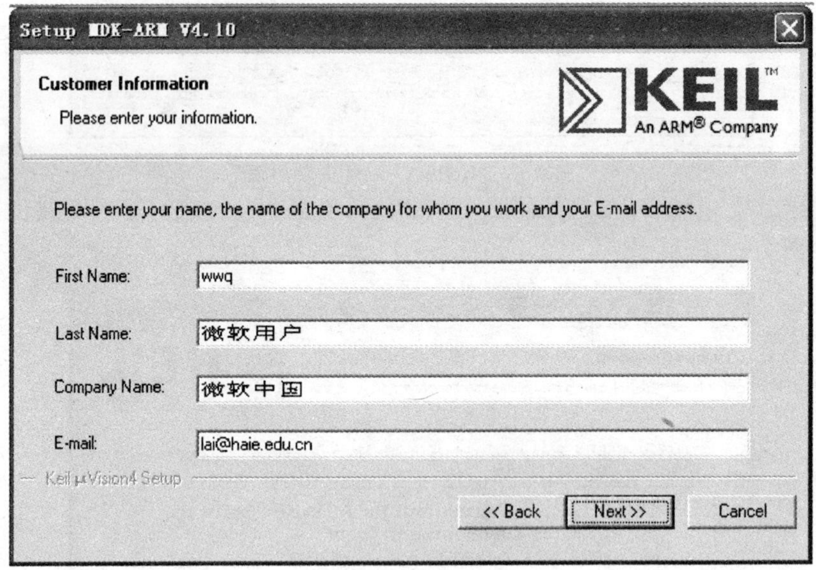


图 2－5　用户信息输入界面

④ 输入用户信息，单击 Next 按钮，系统开始安装文件，如图 2－6 所示，安装完毕(图 2－7)单击 Finish 按钮，Keil μVision4 安装完成。

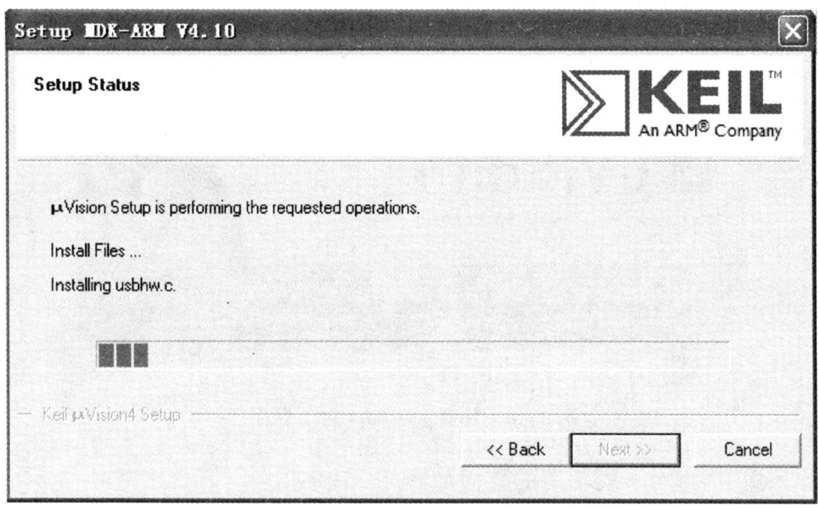


图 2-6　Keil μVision4 文件安装界面

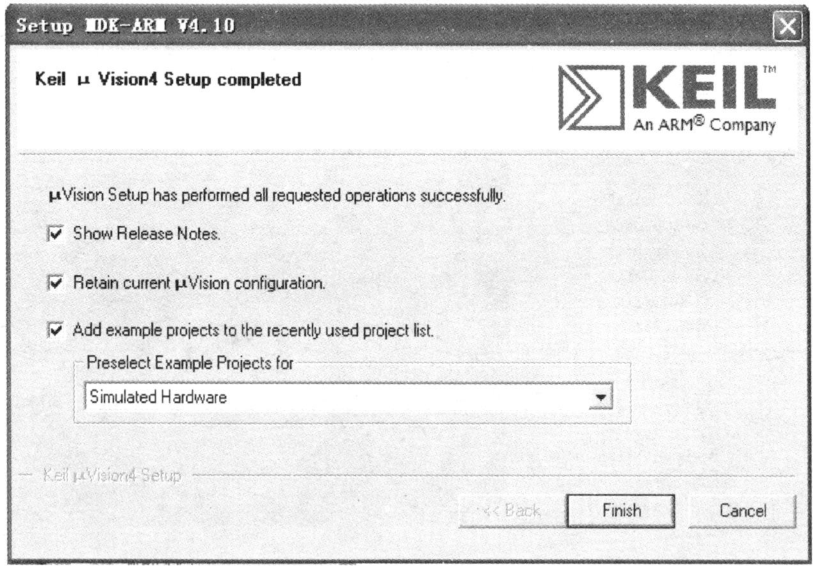


图 2-7　Keil μVision4 安装完成界面

### 2.1.3　Keil μVision4 的使用

操作步骤是：

① 双击 Keil μVision4 桌面快捷方式打开软件，启动界面如图 2-8 所示。

**图 2－8　Keil μVision4 启动界面**

启动 Keil μVision4 成功后的界面如图 2－9 所示。

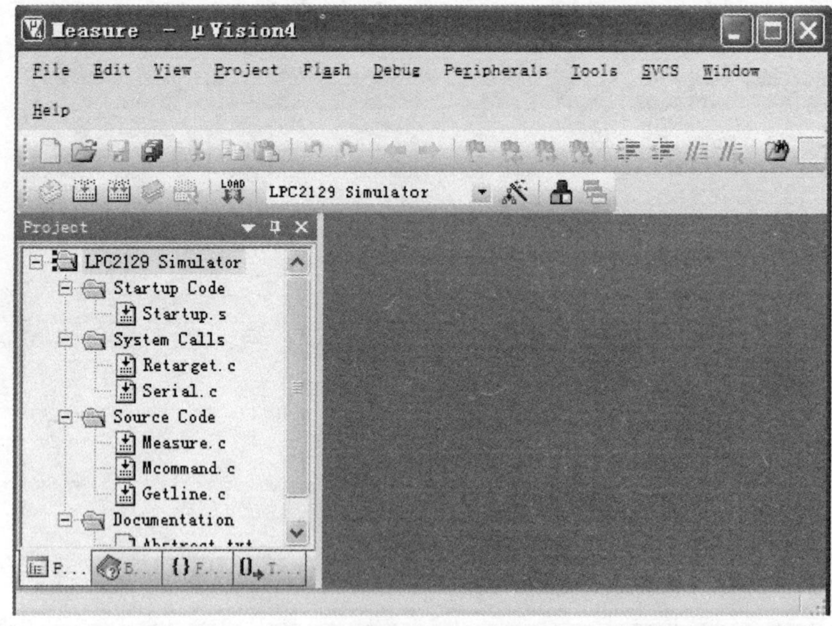


**图 2－9　Keil μVision4 操作界面**

② 选择 Project→New μVision Project 菜单项新建工程文件，如图 2－10 所示，弹出创建新工程对话框如图 2－11 所示。

③ 在如图 2－11 所示的对话框中输入工程文件名，并选择保存工程文件的目录，然后单击"保存"按钮。

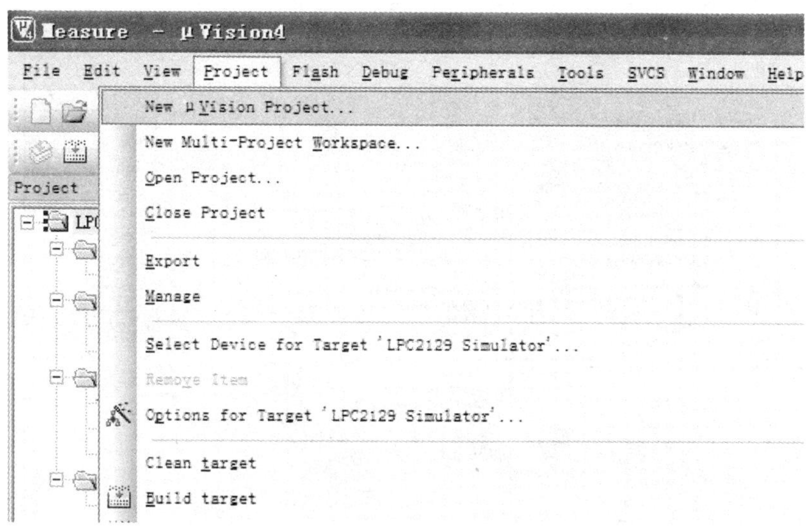


图 2－10　新建工程

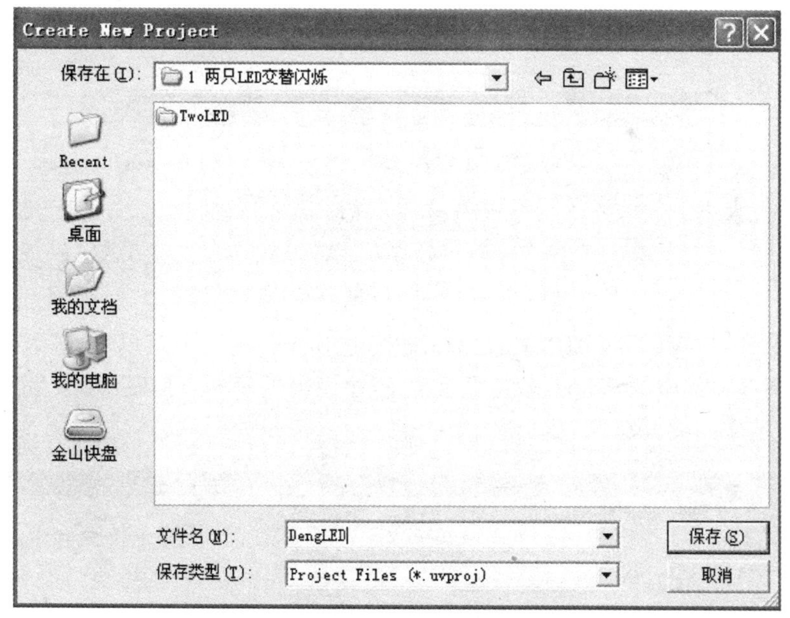


图 2－11　创建新工程对话框

④ 在接下来弹出的窗口(图 2－12)中选择微处理器型号。

⑤ 单击图 2－12 中的 OK 按钮，弹出如图 2－13 所示的对话框，单击“是”按钮，进入 Keil μVision4 的集成编辑环境，如图 2－14 所示。

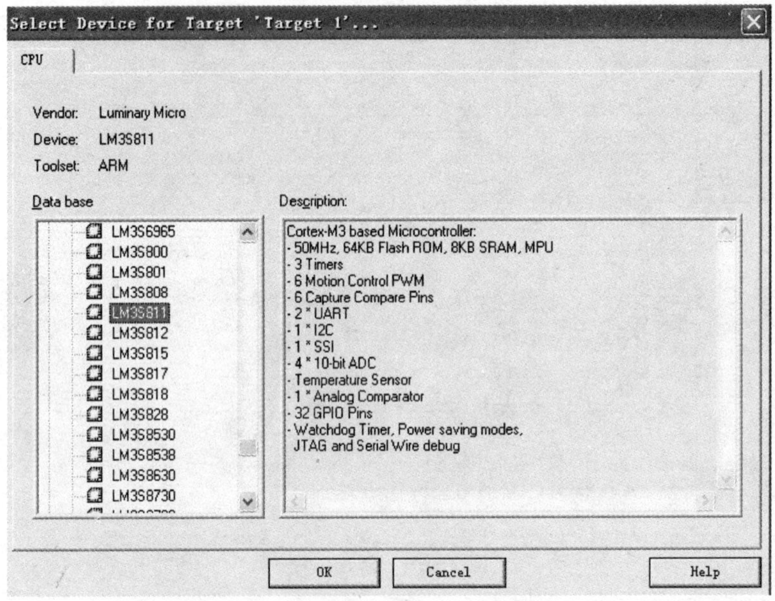


图 2-12　选择处理器厂家和具体型号对话框

图 2-13　复制 Luminary Startup Code 对话框

⑥ 在 Keil μVision4 的集成编辑环境中，选择 File→New 菜单项，进入程序编辑界面，如图 2-14 中的 Text1 标签所示，在程序编辑界面输入程序，并保存为 .c 或 .h 文件到指定文件夹。

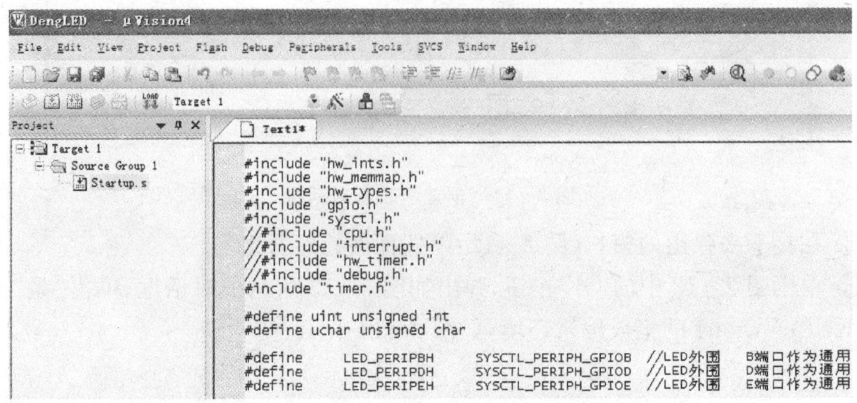


图 2-14　Keil μVision4 的集成编辑环境

⑦ 右击左侧 Project 中的 Source Group 1 弹出快捷菜单如图 2 - 15 所示。选择 Add Files to Group 'Source Group 1',进入如图 2 - 16 所示对话框。

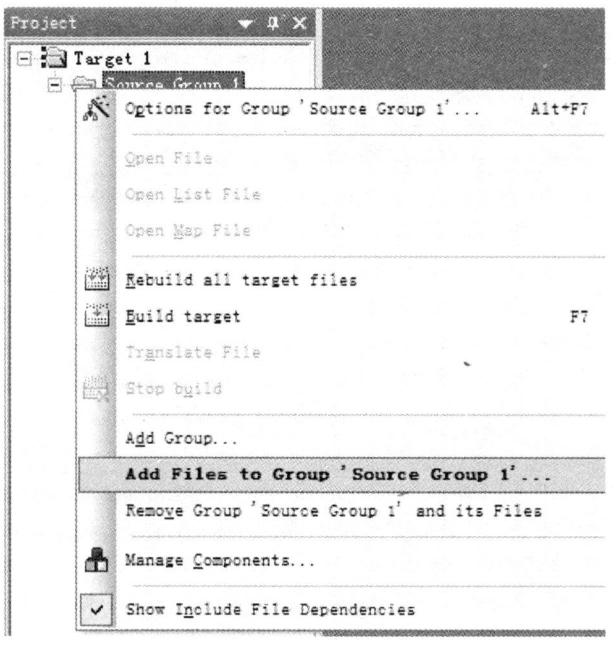


**图 2 - 15　加入包含文件或源程序文件菜单**

⑧ 在图 2 - 16 所示对话框中选择指定文件夹中的源程序文件或包含文件,单击 Add 按钮,重复此步骤,直到添加完所有文件。

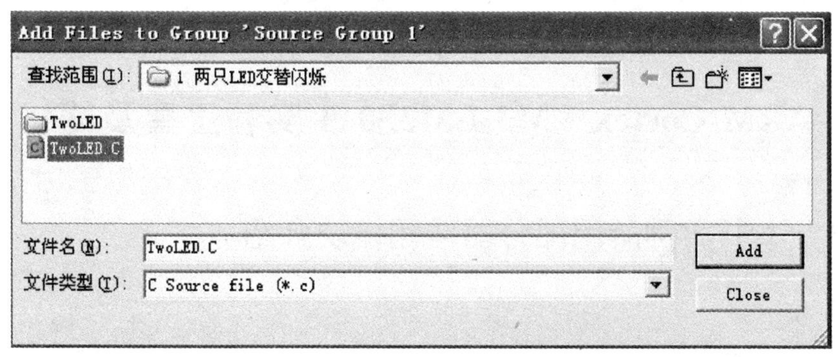


**图 2 - 16　添加源程序文件对话框**

⑨ 单击 Keil μVision4 集成编辑环境中的编译工具按钮,如图 2 - 17 所示,编

译工程文件。再根据编译输出提示，反复修改程序文件，直到输出正确的 HEX 文件。

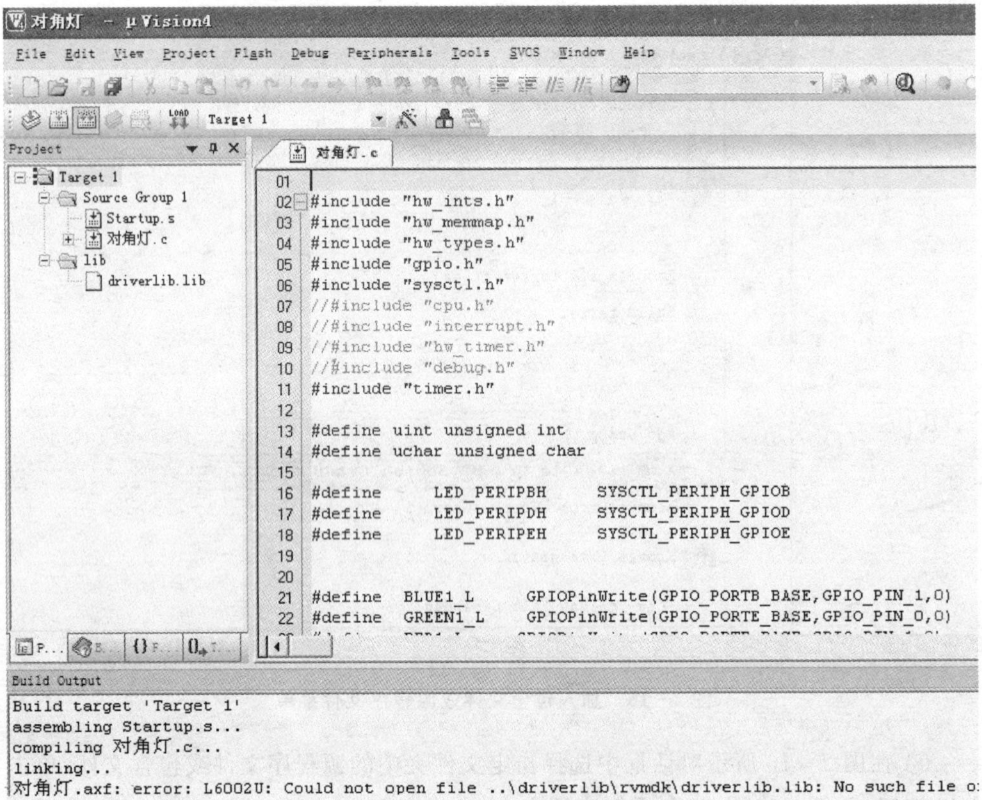

对角灯 － μVision4

File Edit View Project Flash Debug Peripherals Tools SVCS Window Help

Target 1

Project: Target 1 / Source Group 1 / Startup.s / 对角灯.c / lib / driverlib.lib

对角灯.c

```
#include "hw_ints.h"
#include "hw_memmap.h"
#include "hw_types.h"
#include "gpio.h"
#include "sysctl.h"
//#include "cpu.h"
//#include "interrupt.h"
//#include "hw_timer.h"
//#include "debug.h"
#include "timer.h"

#define uint unsigned int
#define uchar unsigned char

#define     LED_PERIPBH     SYSCTL_PERIPH_GPIOB
#define     LED_PERIPDH     SYSCTL_PERIPH_GPIOD
#define     LED_PERIPEH     SYSCTL_PERIPH_GPIOE


#define  BLUE1_L      GPIOPinWrite(GPIO_PORTB_BASE,GPIO_PIN_1,0)
#define  GREEN1_L     GPIOPinWrite(GPIO_PORTE_BASE,GPIO_PIN_0,0)
```

Build Output

```
Build target 'Target 1'
assembling Startup.s...
compiling 对角灯.c...
linking...
对角灯.axf: error: L6002U: Could not open file ..\driverlib\rvmdk\driverlib.lib: No such file o
```

**图 2－17　Keil μVision4 编译窗口**

## 2.2　ARM Cortex－M3 LM3S811 实验工具及器材

### 2.2.1　本书实例所用部分器件和模块介绍

本书基本实例采用的是实验板 EK－LM3S811，实验板外形如图 2－18 所示，实验板的安装图如图 2－19 所示。

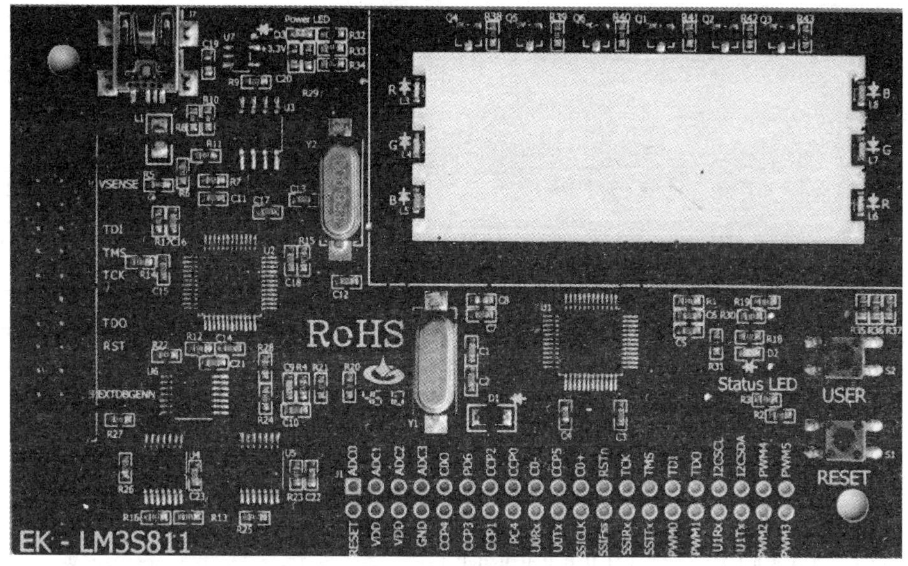


图 2 - 18 实验板 EK - LM3S811 外形图

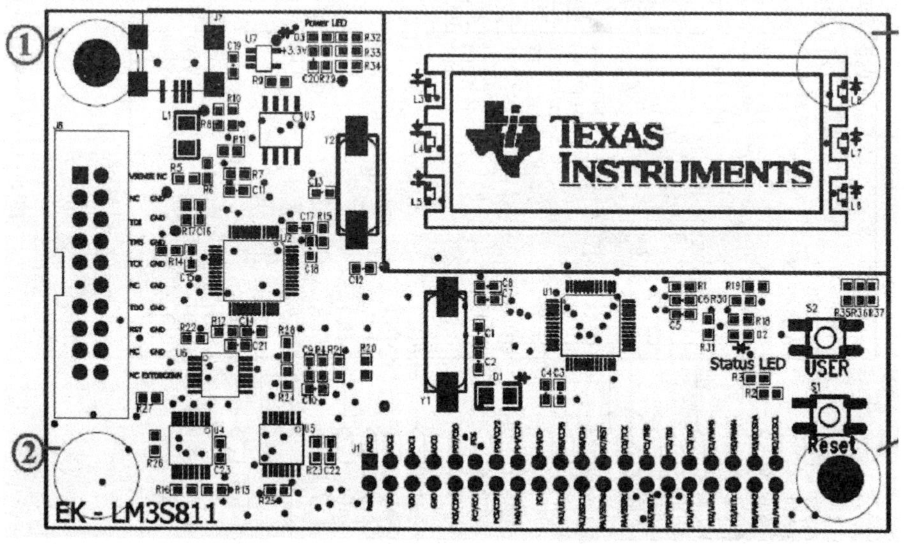


图 2 - 19 实验板 EK - LM3S811 安装图

## 2.2.2 实验板电路原理

### 1. LM3S811 系统应用电路

Cortex - M3 的核是 LM3S811，电路应用图如图 2 - 20 所示。它要想正常工作，应该具备以下条件：

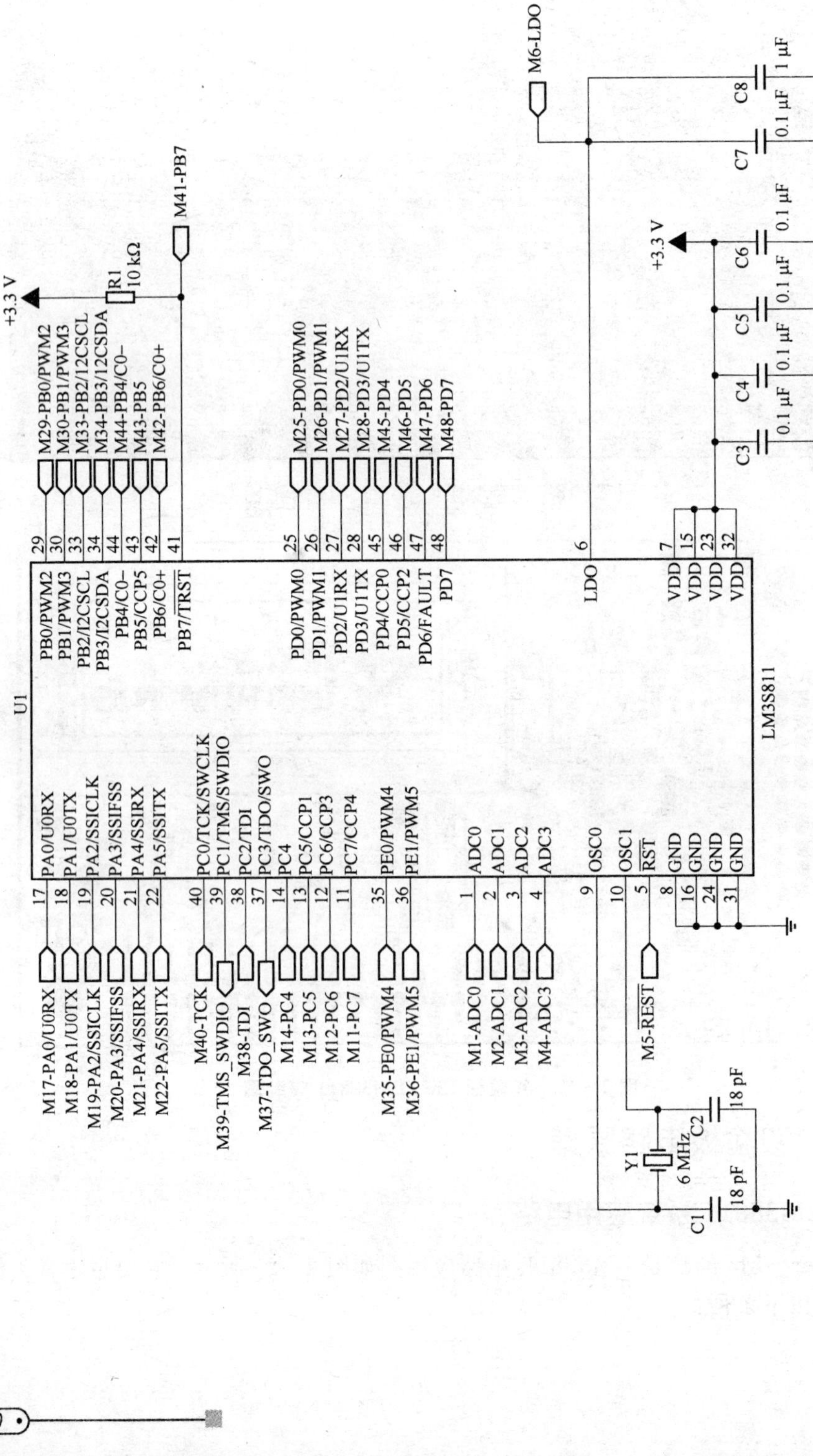

图 2－20 LM3S811 应用电路

① 工作电压　3.0～3.6 V。

② 时钟。虽有两个专用的时钟引脚，但内置的 12 MHz 振荡器可作为时钟源，根据应用情况可以不用外挂晶振，EK－LM3S811 配置了外置的 6 MHz 晶振。

③ 复位电路。内带 POR 电路，可以不使用外部复位电路(复位引脚要上拉到电源)，当然也可以使用外部复位电路。

④ 编程调试接口。可以像 EVK 那样使用 JTAG/SW 接口，最多占用 5 个引脚。

### 2. USB 到 UART/FIFO 的转换电路

实验板上使用了 FT2232 接口芯片，如图 2－21 所示。该芯片的工作电压取自 USB 接口的电源引脚＋5 V，而 LM3S811 的最大电源输入是 3.6 V，实验板上使用了三态输出的四路总线缓冲器 SN74LVC125A 和 SN74LVC126A 作为两个芯片之间的数据接口的衔接。

**(1) FT2232 电路概览**

FT2232C 是一款从 USB 到 UART/FIFO 的转换电路芯片，是 FTDI 公司继第二代 FT232BM 和 FT245BM 之后的第三代产品，集成了两片 BM 芯片的功能。电路使用 48－LD LQFP 封装。

FT2232C 具有两个多用途的 UART/FIFO 控制器，可分别配置成不同的工作模式。一个 USB 下游端口转换成两个 I/O 通道，每个 I/O 通道相当于一个 FT232BM 或 FT245BM，可以单独配置成 UART 接口或 FIFO 接口。通过对外挂 EEPROM 的配置，FT2232C 还提供一系列新的操作模式，如多协议同步串行机接口，这是专为同步串行协议如 JTAG 和 SPI 总线设计的。还有同步位宽模式、CPU 风格的 FIFO 模式、多协议同步串行机接口模式、MCU 主机总线竞争模式及快速光隔离串行机接口模式等。此外，该电路的驱动能力也有很大提高，能够输出是通常电路 3 倍的功率，这使得多个电路共享总线成为可能。使用 FTDI 公司提供的虚拟串口(VCP)驱动，对外围接口的使用就像使用 PC 的标准串口一样。许多现有软件经过简单重新配置即可与虚拟串口相接，应用程序与电路间的通信跟与 PC 的 COM 口通信相同。

**(2) FT2232 电路的特征**

本转换电路具有以下特征：

① 只需添加简单的配置电路，便可实现由单电路到双通道串/并口的转换；

② 芯片上集成了全部 USB 处理协议，使用时不需另外编写 USB 固件程序；

③ 2 个 I/O 通道(A/B)相互独立，可配置成 2 个 5 V、2 个 3.3 V，或者一个 5 V、一个 3.3 V 的逻辑 I/O 接口；

④ UART 接口支持 7～8 位数据位，1/2 位停止位，奇校验/偶校验/标志位/空位/无奇偶校验；

⑤ 发送数据的速率为 300 bps～1 Mbps(RS－232)或 3 Mbps(TTL、RS－232/RS－485)；

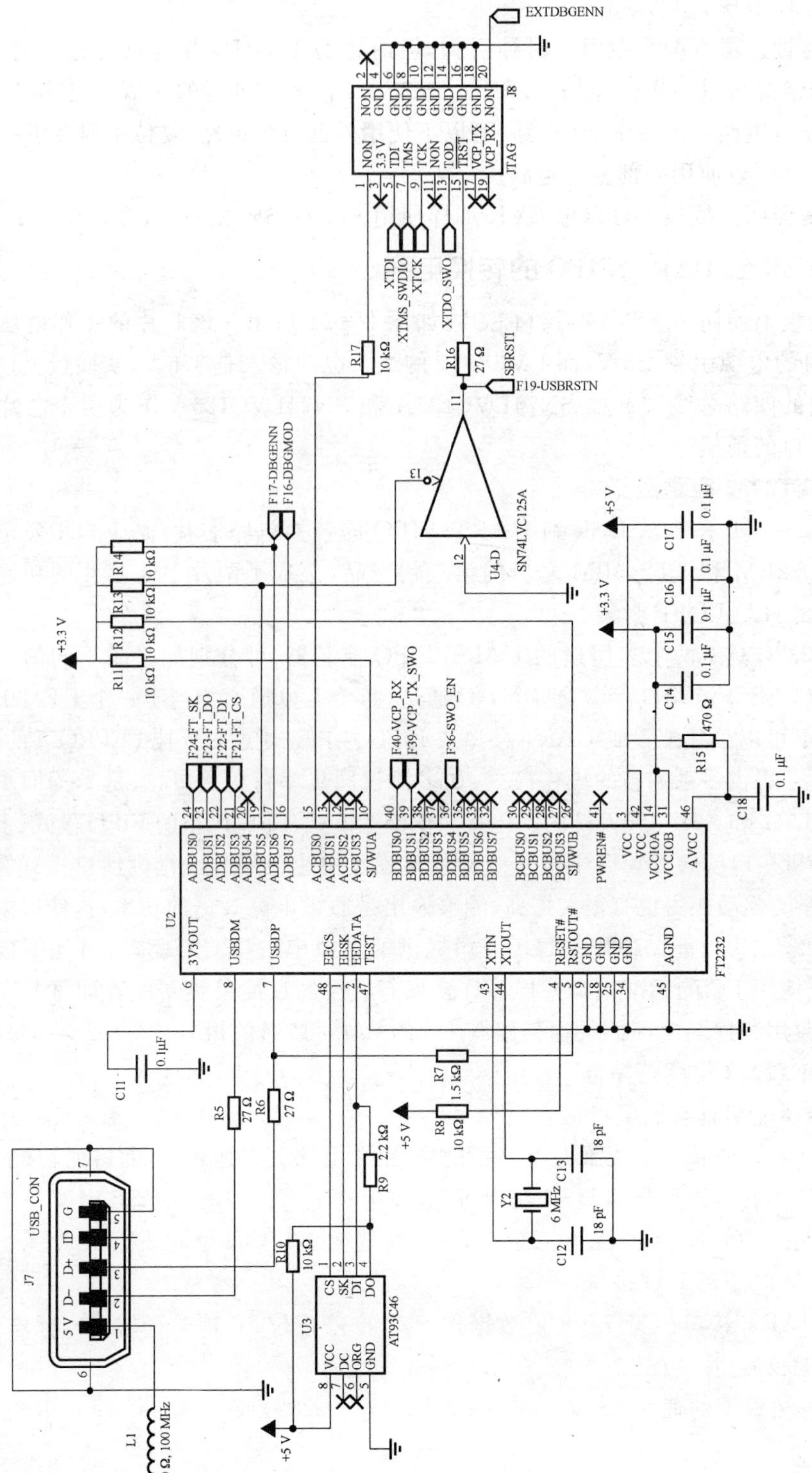

图 2－21　FT2232 接口芯片及其外围电路

⑥ 接口模式和 USB 描述字符可在外部 EEPROM 中配置，还可在板子上通过 USB 对 EEPROM 配置；

⑦ 4.35～5.25 V 的单电压工作范围。

### 3. 实验板对外接口端子简介

EK－LM3S811 实验板将 LM3S811 对外输入/输出引脚和电源通过接线端口 J1 对外引出，供用户选择使用。J1 的各个端子名称和功能如图 2－22 所示。为了用户连线方便，接线端子的引出引脚重新进行了排列，1～4 脚为 A/D 转换引脚，5～8脚为 PD 口高 4 位，35～38 为 PD 口低 4 位，其中 PD0 和 PD1 也可为 PWM 输出引脚，PD2 和 PD3 也分别是 UART1 的接收和发送口；9～12 脚为 PB 口高 4 位，其中 PB4 和 PB6 也分别是内部比较器 C0－和 C0＋；其他引脚功能如图 2－22 所示。

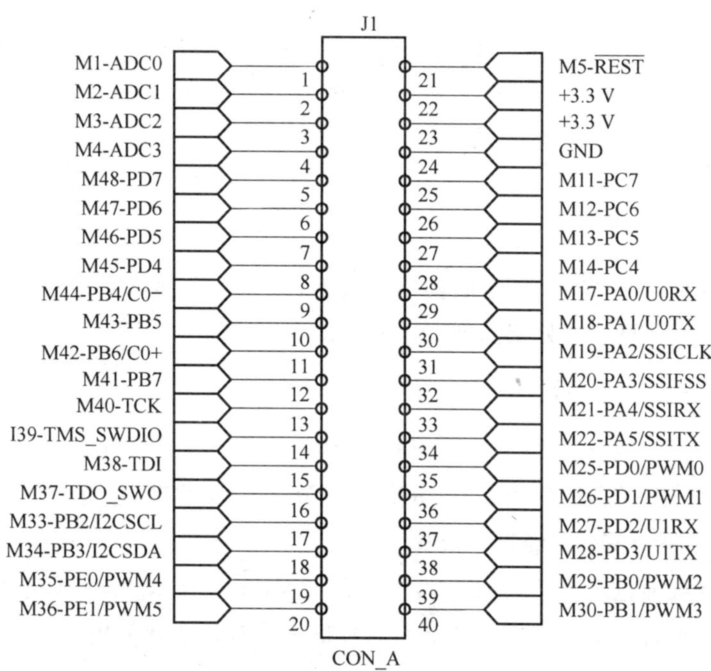


**图 2－22 EK－LM3S811 端口引出引脚**

### 4. 复位和指示电路

在图 2－23 中，当上电时，电容 C9 视为短路，开始低电平复位，电源通过 R3 给 C9 充电，当电压充到一定时，芯片退出复位状态，进入正常工作状态。在正常工作时，也可以按下 S1 键进行手动复位。

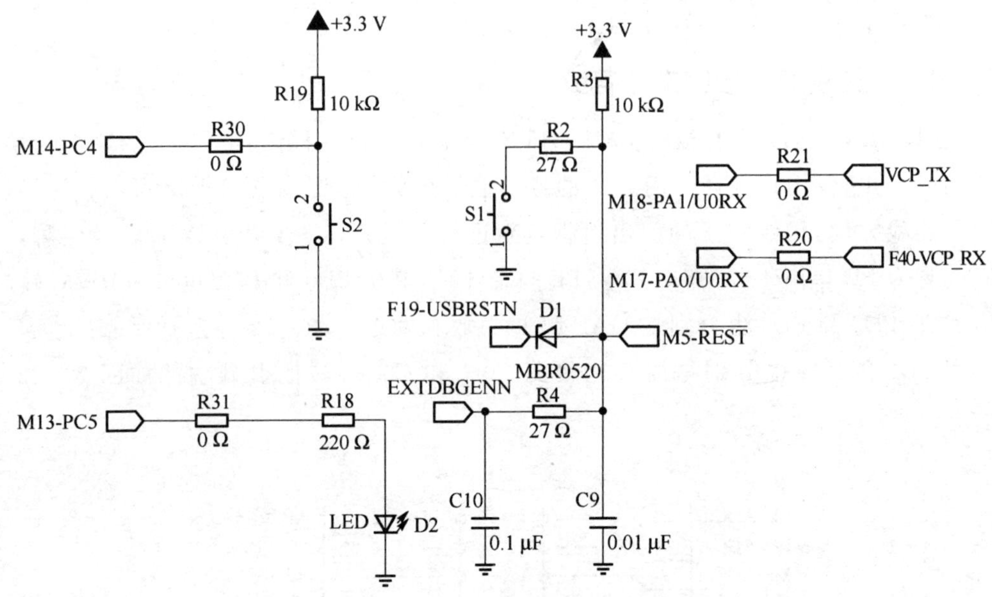


图 2-23　复位和指示电路

为了防止 JTAG 失效，上电或复位时按下板上的 S2 键，进入死循环函数，以等待 JTAG 连接，LED 一直处于闪烁。

## 5. LED 输出电路和电源转换电路

用两组红、绿、蓝三色 LED 指示灯构成图案，如图 2-18 所示。其中，红色 LED 分别由 PE1 和 PB0 驱动，绿色 LED 分别由 PE0 和 PD1 驱动，蓝色 LED 分别由 PB1 和 PD0 驱动。驱动信号都经过三极管放大。

由于实验板通过电脑 USB 供电，电压是 5 V，而芯片 LM3S811 的工作电压是 3 V，因此需要经过 5 V/3 V 转换才能给芯片供电。转换芯片采用 200 mA 低 IQ、低压差稳压器 TLV70033DDC。电路如图 2-24 所示，图中 D3 是 3.3 V 电源指示灯。

## 6. 数据接口的衔接

实验板上使用了三态输出的四路总线缓冲器 SN74LVC125A 和 SN74LVC126A 作为两个芯片之间数据接口的衔接，如图 2-25 所示。

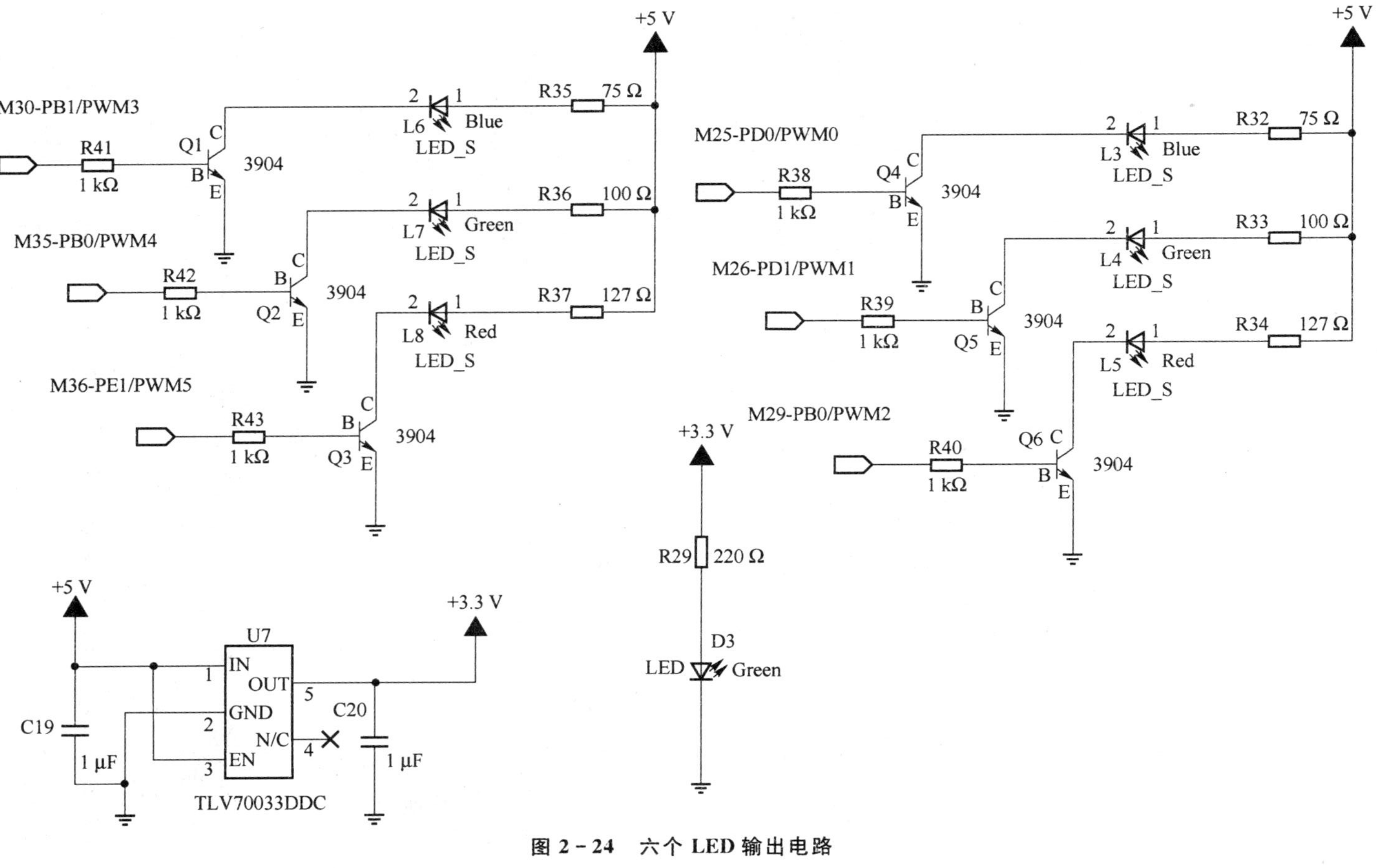


图 2-24　六个 LED 输出电路

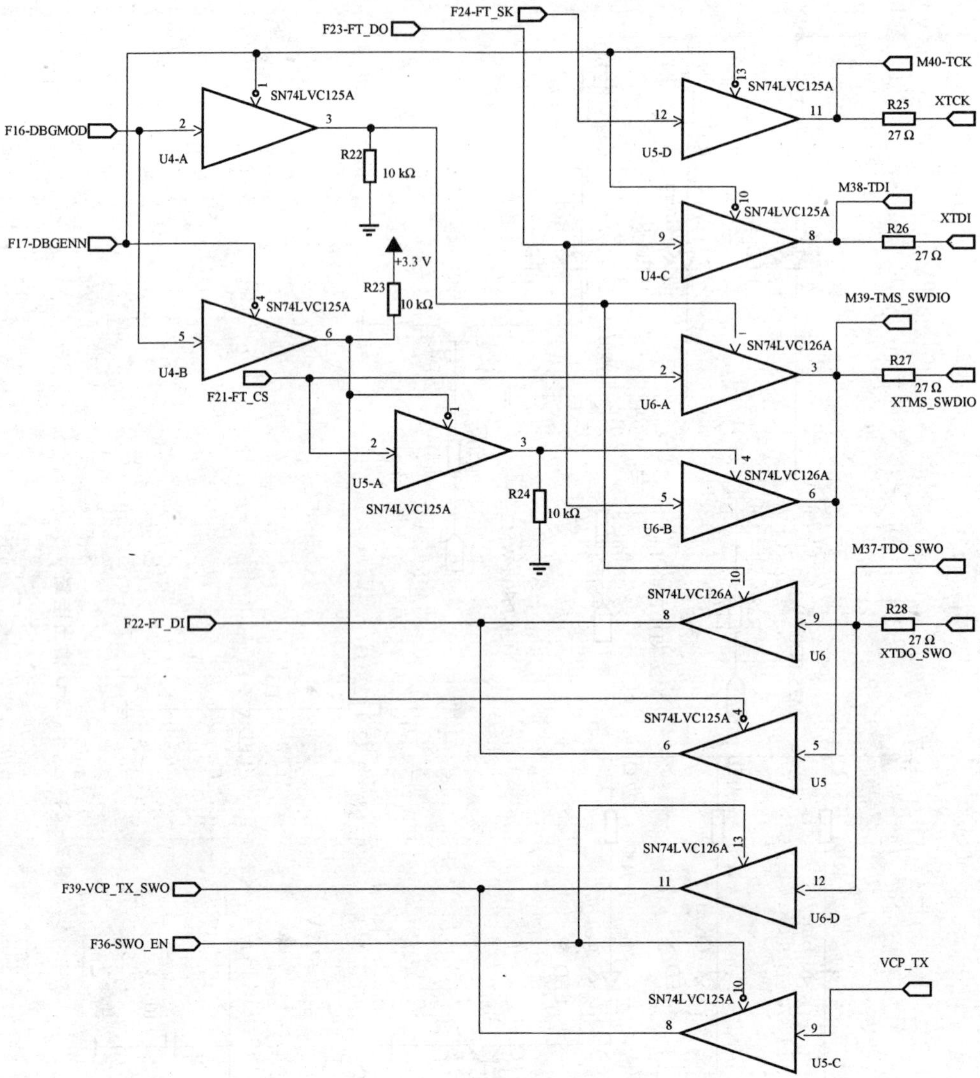

图 2 - 25　数据接口电路

## 2.2.3　驱动软件、工具软件和库软件简介

### 1. 开发工具环境

开发工具环境采用 Keil μVision4(包含光盘)。

### 2. 下载工具

下载工具采用 LM Flash Programmer 和 Keil 软件中的 LOAD 工具。

### 3. StellarisWare 安装包

在光盘中已经含有该安装包，也可从网上下载，网站地址为 http://www.ti.com/tool/sw-lm3s。

StellarisWare 安装完成后，安装的文件位于 C:\StellarisWare 文件夹中。StellarisWare 文件夹中包含 driverlib，grlib，usblib，boards，docs，examples，inc，boot_loader 等文件夹，下面就每个文件夹的作用进行简单介绍。

#### (1) driverlib 文件夹

driverlib 文件夹中存放的是与 Stellaris 外设驱动库相关的文件。在此文件夹中，有两个参数在后面的开发中需要使用：一是 C:\StellarisWare\driverlib\rvmdk 目录下的 driverlib.lib 文件，每个工程文件中都必须包含此文件；二是 driverlib 目录下的驱动程序和库函数，它们会在工程的 include 中调用，所以应在 IAR C/C＋＋ Compiler 的 Preprocessor 选项卡中进行路径设置，即设置为"C:\StellarisWare\driverlib"。

Stellaris 外设驱动库可用于控制 Stellaris 系列 ARM Cortex－M3 微处理器中的外设。Stellaris 外设驱动库可支持直接寄存器驱动模式和软件驱动模式。直接寄存器驱动模式包括可用于各个特定 Stellaris MCU 的头文件，类似于 8 位或 16 位 MCU 的开发，以便于生成效率较高的较小型代码。

软件驱动模式无需了解芯片内部的寄存器及寄存器如何操作，而直接调用硬件的 API 函数便可实现硬件系统的开发。

#### (2) grlib 文件夹

grlib 文件夹中存放的是与 Stellaris 图形库相关的代码和程序。在基于 Stellaris 微处理器且带有图形显示器的电路板上，利用 Stellaris 图形库能够创建图形用户界面。图形库由三个功能组成：显示驱动层，基本图元层，小控件层。

显示驱动层针对使用中的显示屏幕，移植相关的驱动程序。

基本图元层可以实现无抖动工作区的活动显示缓冲，或者在外缓冲区绘制点、线、矩形、圆形、字体、位图及文本等。

小控件层支持复选框、按钮、单选按钮、滑块和列表框等。

#### (3) usblib 文件夹

usblib 文件夹中存放的是与 Stellaris USB 库相关的程序和代码。Stellaris USB 库是一套免专利费的数据类型库函数，通过 Stellaris USB 库可以方便地创建 USB 设备、主机或 OTG 应用等。

Stellaris USB 库提供了多种编程接口，从仅抽取底层 USB 控制器到提供简单的

API 函数和专用器件的高级接口等。

Stellaris USB 库提供的 USB 设备示例包括 HID 键盘、HID 鼠标、CDC 串行及通用大型设备等。此处提供的 USB 主机示例包括大容量存储(USB 闪存盘)、HID 键盘和 HID 鼠标等。同时，Stellaris USB 库采用预编译的 DLL 动态链接库文件针对所支持的 USB 类提供基于 Windows 的 INF，从而可以方便地运用到开发中去。

**(4) boards 文件夹**

boards 文件夹中存放的是 TI 公司已经发布的评估板的示例程序，如之前网上申请的 LM3S8962 开发板，内含所有评估板的示例程序。

**(5) docs 文件夹**

docs 文件夹中存放的是与 StellarisWare 配套的文档，包括各类开发板的详细文档资料，以及 Stellaris 外设驱动库(SW-DRL-UG-xxxx. pdf)、Stellaris USB 库(SW-USBL-UG-xxxx. pdf)和 Stellaris 图形库(SW-GRL-UG-xxxx)的用户手册。在使用这些驱动库的时候，若遇到问题，可以参考相应的用户手册。

**(6) examples 文件夹**

examples 文件夹中存放的是 Stellaris MCU 的典型硬件的示例代码，如 ADC、定时器和中断等。

**(7) inc 文件夹**

inc 文件夹中存放的是系统处于直接寄存器驱动模式时的硬件寄存器驱动，需在 IAR C/C＋＋ Complier 的 Preprocessor 选项卡中设置此文件夹的路径，即设置为"C:\StellarisWare\inc"。

**(8) boot_loader 文件夹**

boot_loader 文件夹中存放的是为 Stellaris 系列 Cortex 内核处理器编写的多种外设的初始化程序，这些初始化程序是位于 Flash 起始地址处的一小段代码，占据空间默认为 2KB，主要作用是初始化硬件设备和建立内存空间映射图，以便将系统的软、硬件环境带到一个合适状态，从而为最终调用操作系统内核准备好正确的环境。

boot_loader 文件夹中的源代码由多个文件组成，主要分为 6 个组成部分，其中包括几个头文件，例如，串行数据包收发控制文件 bl_packet. c、UART 端口数据传输文件 bl_uart. c、自动获取波特率头文件 bl_autobaud. h 和 SSI 端口数据传输文件 bl_ssi. c。

在 StellarisWare 中，还包含了第三方软件、串行下载和开发工具等软件，详细资料请参考"docs"文件夹中的用户手册。

## 2.2.4　LM Flash Programmer 的安装

将实验板与 PC 通过 mini USB 连接以后就会弹出安装提示，如图 2 - 26 所示。

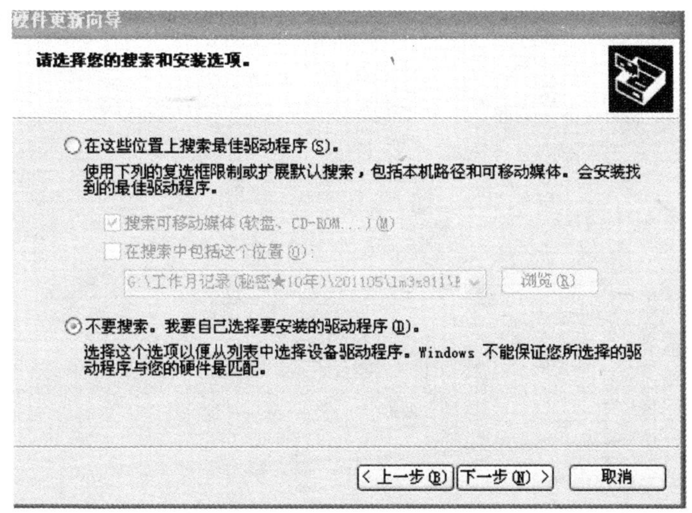


图 2 - 26　实验板安装驱动程序

选择要安装的驱动程序，找到光盘所给驱动的路径，单击“下一步”按钮即可简单地驱动成功，这时，打开电脑的“设备管理器”，就会看见在设备管理器的“端口”栏目下显示 Stellaris Virtual COM Port(COM4)，在“通用串行总线控制器”栏目下显示 Stellaris Evaluation Board A 和 Stellaris Evaluation Board B，如图 2 - 27 所示。

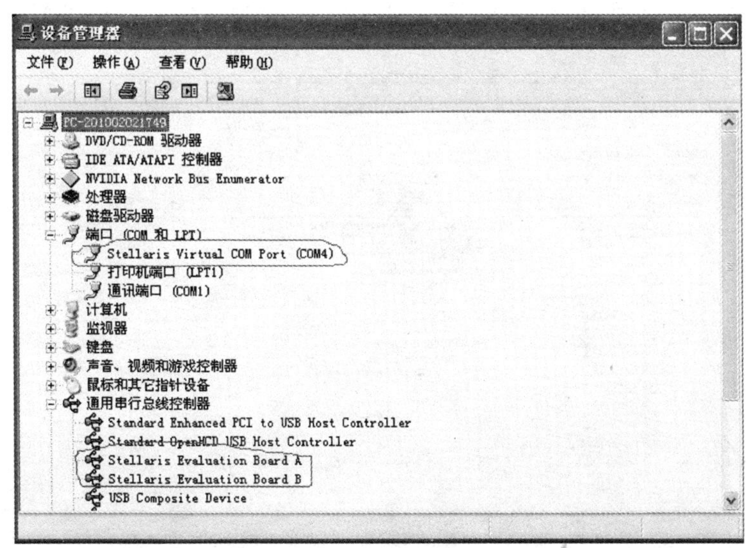


图 2 - 27　电脑设备管理器的“端口”和“通用串行总线控制器”栏目的变化

## 2.2.5 Keil 软件的设置

### 1. 设置目标文件属性

新建立 Keil 工程，选择 Project→Options for Target 菜单项，打开如图 2 - 28 所示对话框。

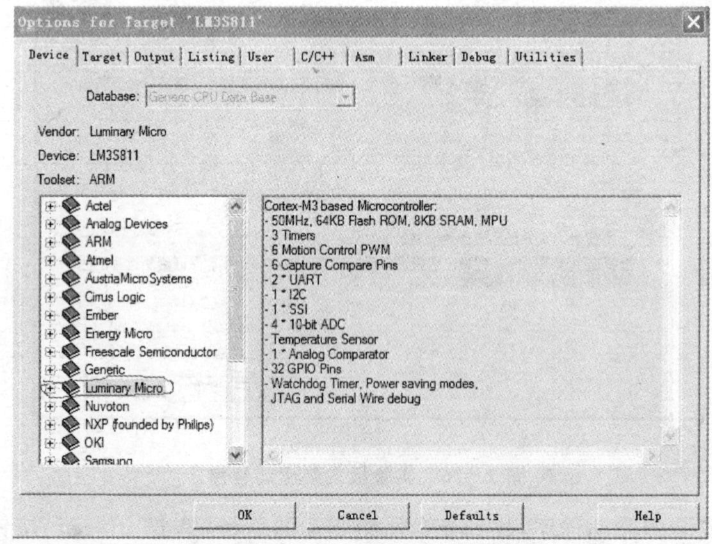

图 2 - 28 在 Keil 软件中，Device 选择 Luminary Micro LM3S811

### 2. 设置 CPU 型号

选择 Device 选项卡，在“Toolset：ARM”列表框中选择 LM3S811，如图 2 - 29 所示。

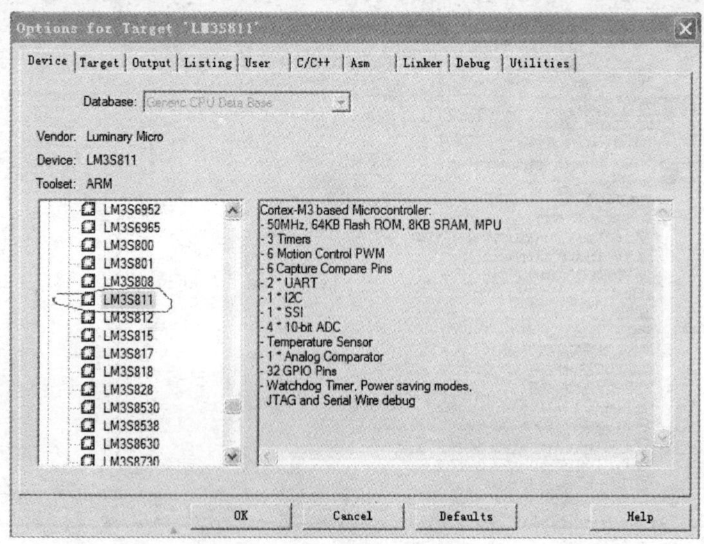

图 2 - 29 选择 LM3S811

### 3. 设置 CPU 晶振

因为实验板是 6 MHz，因此在 Options for Target ‘LM3S811’对话框中选择 Target 选项卡，将其中的晶振改为 6 MHz，如图 2－30 所示。

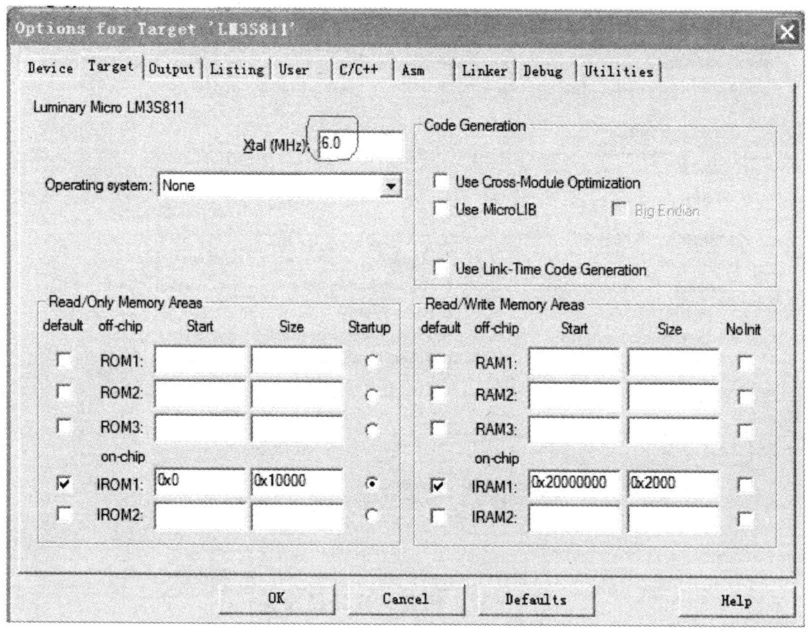


图 2－30　设置晶振为 6 MHz

### 4. 设置输出文件类型

在 Output 选项卡中选中 Create HEX File，以后就可以产生所要的下载文件，如图 2－31 所示。

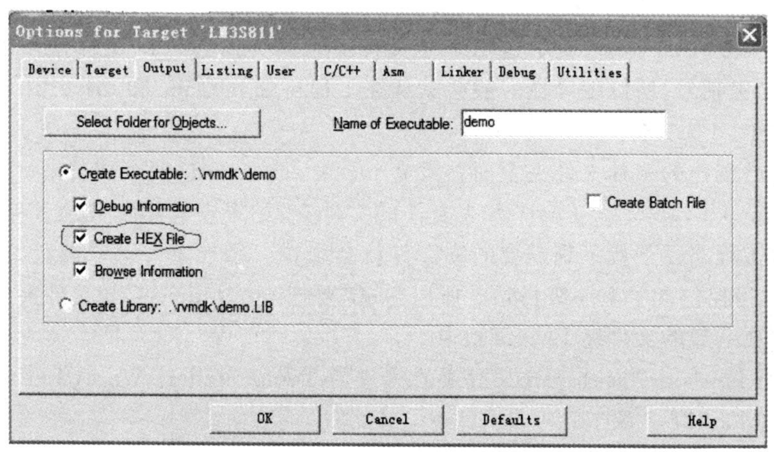


图 2－31　设置输出文件类型

### 5. 设置包含文件路径

在 C/C++选项卡中，Include Paths 文本框所指的是 C/C++头文件所在的文件夹，修改包含文件的路径如图 2 - 32 所示，这是为了使程序在编译时可以找到 inc 和 driverlib 两个文件夹，从而把所要的头文件包含进来。

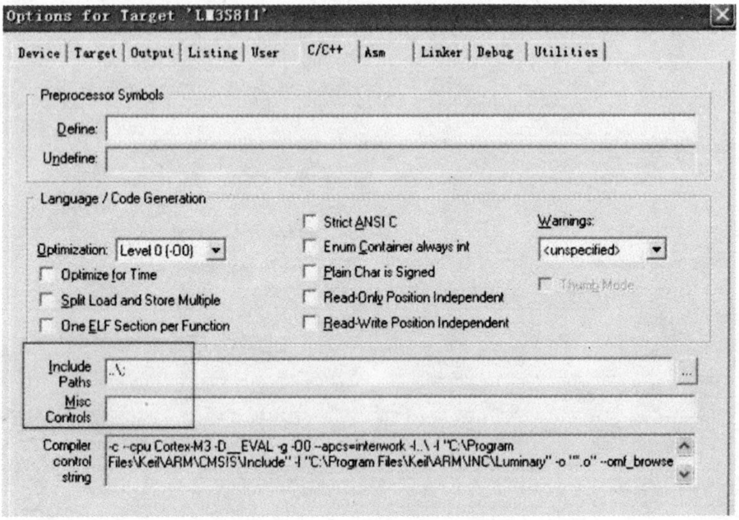

图 2 - 32　包含文件路径设置

例如，在程序里有如下一段头文件包含语句：

```
#include "inc/hw_types.h"
#include "inc/hw_memmap.h"
#include "driverlib/gpio.h"
#include "driverlib/uart.h"
```

"inc/"和"driverlib/"表示这两个是文件夹。因为所包含的文件使用的是双引号，而不是尖括号，所以编译器一般会默认在工程目录下的 inc 和 driverlib 文件夹里寻找这 4 个. h 头文件。

而自己创建的工程文件夹下面并没有 inc 和 driverlib 这两个放置 hw_types. h, hw_memmap. h, gpio. h 和 uart. h 头文件的文件夹，如果没有增加"..\;"路径，那么编译器在工程路径下找不到需要的头文件就会报错。增加了"..\;"路径之后，表示 include 的路径包含了上一级目录。所以，一定要把 inc 和 driverlib 文件夹复制到与自建工程在一起的文件夹 LM3S811 中。

**注意：** inc 和 driverlib 两个文件夹在光盘的 Tools\StellarisWare\StellarisWare_for_EK-LM3S811 目录下。

### 6. Debug 的设置

设置板载电路调试接口(ICDI)如图 2 - 33 所示，这样，既可为板上 Stellaris 器件，也可为其他 Stellaris 微处理器提供调试功能。Debug 选项卡中的 Driver DLL 必须填入如图 2-33 所示的内容，否则在程序调试时会出现 no cpu dll specified under 'Options for Target-Debug'的错误提示，导致调试不成功。

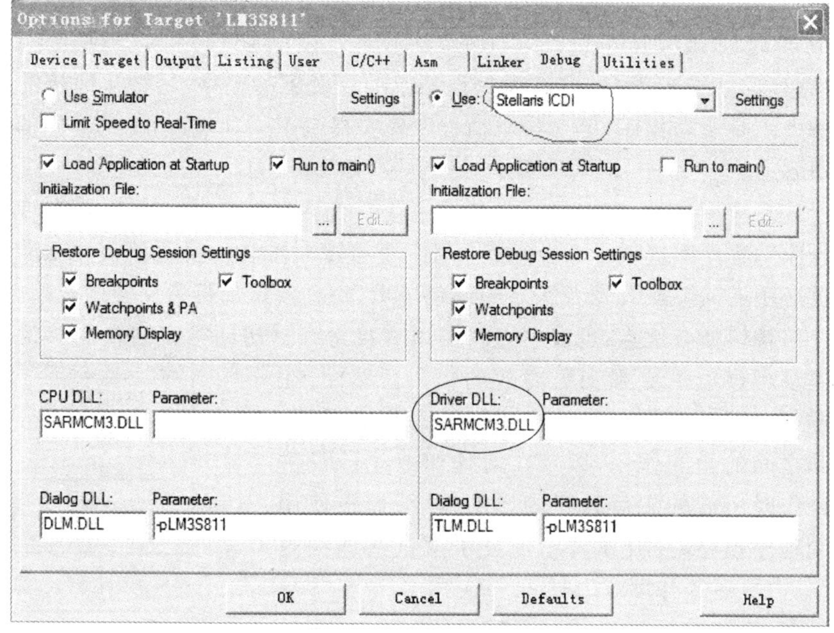


图 2-33 Debug 设置

## 7. Utilities 设置

选择所用的调试器，如图 2-34 所示。

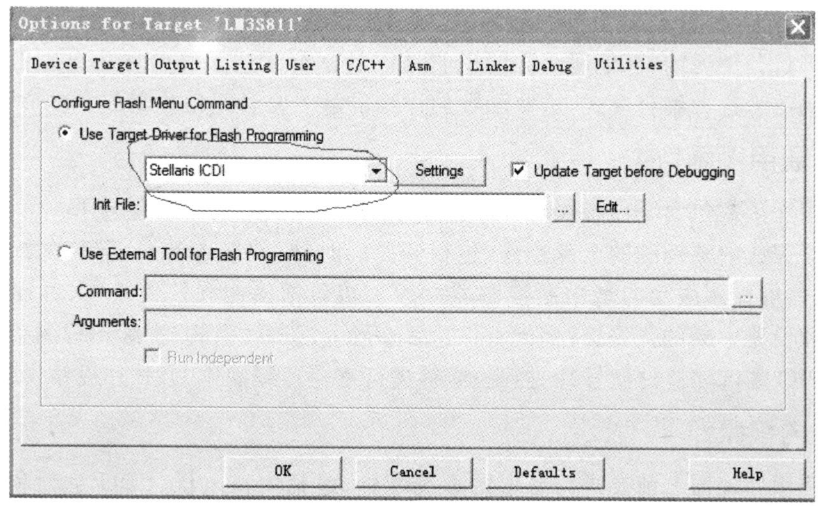


图 2-34 Utilities 设置

### 2.2.6 基于ARM Cortex－M3微处理器的编程方法

对于ARM Cortex－M3微处理器来说，采用寄存器级编程方法直接、效率高，但不易编写与移植，所以一般情况下不使用寄存器级编程。为了让开发者在最短的时间内完成产品设计，Luminary Micro Stellaris外设驱动程序库可供用户访问。Stellaris系列的基于Cortex－M3微处理器上的外设驱动程序，尽管从纯粹的操作系统的理解上不是驱动程序，但这些驱动程序确实提供了一种机制，使得器件的外设使用起来很容易。

对于许多应用来说，直接使用驱动程序就能满足一般应用的功能、内存或处理要求。外设驱动程序库提供了2个编程模型：直接寄存器访问模型和软件驱动程序模型。根据应用的需要或开发者所需的编程环境，每个模型都可独立使用或组合使用。

每个编程模型有优点，也有弱点。使用直接寄存器访问模型通常能够得到比使用软件驱动程序模型更少和更高效的代码。然而，在使用直接寄存器访问模型时一定要了解每个寄存器、位段及其之间的相互作用，以及在对任何一个外设进行适当操作时所需的先后顺序的详细内容；而在使用软件驱动程序模型时，开发者不需要了解这些详细内容，通常只需更短的开发应用时间。

驱动程序能够对外设进行完全的控制，在开发USB产品时，可以直接使用驱动库函数进行编程，从而缩短开发周期。开发模型如图2－35所示。

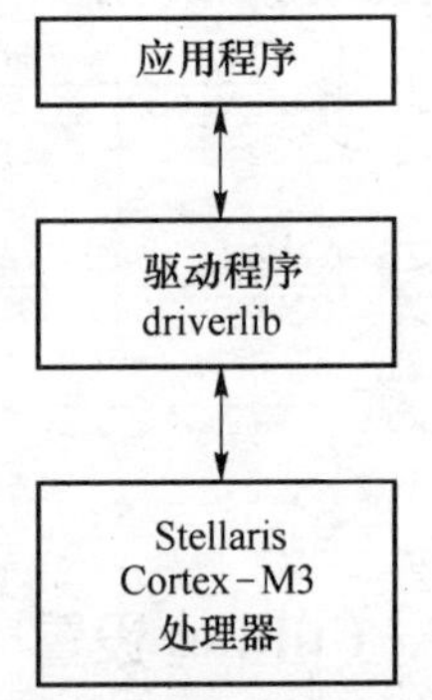


图2－35 驱动程序开发模型

驱动程序包含Stellaris处理器的全部外设资源控制。下面对USB开发过程中可能使用到的常用底层库函数进行分类说明，其他库函数的说明见以后章节。这里仅列举几个库函数以供读者尽快熟悉这种编程模式，这些函数的详细讲解仍要参阅相关章节。

#### 1. 通用库函数

通用库函数包含了内核操作、中断控制、GPIO控制和USB基本操作。这类库函数能够完成内核控制的全部操作，包括器件的时钟、使能的外设、器件的配置和处理复位；能够控制嵌套向量中断控制器（NVIC），包括使能和禁止中断、注册中断处理程序和设置中断的优先级；提供对多达8个独立GPIO引脚（实际出现的引脚数取决于GPIO端口和器件型号）的控制；能够进行寄存器级操作USB外设模块。

#### 2. 内核操作

在使用处理器之前要进行必要的系统配置，包括内核电压、CPU主频和外设资源使能等；在应用程序开发中还常常用到获取系统时钟和延时等操作。以上这些操作都通过内核系统操作函数进行访问。

**(1) 函数 SysCtlLDOSet()**

功能：配置内核电压。

原型：void SysCtlLDOSet(unsigned long ulVoltage)

参数：

ulVoltage，内核电压参数。在使用 PLL 之前，最好设置内核电压为 2.75 V，以保证处理器稳定。

返回：无。

例如：设置 CPU 主机内核电压为 2.75 V。

```
SysCtlLDOSet(SYSCTL_LDO_2_75V);
```

**(2) 函数 SysCtlClockSet()**

功能：配置 CPU 的主频。

原型：void SysCtlClockSet(unsigned long ulConfig)

参数：

ulConfig，时钟配置，其格式为(振荡源|晶体频率|是否使用 PLL|分频数)。如果使用 PLL，则配置的时钟为 200 MHz/分频数。

返回：无。

例如：外接晶振 8 MHz，设置系统频率为 50 MHz(200 MHz/4=50 MHz)。

```
SysCtlClockSet(SYSCTL_XTAL_8MHZ | SYSCTL_SYSDIV_4 | SYSCTL_USE_PLL | SYSCTL_OSC_
MAIN);
```

**(3) 函数 SysCtlClockGet()**

功能：获取 CPU 的主频。

原型：unsigned long SysCtlClockGet(void)

参数：无。

返回：当前 CPU 的主频。

**(4) 函数 SysCtlPeripheralEnable()**

功能：使能外设资源，在使用外设前必须先使能，使能对应的外设资源时钟。

原型：void SysCtlPeripheralEnable(unsigned long ulPeripheral)

参数：

ulPeripheral，外设资源。

返回：无。

例如：使能 GPIO 的端口 A 和 USB0 的外设资源。

```
SysCtlPeripheralEnable(SYSCTL_PERIPH_GPIOA);
SysCtlPeripheralEnable(SYSCTL_PERIPH_USB0);
```

**(5) 函数 SysCtlDelay()**

功能：延时 ulCount×3 个系统时钟周期。

原型：void SysCtlDelay(unsigned long ulCount)

参数：

ulCount，延时计数。延时时间为 ulCount×3 个系统时钟周期。

返回：无。

例如：延时 1 s。

```
SysCtlDelay(SysCtlClockGet()/3);
```

### 3. 应用举例

在使用 USB 设备时会先配置处理器，下面将使用本节的函数完成系统配置：外接晶振 6 MHz，设置内核电压为 2.75 V，配置 CPU 主频为 25 MHz，使能 USB0 模块，使能 GPIO 的端口 F，并延时 100 ms。

```
SysCtlLDOSet(SYSCTL_LDO_2_75V);
SysCtlClockSet(SYSCTL_XTAL_6MHZ | SYSCTL_SYSDIV_8 | SYSCTL_USE_PLL | SYSCTL_OSC_MAIN);
SysCtlPeripheralEnable(SYSCTL_PERIPH_USB0);
SysCtlPeripheralEnable(SYSCTL_PERIPH_GPIOF);
SysCtlDelay(SysCtlClockGet()/30);
```

下面结合具体项目介绍如何用 Keil 和 LM Flash Programmer 编译、下载和调试程序。

## 2.3 项目 1：流水灯的实现

嵌入式系统中的流水灯设计就像 C 语言的“Hello World!”程序一样，虽然简单，但却是一个非常经典的例子。对初学者来说，通过流水灯系统设计的学习与编程，能够很快熟悉 LM3S811 GPIO 函数的操作方式，了解 Cortex－M3 系统的开发流程，并通过实例增强自己学习 Cortex－M3 系统设计的信心。流水灯系统也是熟悉 LM3S811 的入门实例，通过该实例可以了解 LM3S811 的应用程序结构，掌握它的应用方法。

### 2.3.1 功能实现

所谓流水灯，就是控制数码管的亮灭按照一定的顺序“流动”。比如，先让第一个数码管亮，过一段时间后让第二个亮，再过一段时间让第三个亮。就这样持续下去，会发现灯的亮灭就像流动的水一样。

### 2.3.2 硬件电路连接

实验板流水灯采用 6 个 LED，红色、绿色和蓝色各 2 个，其中第 1 组蓝、绿、红分别接 PD0，PD1 和 PB0，第 2 组蓝、绿、红分别接 PB1，PE0 和 PE1，如图 2－36 所示。

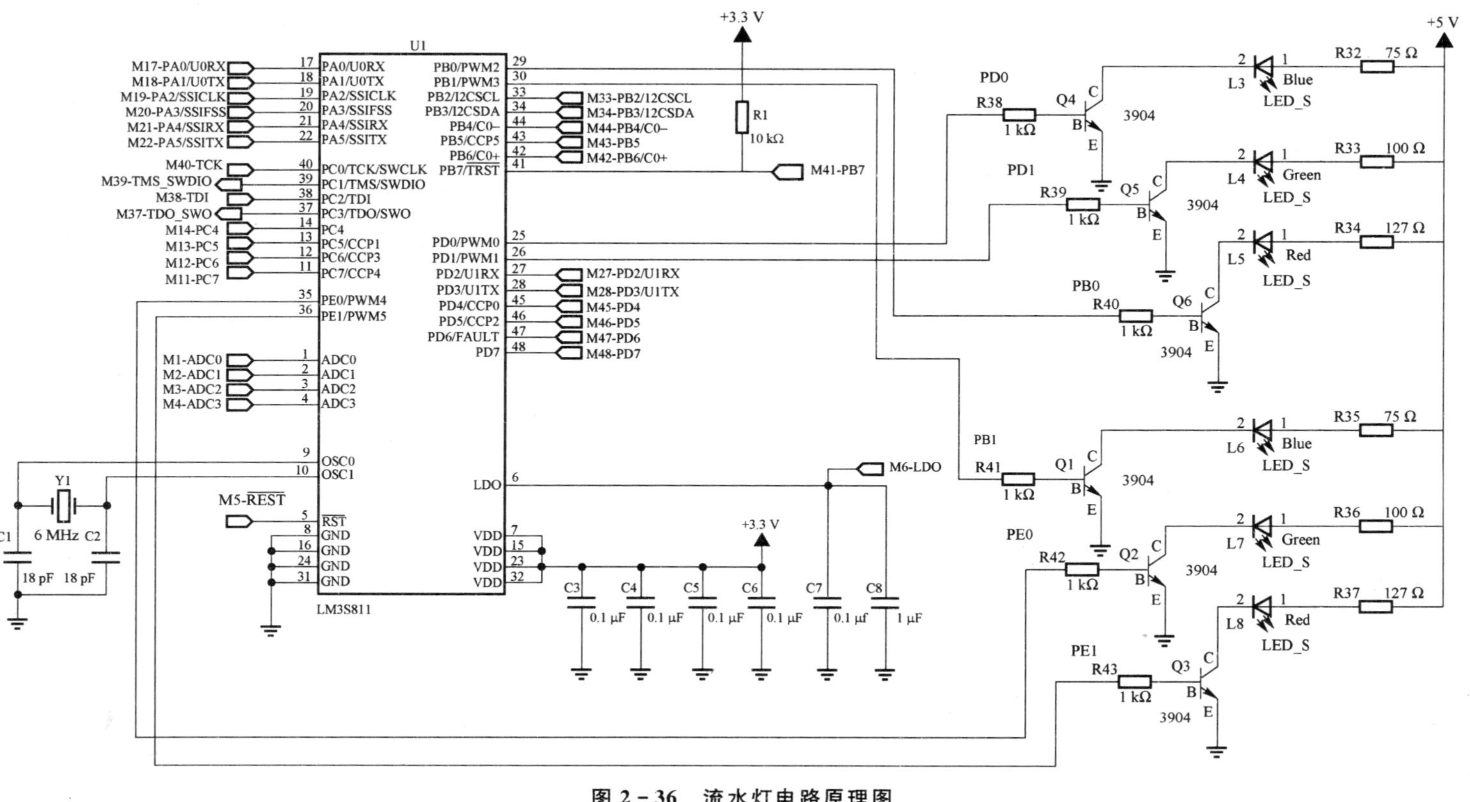


图 2－36　流水灯电路原理图

### 2.3.3 C 程序分析和设计

LM3S 系列是根据 API(通用接口)编程的，因此一般只需调用这些函数即可，在 API 中已定义了相关函数。

#### 1. 驱动库头文件介绍

这里采用基于“Stellaris 外设驱动库”的编程方法。在整个驱动库中，头文件“hw_type.h”和“hw_memmap.h”处于基础性地位，基本上在每个例程中都要包含它们。其中前缀“hw_”表示 hardware(硬件)。另外的几个头文件是关于中断控制、系统控制和 GPIO 的，也极为常用。表 2-1 给出了这些头文件的解释，在后续章节里会对每个功能模块进行详细说明。

表 2-1 Demo 例程中的头文件

| 头文件 | 解 释 |
|---|---|
| hw_types.h | 硬件类型定义，包括对布尔类型的定义 |
| tBoolean.h | 对硬件寄存器访问 HWREG()等的定义 |
| hw_memmap.h | 硬件存储器映射，包括对全部片内外设模块寄存器集的基址定义 |
| hw_ints.h | 硬件中断定义，包括对所有中断源的定义 |
| interrupt.h | 中断控制头文件，包括与中断控制相关的库函数原型声明等 |
| sysctl.h | 系统控制头文件，包括系统控制模块库函数原型声明和参数宏定义等 |
| gpio.h | GPIO 头文件，包括 GPIO 模块库函数原型声明和参数宏定义等 |
| pwm.h | PWM 模块的库函数 |

#### 2. 程序分析

程序编写方法与一般单片机的有所不同，首先要编写防止 JTAG 失效的程序。在主程序里先调用防止 JTAG 失效的程序，然后进行系统时钟设置，接着对输出引脚的功能和方向等进行设置，最后再按程序功能设计各个口的引脚输出为高电平或低电平。

程序清单如下：

```
#include "hw_ints.h"
#include "hw_memmap.h"
#include "hw_types.h"
#include "gpio.h"
#include "sysctl.h"
#define uint unsigned int
#define uchar unsigned char
```

```
/************宏定义 LED 控制引脚****************/
#define LED_PERIPBH SYSCTL_PERIPH_GPIOB   //LED 外围,B 端口作为通用输入/输出口,宏定义
#define LED_PERIPDH SYSCTL_PERIPH_GPIOD   //LED 外围,D 端口作为通用输入/输出口,宏定义
#define LED_PERIPEH SYSCTL_PERIPH_GPIOE   //LED 外围,E 端口作为通用输入/输出口,宏定义
#define BLUE1_L GPIOPinWrite(GPIO_PORTB_BASE,GPIO_PIN_1,0)      //BLUE1 引脚为低
#define GREEN1_L GPIOPinWrite(GPIO_PORTE_BASE,GPIO_PIN_0,0)     //GREEN1 引脚为低
#define RED1_L GPIOPinWrite(GPIO_PORTE_BASE,GPIO_PIN_1,0)       //RED1 引脚为低
#define BLUE2_L GPIOPinWrite(GPIO_PORTD_BASE,GPIO_PIN_0,0)      //BLUE2 引脚为低
#define GREEN2_L GPIOPinWrite(GPIO_PORTD_BASE,GPIO_PIN_1,0)     //GREEN2 引脚为低
#define RED2_L GPIOPinWrite(GPIO_PORTB_BASE,GPIO_PIN_0,0)       //RED2 引脚为低
#define BLUE1_H GPIOPinWrite(GPIO_PORTB_BASE,GPIO_PIN_1,~0)     //BLUE1 引脚为高
#define GREEN1_H GPIOPinWrite(GPIO_PORTE_BASE,GPIO_PIN_0,~0)    //GREEN1 引脚为高
#define RED1_H GPIOPinWrite(GPIO_PORTE_BASE,GPIO_PIN_1,~0)      //RED1 引脚为高
#define BLUE2_H GPIOPinWrite(GPIO_PORTD_BASE,GPIO_PIN_0,~0)     //BLUE2 引脚为高
#define GREEN2_H GPIOPinWrite(GPIO_PORTD_BASE,GPIO_PIN_1,~0)    //GREEN2 引脚为高
#define RED2_H GPIOPinWrite(GPIO_PORTB_BASE,GPIO_PIN_0,~0)      //RED2 引脚为高
/****************    如无外部按键设计,可省略**************/
//定义 C 口按键
#define KEY_PERIPH SYSCTL_PERIPH_GPIOC
#define KEY_PORT GPIO_PORTC_BASE
#define KEY_PIN GPIO_PIN_4                                      //定义引脚
//防止 JTAG 失效程序
void jtagWait(void)
{
    SysCtlPeripheralEnable(KEY_PERIPH);                         //使能 KEY 所在的 GPIO 端口
    GPIOPinTypeGPIOInput(KEY_PORT,KEY_PIN);                     //设置 KEY 所在引脚为输入
    if (GPIOPinRead(KEY_PORT,KEY_PIN) == 0x00)                  //若复位时按下 KEY,则进入
    {
      while(1);                                                 //死循环,以等待 JTAG 连接
    }
    GPIOPinIntDisable(KEY_PERIPH,KEY_PIN);                      //禁止 KEY 所在的 GPIO 端口
}
//延迟函数,这里此程序可以略去
void delay (uint a)
{
    uint i,j;
    for(i = 256;i>0;i--)
        for(j = 256;j>0;j--)
            while(a>0)
                a--;
}
int main(void)
{
    jtagWait();                                                 //防止 JTAG 失效,建议习惯加上
```

```
    //时钟初始化,系统时钟设置,采用主振荡器,外接 6 MHz 晶振,不分频
    SysCtlClockSet(SYSCTL_SYSDIV_1 | SYSCTL_USE_OSC | SYSCTL_OSC_MAIN |
                   SYSCTL_XTAL_6MHZ);
    //使能 LED 所在引脚
    SysCtlPeripheralEnable(LED_PERIPBH);
    SysCtlPeripheralEnable(LED_PERIPDH);
    SysCtlPeripheralEnable(LED_PERIPEH);
    //GPIO 使能
    GPIOPinTypeGPIOOutput(GPIO_PORTB_BASE,GPIO_PIN_1);
    GPIOPinTypeGPIOOutput(GPIO_PORTE_BASE,GPIO_PIN_0);
    GPIOPinTypeGPIOOutput(GPIO_PORTE_BASE,GPIO_PIN_1);
    GPIOPinTypeGPIOOutput(GPIO_PORTD_BASE,GPIO_PIN_0);
    GPIOPinTypeGPIOOutput(GPIO_PORTD_BASE,GPIO_PIN_1);
    GPIOPinTypeGPIOOutput(GPIO_PORTB_BASE,GPIO_PIN_0);
    //初始化过程拉低全部 LED 控制脚
    BLUE1_L;
    BLUE2_L;
    RED1_L;
    RED2_L;
    GREEN1_L;
    GREEN2_L;

    while(1)
    {
        SysCtlDelay(150 * (SysCtlClockGet()/3000));          //延时约 150 ms
        BLUE2_L;
        RED1_H;
        SysCtlDelay(150 * (SysCtlClockGet()/3000));          //延时约 150 ms
        RED1_L;
        GREEN1_H;
        SysCtlDelay(150 * (SysCtlClockGet()/3000));          //延时约 150 ms
        GREEN1_L;
        BLUE1_H;
        SysCtlDelay(150 * (SysCtlClockGet()/3000));          //延时约 150 ms
        RED2_H;
        BLUE1_L;
        SysCtlDelay(150 * (SysCtlClockGet()/3000));          //延时约 150 ms
        GREEN2_H;
        RED2_L;
        SysCtlDelay(150 * (SysCtlClockGet()/3000));          //延时约 150 ms
        BLUE2_H;
        GREEN2_L;
    }
}
```

### 2.3.4　LM3S811 程序调试快速入门

调试步骤是：

① 按照 2.1.3 小节介绍的方法建立工程文件，假设工程文件名为 liushui。

② 按照 2.1.3 小节的方法建立并编辑 C 程序文件，加入 C 程序文件“流水灯.c”到工程文件 liushui 中，如图 2-37 所示。

③ 按照 2.2.5 小节的方法对 Keil 软件进行设置。

④ 右击 Target 1 文件夹，选择 Add Group 快捷菜单项，文件夹的名称定为 lib，如图 2-37 所示。

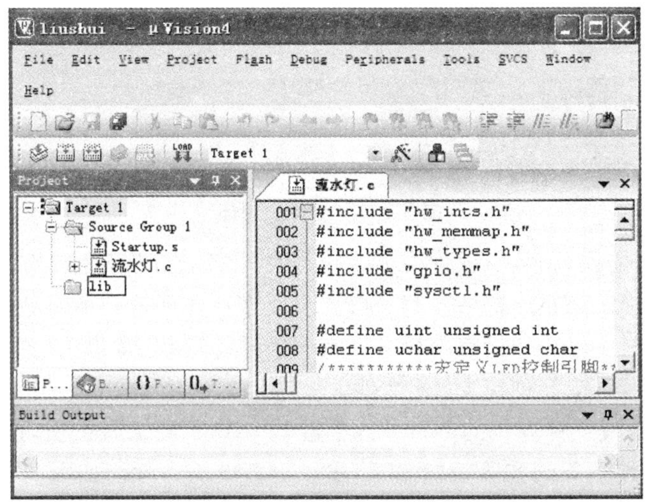


图 2-37　库文件夹的添加

⑤ 右击 lib 文件夹，选择 Add Files to Group ‘lib’快捷菜单项，进入添加库文件窗口，打开库文件目录 driverlib，打开 rvmdk 文件夹，选中 driverlib.lib 文件，如图 2-38所示。

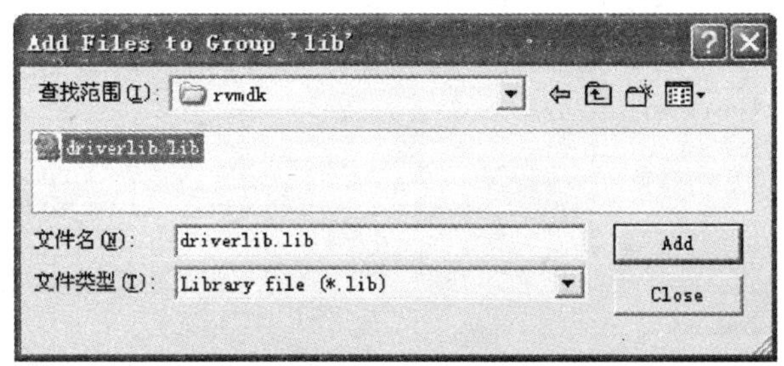


图 2-38　加入库文件 driverlib.lib

⑥ 单击 Add 按钮即完成库文件的添加。单击 Rebuild 工具按钮对程序进行编

译，如图 2－39 所示。

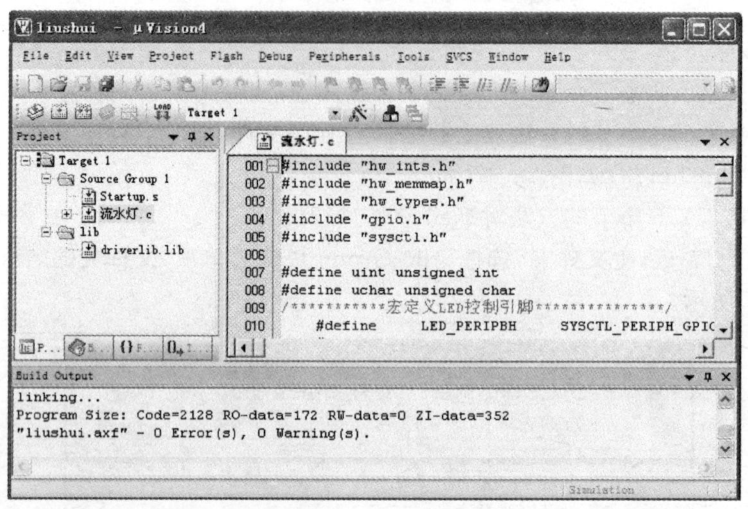

图 2－39　文件的编译

如果程序有错误，则编译软件会显示错误所在行，这时可进行修改，修改后重新编译，直到没有错误为止。这一步骤一般要反复多次才能改正所有错误，特别是对于初学者，由于对程序格式和标点符号掌握得不够熟练，因此常常犯一些低级错误。

编译成功后，系统会创建 HEX 文件。

⑦ 连接实验板到计算机的 USB 口，单击 LOAD 下载工具按钮，计算机则将编译成功的 HEX 文件下载到实验板的 CPU 里。下载成功的画面如图 2－40 所示。

⑧ 按下实验板上的复位键，程序就在实验板上运行起来了。

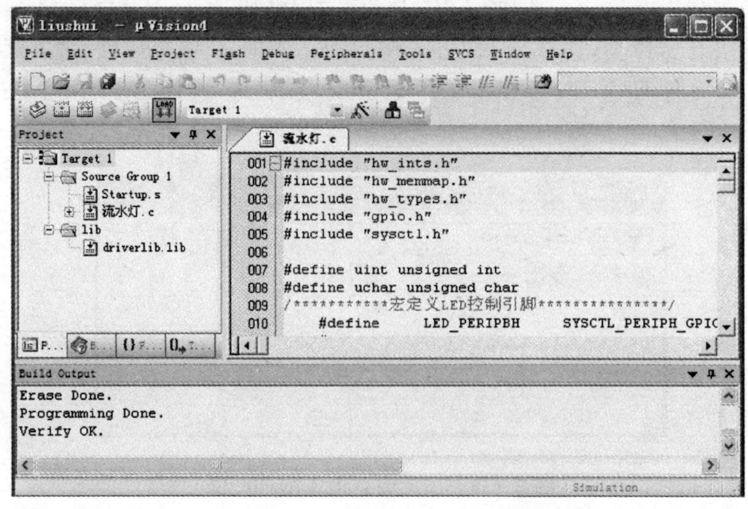

图 2－40　下载 HEX 文件到实验板

## 2.4 项目2：对角灯的实现

对角灯系统也是用来熟悉LM3S811的入门实例，通过该实例可以进一步熟悉LM3S811的应用程序结构，掌握GPIO的应用方法。

### 2.4.1 功能实现

在实验板上，红绿蓝两组LED灯的排列如图2-41所示。对角灯实现的功能就是先点亮对角两个蓝色的LED灯，延时后，点亮另外两个对角红色的LED灯，再延时后，点亮相对的两个绿色LED灯，如此循环往复。

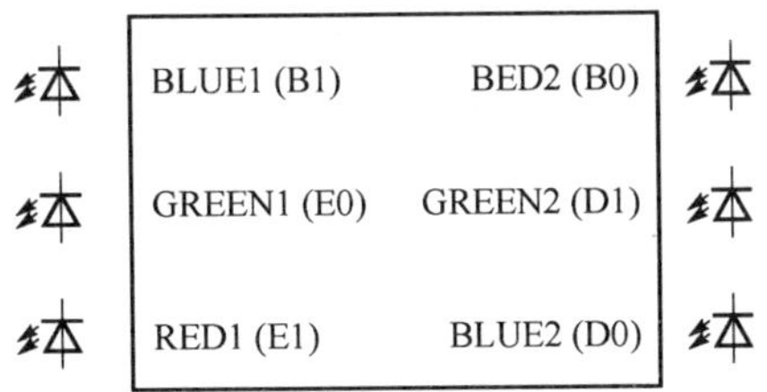


图2-41 红绿蓝两组LED灯排列图

### 2.4.2 硬件电路连接

硬件电路的连接与图2-36完全一样。两个蓝色对角灯分别接PB1和PD0，两个红色对角灯分别接PE1和PB0，两个绿色对角灯分别接PE0和PD1。

### 2.4.3 C程序分析和设计

程序由两个子程序和一个主程序构成，子程序jtagWait(void)的作用是防止JTAG失效，子程序clockInit(void)是时钟初始化函数。要想实现对角灯的功能，就是使对角两个LED的引脚为高电平，其余为低电平，延时后，使另外两个对角LED的引脚为高电平，其余为低电平。

程序清单如下：

```
#include <lm3sxxx.h>
#include <stdio.h>
unsigned long Sysclk = 12000000UL;
//防止JTAG失效
void jtagWait(void)
{
    SysCtlPeripheralEnable(SYSCTL_PERIPH_GPIOC);           //使能KEY所在的GPIO端口
    GPIOPinTypeGPIOInput(GPIO_PORTC_BASE,GPIO_PIN_4);      //设置KEY所在引脚为输入
```

```
    if (GPIOPinRead(GPIO_PORTC_BASE,GPIO_PIN_4) == 0x00) //若复位时按下 KEY,则进入
    {
      while(1);                                          //死循环,以等待 JTAG 连接
    }
    SysCtlPeripheralDisable(SYSCTL_PERIPH_GPIOC);        //禁止 KEY 所在的 GPIO 端口
}
void clockInit(void)                                     //时钟初始化函数
{
    SysCtlLDOSet(SYSCTL_LDO_2_75V);                      //设置时钟模式
    //设置晶振 6 MHz;
    SysCtlClockSet(SYSCTL_XTAL_6MHZ | SYSCTL_SYSDIV_10 | SYSCTL_USE_PLL |
                   SYSCTL_OSC_MAIN);
    Sysclk = SysCtlClockGet();
}

int main(void)
{
    jtagWait();                                          //调用防止 JTAG 失效程序
    clockInit();                                         //调用时钟初始化函数
    SysCtlPeripheralEnable(SYSCTL_PERIPH_GPIOC | SYSCTL_PERIPH_GPIOB |
                           SYSCTL_PERIPH_GPIOE | SYSCTL_PERIPH_GPIOD);
    //使能 KEY 所在的 GPIO 端口
    GPIOPinTypeGPIOOutput(GPIO_PORTB_BASE,GPIO_PIN_0 | GPIO_PIN_1);
    GPIOPinTypeGPIOOutput(GPIO_PORTE_BASE,GPIO_PIN_0 | GPIO_PIN_1);
    GPIOPinTypeGPIOOutput(GPIO_PORTD_BASE,GPIO_PIN_0 | GPIO_PIN_1);
    GPIOPinTypeGPIOOutput(GPIO_PORTC_BASE,GPIO_PIN_5);
    GPIOPinWrite(GPIO_PORTB_BASE,GPIO_PIN_0 | GPIO_PIN_1,0);
    GPIOPinWrite(GPIO_PORTD_BASE,GPIO_PIN_0 | GPIO_PIN_1,0);
    GPIOPinWrite(GPIO_PORTE_BASE,GPIO_PIN_0 | GPIO_PIN_1,0);
    while(1)
    {
        //使两个对角灯 LED 引脚输出为高电平,其余对角灯输出为低电平。然后调用延时
        GPIOPinWrite(GPIO_PORTE_BASE,GPIO_PIN_0,0);
        GPIOPinWrite(GPIO_PORTD_BASE,GPIO_PIN_1,0);
        GPIOPinWrite(GPIO_PORTB_BASE,GPIO_PIN_1,~0);
        GPIOPinWrite(GPIO_PORTD_BASE,GPIO_PIN_0,~0);
        SysCtlDelay(1500 * (Sysclk/3000));
        GPIOPinWrite(GPIO_PORTB_BASE,GPIO_PIN_1,0);
        GPIOPinWrite(GPIO_PORTD_BASE,GPIO_PIN_0,0);
        GPIOPinWrite(GPIO_PORTE_BASE,GPIO_PIN_1,~0);
        GPIOPinWrite(GPIO_PORTB_BASE,GPIO_PIN_0,~0);
        SysCtlDelay(1500 * (Sysclk/3000));
```

```
        GPIOPinWrite(GPIO_PORTE_BASE,GPIO_PIN_1,0);
        GPIOPinWrite(GPIO_PORTB_BASE,GPIO_PIN_0,0);
        GPIOPinWrite(GPIO_PORTE_BASE,GPIO_PIN_0,~0);
        GPIOPinWrite(GPIO_PORTD_BASE,GPIO_PIN_1,~0);
        SysCtlDelay(1500 * (Sysclk/3000));
    }
}
```

### 2.4.4 程序调试和运行

程序的调试方法与流水灯的完全类似,这里不再赘述。

## 习 题

1. 简述 Keil μVision4 的使用方法。
2. 分析实验板电路原理图由哪几部分构成?
3. 简述 Keil 软件的设置方法。
4. 若想改变流水灯的亮灭顺序,应该怎样修改程序?
5. 试根据实验板的资源设计跑马灯,并用按键来改变灯的闪亮速度。

# 第3章

# LM3S811的存储器和系统控制

存储器(memory)是计算机系统中的记忆设备,用来存放程序和数据。计算机中的全部信息,包括输入的原始数据、计算机程序、中间运行结果和最终运行结果都保存在存储器中。存储器根据控制器指定的位置存入和取出信息。有了存储器,计算机才有了记忆功能,才能保证进行正常工作,因此存储器是微处理器的核心。

LM3S811的系统控制决定了器件的全部操作。它提供有关器件的信息,控制器件和各个外设的时钟,并处理复位检测和报告。

## 3.1 LM3S811的存储器

LM3S811微控制器带有8 KB的bit-banded SRAM和64 KB的Flash存储器。Flash控制器的用户接口友好,可使Flash编程简单。Flash存储器以2 KB块大小为单位,并可应用Flash保护。LM3S811的存储器结构如图3-1所示。

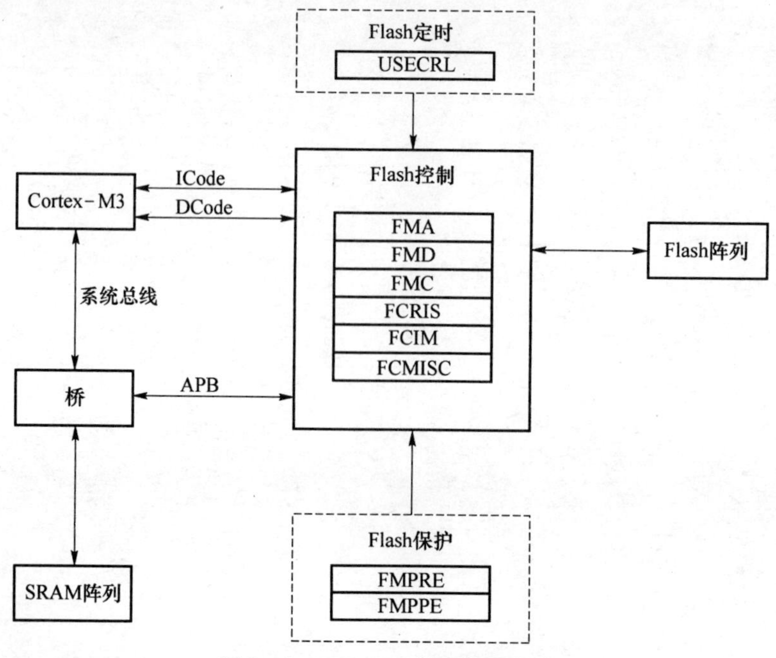


图3-1 LM3S811的存储器结构

### 3.1.1　SRAM 存储器

内部 SRAM 位于器件存储器映射的地址为 0x20000000。为了减少读/修改/写(RMW)操作的时间，ARM 在 Cortex-M3 处理器中引入了 bit-banding 技术。在 bit-banding 使能的处理器中，存储器映射的特定区域（SRAM 和外设空间）能够使用地址别名，也能在单个操作中访问各个位。可使用下面的公式来计算 bit-band 别名地址，即

bit-band 别名地址＝bit-band 基址＋(字节偏移量×32)＋(位编号×4)

例如，如果要修改地址为 0x20001000 的位 3，则 bit-band 别名地址计算为

0x22000000＋(0x1000×32)＋(3×4)＝0x2202000C

通过计算得出的别名地址，对地址 0x2202000C 执行读/写操作的指令仅允许直接访问地址 0x20001000 处字节的位 3。

### 3.1.2　ROM 存储器

从 2008 年新推出的 DustDevil 家族（LM3S3000/5000 全部，以及 LM3S1000/2000 部分型号）开始，在地址 0x01000000 处固化了 16 KB 的 ROM 存储器，包含以下内容：

① 串行 Flash 下载器和中断向量表；

② 外设驱动库(driverLib)；

③ 一些用于出厂测试的预装代码。

### 3.1.3　Flash 存储器

#### 1. Flash 存储器功能概述

在 Stellaris 系列的不同型号里带有 8～256 KB 的 Flash 存储器，Flash 存储器用于存储代码和固定数表，正常情况下只能用于执行程序，而不能直接修改存储的内容。但是，片内集成的 Flash 控制器提供了一个友好的用户接口，使得 Flash 存储器可以在应用程序的控制下进行擦除和编程等操作。在 Flash 存储器中还可以应用保护机制，以防止内容被修改或读出。

#### 2. Flash 存储器的分区

Flash 存储器由一组可独立擦除的 1 KB 区块构成，对一个区块进行擦除将使该区块的全部内容复位为 1。编程操作是按字（32 位）进行的，每个 32 位的字可以被编程为将当前为 1 的位变为 0。这些区块配对后便组成了一组可分别进行保护的 2 KB 区块。Flash 存储器的保护机制是按照 2 KB 区块划分的，每个 2 KB 的区块都可被标记为只读或只执行，以提供不同级别的代码保护。只读区块不能进行擦除或编程，以保护区块的内容免受更改。只执行区块不能进行擦除或编程，而且只能通过控制

器取指机制来读取它的内容，这样可以保护区块的内容不被控制器或调试器读取。

### 3. Flash 存储器时序

Flash 存储器的操作时序是由 Flash 控制器自动处理的，因此便需得知系统的时钟速率，以便对内部信号进行精确的计时。为了完成这种计时，必须向 Flash 控制器提供每微秒的时钟周期数。由软件负责通过函数 FlashUsecSet()使 Flash 控制器保持更新。

### 4. Flash 存储器保护

Flash 存储器有 4 种基本的操作方式：

① 执行。Flash 存储器的内容为程序代码，由 CPU 取指机制自动读出，访问次数无限制。

② 读取。Flash 存储器的内容为固定数表，可由应用程序读出，访问次数无限制。

③ 擦除。按 1 KB 区块整体地被擦除，该区块的全部位内容变成 1，擦除时间约 20 ms。

④ 编程。对已擦除的 Flash 存储器内容按 32 位字的方式进行写操作，可将位 1 改为 0，编程时间约 20 μs。

Flash 存储器擦除/编程循环(1→0→1)的寿命为 10 万次(典型值)。Flash 控制器以 2 KB 区块为基础向用户提供两种形式的基本保护策略，即编程保护和读取保护。这两种保护策略可以形成 4 种组合的保护模式，详见表 3-1 的描述。

**表 3-1　Flash 存储器的保护模式**

| 编程保护 | 读取保护 | 保护模式 |
|---|---|---|
| 0 | 0 | 只执行保护，Flash 区块只能被执行，而不能被编程、擦除和读取。该模式用来保护代码不被控制器或调试器读取和修改 |
| 1 | 0 | Flash 区块可以被编程、擦除或执行，但不能被读取。该组合通常不可能被使用 |
| 0 | 1 | 只读保护，Flash 区块可以被读取或执行，但不能被编程或擦除。该模式用来锁定 Flash 区块，以防对其进行进一步的修改 |
| 1 | 1 | 无保护，Flash 区块可以被编程、擦除、执行或读取 |

这里仍需注意以下 3 点：

① 实际的应用程序通常是采用 C/C++等高级语言编写的，在一个用来存储程序代码的区块里，不可避免地会出现可执行代码与只读数表共存的情况。如果对该区块进行只执行保护，则很有可能导致程序无法正常运行！

② 一般不要使用编程保护为 1、读取保护为 0 的组合。

③ 对于 Sandstorm 和 Fury 家族，Flash 区块的只读保护是一次性的，即如果使

用库函数 FlashProtectSave()确认了对 Flash 区块保护设置的保存操作，则该 Flash 区块以后就再也不能被擦除或编程了，并且无法恢复！对于 2008 年新推出的 DustDevil 家族，Flash 区块的只读保护属性是可以恢复的，比如借助 LM Flash Programmer 之类的工具软件，通过解锁操作"Unlock"就能恢复。

### 3.1.4　有关 Flash 存储器的常用库函数

#### 1. 时钟数设置与获取函数

为了确保 Flash 控制器能够正常工作，必须事先利用函数 FlashUsecSet()设置每微秒的 CPU 时钟数。函数 FlashUsecGet()用来获取已设置的时钟数。

**(1) 函数 FlashUsecSet()**

功能：设置每微秒的处理器时钟数。

原型：void FlashUsecSet(unsigned long ulClocks)

参数：

ulClocks，每微秒的处理器时钟数。例如在 20 MHz 系统时钟下，这个时钟数就是 20。

返回：无。

**(2) 函数 FlashUsecGet()**

功能：获取每微秒的处理器时钟数。

原型：unsigned long FlashUsecGet(void)

参数：无。

返回：每微秒的处理器时钟数。

#### 2. Flash 存储器的擦除与编程函数

函数 FlashErase()用来擦除一个指定的 Flash 区块(1 KB)。在确保 Flash 区块已擦除过的情况下，可以用函数 FlashProgram()按字(4 B)的方式对该区块进行编程。在实际应用中，可以先把一个 Flash 区块读到一个 SRAM 缓冲区里，再修改内容，然后擦除区块，最后编程回存。如此操作，可以避免把同在一个区块内的其他数据抹掉。

**(1) 函数 FlashErase()**

功能：擦除一个 Flash 区块(大小 1 KB)。

原型：long FlashErase(unsigned long ulAddress)

参数：

ulAddress，区块的起始地址，如 0，1 024 和 2 048 等。

返回：0 表示擦除成功，－1 表示指定了错误的区块或区块已被写保护。

**注意：**请勿擦除正在执行程序代码的 Flash 区块。

**(2) 函数 FlashProgram()**

功能：编程 Flash 区块。

原型：long FlashProgram(unsigned long *pulData,unsigned long ulAddress,unsigned long ulCount)

参数：

*pulData,指向数据缓冲区的指针,编程是按字(4 B)进行的。

ulAddress,编程起始地址,必须是 4 的倍数。

ulCount,编程的字节数,也必须是 4 的倍数。

返回：0 表示编程成功,−1 表示编程时遇到错误。

### 3. Flash 保护函数

为了 Flash 保护应用的方便,在〈Flash. h〉里定义有枚举类型 tFlashProtection。例如：

```
typedefenum
{
    FlashReadWrite,        //Flash 能被读取或改写
    FlashReadOnly,         //Flash 只能被读取
    FlashExecuteOnly       //Flash 只能被执行
}tFlashProtection;
```

函数 FlashProtectSet()用来设置 Flash 的保护,这是临时性的保护,下次复位或上电时就会自动解除。调用函数 FlashProtectSave()能够保存对保护的设置,并且不能被解除。函数 FlashProtectGet()用来查知 Flash 的保护情况。

**(1) 函数 FlashProtectSet()**

功能：设置 Flash 区块的保护方式。

原型：long FlashProtectSet(unsigned long ulAddress,tFlashProtection eProtect)

参数：

ulAddress,区块的起始地址。

eProtect,枚举类型,区块的保护方式,取下列值之一：

- FlashReadWrite;
- FlashReadOnly;
- FlashExecuteOnly。

返回：0 表示保护成功,−1 表示指定了错误的地址或保护方式。

**注意：**此函数只提供临时性的保护措施,芯片复位或重新上电时就能解除设置的保护。

**(2) 函数 FlashProtectSave()**

功能：执行对 Flash 区块保护设置的保存操作。(慎重！不可恢复)

原型：long FlashProtectSave(void)

参数：无。

返回：0 表示保存成功，－1 表示遇到硬件故障无法保存。

**注意：**慎重！这是一个不可恢复的操作，对用函数 FlashProtectSet()设置的保护进行保存确认后，芯片复位或重新上电时都不能改变已保存的设置。对于早期的 Sandstorm 家族和 Fury 家族是不可恢复的操作，但对于 2008 年以后新推出的 DustDevil 家族则可以使用专门的 Flash 编程工具来恢复，如 Luminary Micro 官方提供的 LM Flash Programmer 工具软件。

**(3) 函数 FlashProtectGet()**

功能：获取 Flash 区块的保护情况。

原型：tFlashProtection FlashProtectGet(unsigned long ulAddress)

参数：

ulAddress，区块的起始地址。

返回：枚举类型。

## 3.2　项目 3：Flash 存储器的简单擦写

### 3.2.1　Flash 存储器简单擦写的功能

项目 3 演示了 Flash 区块的擦写操作。该项目指定要操作的 Flash 扇区号是 62，并可直接运行于 Flash 容量大于或等于 64 KB 的型号。Flash 擦除操作采用函数 FlashErase()，编程操作采用函数 FlashProgram()。如果在操作过程中遇到意外故障，则会通过 UART 报错。

### 3.2.2　程序分析

程序文件分为 5 个。systemInit. h 是系统初始化包含文件，它是包含预处理命令，它是程序的常用定义和说明文件；uartGetPut. h 是串口包含文件，它是串口处理程序的说明文件；main. c 是主程序文件，其作用是实现 Flash 存储器的简单擦写和出错报警；systemInit. c 是系统初始化文件，其作用是防止 JTAG 失效和进行系统时钟初始化；uartGetPut. c 是串口处理文件，其作用是使能和配置 UART 模块，并根据 Flash 存储器的简单擦写情况，发出出错信息。

程序清单如下：

**(1) systemInit. h**

```
#ifndef __SYSTEM_INIT_H__                        //预处理命令，防止重复定义和说明
#define __SYSTEM_INIT_H__
//包含必要的头文件
```

```
#include <hw_types.h>
#include <hw_memmap.h>
#include <hw_ints.h>
#include <interrupt.h>
#include <sysctl.h>
#include <gpio.h>
//将较长的标识符定义成较短的形式
#define SysCtlPeriEnable SysCtlPeripheralEnable
#define SysCtlPeriDisable SysCtlPeripheralDisable
#define GPIOPinTypeIn GPIOPinTypeGPIOInput
#define GPIOPinTypeOut GPIOPinTypeGPIOOutput
#define GPIOPinTypeOD GPIOPinTypeGPIOOutputOD
extern unsigned long TheSysClock;                    //声明全局的系统时钟变量
extern void jtagWait(void);                          //防止 JTAG 失效
extern void clockInit(void);                         //系统时钟初始化
#endif//__SYSTEM_INIT_H__
```

**(2) systemInit.c**

```
#include "systemInit.h"
unsigned long TheSysClock = 6000000UL;               //定义全局的系统时钟变量
//定义 KEY
#define KEY_PERIPH SYSCTL_PERIPH_GPIOD
#define KEY_PORT GPIO_PORTC_BASE
#define KEY_PIN GPIO_PIN_4
//防止 JTAG 失效
void jtagWait(void)
{
    SysCtlPeriEnable(KEY_PERIPH);                    //使能 KEY 所在的 GPIO 端口
    GPIOPinTypeIn(KEY_PORT,KEY_PIN);                 //设置 KEY 所在引脚为输入
    if(GPIOPinRead(KEY_PORT,KEY_PIN) == 0x00)        //若复位时按下 KEY,则进入
    {
      for(;;);                                       //死循环,以等待 JTAG 连接
    }
    SysCtlPeriDisable(KEY_PERIPH);                   //禁止 KEY 所在的 GPIO 端口
}
//系统时钟初始化
void clockInit(void)
{
    SysCtlLDOSet(SYSCTL_LDO_2_50V);                  //设置 LDO 输出电压
    SysCtlClockSet(SYSCTL_USE_OSC | SYSCTL_OSC_MAIN | //系统时钟设置,采用主振荡器
                   SYSCTL_XTAL_6MHZ | SYSCTL_SYSDIV_1); //外接 6 MHz 晶振,不分频
    TheSysClock = SysCtlClockGet();                  //获取当前的系统时钟频率
}
```

### (3) uartGetPut.h

```
#ifndef __UART_GET_PUT_H__
#define __UART_GET_PUT_H__
extern void uartInit(void);                          //UART 初始化
extern void uartPutc(const char c);                  //通过 UART 发送一个字符
extern void uartPuts(const char * s);                //通过 UART 发送字符串
extern char uartGetc(void);                          //通过 UART 接收一个字符
extern int uartGets(char * s,int size);              //通过 UART 接收字符串,回显
                                     //退格<Backspace>修改,回车<Enter>结束
#endif//__UART_GET_PUT_H__
```

### (4) uartGetPut.c

```
#include "uartGetPut.h"
#include <hw_types.h>
#include <hw_memmap.h>
#include <sysctl.h>
#include <gpio.h>
#include <uart.h>
#include <ctype.h>

//UART 初始化
void uartInit(void)
{
    SysCtlPeripheralEnable(SYSCTL_PERIPH_UART0); //使能 UART 模块
    SysCtlPeripheralEnable(SYSCTL_PERIPH_GPIOA); //使能 Rx/Tx 所在的 GPIO 端口
    //配置 Rx/Tx 所在引脚为 UART 收/发功能
    GPIOPinTypeUART(GPIO_PORTA_BASE,GPIO_PIN_0 | GPIO_PIN_1);
    //配置 UART 端口,波特率,数据位,停止位,无校验
    UARTConfigSet(UART0_BASE,9600,UART_CONFIG_WLEN_8 |
                  UART_CONFIG_STOP_ONE | UART_CONFIG_PAR_NONE);
    UARTEnable(UART0_BASE);                      //使能 UART 端口
}

//通过 UART 发送一个字符
void uartPutc(const char c)
{
    UARTCharPut(UART0_BASE,c);
}
//通过 UART 发送字符串
void uartPuts(const char * s)
```

```
{
    while( * s! ='\0') uartPutc( * (s++ ));
}
//通过 UART 接收一个字符
char uartGetc(void)
{
    return(UARTCharGet(UART0_BASE));
}

/*****************************************************/
//功能：通过 UART 接收字符串，回显，退格〈Backspace〉修改，回车〈Enter〉结束
//参数：* s 是保存接收数据的缓冲区，只接收可打印字符(ASCII 码)
//size 是缓冲区 * s 的总长度，要求 size> = 2(包括末尾'\0'，建议用 sizeof()来获取)
//返回：接收到的有效字符数
int uartGets(char * s,int size)
{
    char c;
    int n = 0;
    * s = '\0';
    if(size<2) return(0);
    size--;
    for(;;)
    {
        c = uartGetc();                              //接收一个字符
        uartPutc(c);                                 //回显输入的字符
        if(c == '\b')                                //遇退格〈Backspace〉修改
        {
            if(n>0)
            {
                * (--s) = '\0';
                n--;
                uartPuts("");                        //显示空格
                uartPuts("\b");                      //显示退格〈Backspace〉
            }
        }
        if(c == '\r')                                //遇回车〈Enter〉结束
        {
            uartPuts("\r\n");                        //显示回车换行〈CR〉〈LF〉
            break;
        }
        if(n<size)                                   //如果小于长度限制
        {
```

```
            if(isprint(c))                          //如果接收到的是可打印字符
            {
                *(s++) = c;                         //保存接收到的字符到缓冲区
                *s = '\0';
                n++;
            }
        }
    }
    return(n);                                      //返回接收到的有效字符数
}
```

**(5) main.c**

```
#include "systemInit.h"
#include "uartGetPut.h"
#include <hw_flash.h>
#include <flash.h>
#include <stdio.h>

//定义 Flash 扇区号(每个扇区字节)
#define SECTION30

//Flash 读取操作
char flashRead(unsigned long ulAddress)
{
    char * pcData;
    pcData = (char *)(ulAddress);
    return( * pcData);
}
//主函数(程序入口)
int main(void)
{
    char cString[] = "Hello,world\r\n";
    unsigned long * pulData;
    int i;
    char c;
    long size;

    jtagWait();                                     //防止 JTAG 失效,重要!
    clockInit();                                    //时钟初始化:晶振,6 MHz
    uartInit();                                     //UART 初始化
    FlashUsecSet(TheSysClock/1000000UL);            //设置每微秒的 CPU 时钟数
```

```
    pulData = (unsigned long * )cString;
    if(FlashErase(SECTION * 1024))
    {
        uartPuts("〈Erase error〉\r\n");
        for(;;);
    }

    uartPuts("〈Eraseok〉\r\n");
    size = 4 * (1 + sizeof(cString)/4);

    if(FlashProgram(pulData,SECTION * 1024,size))
    {
        uartPuts("〈Programerror〉\r\n");
        for(;;);
    }

    uartPuts("〈Program ok〉\r\n");

    for(i = 0;i<sizeof(cString);i++)
    {
        c = flashRead(SECTION * 1024 + i);
        uartPutc(c);
    }

    uartPuts("〈Readok〉\r\n");

    for(;;)
    {
    }
}
```

## 3.3 JTAG 简介

JTAG 是一种国际标准测试协议(IEEE 1149.1 兼容),主要用于芯片的内部测试。现在多数的高级器件都支持 JTAG 协议,如 ARM,DSP 和 FPGA 器件等。标准的 JTAG 接口是 4 根线:测试模式选择 TMS,测试时钟 TCK,测试数据输出 TDO,测试数据输入 TDI。在实际系统中可能还有测试复位 TRST,低电平有效。

### 3.3.1 LM3S811 的 JTAG 模块结构

JTAG 模块由测试访问端口(TAP)控制器和带有并行更新寄存器的串行移位链

组成。TAP 控制器是一个简单的状态机，它由 TRST，TCK 和 TMS 输入引脚控制。TAP 控制器的当前状态取决于 TRST 的当前值及 TMS 引脚在 TCK 信号上升沿所捕获的值的序列。TAP 控制器决定了串行移位链何时捕获新数据，何时将数据从 TDI 移向 TDO，以及何时更新并行加载寄存器。TAP 控制器的当前状态还决定了正在访问的是指令寄存器(IR)链还是其中一个数据寄存器(DR)链，如图 3-2 所示。

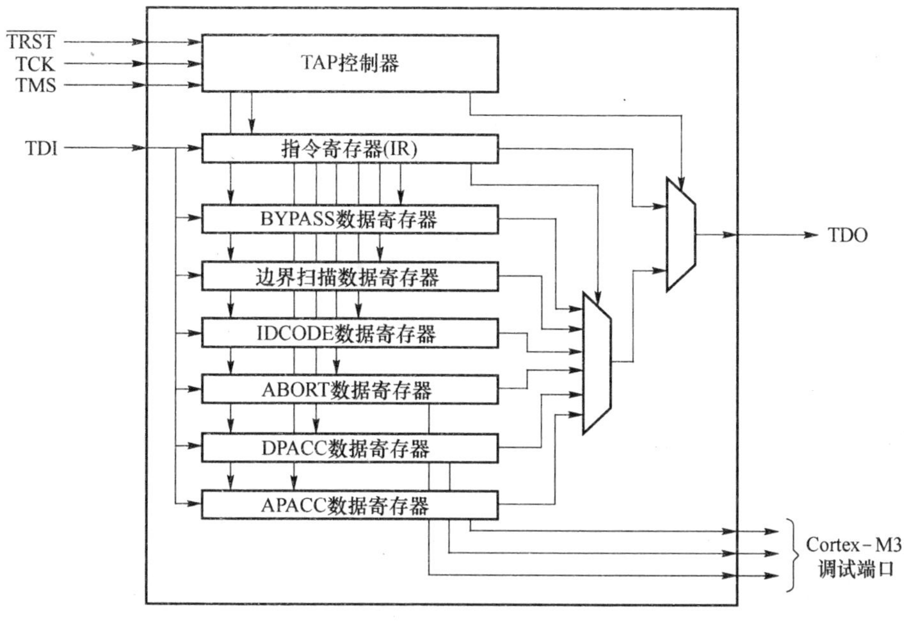


**图 3-2　LM3S811 的 JTAG 模块结构**

带有并行加载寄存器的串行移位链由一个指令寄存器(IR)链和多个数据寄存器(DR)链组成。当前被加载到并行加载寄存器中的指令决定了在 TAP 控制器排序过程中，哪一个 DR 链将被捕获、移位或更新。

## 3.3.2　JTAG 口失效的可能原因

在调试过程中有可能偶尔出现芯片的 JTAG 接口连接失效的问题，即遇到用调试器再也无法连接的情况。导致芯片 JTAG 接口连接失效的原因有多种，如与 JTAG 接口复用的 GPIO 引脚被占用、程序中已启用看门狗定时器(总是在不断复位，干扰调试)，等等，但最常见的原因还是与 JTAG 接口复用的 GPIO 引脚被占用，从而导致上电后 JTAG 调试器来不及与芯片连接。

## 3.3.3　预防 JTAG 口失效的解决方法

建议在编写每一个应用程序时都在 main()函数的开始处插入一段能够预防 JTAG 失效的代码。其工作原理是：将能够有效预防 JTAG 失效的函数 jtagWait()

插入到 main()函数的开始处;当芯片正常复位时,由于 KEY 键(注:KEY 键为硬件电路设计时加入的按键。)没有被按下,因此会直接运行后面的代码,即 jtagWait()函数不影响正常的操作;当需要进行 JTAG 连接时,先按住 KEY 键不放开,再复位,则程序进入一个死循环,以等待 JTAG 连接,在此状态下进行连接是非常可靠的。

有了 jtagWait()函数的保障,即可放心大胆地使用与 JTAG 接口复用的 GPIO,而不必担心 JTAG 接口再被锁死的问题了!另外,还可以充分利用 JTAG 接口的这一特性来为自己的程序加密,以防非法复制。

**例 1:** 设计一段代码使其具有"防止 JTAG 失效"的作用。(针对 TI_OEM_LM3S811)

代码设计如下:

```
//定义 KEY
#define KEY_PERIPH SYSCTL_PERIPH_GPIOC
#define KEY_PORT GPIO_PORTC_BASE
#define KEY_PIN GPIO_PIN_4
//防止 JTAG 失效
void jtagWait(void)
{
    SysCtlPeripheralEnable(KEY_PERIPH);                      //使能 KEY 所在的 GPIO 端口
    GPIOPinTypeGPIOInput(KEY_PORT,KEY_PIN);                  //设置 KEY 所在引脚为输入
    if(GPIOPinRead(KEY_PORT,KEY_PIN) == 0x00)
    //若复位时按下 KEY,则进入
    {
        for(;;);                                             //死循环,以等待 JTAG 连接
    }
    SysCtlPeripheralDisable(KEY_PERIPH);                     //禁止 KEY 所在的 GPIO 端口
}
```

## 3.4 系统控制(SysCtl)

LM3S811 的系统控制大体上可分为 8 个比较清晰的部分:LDO 控制、时钟控制、复位控制、外设控制、睡眠与深度睡眠、其他功能、中断操作和时钟验证。其中比较常用和重要的函数并不多,掌握它们的具体用法也不复杂。

### 3.4.1 LDO 控制

LDO 是 Low Drop-Out 的缩写,是一种线性直流电源稳压器。LDO 的显著特点是输入与输出之间的低压差能够达到数百毫伏,而传统的线性稳压器(如 7805)一般在 1.5 V 以上。例如,Exar(原 Sipex)公司的 LDO 芯片 SP6205,当额定输出为

3.3 V/500 mA时，典型压差仅为0.3 V，因此输入电压只要不低于3.6 V就能满足要求，而效率可高达90%。这种低压差特性可以带来降低功耗和缩小体积等好处。

Stellaris系列ARM芯片集成了一个内部的LDO稳压器，为处理器内核及片内外设提供稳定的电源。这样，只需为整颗芯片提供单一的3.3 V电源就能够使其正常工作，从而简化了系统的电源设计，并节省了成本。LDO的输出电压默认值是2.50 V，通过软件可以在2.25～2.75 V之间调节，步进50 mV。降低LDO的输出电压可以降低功耗。LDO引脚除了给处理器内核供电外，还可为芯片以外的电路供电，但要注意控制电流的大小和电压波动，以免干扰处理器内核正常运行。

片内LDO的输入电压是芯片的电源VDD(范围3.0～3.6 V)，LDO输出到一个名为LDO的引脚上。需要注意的是：

① 在LDO引脚和GND之间必须接一个1～3.3 μF的瓷片电容。

② 在启用片内锁相环PLL之前，必须将LDO电压设置为2.75 V。

总共有3个函数可用于LDO控制，第一个函数是SysCtlLDOSet()，通过该函数可设置LDO的输出电压值；第二个函数是SysCtlLDOGet()，用来获取LDO的电压输出值，第三个函数是SysCtlLDOConfigSet()，用于配置LDO的失效控制。

### 1. 函数SysCtlLDOSet()

功能：设置LDO的输出电压。

原型：void SysCtlLDOSet(unsigned long ulVoltage)

参数：

ulVoltage，要设置的LDO输出电压，应当取下列值之一：

- SYSCTL_LDO_2_25V，LDO输出2.25 V；
- SYSCTL_LDO_2_30V，LDO输出2.30 V；
- SYSCTL_LDO_2_35V，LDO输出2.35 V；
- SYSCTL_LDO_2_40V，LDO输出2.40 V；
- SYSCTL_LDO_2_45V，LDO输出2.45 V；
- SYSCTL_LDO_2_50V，LDO输出2.50 V；
- SYSCTL_LDO_2_55V，LDO输出2.55 V；
- SYSCTL_LDO_2_60V，LDO输出2.60 V；
- SYSCTL_LDO_2_65V，LDO输出2.65 V；
- SYSCTL_LDO_2_70V，LDO输出2.70 V；
- SYSCTL_LDO_2_75V，LDO输出2.75 V。

返回：无。

### 2. 函数SysCtlLDOGet()

功能：获取LDO的电压输出值。

原型：unsigned long SysCtlLDOGet(void)

参数：无。

返回：LDO 的当前电压值，与函数 SysCtlLDOSet()中参数 ulVoltage 的取值相同。

### 3．函数 SysCtlLDOConfigSet()

功能：配置 LDO 的失效控制。

原型：void SysCtlLDOConfigSet(unsigned long ulConfig)

参数：

ulConfig，所需 LDO 故障控制的配置，应当取下列值之一：

- SYSCTL_LDOCFG_ARST，允许 LDO 故障时产生复位；
- SYSCTL_LDOCFG_NORST，禁止 LDO 故障时产生复位。

返回：无。

**例 2**：设计一段代码，控制 LDO 的输出电压。

分析和设计如下：

在程序中，数组 ulTab[]保存所有 LDO 可能的设置电压，在主循环里，每隔3.5 s 利用 SysCtlLDOSet()函数修改一次 LDO 的输出电压值。在 3.5 s 的时间间隔里，可以用万用表测量 LDO 引脚的实际电压值大小。

程序清单如下：

```
#include "systemInit.h"
#include "uartGetPut.h"
#include <stdio.h>
//主函数(程序入口)
int main(void)
{
    const unsigned long ulTab[11] =                     //定义 LDO 的电压数值表
    {
        SYSCTL_LDO_2_25V,
        SYSCTL_LDO_2_30V,
        SYSCTL_LDO_2_35V,
        SYSCTL_LDO_2_40V,
        SYSCTL_LDO_2_45V,
        SYSCTL_LDO_2_50V,
        SYSCTL_LDO_2_55V,
        SYSCTL_LDO_2_60V,
        SYSCTL_LDO_2_65V,
        SYSCTL_LDO_2_70V,
        SYSCTL_LDO_2_75V
    };
    short i;
```

```
    char s[40];
    jtagWait();                                      //防止 JTAG 失效,重要!
    clockInit();                                     //时钟初始化:晶振,6 MHz
    uartInit();                                      //UART 初始化
    for(;;)
    {
        for(i = 0;i<11;i++)
        {
            SysCtlLDOSet(ulTab[i]);                  //设置 LDO 的输出电压
            SysCtlDelay(3500 * (TheSysClock/3000));  //延时约 3 500 ms
        }
    }
}
```

## 3.4.2 时钟控制系统结构

如图 3-3 所示为 LM3S811 芯片的时钟系统结构图。该时钟系统有 2 个时钟源可供使用:

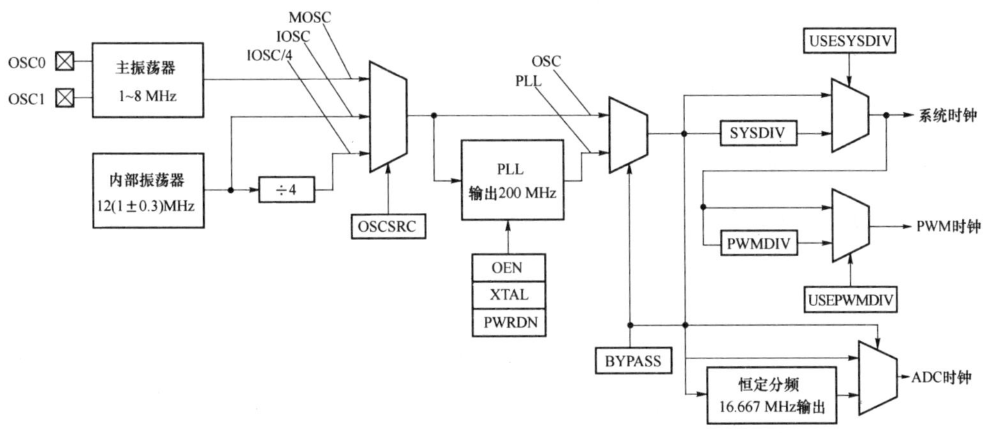


图 3-3 LM3S811 芯片的时钟系统结构图

① 内部振荡器(IOSC)。内部振荡器是片内时钟源,它不需要使用任何外部元件。内部振荡器的频率是 12(1±0.3)MHz。对于不依赖精确时钟源的应用,可使用该时钟源来降低系统成本。

② 主振荡器。主振荡器采用下面方法中的一种来提供一个频率精确的时钟源:OSC0 输入引脚连接一个外部单端时钟源,或者在 OSC0 输入和 OSC1 输出引脚之间连接一个外部晶体。允许的晶体值取决于主振荡器是否用做 PLL 的时钟参考源。如果主振荡器用做 PLL 的时钟参考源,那么支持的晶体频率范围为 3.579 545~8.192 MHz。如果没有使用 PLL,则支持的晶体频率范围为 1~8.192 MHz。单端

时钟源的频率范围是从 DC 到器件的指定频率之间。

内部系统时钟(SysClk)来自 2 个时钟源及内部 PLL 输出和 4 分频的内部振荡器(3(1±0.3)MHz)。PLL 时钟基准的频率必须在 3.579 545～8.192 MHz 的范围内。

几乎所有的时钟控制都是由运行模式时钟配置(RCC)寄存器提供的。图 3-3 所示为主时钟树逻辑。外设模块由系统时钟信号驱动,可以被编程为使能/禁能。

ADC 时钟信号被自动向下分频为 16.67 MHz,以满足 ADC 操作的要求。PWM 时钟信号是系统时钟的同步分频,从而提供带有更大范围的 PWM 电路。

### 3.4.3 主振荡器(MOSC)的晶体配置

主振荡器支持使用选择的晶体值。如果 PLL 使用主振荡器作为参考时钟,那么晶体支持的频率范围为3.579 545～8.192 MHz;否则,晶体支持的频率范围为 1～8.192 MHz。RCC 寄存器中的 XTAL 位描述了可用的晶体选择和默认的编程值。

软件用晶体值来配置 RCC 寄存器的 XTAL 域。如果在设计中使用了 PLL,那么 XTAL 域的值就在内部转化为 PLL 设置。

### 3.4.4 PLL 频率配置

PLL 在上电复位过程中默认是禁能的,如果需要,可在以后通过软件将其使能。软件可配置 PLL 的输入参考时钟源,通过指定输出分频值来设置系统时钟频率,并使能 PLL 的驱动输出。

### 3.4.5 PLL 模式

PLL 有 2 种工作模式,即正常模式和掉电模式:

① 正常模式。PLL 倍频输入时钟基准并驱动输出。

② 掉电模式。大部分的 PLL 内部电路被禁止,PLL 不驱动输出。

如果 PLL 的配置发生变化,则 PLL 的输出频率不稳定,直至它重新会聚(重新锁定)到新的设置。

由于 Cortex-M3 内核的最高运行频率为 50 MHz,因此如果使用 PLL,则至少要进行 4 以上的分频(硬件会自动阻止错误的软件配置)。启用 PLL 后,系统功耗将明显增大。

**注意:** 在 LM3S 系列,不论 PLL 的输出是 200 MHz 还是 400 MHz,只要分频数相同,则对 PLL 的分频结果都是一样的,统一按照 200 MHz 进行计算。例如,LM3S615 芯片的 PLL 是 200 MHz 输出,LM3S811 芯片的 PLL 是 400 MHz 输出,但执行以下函数调用后,最终的系统时钟都是 20 MHz:

```
SysCtlClockSet(SYSCTL_USE_PLL | SYSCTL_OSC_MAIN | SYSCTL_XTAL_6MHZ |
               SYSCTL_SYSDIV_10);
```

## 3.5 PLL 的初始化和配置

PLL 的配置可通过直接对 RCC 寄存器执行写操作来实现。成功改变基于 PLL 的系统时钟所需的步骤如下：

① 通过置位 RCC 寄存器的 BYPASS 位和清零 RCC 寄存器的 USESYS 位来旁路 PLL 和系统时钟分频器。该操作将系统配置为"原始的(raw)"时钟源(使用主振荡器或内部振荡器)，并在系统时钟切换为 PLL 之前允许新的 PLL 配置生效。

② 选择晶体值(XTAL)和振荡器源(OSCSRC)，并清零 RCC 的 PWRDN 位和 OEN 位。对 XTAL 域的设置操作将自动获得所选晶体的有效的 PLL 配置数据，清零 PWRDN 和 OEN 位将给 PLL 及其输出供电，并将它们使能。

③ 在 RCC 中选择所需的系统分频器(SYSDIV)，置位 RCC 的 USESYS 位。SYSDIV 域决定了微控制器的系统频率。

④ 通过查询原始中断状态(RIS)寄存器的 PLLLRIS 位来等待 PLL 锁定。

⑤ 通过清零 RCC 中的 BYPASS 位来使能 PLL 的使用。

**注意：**如果 BYPASS 位在 PLL 锁定之前被清零，则器件可能变为不可用。

PWM(脉宽调制)模块的时钟(PWMClock)是在系统时钟基础上经过进一步分频得到的，允许的分频数是 1，2，4，8，16，32 和 64。参见函数 SysCtlPWMClockSet()。

Stellaris 系列 ARM 芯片内部集成了 10 位的 ADC 模块，不同型号的采样速率有所不同，包括 125 ksps，250 ksps，500 ksps 和 1 Msps，其中单位 sps 表示每秒采样次数，例如，LM3S811 的 ADC 采样速率是 1 Msps。ADC 模块要求工作在额定的 16 MHz时钟下才能保证±1 LSB 的精度(IC 工艺原因)，而每采样一次需要 16 个时钟周期。对于实际采样速率达不到 1 Msps 的型号，ADC 模块还可对输入的 16 MHz 时钟进行分频以获得恰当的工作时钟频率，参见函数 SysCtlADCSpeedSet()。

针对 ADC 时钟有 16 MHz 额定输入这一要求，可以采用两种方法来提供：一是启用 PLL 单元，固定的分频数可以保证 ADC 时钟在 16 MHz 左右，但可能存在功耗较大的问题；二是采用 16 MHz 或 16.384 MHz 晶振，好处是功耗较低。当然，LM3S6911，LM3S1138 和 LM3S6422 等型号直接支持的晶振只能达到 8.192 MHz，对于这种情况，可以考虑从 OSC0 引脚直接输入 16 MHz 的有源振荡信号。

有关时钟的设置函数如下。

### 1. 函数 SysCtlClockSet()

功能：系统时钟设置。

原型：void SysCtlClockSet(unsigned long ulConfig)

参数：

ulConfig,时钟配置字,应当取下列各组数值之间的"或"运算组合形式:

① 系统时钟分频的取值为:

- SYSCTL_SYSDIV_1,振荡器不分频(不可用于 PLL);
- SYSCTL_SYSDIV_2,振荡器 2 分频(不可用于 PLL);
- SYSCTL_SYSDIV_3,振荡器 3 分频(不可用于 PLL);
- SYSCTL_SYSDIV_4,振荡器 4 分频,或对 PLL 的分频结果为 50 MHz;
- SYSCTL_SYSDIV_5,振荡器 5 分频,或对 PLL 的分频结果为 40 MHz;
- SYSCTL_SYSDIV_64,振荡器 64 分频,或对 PLL 的分频结果为 3.125 MHz。

**注:** 对 Sandstorm 家族,最大分频数只能取到 16。不同型号的 PLL,输出为 200 MHz 或 400 MHz,但分频时都按 200 MHz 计算,这样保持了软件上的兼容性。由于 Cortex-M3 内核的最高工作频率为 50 MHz,因此,启用 PLL 时必须进行 4 以上的分频(硬件会自动阻止错误的软件配置)。

② 使用 OSC 或 PLL 的取值为:

- SYSCTL_USE_PLL,采用锁相环 PLL 作为系统时钟源;
- SYSCTL_USE_OSC,采用 OSC(主振荡器或内部振荡器)作为系统时钟源。

**注:** 如果选用 PLL 作为系统时钟,则本函数将轮询 PLL 锁定中断状态位以确定 PLL 是何时锁定的,PLL 的锁定时间最多不会超过 0.5 ms。由于在启用 PLL 时会消耗较大功率,因此在启用 PLL 之前,必须先将 LDO 的电压设置为 2.75 V,否则可能造成芯片工作不稳定。

③ OSC 时钟源选择的取值为:

- SYSCTL_OSC_MAIN,主振荡器作为 OSC;
- SYSCTL_OSC_INT,内部 12 MHz 振荡器作为 OSC;
- SYSCTL_OSC_INT4,内部 12 MHz 振荡器 4 分频后作为 OSC;
- SYSCTL_OSC_INT30,内部 30 kHz 振荡器作为 OSC;
- SYSCTL_OSC_EXT32,外接 32.768 kHz 有源振荡器作为 OSC。

**注:** 内部 12 MHz 和 30 kHz 振荡器有±30%的误差,所以对时钟精度有严格要求的场合不宜采用。采用内部 30 kHz 和外部 32.768 kHz 振荡器能够明显降低功耗,但是 Sandstorm 家族不支持这两种低频振荡器。当采用外部 32.768 kHz 振荡器时,不能直接使用晶体,而必须使用从 XOSC0 引脚输入的有源振荡信号,并且还要保证冬眠模块(hibernation module)VBAT 引脚的正常供电。

④ 振荡源禁止的取值为:

- SYSCTL_INT_OSC_DIS,禁止内部振荡器;
- SYSCTL_MAIN_OSC_DIS,禁止主振荡器。

**注:** 禁止不用的振荡器可以降低功耗。为了能够使用外部时钟源,主振荡器必须被使能,试图禁止正在为芯片提供时钟的振荡器会被硬件阻止。

⑤ 外接晶体频率的取值为：

- SYSCTL_XTAL_1MHZ,外接晶体 1 MHz；
- SYSCTL_XTAL_1_84MHZ,外接晶体 1.843 2 MHz；
- SYSCTL_XTAL_2MHZ,外接晶体 2 MHz；
- SYSCTL_XTAL_2_45MHZ,外接晶体 2.457 6 MHz；
- SYSCTL_XTAL_3_57MHZ,外接晶体 3.579 545 MHz；
- SYSCTL_XTAL_3_68MHZ,外接晶体 3.686 4 MHz；
- SYSCTL_XTAL_4MHZ,外接晶体 4 MHz；
- SYSCTL_XTAL_4_09MHZ,外接晶体 4.096 MHz；
- SYSCTL_XTAL_4_91MHZ,外接晶体 4.915 2 MHz；
- SYSCTL_XTAL_5MHZ,外接晶体 5 MHz；
- SYSCTL_XTAL_5_12MHZ,外接晶体 5.12 MHz；
- SYSCTL_XTAL_6MHZ,外接晶体 6 MHz；
- SYSCTL_XTAL_6_14MHZ,外接晶体 6.144 MHz；
- SYSCTL_XTAL_7_37MHZ,外接晶体 7.372 8 MHz；
- SYSCTL_XTAL_8MHZ,外接晶体 8 MHz；
- SYSCTL_XTAL_8_19MHZ,外接晶体 8.192 MHz；
- SYSCTL_XTAL_10MHZ,外接晶体 10 MHz；
- SYSCTL_XTAL_12MHZ,外接晶体 12 MHz；
- SYSCTL_XTAL_12_2MHZ,外接晶体 12.288 MHz；
- SYSCTL_XTAL_13_5MHZ,外接晶体 13.56 MHz；
- SYSCTL_XTAL_14_3MHZ,外接晶体 14.318 18 MHz；
- SYSCTL_XTAL_16MHZ,外接晶体 16 MHz；
- SYSCTL_XTAL_16_3MHZ,外接晶体 16.384 MHz。

返回：无。

举例如下：

采用 6 MHz 晶振作为系统时钟的设置为

```
SysCtlClockSet(SYSCTL_USE_OSC | SYSCTL_OSC_MAIN | SYSCTL_XTAL_6MHZ | SYSCTL_SYSDIV_1);
```

采用 16 MHz 晶振 4 分频作为系统时钟的设置为

```
SysCtlClockSet(SYSCTL_USE_OSC | SYSCTL_OSC_MAIN | SYSCTL_XTAL_16MHZ | SYSCTL_SYSDIV_4);
```

采用内部 12 MHz 振荡器作为系统时钟的设置为

```
SysCtlClockSet(SYSCTL_USE_OSC | SYSCTL_OSC_INT | SYSCTL_SYSDIV_1);
```

采用内部 12 MHz 振荡器 4 分频作为系统时钟的设置为

```
SysCtlClockSet(SYSCTL_USE_OSC | SYSCTL_OSC_INT4 | SYSCTL_SYSDIV_1);
```

采用内部30 kHz振荡器作为系统时钟的设置为

```
SysCtlClockSet(SYSCTL_USE_OSC | SYSCTL_OSC_INT30 | SYSCTL_SYSDIV_1);
```

外接6 MHz晶体，采用PLL作为系统时钟，分频结果为20 MHz的设置为

```
SysCtlLDOSet(SYSCTL_LDO_2_75V);
SysCtlClockSet(SYSCTL_USE_PLL | SYSCTL_OSC_MAIN | SYSCTL_XTAL_6MHZ | SYSCTL_SYSDIV_10);
```

### 2. 函数SysCtlClockGet()

功能：获取系统时钟频率。

原型：unsigned long SysCtlClockGet(void)

参数：无。

返回：当前配置的系统时钟频率，单位为Hz。

**注：**如果在调用本函数之前从没有通过调用函数SysCtlClockSet()来配置过时钟，或者时钟直接由一个晶体（或外部时钟源）来提供，而该晶体（或外部时钟源）的频率并不属于所支持的标准晶体频率，则不会返回精确的结果。

### 3. 函数SysCtlPWMClockSet()

功能：设置PWM时钟的预分频数。

原型：void SysCtlPWMClockSet(unsigned long ulConfig)

参数：

ulConfig，PWM时钟配置，应当取下列值之一：

- SYSCTL_PWMDIV_1，PWM时钟预先进行1分频（不分频）；
- SYSCTL_PWMDIV_2，PWM时钟预先进行2分频；
- SYSCTL_PWMDIV_4，PWM时钟预先进行4分频；
- SYSCTL_PWMDIV_8，PWM时钟预先进行8分频；
- SYSCTL_PWMDIV_16，PWM时钟预先进行16分频；
- SYSCTL_PWMDIV_32，PWM时钟预先进行32分频；
- SYSCTL_PWMDIV_64，PWM时钟预先进行64分频。

返回：无。

### 4. 函数SysCtlPWMClockGet()

功能：获取PWM时钟的预分频数。

原型：unsigned long SysCtlPWMClockGet(void)

参数：无。

返回：PWM时钟的预分频数，与函数SysCtlPWMClockSet()中的参数ulConfig的取值相同。

### 5. 函数SysCtlADCSpeedSet()

功能：设置ADC的采样速率。

原型：void SysCtlADCSpeedSet(unsigned long ulSpeed)

参数：

ulSpeed，采样速率，取下列值之一：

- SYSCTL_ADCSPEED_1MSPS，采样速率为1 Msps；
- SYSCTL_ADCSPEED_500KSPS，采样速率为500 ksps；
- SYSCTL_ADCSPEED_250KSPS，采样速率为250 ksps；
- SYSCTL_ADCSPEED_125KSPS，采样速率为125 ksps。

返回：无。

### 6. 函数 SysCtlADCSpeedGet()

功能：获取ADC的采样速率。

原型：unsigned long SysCtlADCSpeedGet(void)

参数：无。

返回：ADC的采样速率，与函数SysCtlADCSpeedSet()中的参数ulSpeed的取值相同。

### 7. 函数 SysCtlUSBPLLEnable()

功能：使能USB模块专用的PLL单元。

原型：void SysCtlUSBPLLEnable(void)

参数：无。

返回：无。

**说明：**2008年新推出的LM3S3xxx和LM3S5xxx系列芯片集成了USB 2.0全速/OTG/Host/Device功能，其PLL单元是专用的，输出240 MHz，经固定的4分频后作为USB模块的工作时钟。

### 8. 函数 SysCtlUSBPLLDisable()

功能：禁止USB模块专用的PLL单元。

原型：void SysCtlUSBPLLDisable(void)

参数：无。

返回：无。

**例3：**用系统时钟设置函数SysCtlClockSet()设计一段程序，控制LED指示灯闪烁数次。

分析和设计如下：

在程序中，函数ledFlash()可使LED指示灯闪烁数次，采用固定周期数的延时函数delay()。在主循环里，系统时钟采用不同的配置，使得LED的闪烁速度随着变快或变慢。注意其中设置PLL的要点：必须将LDO的输出电压设置为2.75 V。这是因为启用PLL后，系统的功耗会立即增大许多，如果LDO电压不够高，则容易造成芯片工作不稳定。

程序清单如下：

```
#include "systemInit.h"
//定义 LED
#define LED_PERIPH SYSCTL_PERIPH_GPIOG
#define LED_PORT GPIO_PORTG_BASE
#define LED_PIN GPIO_PIN_2
//延时
void delay(unsigned long ulVal)
{
    while(--ulVal!=0);
}
//LED 闪烁 usN 次
void ledFlash(unsigned short usN)
{
    do
    {
        GPIOPinWrite(LED_PORT,LED_PIN,0x00);          //点亮 LED
        delay(200000UL);
        GPIOPinWrite(LED_PORT,LED_PIN,1<<2);          //熄灭 LED
        delay(300000UL);
    }while(--usN!=0);

}
//主函数(程序入口)
int main(void)
{
    jtagWait();                                       //防止 JTAG 失效,重要!
    SysCtlPeriEnable(LED_PERIPH);                     //使能 LED 所在的 GPIO 端口
    GPIOPinTypeOut(LED_PORT,LED_PIN);                 //设置 LED 所在引脚为输出
    for(;;)
    {
        SysCtlLDOSet(SYSCTL_LDO_2_50V);               //设置 LDO 输出电压
        SysCtlClockSet(SYSCTL_USE_OSC |               //系统时钟设置
                       SYSCTL_OSC_MAIN |              //采用主振荡器
                       SYSCTL_XTAL_6MHZ |             //外接 6 MHz 晶振
                       SYSCTL_SYSDIV_3);              //3 分频
        ledFlash(5);                                  //2 MHz 系统时钟,缓慢闪烁
        SysCtlClockSet(SYSCTL_USE_OSC |               //系统时钟设置
                       SYSCTL_OSC_INT |               //内部振荡器 12(1±0.3)MHz
                       SYSCTL_SYSDIV_2);              //2 分频
        ledFlash(8);                                  //6 MHz 系统时钟,较快闪烁
        SysCtlLDOSet(SYSCTL_LDO_2_75V);               //配置 PLL 前须将 LDO 设为 2.75 V
        SysCtlClockSet(SYSCTL_USE_PLL |               //系统时钟设置,采用 PLL
                       SYSCTL_OSC_MAIN |              //主振荡器
                       SYSCTL_XTAL_6MHZ |             //外接 6 MHz 晶振
```

```
                SYSCTL_SYSDIV_10);              //分频结果为 20 MHz
        ledFlash(12);                           //20 MHz 系统时钟,快速闪烁
    }
}
```

## 3.6 ARM Cortex - M3 内核的工作模式

LM3S811 主要有 3 种工作模式：运行模式(run mode)、睡眠模式(sleep mode)和深度睡眠模式(deep sleep mode)。

运行模式是正常的工作模式,处理器内核将积极地执行代码。在睡眠模式下,系统时钟不变,但处理器内核不再执行代码(内核因不需要时钟而省电)。在深度睡眠模式下,系统时钟可变,处理器内核同样也不再执行代码。深度睡眠模式比睡眠模式更为省电。中断可使器件从其中一种睡眠模式返回到运行模式。

这 3 种工作模式的具体区别见表 3 - 2 中的描述。

**表 3 - 2　运行、睡眠和深度睡眠 3 种工作模式对照表**

| 处理器模式 / 比较项目 | 运行模式 (run mode) | 睡眠模式 (sleep mode) | 深度睡眠模式 (deep sleep mode) |
|---|---|---|---|
| 处理器、存储器 | 活动 | 停止 (存储器内容保持不变) | 停止 (存储器内容保持不变) |
| 功耗大小 | 大 | 小 | 很小 |
| 外设时钟源 | 所有时钟源都可用,包括晶振、内部 12 MHz 振荡器、内部 30 kHz 振荡器、PLL,以及外部 32.768 kHz 有源时钟信号 | 由运行模式进入睡眠模式时,系统时钟的配置保持不变 | 在进入深度睡眠模式后可自动关闭功耗较高的主振荡器,而改用功耗较低的内部振荡器。<br>若使用 PLL,则进入深度睡眠模式后,PLL 可被自动断电,而改用 OSC 的 16 或 64 分频作为系统时钟。处理器被唤醒后,首先恢复原先的时钟配置,再执行代码 |

调用函数 SysCtlSleep()可使处理器进入睡眠模式,调用函数 SysCtlDeepSleep()可使处理器进入深度睡眠模式。处理器进入睡眠或深度睡眠模式后即停止活动。当出现一个中断时,可以唤醒处理器,使其从睡眠或深度睡眠模式返回到正常的运行模式。因此在进入睡眠或深度睡眠模式之前,必须配置某个片内外设的中断,并允许其在睡眠或深度睡眠模式下继续工作,否则,只有复位或重新上电才能结束睡眠或深度睡眠状态。处理器被唤醒后首先执行中断服务程序,退出后接着执行主程序中的后续代码。

### 1. 函数 SysCtlSleep()

功能：使处理器进入睡眠模式。

原型：void SysCtlSleep(void)

参数：无。

返回：无(在处理器未被唤醒前不会返回)。

**2. 函数 SysCtlDeepSleep()**

功能：使处理器进入深度睡眠模式。

原型：void SysCtlDeepSleep(void)

参数：无。

返回：无(在处理器未被唤醒前不会返回)。

**例 4：**设计一段程序，使处理器进入睡眠模式，并能够被按键唤醒。

分析和设计如下：

程序在初始化时点亮 LED，表明处于运行模式；此后进入睡眠模式，处理器暂停运行，并以熄灭 LED 来指示；当出现 KEY 中断时，处理器被唤醒，先执行中断服务程序，退出中断后接着执行主程序中的后续代码；按照程序的安排，唤醒后点亮 LED，延时一段时间后再次进入睡眠模式，等待 KEY 中断来唤醒，如此反复。

程序清单如下：

```
#include "systemInit.h"
#define SysCtlPeriClkGating SysCtlPeripheralClockGating
#define SysCtlPeriSlpEnable SysCtlPeripheralSleepEnable
//定义 LED
#define LED_PERIPH SYSCTL_PERIPH_GPIOG
#define LED_PORT GPIO_PORTG_BASE
#define LED_PIN GPIO_PIN_2
//定义 KEY
#define KEY_PERIPH SYSCTL_PERIPH_GPIOD
#define KEY_PORT GPIO_PORTD_BASE
#define KEY_PIN GPIO_PIN_1
//按键初始化
void keyInit(void)
{
    SysCtlPeriEnable(KEY_PERIPH);                          //使能 KEY 所在的 GPIO 端口
    GPIOPinTypeIn(KEY_PORT,KEY_PIN);                       //设置 KEY 所在引脚为输入
    GPIOIntTypeSet(KEY_PORT,KEY_PIN,GPIO_LOW_LEVEL);       //设置 KEY 的中断类型
    GPIOPinIntEnable(KEY_PORT,KEY_PIN);                    //使能 KEY 中断
    IntEnable(INT_GPIOD);                                  //使能 GPIOD 中断
    IntMasterEnable();                                     //使能处理器中断
}
//主函数(程序入口)
int main(void)
```

```
{
    jtagWait();                                        //防止 JTAG 失效,重要!
    clockInit();                                       //时钟初始化:晶振,6 MHz
    keyInit();                                         //按键初始化
    SysCtlPeriEnable(LED_PERIPH);
    //使能 LED 所在的 GPIO 端口
    GPIOPinTypeOut(LED_PORT,LED_PIN);                  //设置 LED 所在引脚为输出
    GPIOPinWrite(LED_PORT,LED_PIN,0x00);
    SysCtlDelay(2500 * (TheSysClock/3000));            //点亮 LED,表示工作状态
    //允许在睡眠模式下外设采用寄存器 SCGCn 配置时钟
    SysCtlPeriClkGating(true);
    //允许 KEY 所在 GPIO 端口在睡眠模式下继续工作
    SysCtlPeriSlpEnable(KEY_PERIPH);
    for(;;)
    {
        GPIOPinWrite(LED_PORT,LED_PIN,1<<2);
        //熄灭 LED,表示进入睡眠模式
        SysCtlSleep();                                 //使处理器进入睡眠模式
        GPIOPinWrite(LED_PORT,LED_PIN,0x00);           //点亮 LED,表示已被唤醒
        SysCtlDelay(2500 * (TheSysClock/3000));   //工作一段时间后,再次进入睡眠模式
    }
}

//GPIOD 的中断服务函数
void GPIO_Port_D_ISR(void)
{
    unsigned long ulStatus;
    ulStatus = GPIOPinIntStatus(KEY_PORT,true);        //读取中断状态
    GPIOPinIntClear(KEY_PORT,ulStatus);                //清除中断状态,重要!
    if(ulStatus & KEY_PIN)                             //如果 KEY 中断状态有效
    {
        SysCtlDelay(10 * (TheSysClock/3000));          //延时,以消除按键抖动
        while(GPIOPinRead(KEY_PORT,KEY_PIN) == 0);     //等待按键抬起
        SysCtlDelay(10 * (TheSysClock/3000));          //延时,以消除松键抖动
    }
}
```

## 3.7 复位控制

### 3.7.1 LM3S811 的复位源

在 Stellaris 系列的 ARM 芯片中有多种复位源,所有复位标志都集中保存在一

个复位源寄存器(RSTC)中。

### 1. 上电复位(POR)

上电时芯片自动复位，称为"上电复位"(power on reset)。上电复位后，POR 标志置位。

### 2. 外部复位(EXT)

芯片正在工作时，如果复位引脚$\overline{\text{RST}}$被拉低、延迟、再拉高，则芯片产生复位。这种复位称为"外部复位"(external reset)。外部复位后，EXT 标志置位，其他标志(POR 除外)都被清零。

### 3. 软件复位(SW)

芯片正在工作时，执行函数 SysCtlReset()会产生"软件复位"(software reset)。软件复位后，SW 标志置位，其他复位标志不变。

### 4. 看门狗复位(WDOG)

如果使能了看门狗模块的复位功能，则因为没有及时"喂狗"而产生的复位称为"看门狗复位"(watch dog reset)。看门狗复位后，WDOG 标志置位，其他复位标志不变。

### 5. 掉电复位(BOR)

掉电检测的结果可用来触发中断或产生复位，如果用于产生复位，则这种复位称为"掉电复位"(brown out reset)。掉电复位后，BOR 标志置位，其他复位标志不变。

**注意：**"掉电"不是"断电"。"掉电"一词的英文是"brown out"，其本意是"把灯火弄暗"(不是"弄灭")。"断电"指芯片的供电被彻底切断，如果没有了电源，则芯片的一切功能都谈不上了。"掉电"指芯片原先供电正常，后来供电跌落到某个较低的电压值时的工作状态。掉电检测功能能够自动查知掉电过程(门槛电压标称值为 2.9 V)。

### 6. LDO 复位(LDO)

当 LDO 供电不可调整时，例如 LDO 输出引脚在短时间内被强制接到 GND，芯片所产生的复位称为 LDO 供电不可调整复位(LDO power not ok reset)，简称 LDO 复位。LDO 复位后，LDO 标志置位，其他复位标志不变。

## 3.7.2 复位控制库函数

### 1. 函数 SysCtlReset()

功能：软件复位。

原型：void SysCtlReset(void)

参数：无。

返回：无，一旦调用该函数就会使整个芯片产生复位。

### 2. 函数 SysCtlResetCauseClear()

功能：清除芯片的复位原因。

原型：void SysCtlResetCauseClear(unsigned long ulCauses)

参数：

ulCauses，要清除的复位源，应当取下列值之一或它们之间任意"或"运算的组合形式：

- SYSCTL_CAUSE_LDO，LDO 供电不可调整引起的复位；
- SYSCTL_CAUSE_SW，软件复位；
- SYSCTL_CAUSE_WDOG，看门狗复位；
- SYSCTL_CAUSE_BOR，掉电复位；
- SYSCTL_CAUSE_POR，上电复位；
- SYSCTL_CAUSE_EXT，外部复位。

返回：无。

### 3. 函数 SysCtlResetCauseGet()

功能：获取芯片复位的原因。

原型：unsigned long SysCtlResetCauseGet(void)

参数：无。

返回：复位的原因，与函数 SysCtlResetCauseClear()中的参数 ulCauses 的取值相同。

### 4. 函数 SysCtlBrownOutConfigSet()

功能：配置掉电控制。

原型：void SysCtlBrownOutConfigSet(unsigned long ulConfig, unsigned long ulDelay)

参数：

ulConfig，希望的掉电控制的配置，应当取下列值之间任意"或"运算的组合形式：

- SYSCTL_BOR_RESET，复位代替中断；
- SYSCTL_BOR_RESAMPLE，在生效之前重新采样 BOR。

ulDelay，在重新采样一个有效的掉电信号之前要等待的内部振荡器周期数，该值只在 SYSCTL_BOR_RESAMPLE 被设置后并且小于 8 192 时才有意义。

返回：无。

**例 5：** 设计程序练习几个系统复位控制函数的用法。

分析和设计如下：

首次上电时，通过 UART 显示 Power on reset 和 External reset；如果按下复位键，则显示 External reset；不去按键，稍等一会儿会自动执行软件复位，并显示 Software reset。如果还存在其他可能的复位方式，也会正确显示出来。

程序清单如下：

```
#include "systemInit.h"
#include "uartGetPut.h"
#include <stdio.h>
//主函数(程序入口)
int main(void)
{
    unsigned long ulCauses;
    jtagWait();                                          //防止 JTAG 失效，重要！
    clockInit();                                         //时钟初始化：晶振，6 MHz
    6MHzuartInit();                                      //UART 初始化
    ulCauses = SysCtlResetCauseGet();                    //读取复位原因
    //判断具体是哪个复位源
    if(ulCauses & SYSCTL_CAUSE_LDO) uartPuts("LDO power not OK reset\r\n");
    if(ulCauses & SYSCTL_CAUSE_SW) uartPuts("Software reset\r\n");
    if(ulCauses & SYSCTL_CAUSE_WDOG) uartPuts("Watch dog reset\r\n");
    if(ulCauses & SYSCTL_CAUSE_POR) uartPuts("Power on reset\r\n");
    if(ulCauses & SYSCTL_CAUSE_EXT) uartPuts("External reset\r\n");
    uartPuts("\r\n");
    SysCtlResetCauseClear(SYSCTL_CAUSE_LDO | SYSCTL_CAUSE_SW |   //清除所有复位源
                          SYSCTL_CAUSE_WDOG | SYSCTL_CAUSE_BOR | SYSCTL_CAUSE_POR |
                          SYSCTL_CAUSE_EXT);
    SysCtlDelay(4500 * (TheSysClock/3000));              //延时约 3 500 ms
    SysCtlReset();                                       //软件复位
    for(;;)                                              //不会执行到这里
    {
    }
}
```

## 3.8 外设控制

Stellaris 系列 ARM 芯片的所有片内外设只有在使能后才可以工作，如果直接对一个尚未使能的外设进行操作，则会产生硬故障中断。使能片内外设的函数是 SysCtlPeripheralEnable()，对该函数应该已经非常熟悉了。如果一个片内外设暂时不被使用，则可以用函数 SysCtlPeripheralDisable()将其禁止，以降低功耗。其他的外设控制还包括外设复位、确认外设是否存在，以及将外设设置为睡眠与深度睡眠模式等。

## 1. 函数 SysCtlPeripheralEnable()

功能：使能一个片内外设。

原型：void SysCtlPeripheralEnable(unsigned long ulPeripheral)

参数：

ulPeripheral，要使能的片内外设，应当取下列值之一：

- SYSCTL_PERIPH_PWM，PWM(脉宽调制)；
- SYSCTL_PERIPH_ADC，ADC(模/数转换)；
- SYSCTL_PERIPH_HIBERNATE，Hibernation module(冬眠模块)；
- SYSCTL_PERIPH_WDOG，Watch dog(看门狗)；
- SYSCTL_PERIPH_UART0，UART0(串行异步收发器 0)；
- SYSCTL_PERIPH_UART1，UART1(串行异步收发器 1)；
- SYSCTL_PERIPH_UART2，UART2(串行异步收发器 2)；
- SYSCTL_PERIPH_SSI，SSI(同步串行接口)；
- SYSCTL_PERIPH_SSI0，SSI0(同步串行接口 0，与 SSI 等同)；
- SYSCTL_PERIPH_SSI1，SSI1(同步串行接口 1)；
- SYSCTL_PERIPH_QEI，QEI(正交编码接口)；
- SYSCTL_PERIPH_QEI0，QEI0(正交编码接口 0，与 QEI 等同)；
- SYSCTL_PERIPH_QEI1，QEI1(正交编码接口 1)；
- SYSCTL_PERIPH_I2C，I2C(互联 IC 总线)；
- SYSCTL_PERIPH_I2C0，I2C0(互联 IC 总线 0，与 I2C 等同)；
- SYSCTL_PERIPH_I2C1，I2C1(互联 IC 总线 1)；
- SYSCTL_PERIPH_TIMER0，Timer0(定时器 0)；
- SYSCTL_PERIPH_TIMER1，Timer1(定时器 1)；
- SYSCTL_PERIPH_TIMER2，Timer2(定时器 2)；
- SYSCTL_PERIPH_TIMER3，Timer3(定时器 3)；
- SYSCTL_PERIPH_COMP0，Analog comparator0(模拟比较器 0)；
- SYSCTL_PERIPH_COMP1，Analog comparator1(模拟比较器 1)；
- SYSCTL_PERIPH_COMP2，Analog comparator2(模拟比较器 2)；
- SYSCTL_PERIPH_GPIOA，GPIOA(通用输入/输出端口 A)；
- SYSCTL_PERIPH_GPIOB，GPIOB(通用输入/输出端口 B)；
- SYSCTL_PERIPH_GPIOC，GPIOC(通用输入/输出端口 C)；
- SYSCTL_PERIPH_GPIOD，GPIOD(通用输入/输出端口 D)；
- SYSCTL_PERIPH_GPIOE，GPIOE(通用输入/输出端口 E)；
- SYSCTL_PERIPH_GPIOF，GPIOF(通用输入/输出端口 F)；
- SYSCTL_PERIPH_GPIOG，GPIOG(通用输入/输出端口 G)；

- SYSCTL_PERIPH_GPIOH,GPIOH(通用输入/输出端口 H);
- SYSCTL_PERIPH_CAN0,CAN0(控制局域网总线 0);
- SYSCTL_PERIPH_CAN1,CAN1(控制局域网总线 1);
- SYSCTL_PERIPH_CAN2,CAN2(控制局域网总线 2);
- SYSCTL_PERIPH_ETH,ETH(以太网);
- SYSCTL_PERIPH_IEEE1588,IEEE1588;
- SYSCTL_PERIPH_UDMA,μDMA controller(μDMA 控制器);
- SYSCTL_PERIPH_USB0,USB0 controller(USB0 控制器)。

返回：无。

### 2. 函数 SysCtlPeripheralDisable()

功能：禁止一个片内外设。

原型：void SysCtlPeripheralDisable(unsigned long ulPeripheral)

参数：

ulPeripheral,要禁止的片内外设,与函数 SysCtlPeripheralEnable()当中参数 ulPeripheral 的取值相同。

返回：无。

### 3. 函数 SysCtlPeripheralReset()

功能：复位一个片内外设。

原型：void SysCtlPeripheralReset(unsigned long ulPeripheral)

参数：

ulPeripheral,要复位的片内外设,与函数 SysCtlPeripheralEnable()当中参数 ulPeripheral 的取值相同。

返回：无。

### 4. 函数 SysCtlPeripheralPresent()

功能：确认某个片内外设是否存在。

原型：tBoolean SysCtlPeripheralPresent(unsigned long ulPeripheral)

参数：

ulPeripheral,要确认的片内外设,与函数 SysCtlPeripheralEnable()当中参数 ulPeripheral 的取值相同,并增加以下几个取值：

- SYSCTL_PERIPH_PLL,PLL(锁相环);
- SYSCTL_PERIPH_TEMP,Temperature sensor(温度传感器);
- SYSCTL_PERIPH_MPU,Cortex－M3 MPU(Cortex－M3 存储器保护单元)。

返回：要确认的外设,如果实际存在则返回 true,如果不存在则返回 false。

### 5. 函数 SysCtlPeripheralSleepEnable( )

功能：使能一个在睡眠模式下工作的片内外设。

原型：void SysCtlPeripheralSleepEnable(unsigned long ulPeripheral)

参数：

ulPeripheral，要使能的片内外设，与函数 SysCtlPeripheralEnable( )当中参数 ulPeripheral 的取值相同。

返回：无。

### 6. 函数 SysCtlPeripheralSleepDisable( )

功能：禁止一个在睡眠模式下工作的片内外设。

原型：void SysCtlPeripheralSleepDisable(unsigned long ulPeripheral)

参数：

ulPeripheral，要禁止的片内外设，与函数 SysCtlPeripheralEnable( )当中参数 ulPeripheral 的取值相同。

返回：无。

### 7. 函数 SysCtlPeripheralDeepSleepEnable( )

功能：使能一个在深度睡眠模式下工作的片内外设。

原型：void SysCtlPeripheralDeepSleepEnable(unsigned long ulPeripheral)

参数：

ulPeripheral，要使能的片内外设，与函数 SysCtlPeripheralEnable( )当中参数 ulPeripheral 的取值相同。

返回：无。

### 8. 函数 SysCtlPeripheralDeepSleepDisable( )

功能：禁止一个在深度睡眠模式下工作的片内外设。

原型：void SysCtlPeripheralDeepSleepDisable(unsigned long ulPeripheral)

参数：

ulPeripheral，要禁止的片内外设，与函数 SysCtlPeripheralEnable( )当中参数 ulPeripheral 的取值相同。

返回：无。

### 9. 函数 SysCtlPeripheralClockGating( )

功能：控制在睡眠或深度睡眠模式中的外设的时钟选择。

原型：void SysCtlPeripheralClockGating(tBoolean bEnable)

参数：

bEnable，如果在睡眠或深度睡眠模式下的外设被配置为应该使用则取值 true，否则取值 false。

返回：无。

## 3.9 其他功能

这是一组其他功能的函数，包括产生延时、获取存储器大小、确认特定引脚是否存在和管理高速 GPIO 的使用等。

函数 SysCtlDelay()提供产生一个固定长度延时的方法。它是用内嵌汇编语言方式编写的，可在使用不同软件开发工具情况下使程序的延时保持一致，具有较好的可移植性。以下是实现 SysCtlDelay()函数的汇编源代码，每个循环需 3 个系统时钟周期：

```
SysCtlDelay:
  SUBS  R0,#1              ;R0 减 1,R0 实际上就是参数 ulCount
  BNE   SysCtlDelay        ;如果结果不为 0 则跳转到 SysCtlDelay
  BX    LR                 ;子程序返回
```

函数 SysCtlFlashSizeGet()和 SysCtlSRAMSizeGet()用来获取当前芯片的 Flash 和 SRAM 存储器的大小，返回的单位是字节。

函数 SysCtlPinPresent()用来确认非 GPIO 片内外设的特定功能引脚是否存在。

函数 SysCtlGPIOAHBEnable()和 SysCtlGPIOAHBDisable()用来管理 GPIO 高速访问总线的使用。

复位时，GPIO 高速总线访问功能是禁止的，可通过调用函数 SysCtlGPIOAHBEnable()来使能。原来操作 GPIO 时，在相关函数里采用的 GPIO 端口基址是 GPIO_PORTA_BASE 和 GPIO_PORTB_BASE 等，在使能 AHB 功能后需要相应地换成 GPIO_PORTA_AHB_BASE 和 GPIO_PORTB_AHB_BASE 等，才能正确地使用 AHB 功能。

### 1. 函数 SysCtlDelay()

功能：延时。

原型：void SysCtlDelay(unsigned long ulCount)

参数：

ulCount，延时周期计数值，延时长度为 3×ulCount×系统时钟周期。

返回：无。

例如：

```
SysCtlDelay(20);                                   //延时 60 个系统时钟周期
SysCtlDelay(150 * (SysCtlClockGet()/3000));        //延时 150 ms
```

### 2. 函数 SysCtlFlashSizeGet()

功能：获取片内 Flash 存储器的大小。

原型：unsigned long SysCtlFlashSizeGet(void)

参数：无。

返回：Flash 存储器的大小，单位为字节。

### 3. 函数 SysCtlSRAMSizeGet()

功能：获取片内 SRAM 存储器的大小。

原型：unsigned long SysCtlSRAMSizeGet(void)

参数：无。

返回：SRAM 存储器的大小，单位为字节。

### 4. 函数 SysCtlPinPresent()

功能：确认非 GPIO 片内外设的特定功能引脚是否存在。

原型：tBoolean SysCtlPinPresent(unsigned long ulPin)

参数：

ulPin，待断定的引脚，应当取下列值之一：

- SYSCTL_PIN_PWM0，PWM0 引脚；
- SYSCTL_PIN_PWM1，PWM1 引脚；
- SYSCTL_PIN_PWM2，PWM2 引脚；
- SYSCTL_PIN_PWM3，PWM3 引脚；
- SYSCTL_PIN_PWM4，PWM4 引脚；
- SYSCTL_PIN_PWM5，PWM5 引脚；
- SYSCTL_PIN_PWM6，PWM6 引脚；
- SYSCTL_PIN_PWM7，PWM7 引脚；
- SYSCTL_PIN_C0MINUS，C0－引脚；
- SYSCTL_PIN_C0PLUS，C0＋引脚；
- SYSCTL_PIN_C0O，C0O 引脚；
- SYSCTL_PIN_C1MINUS，C1－引脚；
- SYSCTL_PIN_C1PLUS，C1＋引脚；
- SYSCTL_PIN_C1O，C1O 引脚；
- SYSCTL_PIN_C2MINUS，C2－引脚；
- SYSCTL_PIN_C2PLUS，C2＋引脚；
- SYSCTL_PIN_C2O，C2O 引脚；
- SYSCTL_PIN_MC_FAULT0，MC0 FAULT 引脚；

- SYSCTL_PIN_ADC0,ADC0 引脚;
- SYSCTL_PIN_ADC1,ADC1 引脚;
- SYSCTL_PIN_ADC2,ADC2 引脚;
- SYSCTL_PIN_ADC3,ADC3 引脚;
- SYSCTL_PIN_ADC4,ADC4 引脚;
- SYSCTL_PIN_ADC5,ADC5 引脚;
- SYSCTL_PIN_ADC6,ADC6 引脚;
- SYSCTL_PIN_ADC7,ADC7 引脚;
- SYSCTL_PIN_CCP0,CCP0 引脚;
- SYSCTL_PIN_CCP1,CCP1 引脚;
- SYSCTL_PIN_CCP2,CCP2 引脚;
- SYSCTL_PIN_CCP3,CCP3 引脚;
- SYSCTL_PIN_CCP4,CCP4 引脚;
- SYSCTL_PIN_CCP5,CCP5 引脚;
- SYSCTL_PIN_32KHZ,32kHz 引脚。

返回：如果要确认的外设引脚存在则返回 true,否则返回 false。

### 5. 函数 SysCtlGPIOAHBEnable( )

功能：使能 GPIO 模块通过高速总线来访问。

原型：void SysCtlGPIOAHBEnable(unsigned long ulGPIOPeripheral)

参数：

ulGPIOPeripheral,要使能的 GPIO 模块,应当取下列值之一：

- SYSCTL_PERIPH_GPIOA,GPIOA(通用输入/输出端口 A);
- SYSCTL_PERIPH_GPIOB,GPIOB(通用输入/输出端口 B);
- SYSCTL_PERIPH_GPIOC,GPIOC(通用输入/输出端口 C);
- SYSCTL_PERIPH_GPIOD,GPIOD(通用输入/输出端口 D);
- SYSCTL_PERIPH_GPIOE,GPIOE(通用输入/输出端口 E);
- SYSCTL_PERIPH_GPIOF,GPIOF(通用输入/输出端口 F);
- SYSCTL_PERIPH_GPIOG,GPIOG(通用输入/输出端口 G);
- SYSCTL_PERIPH_GPIOH,GPIOH(通用输入/输出端口 H)。

返回：无。

### 6. 函数 SysCtlGPIOAHBDisable( )

功能：禁止 GPIO 模块通过高速总线来访问。

原型：void SysCtlGPIOAHBDisable(unsigned long ulGPIOPeripheral)

参数：

ulGPIOPeripheral,要禁止的GPIO模块。

返回:无。

## 3.10 中断操作

系统控制中断的操作比较简单,在早期的型号如LM3S100系列里,实际编程可能用到的中断源只有PLL锁定中断和掉电复位中断,并且也不常用。因此这些中断控制函数一般不需使用。

### 1. 函数 SysCtlIntRegister()

功能:注册一个系统控制中断的服务函数。

原型:void SysCtlIntRegister(void (*pfnHandler)(void))

参数:

*pfnHandler,函数指针,指向中断产生时被调用的函数。

返回:无。

### 2. 函数 SysCtlIntUnregister()

功能:注销系统控制中断的服务函数。

原型:void SysCtlIntUnregister(void)

参数:无。

返回:无。

### 3. 函数 SysCtlIntEnable()

功能:使能指定的系统控制中断源。

原型:void SysCtlIntEnable(unsigned long ulInts)

参数:

ulInts,要使能的中断源,应当取下列值之一或它们之间任意"或"运算的组合形式:

- SYSCTL_INT_PLL_LOCK,PLL锁定中断;
- SYSCTL_INT_BOR,掉电复位中断。

返回:无。

### 4. 函数 SysCtlIntDisable()

功能:禁止指定的系统控制中断源。

原型:void SysCtlIntDisable(unsigned long ulInts)

参数:

ulInts,要禁止的中断源。

返回：无。

**5. 函数 SysCtlIntStatus()**

功能：获取当前系统控制中断的状态。

原型：unsigned long SysCtlIntStatus(tBoolean bMasked)

参数：

bMasked，屏蔽标志，如果是 true 则返回屏蔽的中断状态，如果是 false 则返回原始的中断状态。

返回：原始的中断状态或允许反映到处理器中的中断状态，与函数 SysCtlIntEnable() 当中参数 ulInts 的取值相同。

**6. 函数 SysCtlIntClear()**

功能：清除指定的系统控制中断源。

原型：void SysCtlIntClear(unsigned long ulInts)

参数：

ulInts，要清除的中断源，与函数 SysCtlIntEnable() 当中参数 ulInts 的取值相同。

返回：无。

## 3.11 项目 4：变调的蜂鸣器

### 3.11.1 任务要求与分析

为了便于演示深度睡眠模式下系统时钟的变化，要求系统在工作时，蜂鸣器发出高频叫声；系统进入深度睡眠模式后，蜂鸣器发出低频叫声；当按下按键唤醒处理器时，蜂鸣器重新发出高频叫声。

蜂鸣器的发声频率等于驱动它的方波频率。产生方波的方法是利用 Timer 的 16 位 PWM 功能。在初始化时，Timer 模块的时钟设置为 PLL 输出 12.5 MHz，蜂鸣器的发声频率为 2 500 Hz，表现为高频尖叫。在进入深度睡眠模式后，PLL 被自动禁止，Timer 模块的时钟改由 IOSC 的 16 分频来提供，此时蜂鸣器的发声频率变成约 150 Hz，表现为低沉的叫声。按下 KEY 键后，处理器会被唤醒，Timer 模块的时钟恢复为原来的配置，于是蜂鸣器重新尖叫。

### 3.11.2 硬件电路设计

硬件电路如图 3 - 4 所示。图中采用的是交流蜂鸣器，也称无源蜂鸣器，因此要在程序中增加蜂鸣器的驱动函数 sound()。

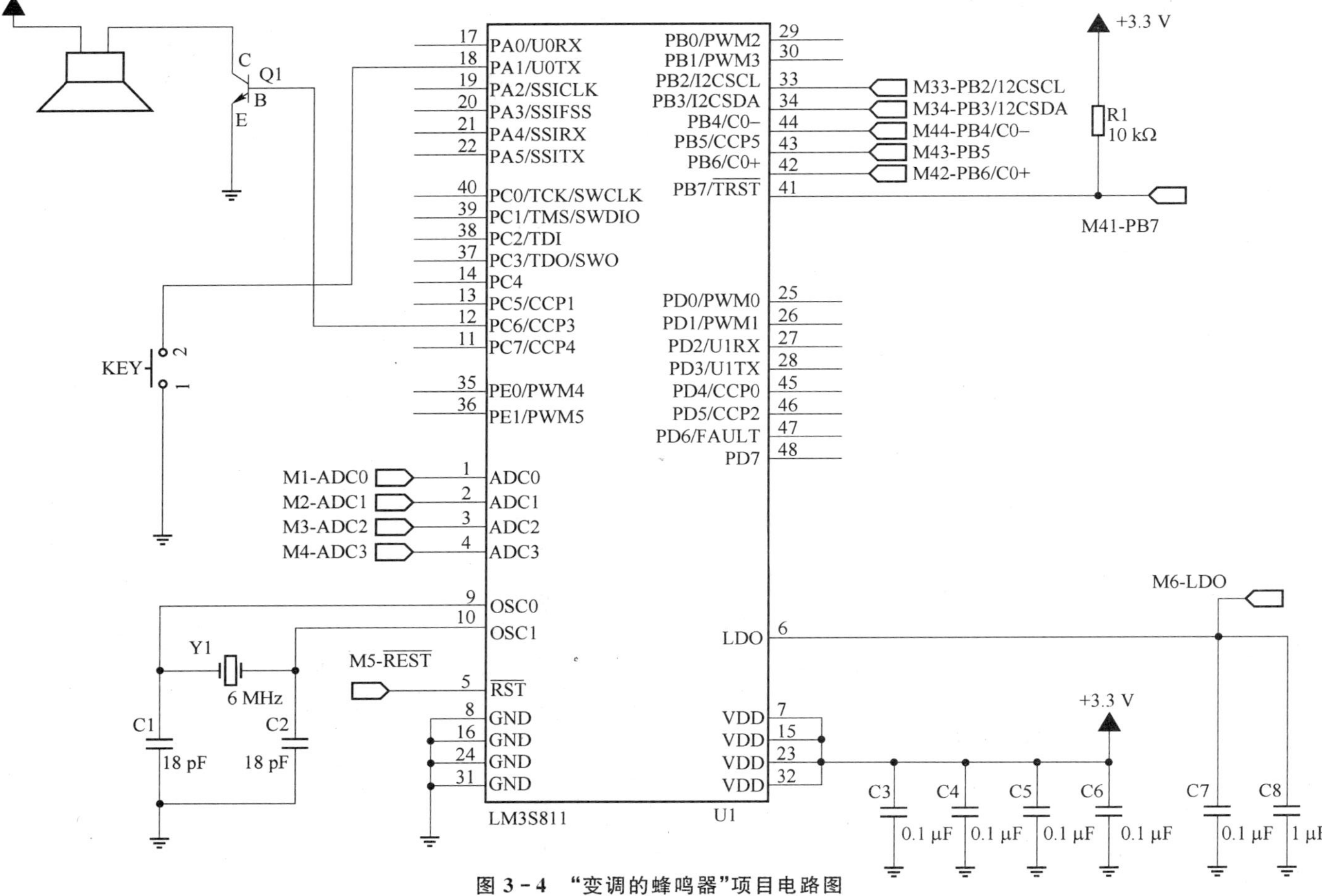


图 3－4　“变调的蜂鸣器”项目电路图

### 3.11.3 程序设计

软件由键盘初始化函数 void keyInit(void)、蜂鸣器驱动函数 void sound(void)、系统初始化函数 clockInit(void)、GPIOD 的中断服务函数 GPIO_Port_D_ISR(void)、预防 JTAG 调试接口失效的 C 文件中的函数 jtagWait(void)和主程序函数 main(void)组成。

程序清单如下：

```
#include "systemInit.h"
#include <hw_sysctl.h>
#include <timer.h>
#define SysCtlPeriClkGating SysCtlPeripheralClockGating
#define SysCtlPeriDSlpEnable SysCtlPeripheralDeepSleepEnable
//定义 KEY
#define KEY_PERIPH SYSCTL_PERIPH_GPIOD
#define KEY_PORT GPIO_PORTD_BASE
#define KEY_PIN GPIO_PIN_1
//按键初始化
void keyInit(void)
{
    SysCtlPeriEnable(KEY_PERIPH);                       //使能 KEY 所在的 GPIO 端口
    GPIOPinTypeIn(KEY_PORT,KEY_PIN);                    //设置 KEY 所在引脚为输入
    GPIOIntTypeSet(KEY_PORT,KEY_PIN,GPIO_LOW_LEVEL);    //设置 KEY 的中断类型
    GPIOPinIntEnable(KEY_PORT,KEY_PIN);                 //使能 KEY 中断
    IntEnable(INT_GPIOD);                               //使能 GPIOD 中断
    IntMasterEnable();                                  //使能处理器中断
}
//在 PG4/CCP3 引脚产生 kHz 方波,使蜂鸣器发声
void sound(void)
{
    SysCtlPeriEnable(SYSCTL_PERIPH_TIMER1);             //使能 TIMER1 模块
    SysCtlPeriEnable(SYSCTL_PERIPH_GPIOG);              //使能 CCP3 所在的 GPIO 端口
    GPIOPinTypeTimer(GPIO_PORTG_BASE,GPIO_PIN_4);       //配置相关引脚为 Timer 功能

    TimerConfigure(TIMER1_BASE,TIMER_CFG_16_BIT_PAIR |
                   TIMER_CFG_B_PWM);                    //配置 TimerB 为位 PWM
    TimerLoadSet(TIMER1_BASE,TIMER_B,5000);             //设置 TimerB 的初值
    TimerMatchSet(TIMER1_BASE,TIMER_B,2500);            //设置 TimerB 的匹配值
    TimerEnable(TIMER1_BASE,TIMER_B);
```

```
}
//主函数(程序入口)
int main(void)
{
    jtagWait();                                       //防止 JTAG 失效,重要!
    clockInit();                                      //时钟初始化:PLL,0.5 MHz
    keyInit();                                        //按键初始化
    //允许 Timer1 模块在深度睡眠模式下继续工作
    SysCtlPeriDSlpEnable(SYSCTL_PERIPH_TIMER1);
    //允许 Buzzer 所在的 GPIO 端口在深度睡眠模式下继续工作
    SysCtlPeriDSlpEnable(SYSCTL_PERIPH_GPIOG);
    //允许 KEY 键所在 GPIO 端口在深度睡眠模式下继续工作
    SysCtlPeriDSlpEnable(KEY_PERIPH);
    //允许在深度睡眠模式下外设采用寄存器 DCGCn 配置时钟
    SysCtlPeriClkGating(true);
    //置位 DSLPCLKCFG 寄存器中的 IOSC 位,将来进入深度睡眠模式后,系统时钟改由 IOSC 提供
    HWREGBITW(SYSCTL_DSLPCLKCFG,0) = 1;
    sound();                                          //蜂鸣器发声 2 500 Hz,尖叫
    for(;;)
    {
        //延时一段时间,此时 Timer 模块的时钟由 PLL 提供
        SysCtlDelay(2500 * (TheSysClock/3000));
        //进入深度睡眠模式,等待按键唤醒,PLL 被禁止,Timer 模块的时钟改由 IOSC/16 提供
        SysCtlDeepSleep();                            //蜂鸣器发声 150 Hz,低沉
    }
}
//GPIOD 的中断服务函数
void GPIO_Port_D_ISR(void)
{
    unsigned long ulStatus;
    ulStatus = GPIOPinIntStatus(KEY_PORT,true);       //读取中断状态
    GPIOPinIntClear(KEY_PORT,ulStatus);               //清除中断状态,重要!
    if(ulStatus & KEY_PIN)                            //如果 KEY 中断状态有效
    {
        SysCtlDelay(10 * (TheSysClock/3000));         //延时,以消除按键抖动
        while(GPIOPinRead(KEY_PORT,KEY_PIN) == 0);    //等待按键抬起
        SysCtlDelay(10 * (TheSysClock/3000));         //延时,以消除松键抖动
    }
```

```
}
/*****************************************
    jtagWait.c
    预防 JTAG 调试接口失效的 C 文件
*****************************************************************/
//包含头文件
#include "jtagWait.h"
#include <hw_types.h>
#include <hw_memmap.h>
#include <sysctl.h>
#include <gpio.h>
//定义 KEY
#define KEY_PERIPH SYSCTL_PERIPH_GPIOD
#define KEY_PORT GPIO_PORTC_BASE
#define KEY_PIN GPIO_PIN_4
//防止 JTAG 失效
void jtagWait(void)
{
    SysCtlPeripheralEnable(KEY_PERIPH);                    //使能 KEY 所在的 GPIO 端口
    GPIOPinTypeGPIOInput(KEY_PORT,KEY_PIN);                //设置 KEY 所在引脚为输入
    if(GPIOPinRead(KEY_PORT,KEY_PIN) == 0x00)              //若复位时按下 KEY 键,则进入
    {
        for (;;);                                          //死循环,以等待 JTAG 连接
    }
    SysCtlPeripheralDisable(KEY_PERIPH);                   //禁止 KEY 所在的 GPIO 端口
}
/*************************************************
    clockInit(void)                                        //系统初始化文件
*********************************************/
#include  "systemInit.h"
//定义全局的系统时钟变量
unsigned long TheSysClock = 6000000UL;
//系统时钟初始化
void clockInit(void)
{
    SysCtlLDOSet(SYSCTL_LDO_2_75V);                        //配置 PLL 前须将 LDO 设为 2.75 V
    SysCtlClockSet(SYSCTL_USE_PLL |                        //系统时钟设置,采用 PLL
                   SYSCTL_OSC_MAIN |                       //主振荡器
```

```
                  SYSCTL_XTAL_6MHZ |                    //外接 6 MHz 晶振
                  SYSCTL_SYSDIV_16);                    //分频结果为 12.5 MHz
    TheSysClock = SysCtlClockGet();                     //获取当前的系统时钟频率
}
```

### 3.11.4　程序调试和运行

调试和运行的步骤是：

① 建立 Keil 工程文件，假设工程文件名为 BUZZER，如图 3-5 所示。

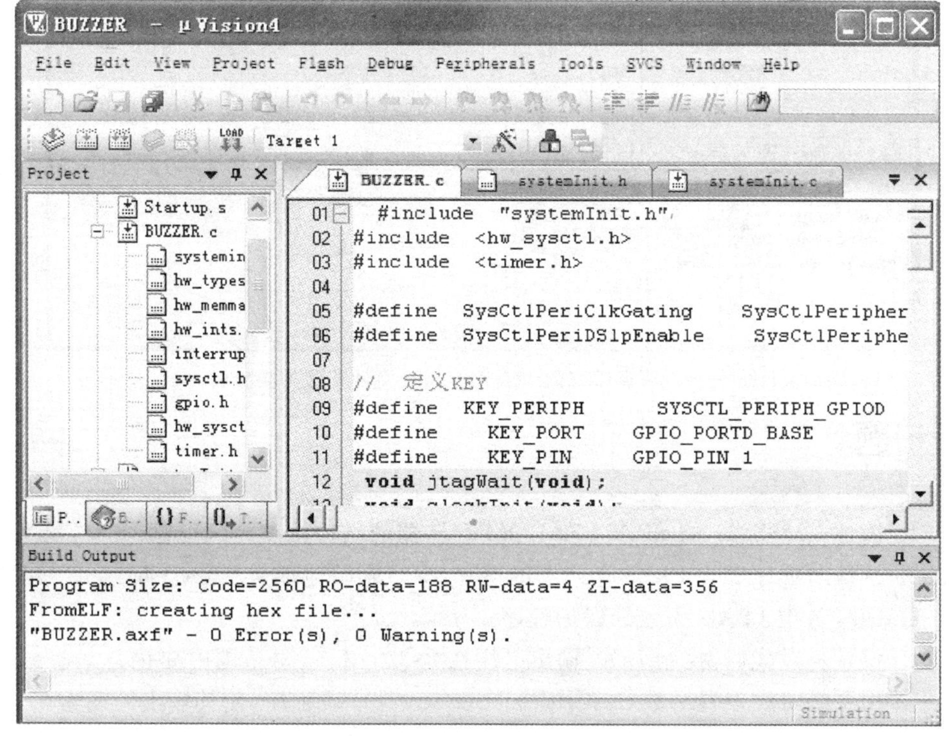


**图 3-5　“变调的蜂鸣器”项目文件的编译和调试**

② 进行 Keil 软件设置，并加入 driverlib.lib 文件。

③ 单击 Rebuild 工具按钮对程序进行编译，如图 3-5 所示。

④ 连接实验板到计算机的 USB 口，单击 LOAD 下载工具按钮，计算机则将编译成功的 HEX 文件下载到实验板上的 CPU 里，下载成功的画面如图 3-6 所示。

⑤ 按下实验板上的复位键，程序就在实验板上运行起来了。开始时，蜂鸣器发声尖锐；延时一段时间后处理器进入深度睡眠模式，蜂鸣器发声低沉；按下按键唤醒处理器，蜂鸣器再次发声尖锐。

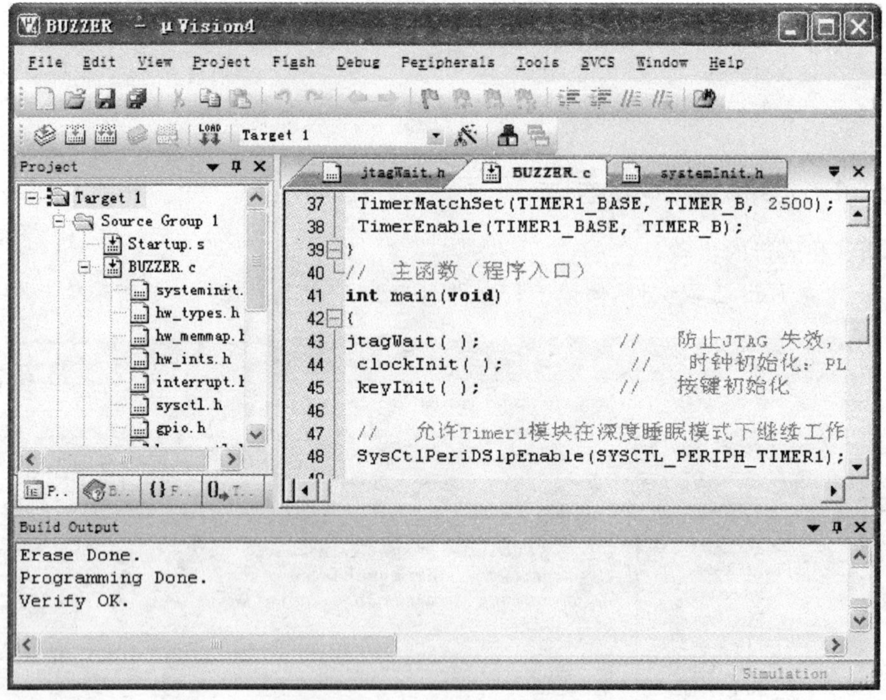

图 3－6　将调试好的 BUZZER. hex 文件下载到实验板

# 习　题

1. 简述 LM3S811 的 SRAM 和 ROM 存储器的结构特点。

2. 试编写程序实现 Flash 存储器的擦写，擦写起始地址为 1 024。

3. 编写防止 JTAG 失效的保护程序。

4. 设计一段代码，控制 LDO 输出电压在 2.35～2.75 V 范围内变化。

5. 用系统时钟设置函数 SysCtlClockSet()设计一段程序，使其输出周期为 0.1 s 的矩形波。

6. 设计程序使处理器进入睡眠模式，并能够被外部通过 GPIO 口输入的低电平唤醒。

# 第 4 章

# 通用输入/输出(GPIO)模块结构和使用

为了实现微控制器对生产过程或装置的控制，需要将对象的各种测量参数按所要求的方式通过输入端口送入微控制器；经微控制器运算处理后的数字信号也要通过输出端口送出到被控制对象，上述的输入/输出端口就是 GPIO 端口，它是位于系统与外设之间，用来协助完成数据传送和控制任务的逻辑电路，因此掌握输入/输出模块对使用微处理器具有非常重要的作用。

## 4.1 项目 5：按键控制 LED 灯亮灭

### 4.1.1 任务要求和分析

在实验板上有 6 个 LED，如图 2-41 所示。本项目要实现的任务是：设计一个按键，用户每按键一次，LED 亮灭一次，而且每次按键都是不同 LED 点亮，按 6 次键后循环一次。

根据任务要求，需要通过输入端口判断按键是否按下，然后记下按键按下的次数，并控制 LED 发光。

### 4.1.2 硬件电路设计

硬件电路如图 4-1 所示，按键 KEY 连接到 PA 口的 PA0，采用 6 个 LED，红色、绿色和蓝色各 2 个管子，其中第一组蓝、绿、红分别接 PD0、PD1、PB0，第二组蓝、绿、红分别接 PB1、PE0、PE1。

### 4.1.3 程序设计

软件设计的目标是使电路能够按照设想的方式，根据按键次数的不同点亮不同的发光管。这段代码十分简单，但对于初学者来说，该程序有以下几点需要特别注意：

① 为了使用编译器附带的对 LM3S811 单片机各个引脚描述的宏定义来直接对 LM3S811 单片机的各个模块进行操作，必须在 C 语言源文件的头部使用 # include 语句来包含相关的定义头文件。

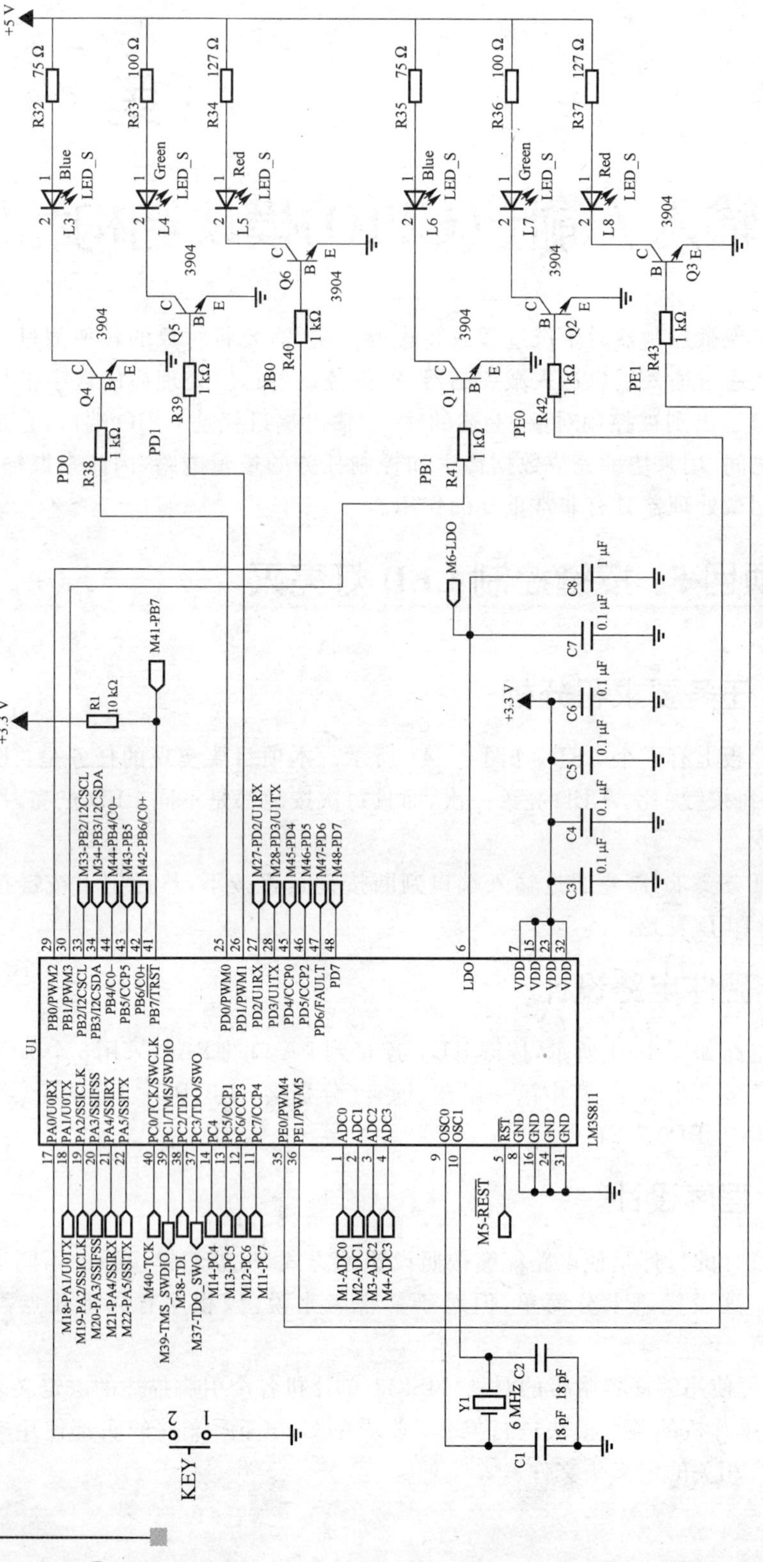

图 4-1 "按键控制 LED 灯亮灭"项目电路图

② 对于每一个应用程序来说，都必须具备一个程序入口，一般情况下，程序的入口就是主函数 main()，因此在所设计的程序中必须含有一个 main()函数，一般该函数的返回值为 void 或 int 型。

③ 在编写防止 JTAG 失效和时钟初始化的程序时，在初始化程序里要使能 KEY 和 LED 所在的 GPIO 端口，并设置 GPIO 端口的信号流动方向和初始值。

④ 对于所有的嵌入式系统来说，其控制软件都必须是一个无限循环，换句话说，嵌入式软件的 main()函数都不能够返回，如下面代码通过一个 while(1)语句使得某段程序不停地进入循环，这一点尤其需要注意，这是初学者经常忽略的问题。

程序清单如下：

```
#include <lm3sxxx.h>
#include <stdio.h>
#define uint unsigned int
#define uchar unsigned char
unsigned long Sysclk = 12000000UL;
//防止 JTAG 失效
void jtagWait(void)
{
    SysCtlPeripheralEnable(SYSCTL_PERIPH_GPIOC);          //使能 KEY 所在的 GPIO 端口
    GPIOPinTypeGPIOInput(GPIO_PORTC_BASE,GPIO_PIN_4);     //设置 KEY 所在引脚为输入
    if(GPIOPinRead(GPIO_PORTC_BASE,GPIO_PIN_4) == 0x00)   //若复位时按下 KEY 键则进入
    {
        while(1);                                         //死循环，以等待 JTAG 连接
    }
    SysCtlPeripheralDisable(SYSCTL_PERIPH_GPIOC);         //禁止 KEY 所在的 GPIO 端口
}
void clockInit(void)
{
    SysCtlLDOSet(SYSCTL_LDO_2_75V);
    SysCtlClockSet(SYSCTL_XTAL_6MHZ | SYSCTL_SYSDIV_10 | SYSCTL_USE_PLL | SYSCTL_OSC_MAIN);
    Sysclk = SysCtlClockGet();
}

int main(void)
{
    uint n;                                    //定义一个变量记录按键按下的次数
    n = 0;                                     //设置变量初始值为零
    jtagWait();                                //防止 JTAG 失效
    clockInit();                               //时钟初始化
    //使能 KEY 所在的 GPIO 端口
    SysCtlPeripheralEnable(SYSCTL_PERIPH_GPIOC | SYSCTL_PERIPH_GPIOB | SYSCTL_PERIPH_
```

```
                         GPIOE | SYSCTL_PERIPH_GPIOD | SYSCTL_PERIPH_GPIOA);
//设置 PB0 和 PB1 为输出口
GPIOPinTypeGPIOOutput(GPIO_PORTB_BASE,GPIO_PIN_0 | GPIO_PIN_1);
//设置 PE0 和 PE1 为输出口
GPIOPinTypeGPIOOutput(GPIO_PORTE_BASE,GPIO_PIN_0 | GPIO_PIN_1);
//设置 PD0 和 PE1 为输出口
GPIOPinTypeGPIOOutput(GPIO_PORTD_BASE,GPIO_PIN_0 | GPIO_PIN_1);
//设置 PA0 为输入口,按键输入接口
GPIOPinTypeGPIOInput(GPIO_PORTA_BASE,GPIO_PIN_0);
//设置 PB0 = 0,发光二极管 RED2 熄灭
GPIOPinWrite(GPIO_PORTB_BASE,GPIO_PIN_0,0x00);
//设置 PB1 = 0,发光二极管 BLUE1 熄灭
GPIOPinWrite(GPIO_PORTB_BASE,GPIO_PIN_1,0x00);
//设置 PD0 = PD1 = 0,发光二极管 GREEN2 和 BLUE2 熄灭
GPIOPinWrite(GPIO_PORTD_BASE,GPIO_PIN_0 | GPIO_PIN_1,0x00);
//设置 PE0 = PE1 = 0,发光二极管 GREEN1 和 RED1 熄灭
GPIOPinWrite(GPIO_PORTE_BASE,GPIO_PIN_0 | GPIO_PIN_1,0x00);
while(1)
{
    //x = GPIOPinRead(GPIO_PORTA_BASE,GPIO_PIN_0);
    if(GPIOPinRead(GPIO_PORTA_BASE,GPIO_PIN_0) == 0) //判断按键是否按下
    {
        n = n + 1;                                  //若按键按下,则 n 值加 1
        if(n>6)                                     //如果 n 值大于 6,则 n 值清
                                                    //零,6 个 LED 熄灭
        {
            n = 0;
            GPIOPinWrite(GPIO_PORTB_BASE,GPIO_PIN_0,0x00);
            GPIOPinWrite(GPIO_PORTB_BASE,GPIO_PIN_1,0x00);
            GPIOPinWrite(GPIO_PORTD_BASE,GPIO_PIN_0 | GPIO_PIN_1,0x00);
            GPIOPinWrite(GPIO_PORTE_BASE,GPIO_PIN_0 | GPIO_PIN_1,0x00);
        }
        switch(n)                                   //如果 n 值小于 6,则根据 n
                                            //值的不同,点亮不同的发光二极管
        {
            //按下第一次按键,GREEN2 点亮
            case 1:GPIOPinWrite(GPIO_PORTD_BASE,GPIO_PIN_0,1);break;
            //按下第二次按键,BLUE2 点亮
            case 2:GPIOPinWrite(GPIO_PORTD_BASE,GPIO_PIN_1,0x02);break;
            //按下第三次按键,RED2 点亮
            case 3:GPIOPinWrite(GPIO_PORTB_BASE,GPIO_PIN_0,1);break;
            //按下第四次按键,BLUE1 点亮
            case 4:GPIOPinWrite(GPIO_PORTB_BASE,GPIO_PIN_1,0x02); break;
```

```
                //按下第五次按键,GREEN1 点亮
                case 5:GPIOPinWrite(GPIO_PORTE_BASE,GPIO_PIN_0,1);break;
                //按下第六次按键,RED2 点亮
                case 6:GPIOPinWrite(GPIO_PORTE_BASE,GPIO_PIN_1,0x02); break;
            }
            SysCtlDelay(1000 * (Sysclk/3000));          //延时
        }
    }
}
```

## 4.1.4　程序调试和运行

调试和运行的步骤是:

① 按照2.1.3小节介绍的方法建立Keil工程文件,假设工程文件名为“keyled”,如图4-2所示。

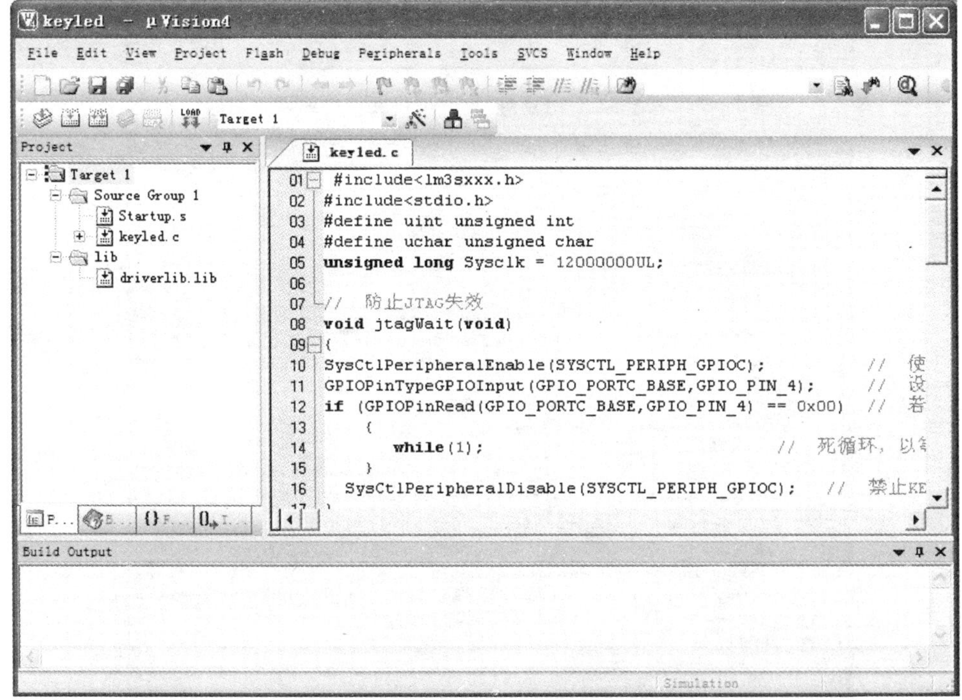

图4-2　建立“按键控制LED灯亮灭”项目的Keil工程文件

② 按照2.2.5小节的方法对Keil软件进行设置,并加入driverlib.lib文件。

③ 单击Rebuild工具按钮对程序进行编译,如图4-3所示。

④ 连接实验板到计算机的USB口,单击LOAD下载工具按钮,计算机则将编译成功的HEX文件下载到实验板上的CPU里,下载成功的画面如图4-4所示。

图 4－3 “按键控制 LED 灯亮灭”项目文件的编译和调试

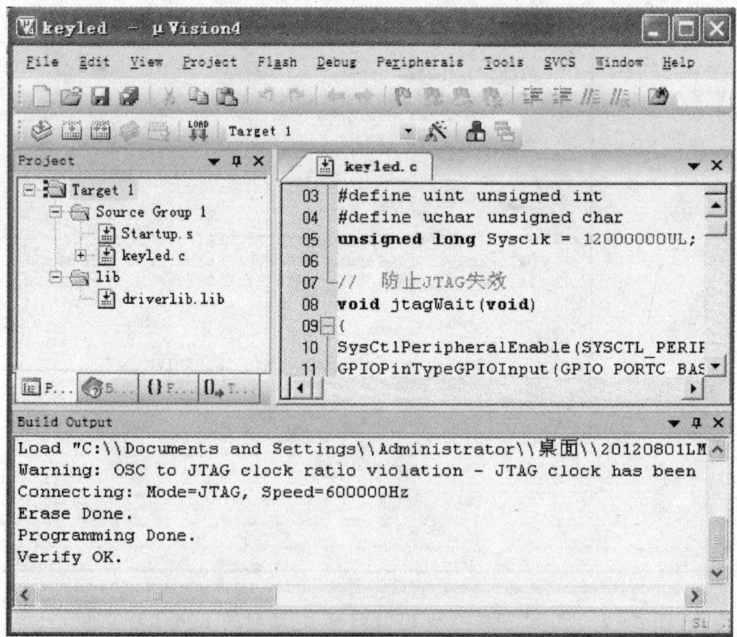


图 4－4 将调试好的 HEX 文件下载到实验板

⑤ 按下实验板上的复位键，程序就在实验板上运行起来了。这时，第一次按下键，GREEN2 点亮；第二次按下键，BLUE2 点亮；第三次按下键，RED2 点亮；第四次按下键，BLUE1 点亮；第五次按下键，GREEN1 点亮；第六次按下键，RED2 点亮；再

继续按下KEY键,LED按上述规律循环。

## 4.2 LM3S811的GPIO口结构

### 4.2.1 GPIO概述

I/O(Input/Output)接口是一个微控制器必须具备的最基本的外设功能。在Stellaris系列ARM芯片里,所有I/O都是通用的,称为GPIO(General Purpose Input/Output)。GPIO模块由3~8个物理GPIO块组成,一块对应一个GPIO端口(PA,PB,PC,PD,PE,PF,PG,PH)。每个GPIO端口包含8个引脚,如PA端口包含引脚PA0~PA5。GPIO模块遵循FiRM(Foundation IP for Real-time Microcontrollers)规范,并且支持多达60个可编程输入/输出引脚(具体取决于与GPIO复用的外设的使用情况)。LM3S811由5个物理GPIO模块组成,即PA,PB,PC,PD和PE,并且支持1~32个可编程的输入/输出引脚。GPIO模块的结构框图如图4-5所示。除了5个JTAG引脚(PB7和PC0~PC3)外,所有GPIO引脚默认都是输入引脚(数据流控制寄存器GPIODIR=0且模式寄存器GPIOAFSEL=0)。JTAG/SWD引脚默认为JTAG/SWD功能(GPIOAFSEL=1),通过上电复位(POR)或外部复位(RST)可以使JTAG和SWD这两组引脚都回到其默认状态。

注:JTAG和SWD是两种仿真模式接口的总称。

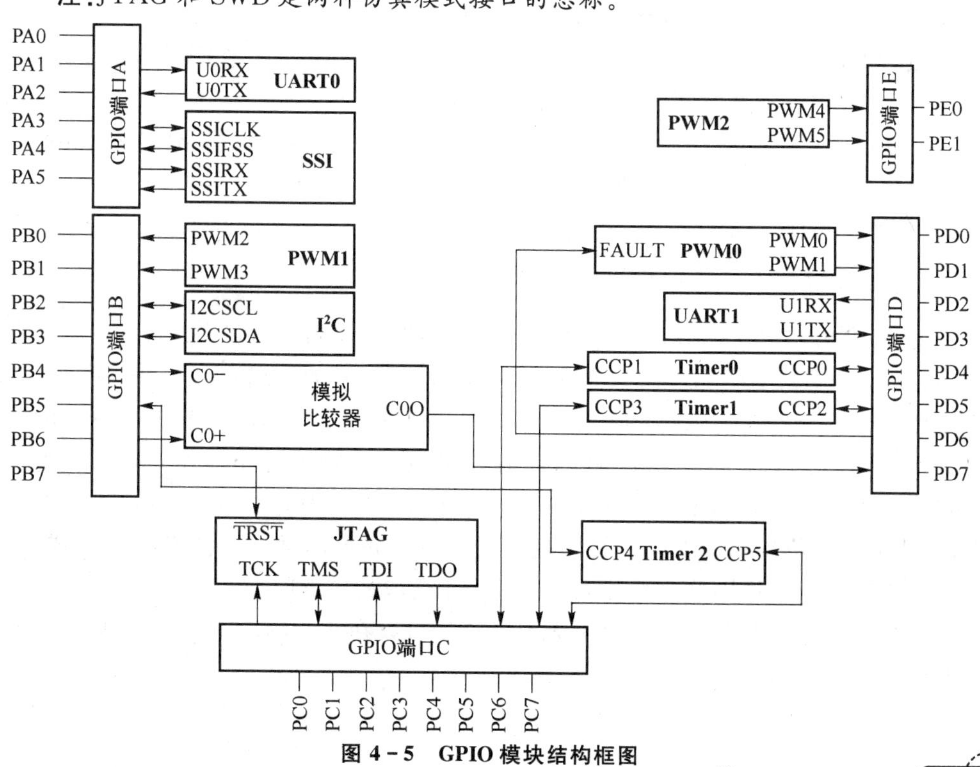


图4-5 GPIO模块结构框图

GPIO 模块包含以下特性：

- 可编程控制 GPIO 中断，屏蔽中断的发生。
- 可进行边沿触发（上升沿、下降沿、双边沿）和电平触发（高电平、低电平）。
- 输入/输出可承受 5 V 电压。
- 在读和写操作中通过地址线可进行位屏蔽。
- 可编程控制 GPIO 引脚的配置，包括弱上拉或弱下拉电阻，2 mA、4 mA 和 8 mA驱动，以及带驱动转换速率（slew rate）控制的 8 mA 驱动。
- 可设置开漏使能。
- 可设置数字输入使能。

### 4.2.2 GPIO 口结构

在 Stellaris 系列 ARM 芯片里，GPIO 引脚可以被配置为多种工作模式，其中有 3 种比较常用，即高阻输入、推挽输出和开漏输出。

#### 1. 高阻输入（Input）

图 4－6 为 GPIO 引脚在高阻输入模式下的等效结构示意图。图中是一个引脚的情况，其他引脚的结构也相同。输入模式的结构比较简单，就是一个带有施密特触发输入（Schmitt-triggered input）的三态缓冲器（U1），并具有很高的输入等效阻抗。施密特触发输入的作用是能够将缓慢变化的或畸变的输入脉冲信号整形成比较理想的矩形脉冲信号。在执行 GPIO 引脚读操作时，在读脉冲（read pulse）的作用下会把引脚（Pin）的当前电平状态读到内部总线（internal bus）上。在不执行读操作时，外部引脚与内部总线之间是隔离的。

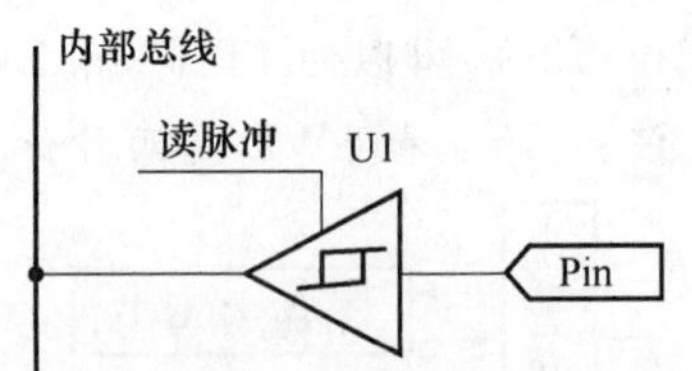


**图 4－6 GPIO 在高阻输入模式下的结构示意图**

#### 2. 推挽输出（Output）

图 4－7 为 GPIO 引脚在推挽输出模式下的等效结构示意图。U1 是输出锁存器，在执行 GPIO 引脚写操作时，在写脉冲（write pulse）的作用下，数据被锁存到 Q 和 $\overline{Q}$上。T1 和 T2 构成 CMOS 反相器，在 T1 导通或 T2 导通时都表现出较低的阻抗，但 T1 和 T2 不会同时导通或关闭，最后形成的是推挽输出。在 Stellaris 系列 ARM 芯片里，T1 和 T2 实际上是多组可编程选择的晶体管，它们的驱动能力可配置为2 mA、4 mA 和 8 mA，以及带转换速率控制的 8 mA 驱动。在推挽输出模式下，GPIO 还具有回读功能，实现回读功能的是一个简单的三态门 U2。

**注意：**执行回读功能时，读到的是引脚的输出锁存状态，而不是外部引脚 Pin 的状态。

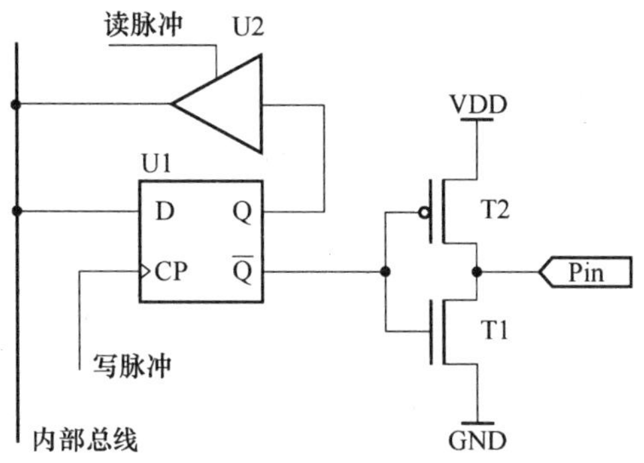


图 4－7　GPIO 推挽输出模式结构示意图

### 3. 开漏输出(Output OD)

图 4－8 为 GPIO 引脚在开漏输出模式下的等效结构示意图。开漏输出与推挽输出两者的结构基本相同，只是开漏输出只有下拉晶体管 T1 而没有上拉晶体管。同样，T1 实际上也是多组可编程选择的晶体管。开漏输出的实际作用就是一个开关，输出“1”时断开，输出“0”时连接到 GND(有一定内阻)。在执行回读功能时，读到的仍是输出锁存器的状态，而不是外部引脚 Pin 的状态。因此，开漏输出模式是不能用来输入的。

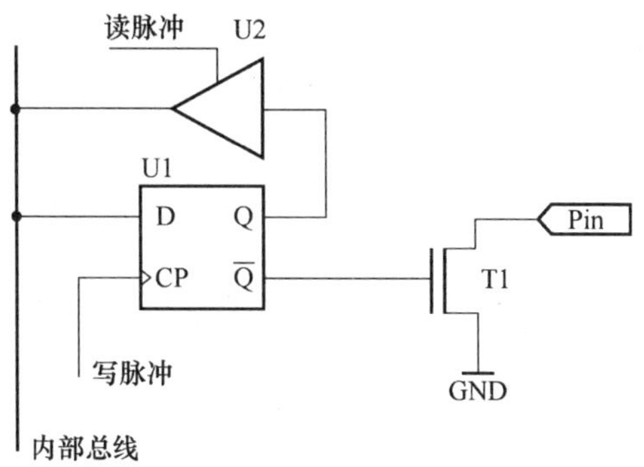


图 4－8　GPIO 开漏输出模式结构示意图

开漏输出结构没有内部上拉电阻，因此在实际应用时通常都要外接合适的上拉电阻(通常采用 4.7～10 kΩ)。开漏输出能够方便地实现“线与”逻辑功能，即多个开漏的引脚可以直接并在一起(不需要缓冲隔离)使用，并统一外接一个合适的上拉电阻，这样，就自然形成逻辑“与”的关系。开漏输出的另一个用途是能够方便地实现不同逻辑电平之间的转换(如 3.3 V 到 5 V 之间)，它只需外接一个上拉电阻，而不需额外的转换电路。典型的应用例子就是基于开漏电气连接的 $I^2C$ 总线。

### 4. 钳位二极管

GPIO 内部具有钳位保护二极管，如图 4－9 所示，其作用是防止从外部引脚 Pin 输入的电压过高或过低。VDD 正常供电是 3.3 V，如果从 Pin 输入的信号(假设任何输入信号都有一定的内阻)电压超过 VDD 加上二极管 D1 的导通压降(假定在 0.6 V 左右)，则二极管 D1 导通，会把多余的电流引到 VDD，而真正输入到内部的信号电压不会超过 3.9 V。同理，如果从 Pin 输入的信号电压比 GND 还低，则由于二极管 D2 的作用，会把实际输入内部的信号电压钳制在－0.6 V 左右。

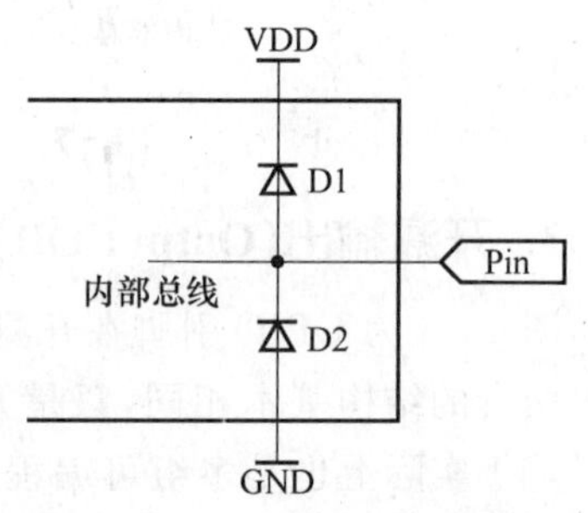


图 4－9 GPIO 钳位二极管示意图

假设 VDD＝3.3 V，GPIO 设置在开漏输出模式下，外接 10 kΩ 上拉电阻连接到 5 V 电源，在输出“1”时，通过测量发现，GPIO 引脚上的电压并不会达到 5 V，而在 4 V 上下，这正是内部钳位二极管在起作用。虽然输出电压达不到满幅的 5 V，但对于实际的数字逻辑，通常 3.5 V 以上就算是高电平了。

如果确实想进一步提高输出电压，那么一种简单的做法是先在 GPIO 引脚上串联一只二极管(如 1N4148)，然后再接上拉电阻。参见图 4－10，方框内是芯片的内部电路。当向引脚写“1”时，T1 关闭，在 Pin 处得到的电压是 3.3 V＋VD1＋VD3＝4.5 V，电压提升效果明显；当向引脚写“0”时，T1 导通，在 Pin 处得到的电压是 VD3＝0.6 V，仍属低电平。

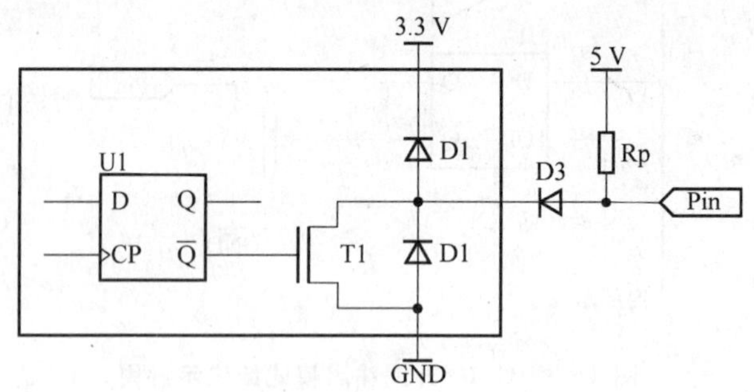


图 4－10 解决开漏输出模式下上拉电压不足的方法

## 4.3 GPIO 库函数及应用

### 4.3.1 GPIO 库函数概述

LM3S 系列不同型号的芯片，其 GPIO 模块的数量也不同，但都要求在使用之前将其使能。使能的方法是调用头文件“sysctl.h”中的函数 SysCtlPeripheralEnable()。例如，要使能 GPIOB 模块的操作为

```
SysCtlPeripheralEnable(SYSCTL_PERIPH_GPIOB);
```

在软件驱动模式下，可应用外设提供的 API 来控制外设。由于这些驱动在它们的正常操作模式下能够提供对外设进行完全的控制，因此就可以编写整个应用，而无需直接访问硬件。这样就提供了应用的高速发展，且无需了解如何对外设进行编程的详细情况。

## 4.3.2　GPIO 端口的使用

### 1. 使能 GPIO

通常，Stellaris 系列 ARM 芯片的所有片内外设，只有在运行模式下时钟选通控制寄存器 RCGC$n$(这是一组寄存器，$n$ 取 0、1、2)相应的控制位置位后才可以工作，否则被禁止。暂时不用的片内外设被禁止后可以降低功耗。GPIO 也不例外，复位时所有 GPIO 模块都被禁止，在使用 GPIO 模块之前必须首先使能它。

### 2. GPIO 基本设置

GPIO 引脚的方向可以设置为输入方向或输出方向。很多片内外设的特定功能引脚，如 UART 模块的 Rx 和 Tx 及 Timer 模块的 CCP 引脚等都与 GPIO 引脚复用，如果要使用这些特定功能，则必须先把 GPIO 引脚的模式设置为硬件自动管理。

GPIO 引脚的电流驱动强度可以选择为 2 mA、4 mA 和 8 mA 或带转换速率控制的 8 mA 驱动。驱动强度越大表明带负载能力越强，但功耗也越高。对绝大多数应用场合选择 2mA 驱动即可满足要求。GPIO 引脚类型可以配置成输入、推挽和开漏 3 大类，每一类中还有上拉和下拉的区别。对于配置用做输入端口的引脚，端口可按照要求设置，而对输入唯一真正有影响的是对上拉或下拉终端的配置。

## 4.3.3　GPIO 库函数的使用方法

### 1. GPIO 输入的程序流程

输入流程包括：

① 时钟初始化(设置 LDO 输出电压，设置系统时钟)；

② 相应外设(GPIO)使能；

例如：

```
SysCtlPeripheralEnable(SYSCTL_PERIPH_GPIOB);          //使能 GPIOB 模块
SysCtlPeripheralEnable(SYSCTL_PERIPH_GPIOG);          //使能 GPIOG 模块
```

③ 设置 GPIO 端口每一位的输入类型；

④ 读 GPIO 端口的状态。

### 2. GPIO 输出的程序流程

输出流程包括：

① 时钟初始化(设置 LDO 输出电压,设置系统时钟)；

② 相应外设(GPIO)使能；

③ 设置 GPIO 端口每一位的输出类型；

④ 设置端口的驱动能力；

⑤ 向 GPIO 端口输出数据。

## 4.3.4 GPIO 基本设置函数

### 1. 函数 GPIODirModeSet()

功能：设置所选 GPIO 端口指定引脚的方向和模式。

原型：void GPIODirModeSet(unsigned long ulPort, unsigned char ucPins, unsigned long ulPinIO)

参数：

ulPort,所选 GPIO 端口的基址,应当取下列值之一：

- GPIO_PORTA_BASE,GPIOA 的基址(0x40004000)；
- GPIO_PORTB_BASE,GPIOB 的基址(0x40005000)；
- GPIO_PORTC_BASE,GPIOC 的基址(0x40006000)；
- GPIO_PORTD_BASE,GPIOD 的基址(0x40007000)；
- GPIO_PORTE_BASE,GPIOE 的基址(0x40024000)；
- GPIO_PORTF_BASE,GPIOF 的基址(0x40025000)；
- GPIO_PORTG_BASE,GPIOG 的基址(0x40026000)；
- GPIO_PORTH_BASE,GPIOH 的基址(0x40027000)。

ucPins,指定引脚的位组合表示,应当取下列值之一或它们之间任意"或"运算的组合形式：

- GPIO_PIN_0,GPIO 引脚 0 的位表示(0x01)；
- GPIO_PIN_1,GPIO 引脚 1 的位表示(0x02)；
- GPIO_PIN_2,GPIO 引脚 2 的位表示(0x04)；
- GPIO_PIN_3,GPIO 引脚 3 的位表示(0x08)；
- GPIO_PIN_4,GPIO 引脚 4 的位表示(0x10)；
- GPIO_PIN_5,GPIO 引脚 5 的位表示(0x20)；
- GPIO_PIN_6,GPIO 引脚 6 的位表示(0x40)；
- GPIO_PIN_7,GPIO 引脚 7 的位表示(0x80)。

ulPinIO,引脚的方向或模式,应当取下列值之一：

- GPIO_DIR_MODE_IN,输入方向;
- GPIO_DIR_MODE_OUT,输出方向;
- GPIO_DIR_MODE_HW,硬件控制。

返回:无。

### 2. 函数 GPIODirModeGet()

功能:获取所选 GPIO 端口指定引脚的方向和模式。

原型:unsigned long GPIODirModeGet(unsigned long ulPort,unsigned char ucPins)

参数:

ulPort,所选 GPIO 端口的基址。

ucPins,指定引脚的位组合表示。

返回:与函数 GPIODirModeSet()中的参数 ulPinIO 的取值相同。

### 3. 函数 GPIOPadConfigSet()

功能:设置所选 GPIO 端口指定引脚的驱动强度和类型。

原型:void GPIOPadConfigSet(unsigned long ulPort,unsigned char ucPins,unsigned long ulStrength,unsigned long ulPadType)

参数:

ulPort,所选 GPIO 端口的基址。

ucPins,指定引脚的位组合表示。

ulStrength,指定输出驱动强度,应当取下列值之一:

- GPIO_STRENGTH_2MA,2 mA 驱动强度;
- GPIO_STRENGTH_4MA,4 mA 驱动强度;
- GPIO_STRENGTH_8MA,8 mA 驱动强度;
- GPIO_STRENGTH_8MA_SC,带转换速率控制的 8 mA 驱动。

ulPadType,指定引脚类型,应当取下列值之一:

- GPIO_PIN_TYPE_STD,推挽;
- GPIO_PIN_TYPE_STD_WPU,带弱上拉的推挽;
- GPIO_PIN_TYPE_STD_WPD,带弱下拉的推挽;
- GPIO_PIN_TYPE_OD,开漏;
- GPIO_PIN_TYPE_OD_WPU,带弱上拉的开漏;
- GPIO_PIN_TYPE_OD_WPD,带弱下拉的开漏;
- GPIO_PIN_TYPE_ANALOG,模拟比较器。

返回:无。

### 4. 函数 GPIOPadConfigGet()

功能:获取所选 GPIO 端口指定引脚的配置信息。

原型：void GPIOPadConfigGet(unsigned long ulPort, unsigned char ucPins, unsigned long * pulStrength, unsigned long * pulPadType)

参数：

ulPort,所选 GPIO 端口的基址。

ucPins,指定引脚的位组合表示。

* pulStrength,指针,指向保存输出驱动强度信息的存储单元。

* pulPadType,指针,指向保存输出驱动类型信息的存储单元。

返回：无。

## 4.3.5 GPIO 引脚类型设置函数

GPIO 引脚类型设置系列函数是以 GPIOPinType 开头的函数。其中前 3 个函数用来配置 GPIO 引脚的类型,很常用,其他函数用于将 GPIO 引脚配置为其他外设模块的硬件功能。

对于前 3 个函数,由于名称太长,所以在实际编程中常常采用如下简短的定义:

```
#define GPIOPinTypeIn GPIOPinTypeGPIOInput
#define GPIOPinTypeOut GPIOPinTypeGPIOOutput
#define GPIOPinTypeOD GPIOPinTypeGPIOOutputOD
```

### 1. 函数 GPIOPinTypeGPIOInput()

功能：设置所选 GPIO 端口指定的引脚为高阻输入模式。

原型：void GPIOPinTypeGPIOInput(unsigned long ulPort, unsigned char ucPins)

参数：

ulPort,所选 GPIO 端口的基址。

ucPins,指定引脚的位组合表示。

返回：无。

### 2. 函数 GPIOPinTypeGPIOOutput()

功能：设置所选 GPIO 端口指定的引脚为推挽输出模式。

原型：GPIOPinTypeGPIOOutput(unsigned long ulPort, unsigned char ucPins)

参数：

ulPort,所选 GPIO 端口的基址。

ucPins,指定引脚的位组合表示。

返回：无。

### 3. 函数 GPIOPinTypeGPIOOutputOD()

功能：设置所选 GPIO 端口指定的引脚为开漏输出模式。

原型：GPIOPinTypeGPIOOutputOD(unsigned long ulPort，unsigned char ucPins)

参数：

ulPort，所选GPIO端口的基址。

ucPins，指定引脚的位组合表示。

返回：无。

### 4. 函数GPIOPinTypeADC()

功能：设置所选GPIO端口指定的引脚为ADC功能。

原型：void GPIOPinTypeADC(unsigned long ulPort，unsigned char ucPins)

参数：

ulPort，所选GPIO端口的基址。

ucPins，指定引脚的位组合表示。

返回：无。

**说明：**对于Sandstorm和Fury家族，ADC引脚是独立存在的，没有与任何GPIO引脚复用，因此使用ADC功能时不需调用本函数。对于2008年新推出的DustDevil家族，ADC引脚与GPIO引脚是复用的，因此在使用ADC功能时必须调用本函数进行配置。

### 5. 函数GPIOPinTypeCAN()

功能：设置所选GPIO端口指定的引脚为CAN功能。

原型：void GPIOPinTypeCAN(unsigned long ulPort，unsigned char ucPins)

参数：

ulPort，所选GPIO端口的基址。

ucPins，指定引脚的位组合表示。

返回：无。

### 6. 函数GPIOPinTypeComparator()

功能：设置所选GPIO端口指定的引脚为模拟比较器功能。

原型：void GPIOPinTypeComparator(unsigned long ulPort，unsigned char ucPins)

参数：

ulPort，所选GPIO端口的基址。

ucPins，指定引脚的位组合表示。

返回：无。

### 7. 函数GPIOPinTypeI2C()

功能：设置所选GPIO端口指定的引脚为$I^2C$功能。

原型：void GPIOPinTypeI2C(unsigned long ulPort,unsigned char ucPins)

参数：

ulPort,所选 GPIO 端口的基址。

ucPins,指定引脚的位组合表示。

返回：无。

### 8. 函数 GPIOPinTypePWM()

功能：设置所选 GPIO 端口指定的引脚为 PWM 功能。

原型：void GPIOPinTypePWM(unsigned long ulPort,unsigned char ucPins)

参数：

ulPort,所选 GPIO 端口的基址。

ucPins,指定引脚的位组合表示。

### 9. 函数 GPIOPinTypeQEI()

功能：设置所选 GPIO 端口指定的引脚为 QEI 功能。

原型：void GPIOPinTypeQEI(unsigned long ulPort,unsigned char ucPins)

参数：

ulPort,所选 GPIO 端口的基址。

ucPins,指定引脚的位组合表示。

返回：无。

### 10. 函数 GPIOPinTypeSSI()

功能：设置所选 GPIO 端口指定的引脚为 SSI 功能。

原型：void GPIOPinTypeSSI(unsigned long ulPort,unsigned char ucPins)

参数：

ulPort,所选 GPIO 端口的基址。

ucPins,指定引脚的位组合表示。

返回：无。

### 11. 函数 GPIOPinTypeTimer()

功能：设置所选 GPIO 端口指定的引脚为 Timer 的 CCP 功能。

原型：void GPIOPinTypeTimer(unsigned long ulPort,unsigned char ucPins)

参数：

ulPort,所选 GPIO 端口的基址。

ucPins,指定引脚的位组合表示。

返回：无。

### 12. 函数 GPIOPinTypeUART()

功能：设置所选 GPIO 端口指定的引脚为 UART 功能。

原型：void GPIOPinTypeUART(unsigned long ulPort,unsigned char ucPins)

参数：

ulPort,所选 GPIO 端口的基址。

ucPins,指定引脚的位组合表示。

返回：无。

**13. 函数 GPIOPinTypeUSBDigital()**

功能：设置所选 GPIO 端口指定的引脚为 USB 数字功能。

原型：void GPIOPinTypeUSBDigital(unsigned long ulPort, unsigned char ucPins)

参数：

ulPort,所选 GPIO 端口的基址。

ucPins,指定引脚的位组合表示。

返回：无。

## 4.3.6 GPIO 引脚读/写函数

对 GPIO 引脚的读/写操作是通过函数 GPIOPinWrite()和 GPIOPinRead()实现的,这是两个非常重要且很常用的库函数。

**1. 函数 GPIOPinWrite()**

功能：向所选 GPIO 端口的指定引脚写入一个值,以更新引脚状态。

原型：void GPIOPinWrite(unsigned long ulPort, unsigned char ucPins, unsigned char ucVal)

参数：

ulPort,所选 GPIO 端口的基址。

ucPins,指定引脚的位组合表示。

ucVal,写入指定引脚的值。

**注：**ucPins 指定引脚对应的 ucVal 当中的位如果是 1,则置位相应的引脚,如果是 0,则清零相应的引脚;ucPins 未指定的引脚不受影响。

返回：无。

**2. 函数 GPIOPinRead()**

功能：读取所选 GPIO 端口指定引脚的值。

原型：long GPIOPinRead(unsigned long ulPort,unsigned char ucPins)

参数：

ulPort,所选 GPIO 端口的基址。

ucPins，指定引脚的位组合表示。

返回：1 个位组合的字节。该字节提供了由 ucPins 指定的引脚的状态，对应的位值表示 GPIO 引脚的高低状态。ucPins 未指定的引脚的位值是 0。返回值已强制转换为 long 型，因此位 8～31 应该忽略。

### 4.3.7 GPIO 中断函数

在 Stellaris 系列 ARM 芯片里，每个 GPIO 引脚都可作为外部中断输入。中断的触发类型分为边沿触发和电平触发两大类，共 5 种，用起来非常灵活。配置 GPIO 引脚的中断触发方式可通过调用函数 GPIOIntTypeSet()来实现。GPIO 的中断例程将在"中断控制(Interrupt)"部分给出。

#### 1. 函数 GPIOIntTypeSet()

功能：设置所选 GPIO 端口指定引脚的中断触发类型。

原型：void GPIOIntTypeSet (unsigned long ulPort, unsigned char ucPins, unsigned long ulIntType)

参数：

ulPort，所选 GPIO 端口的基址。

ucPins，指定引脚的位组合表示。

ulIntType，指定中断触发机制的类型，应当取下列值之一：

- GPIO_FALLING_EDGE，下降沿触发中断；
- GPIO_RISING_EDGE，上升沿触发中断；
- GPIO_BOTH_EDGES，双边沿触发中断(上升沿和下降沿都会触发中断)；
- GPIO_LOW_LEVEL，低电平触发中断；
- GPIO_HIGH_LEVEL，高电平触发中断。

返回：无。

#### 2. 函数 GPIOIntTypeGet()

功能：获取所选 GPIO 端口指定引脚的中断触发类型。

原型：unsigned long GPIOIntTypeGet (unsigned long ulPort, unsigned char ucPins)

参数：

ulPort，所选 GPIO 端口的基址。

ucPins，指定引脚的位组合表示。

返回：与函数 GPIOIntTypeSet()中参数 ulIntType 的取值相同。

#### 3. 函数 GPIOPinIntEnable()

功能：使能所选 GPIO 端口指定引脚的中断。

原型：void GPIOPinIntEnable(unsigned long ulPort,unsigned char ucPins)

参数：

ulPort,所选 GPIO 端口的基址。

ucPins,指定引脚的位组合表示。

返回：无。

### 4. 函数 GPIOPinIntDisable()

功能：禁止所选 GPIO 端口指定引脚的中断。

原型：void GPIOPinIntDisable(unsigned long ulPort,unsigned char ucPins)

参数：

ulPort,所选 GPIO 端口的基址。

ucPins,指定引脚的位组合表示。

返回：无。

### 5. 函数 GPIOPinIntStatus()

功能：获取所选 GPIO 端口所有引脚的中断状态。

原型：long GPIOPinIntStatus(unsigned long ulPort,tBoolean bMasked)

参数：

ulPort,所选 GPIO 端口的基址。

bMasked,屏蔽标志,如果是 true 则返回屏蔽的中断状态,如果是 false 则返回原始的中断状态。

返回：1 个位组合字节。在该字节中,置位的位用来识别一个有效的屏蔽中断或原始中断。字节的位 0 代表 GPIO 端口引脚 0,位 1 代表 GPIO 端口引脚 1,等等。返回值已被强制转换为 long 型,因此位 8～31 应该忽略。

### 6. 函数 GPIOPinIntClear()

功能：清除所选 GPIO 端口指定引脚的中断。

原型：void GPIOPinIntClear(unsigned long ulPort,unsigned char ucPins)

参数：

ulPort,所选 GPIO 端口的基址。

ucPins,指定引脚的位组合表示。

返回：无。

### 7. 函数 GPIOPortIntRegister()

功能：注册所选 GPIO 端口的一个中断处理程序。

原型：void GPIOPortIntRegister(unsigned long ulPort, void (* pfnIntHandler)(void))

参数：

ulPort，所选 GPIO 端口的基址。

* pfnIntHandler，函数指针，指向 GPIO 端口的中断处理程序。

返回：无。

**8. 函数 GPIOPortIntUnregister()**

功能：注销所选 GPIO 端口的中断处理程序。

原型：void GPIOPortIntUnregister(unsigned long ulPort)

参数：

ulPort，所选 GPIO 端口的基址。

返回：无。

## 4.4 项目 6：用 GPIO 端口驱动数码管

在计算机控制系统中，除了有与生产过程进行信息传递的输入/输出设备以外，还有与操作人员进行信息交换的常规输入设备和输出设备。键盘是一种最常用的输入设备；LED 是一种简单的输出设备，可以显示输出状态和控制过程。通过键盘不仅可以输入数据与命令，还可以查询和控制系统的工作状态，实现简单的人机对话。通过 GPIO 端口输出控制信息可以驱动 LED 数码管，显示数字信息。

### 4.4.1 任务要求和分析

本项目主要实现通过键盘和 GPIO 端口输入控制信息，要输出的信息经过 LM3S811 处理后，送数码管显示。具体任务是：开机，数码管显示 0，然后，判断按键是否按下，循环（超过 9 次开始新的循环）记下按键按下的次数，并将按键次数（0～9）送入 LM3S811，处理后，送数码管显示次数（0～9）。

### 4.4.2 硬件电路设计

用 GPIO 端口驱动数码管的电路如图 4-11 所示。按键输入经过 PC4 端口送到微控制器，输出显示码经由 PA，PB 和 PD 三个端口的部分引脚直接驱动七段数码管，由于 LM3S811 的驱动能力可达 2～8 mA，因此，可以驱动数码管的一段 LED 而不必增加驱动三极管，数码管采用共阴极管，每段串入 470 Ω 限流电阻。PC5 和 PD7 外接 LED 指示灯，用来显示键盘状态。

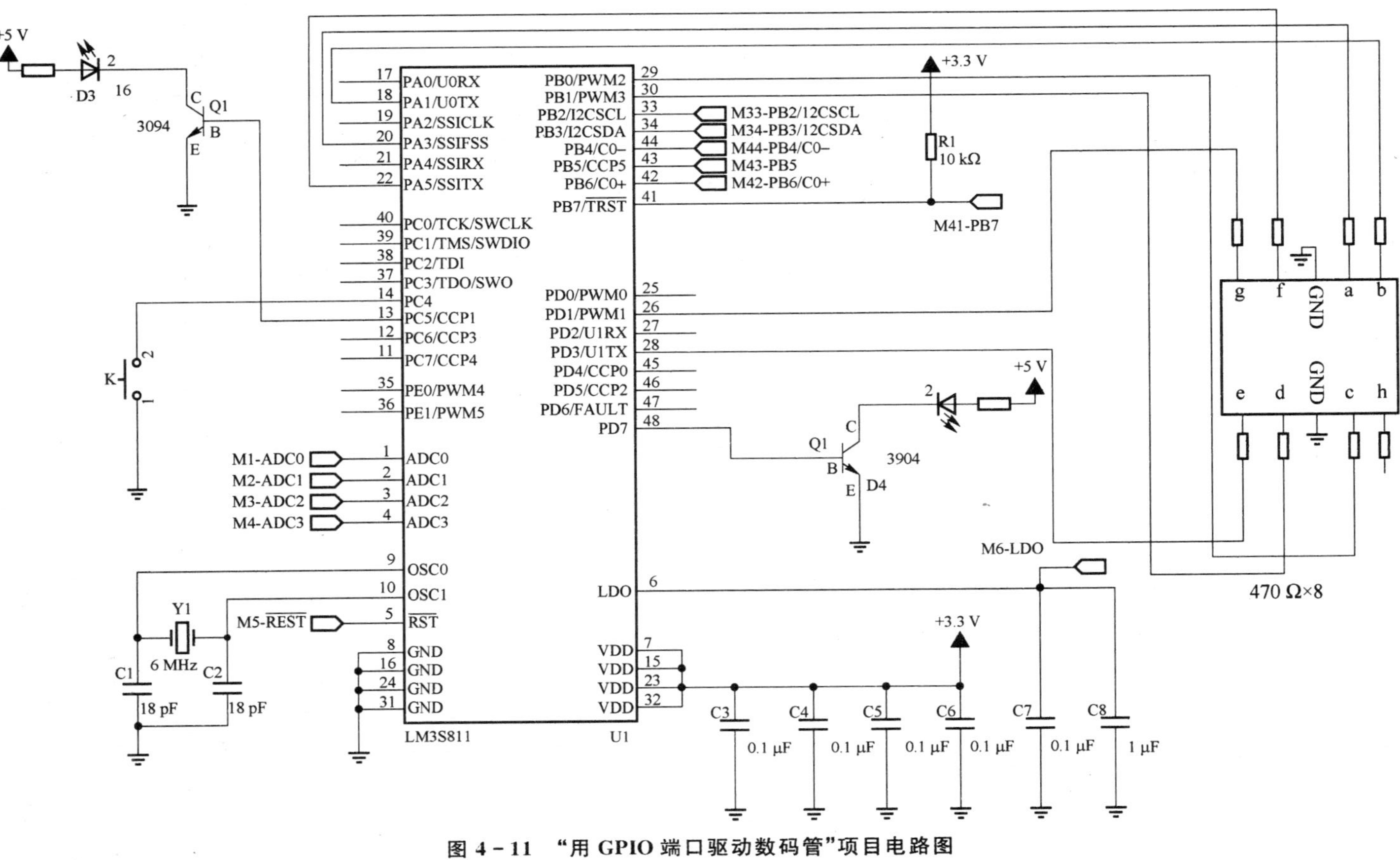


图 4－11　"用 GPIO 端口驱动数码管"项目电路图

### 4.4.3 程序设计

要实现微控制器 GPIO 端口驱动数码管的功能，首先要定义数码段所接的端口线，然后使能 GPIO 端口，并设置 GPIO 端口的输出方向和驱动能力。

由于机械触点的弹性振动，使得按键在按下时不会马上稳定地接通，而在弹起时也不能马上完全地断开，因而在按键闭合和断开的瞬间均会出现一连串的抖动，这称为按键的抖动干扰，因此，在程序设计上，要增加消除干扰功能。

软件去抖的方法是：编制一段时间大于 100 ms 的延时程序，在第一次检测到有键按下时，执行这段延时子程序使键的前沿抖动消失后再检测该键的状态，如果该键仍保持闭合状态电平，则确认为该键已稳定按下，否则无键按下，从而消除了抖动的影响；同理，在检测到有键释放后，也同样要延迟一段时间，以消除后沿抖动，然后转入对该按键的处理。

程序清单如下，其中包括了软件上设计的去抖程序。

```
#include <LM3S811.H>

#define digit_a GPIO_PORTA_DATA_R |= 0x08        //数码管段 A,PA3
#define digit_b GPIO_PORTA_DATA_R |= 0x02        //数码管段 A,PA1
#define digit_c GPIO_PORTB_DATA_R |= 0x01        //数码管段 A,PB0
#define digit_d GPIO_PORTB_DATA_R |= 0x02        //数码管段 A,PB1
#define digit_e GPIO_PORTD_DATA_R |= 0x08        //数码管段 A,PD3
#define digit_f GPIO_PORTA_DATA_R |= 0x20        //数码管段 A,PA5
#define digit_g GPIO_PORTD_DATA_R |= 0x02        //数码管段 A,PD1
void display_digit(unsigned char);
void clr_digit(void);
int main()
{
    //定义一个变量
    volatile unsigned long ulLoop;
    unsigned char number;
    //用到 PA、PB、PC、PD 四个口
    SYSCTL_RCGC2_R = SYSCTL_RCGC2_GPIOA | SYSCTL_RCGC2_GPIOB | SYSCTL_RCGC2_GPIOD |
                     SYSCTL_RCGC2_GPIOC;
    //在使能外设后用读操作来插入几个无用的周期，主要是为了让外设过渡到稳定工作状态
    ulLoop = SYSCTL_RCGC2_R;
    number = 0;
    //设置相应的 GPIO 的方向
    GPIO_PORTA_DIR_R |= 0x2A;                    //0b00101010,PA5,PA3 和 PA1 为输出
```

```
    GPIO_PORTB_DIR_R |= 0x03;                  //0b00000011,PB1 和 PB0 为输出
    GPIO_PORTD_DIR_R |= 0x8A;                  //0b10001010,PD7,PD3 和 PD1 为输出
    GPIO_PORTC_DIR_R &= 0x00;                  //0b00000000,PC4 为输入
    GPIO_PORTC_DIR_R |= 0x20;                  //0b00100000,PC5 为输出
    //使能相应的 GPIO 数字接口功能
    GPIO_PORTA_DEN_R |= 0x2A;
    GPIO_PORTB_DEN_R |= 0x03;
    GPIO_PORTD_DEN_R |= 0x8A;
    GPIO_PORTC_DEN_R |= 0x10;
    GPIO_PORTC_DATA_R &= 0xDF;                 //0b11011111,PC5 置零,熄灭 D3
    GPIO_PORTD_DATA_R &= 0x7F;                 //0b01111111,PD7 置零,熄灭 D4
    clr_digit();
    display_digit(number);
    while(1)
    {
        if(!(GPIO_PORTC_DATA_R & 0x10))                //是否有键按下
        {
            GPIO_PORTC_DATA_R |= 0x20;                 //点亮 D3 指示滤波过程
            for(ulLoop = 0; ulLoop < 40000; ulLoop++)
            {
            }                                          //软件按键去抖
            GPIO_PORTC_DATA_R &= ~0x20;                //熄灭 D3
            if(!(GPIO_PORTC_DATA_R & 0x10))            //确认按键按下
            {
                GPIO_PORTD_DATA_R |= 0x80;             //点亮 D4 指示按键过程
                if(number<9)                           //0~9 循环计数
                    number++;
                else
                    number = 0;
                clr_digit();
                display_digit(number);
            }
            while(!(GPIO_PORTC_DATA_R & 0x10))
            {
            }                                          //等待按键释放
            GPIO_PORTD_DATA_R &= ~0x80;                //熄灭 D4
        }
    }
}
```

```
/*数码管显示数字 0~9*/
void display_digit(unsigned char num)
{
    switch(num)
    {
        case 0:digit_a;
               digit_b;
               digit_c;
               digit_d;
               digit_e;
               digit_f;
               break;                              //显示 0
        case 1:digit_b;
               digit_c;
               break;                              //显示 1
        case 2:digit_a;
               digit_b;
               digit_d;
               digit_e;
               digit_g;
               break;                              //显示 2
        case 3:digit_a;
               digit_b;
               digit_c;
               digit_d;
               digit_g;
               break;                              //显示 3
        case 4:digit_b;
               digit_c;
               digit_f;
               digit_g;
               break;                              //显示 4
        case 5:digit_a;
               digit_c;
               digit_d;
               digit_f;
               digit_g;
               break;                              //显示 5
        case 6:digit_a;
```

```
            digit_c;
            digit_d;
            digit_e;
            digit_f;
            digit_g;
            break;                              //显示 6
        case 7:digit_a;
            digit_b;
            digit_c;
            break;                              //显示 7
        case 8:digit_a;
            digit_b;
            digit_c;
            digit_d;
            digit_e;
            digit_f;
            digit_g;
            break;                              //显示 8
        case 9:digit_a;
            digit_b;
            digit_c;
            digit_d;
            digit_f;
            digit_g;
            break;                              //显示 9
        default: break;
    }
}

/*熄灭数码管*/
void clr_digit()
{
    GPIO_PORTA_DATA_R &= 0xD5;          //0b11010101,PA1,PA3 和 PA5 置零
    GPIO_PORTB_DATA_R &= 0xFC;          //0b11111100,PB0 和 PB1 置零
    GPIO_PORTD_DATA_R &= 0xF5;          //0b11110101,PD1 和 PD3 置零
}
```

### 4.4.4　程序调试和运行

调试和运行的步骤是:

① 建立 Keil 工程文件，假设工程文件名为 GPIOSHUMA，如图 4－12 所示。

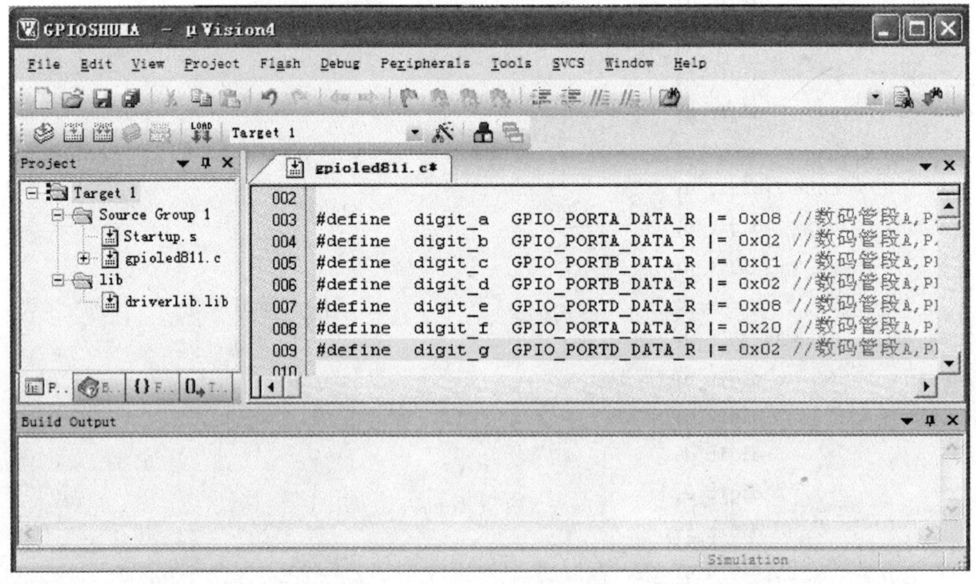


**图 4－12　建立"用 GPIO 端口驱动数码管"项目的 Keil 工程文件**

② 进行 Keil 软件设置。并加入 driverlib.lib 文件。

③ 单击 Rebuild 工具按钮对程序进行编译，如图 4－13 所示。

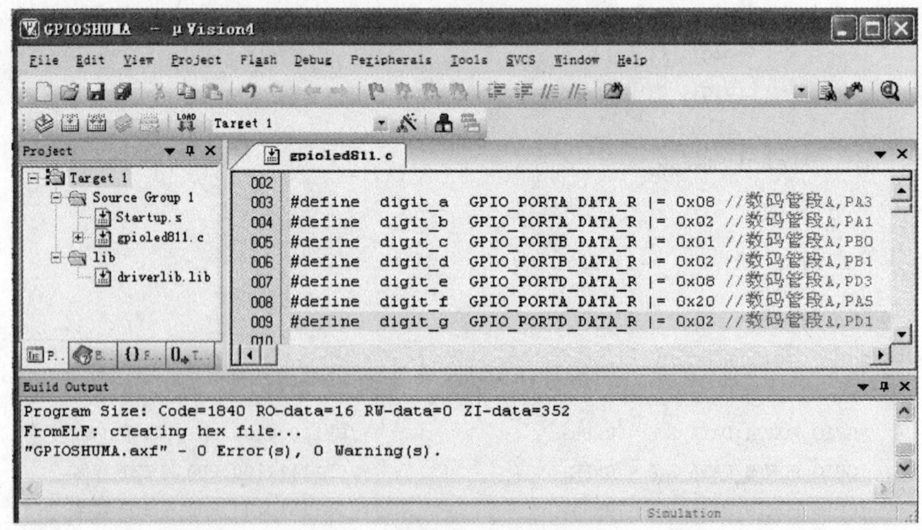


**图 4－13　"用 GPIO 端口驱动数码管"项目文件的编译和调试**

④ 连接实验板到计算机的 USB 口，单击 LOAD 下载工具按钮，计算机则将编译成功的 HEX 文件下载到实验板上的 CPU 里，下载成功的画面如图 4－14 所示。

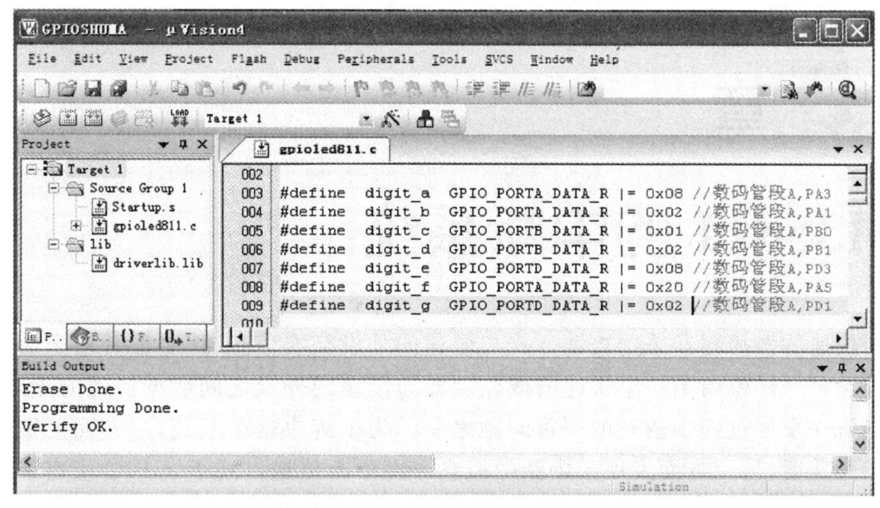


**图 4-14　将调试好的 GPIOSHUMA.hex 文件下载到实验板**

⑤ 按下实验板上的复位键,程序就在实验板上运行起来了,效果与任务要求的一致,这里不再赘述。

# 习　题

1. 简述 LM3S811 GPIO 模块的特性。
2. 编写设置 GPIO 口为输入口的初始化程序。
3. 编写设置 GPIO 口为输出口的初始化程序。
4. 编写设置 GPIO 口为中断口的初始化程序。
5. 编写利用 GPIO 口制作跑马灯的程序,并用按键控制跑马灯的流动方向。

# 第 5 章

# LM3S811 的中断系统

当快速的微控制器采用查询方式与慢速的外设交换信息时，会浪费很多时间去等待外设。这样就引出一个快速的微控制器与慢速的外设之间数据传送的矛盾，这也是微机在发展过程中遇到的严重问题之一。为了解决这个问题，一方面要提高外设的工作速度，另一方面发展了中断的概念。在中断传送方式下，GPIO 应有请求微控制器服务的权利，当 GPIO 准备好向 LM3S811 传送数据，或者 GPIO 已准备好接收 LM3S811 的数据，或者有某些紧急情况要处理，或者定时时间到，等等，这时，GPIO 向 LM3S811 发出中断请求，LM3S811 接收到请求并在一定条件下，暂停执行原来的程序而转去进行中断处理，处理好中断服务后再返回来执行原来的程序。这就是中断的概念。

## 5.1 项目 7：用按键控制 LED 灯闪烁花样

在实现控制的过程中，现场的各种参数、信息均随时间和现场而变化。这些外界变量可根据要求随时向 LM3S811 发出中断申请，请求 LM3S811 及时处理。键盘是一种最常用的输入设备，可以输入用户的控制信息和参数。LED 是一种简单的输出设备，可以显示输出状态和控制过程。通过键盘不仅可以输入数据与命令，还可以查询和控制系统的工作状态，实现简单的人机对话。

### 5.1.1 任务要求和分析

本项目的任务是：通过 4 个按键输入用户的控制信息，以控制 4 个 LED 灯的闪烁，按下 KEY1 键，4 个 LED 灯 LED1，LED2，LED3 和 LED4 各闪烁一次；按下 KEY2 键，3 个 LED 灯 LED2，LED3 和 LED4 各闪烁一次；按下 KEY3 键，2 个 LED 灯 LED3 和 LED4 各闪烁一次；按下 KEY4 键，1 个 LED 灯 LED4 闪烁一次。

### 5.1.2 硬件电路设计

本项目的硬件电路如图 5 - 1 所示，键盘采用独立式键盘，KEY1～KEY4 分别接到 PA 口的 PA0～PA3，4 个发光管 LED1～LED4 分别接到 PB0，PB1，PD0 和 PD1 引脚。

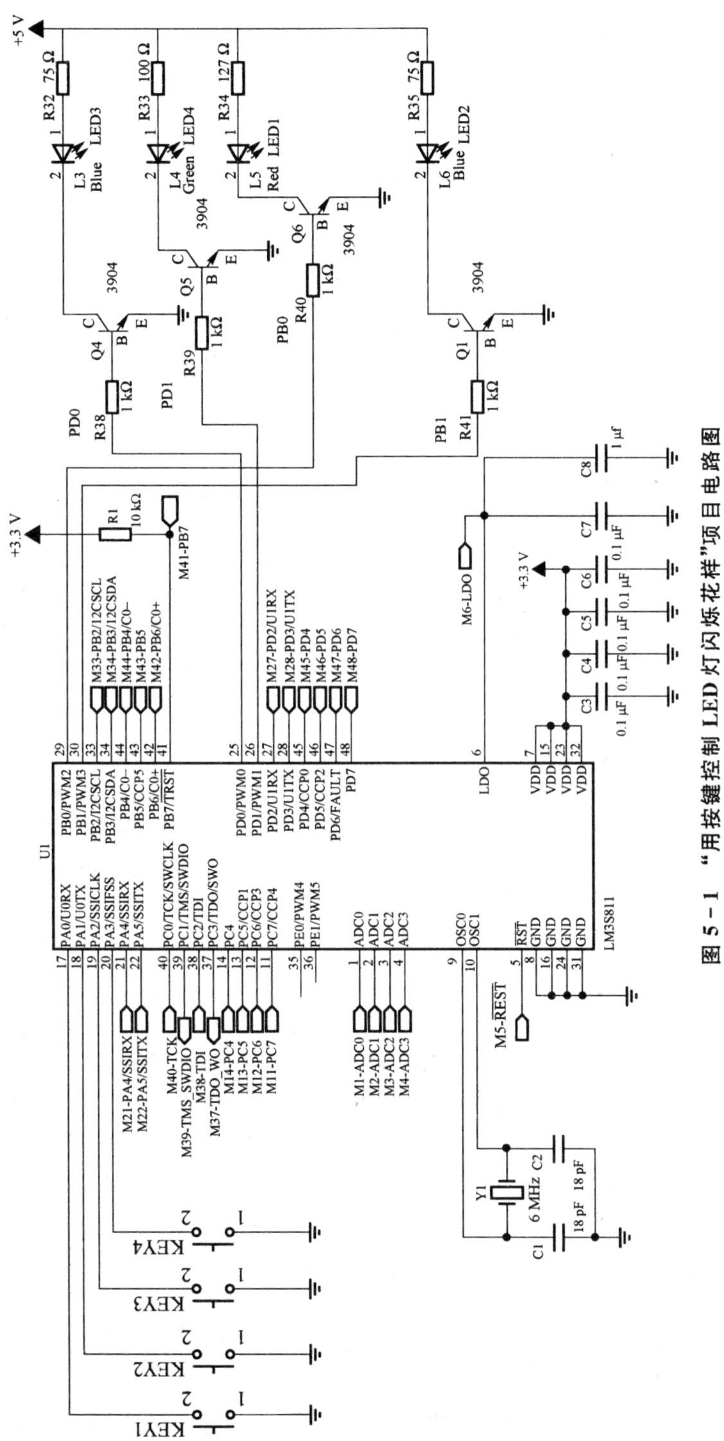

图 5-1 "用按键控制 LED 灯闪烁花样"项目电路图

### 5.1.3 程序设计

要想完成项目的任务，可以采用查询式键盘识别和中断式键盘识别。这里采用 GPIO 中断方式来识别键盘的动作。注意在调试程序时，要在 Startup.s 文件中添加该中断函数名。

在主程序里，首先使能 GPIO 口，设置端口类型，对输出端口设置驱动能力；然后，使能 GPIO 口中断，设置按键中断触发方式；最后熄灭所有 LED 灯，等待中断。

在中断函数里，首先读取键盘所在端口的数据，然后判断哪个键被按下，最后清除中断标志后，控制相应 LED 闪烁。

程序清单如下：

```
#include "hw_memmap.h"
#include "hw_types.h"
#include "hw_ints.h"
#include "sysctl.h"
#include "systick.h"
#include "gpio.h"
#include "interrupt.h"
unsignedlong Sysclk = 12000000UL;
#define KEY1 GPIO_PIN_0                                /*定义 KEY1 连接第 0 引脚*/
#define LED1 GPIO_PIN_0                                /*定义 LED1 连接第 0 引脚*/
#define KEY2 GPIO_PIN_1                                /*定义 KEY2 连接第 1 引脚*/
#define LED2 GPIO_PIN_1                                /*定义 LED2 连接第 1 引脚*/
#define KEY3 GPIO_PIN_2                                /*定义 KEY3 连接第 2 引脚*/
#define LED3 GPIO_PIN_0                                /*定义 LED3 连接第 0 引脚*/
#define KEY4 GPIO_PIN_3                                /*定义 KEY4 连接第 3 引脚*/
#define LED4 GPIO_PIN_1                                /*定义 LED4 连接第 1 引脚*/

/**
** 函数原形：voidGPIO_Port_E_ISR(void)
** 功能描述：首先清除中断标志，再点亮 LED
** 说明：在使用 Keil 软件时，在 Startup.s 中添加该中断函数名
** 参数说明：无
** 返回值：无
**/
void GPIO_Port_A_ISR(void)
{
    long IntStatus;

    IntStatus = GPIOPinIntStatus(GPIO_PORTA_BASE,true);    //读 PA 口键盘
    if(IntStatus & KEY1)                                  //判断是否按下 KEY1 键
    {
```

```
        GPIOPinIntClear(GPIO_PORTA_BASE,KEY1);              //清除中断标志
        GPIOPinWrite(GPIO_PORTB_BASE,LED1,0x01);            //LED1 闪烁一次
        SysCtlDelay(500 * (Sysclk/3000));                   //延时
        GPIOPinWrite(GPIO_PORTB_BASE,LED1,0x00);

        GPIOPinWrite(GPIO_PORTB_BASE,LED2,0x02);            //LED2 闪烁一次
        SysCtlDelay(500 * (Sysclk/3000));
        GPIOPinWrite(GPIO_PORTB_BASE,LED2,0x00);

        GPIOPinWrite(GPIO_PORTD_BASE,LED3,0x01);            //LED3 闪烁一次
        SysCtlDelay(500 * (Sysclk/3000));
        GPIOPinWrite(GPIO_PORTD_BASE,LED3,0x00);

        GPIOPinWrite(GPIO_PORTD_BASE,LED4,0x02);            //LED4 闪烁一次
        SysCtlDelay(500 * (Sysclk/3000));
        GPIOPinWrite(GPIO_PORTD_BASE,LED4,0x00);
    }
    if(IntStatus & KEY2)                                    //判断是否按下 KEY2 键
    {
        GPIOPinIntClear(GPIO_PORTA_BASE,KEY2);              /* 清除中断标志 */
        GPIOPinWrite(GPIO_PORTB_BASE,LED2,0x02);            //LED2 闪烁一次
        SysCtlDelay(500 * (Sysclk/3000));
        GPIOPinWrite(GPIO_PORTB_BASE,LED2,0x00);

        GPIOPinWrite(GPIO_PORTD_BASE,LED3,0x01);            //LED3 闪烁一次
        SysCtlDelay(500 * (Sysclk/3000));
        GPIOPinWrite(GPIO_PORTD_BASE,LED3,0x00);
        GPIOPinWrite(GPIO_PORTD_BASE,LED4,0x02);            //LED4 闪烁一次
        SysCtlDelay(500 * (Sysclk/3000));
        GPIOPinWrite(GPIO_PORTD_BASE,LED4,0x00);
    }
    if(IntStatus & KEY3)                                    //判断是否按下 KEY3 键
    {
        GPIOPinIntClear(GPIO_PORTA_BASE,KEY3);              /* 清除中断标志 */
        GPIOPinWrite(GPIO_PORTD_BASE,LED3,0x01);            //LED3 闪烁一次
        SysCtlDelay(500 * (Sysclk/3000));
        GPIOPinWrite(GPIO_PORTD_BASE,LED3,0x00);
        GPIOPinWrite(GPIO_PORTD_BASE,LED4,0x02);            //LED4 闪烁一次
        SysCtlDelay(500 * (Sysclk/3000));
        GPIOPinWrite(GPIO_PORTD_BASE,LED4,0x00);
    }
    if(IntStatus & KEY4)                                    //判断是否按下 KEY4 键
    {
        GPIOPinIntClear(GPIO_PORTA_BASE,KEY4);              /* 清除中断标志 */
```

```
        GPIOPinWrite(GPIO_PORTD_BASE,LED4,0x02);        //LED4 闪烁一次
        SysCtlDelay(500 * (Sysclk/3000));
        GPIOPinWrite(GPIO_PORTD_BASE,LED4,0x00);
    }
}

/****
** 函数原形：int main(void)
** 功能描述：熄灭 LED3,并等待按键中断
** 参数说明：无
** 返回值：0
*******/
int main(void)
{
    SysCtlPeripheralEnable(SYSCTL_PERIPH_GPIOB);            /* 使能 GPIO PB 口 */
    SysCtlPeripheralEnable(SYSCTL_PERIPH_GPIOA);            /* 使能 GPIO PE 口 */
    SysCtlPeripheralEnable(SYSCTL_PERIPH_GPIOD);
    /* 设置连接按键的 PA 为输入 */
    GPIODirModeSet(GPIO_PORTA_BASE,KEY1 | KEY2 | KEY3 | KEY4,GPIO_DIR_MODE_IN);
    GPIODirModeSet(GPIO_PORTB_BASE,LED1 | LED2,GPIO_DIR_MODE_OUT);
    /* 设置连接 LED1 的 PB6 为输出 */
    GPIODirModeSet(GPIO_PORTD_BASE,LED3 | LED4,GPIO_DIR_MODE_OUT);
    /* 设置 KEY1 的驱动强度和类型为 4 mA 的输出驱动强度和推挽引脚 */
    GPIOPadConfigSet(GPIO_PORTA_BASE,KEY1 | KEY2 | KEY3 | KEY4,
                     GPIO_STRENGTH_4MA,GPIO_PIN_TYPE_STD);
    /* 设置 LED1 和 LED2 的驱动强度和类型为 4 mA 的输出驱动强度和推挽引脚 */
    GPIOPadConfigSet(GPIO_PORTB_BASE,LED1 | LED2,GPIO_STRENGTH_4MA,
                     GPIO_PIN_TYPE_STD);
    /* 设置 LED3 和 LED4 的驱动强度和类型为 4 mA 的输出驱动强度和推挽引脚 */
    GPIOPadConfigSet(GPIO_PORTD_BASE,LED3 | LED4,GPIO_STRENGTH_4MA,
                     GPIO_PIN_TYPE_STD);
    /* 设置按键中断的触发方式为低电平触发 */
    GPIOIntTypeSet(GPIO_PORTA_BASE,KEY1 | KEY2 | KEY3 | KEY4,GPIO_LOW_LEVEL);
    GPIOPinIntEnable(GPIO_PORTA_BASE,KEY1 | KEY2 | KEY3 | KEY4);  /* 使能按键中断 */
    IntEnable(INT_GPIOA);                                          /* 使能 GPIO PA 口中断 */
    IntMasterEnable();
    while(1){
        GPIOPinWrite(GPIO_PORTB_BASE,LED1 | LED2,0x00);      /* 熄灭 LED1～LED4 */
        GPIOPinWrite(GPIO_PORTD_BASE,LED3 | LED4,0x00);
    }
}
```

### 5.1.4 程序调试和运行

调试和运行的步骤是：

① 按照 2.1.3 小节介绍的方法建立 Keil 工程文件，假设工程文件名为 keyledflash，如图 5－2 所示。

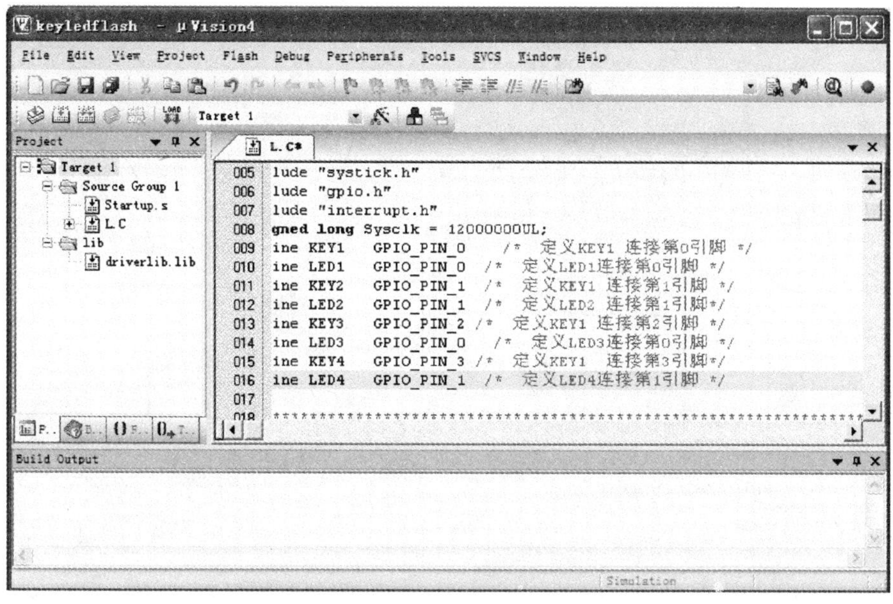


图 5－2　建立"用按键控制 LED 灯闪烁花样"项目的 Keil 工程文件

② 按照 2.2.5 小节的方法对 Keil 软件进行设置，并加入 driverlib.lib 文件。

③ 单击 Rebuild 工具按钮对程序进行编译，如图 5－3 所示。

图 5－3　"用按键控制 LED 灯闪烁花样"项目文件的编译和调试

④ 连接实验板到计算机的 USB 口,单击 LOAD 下载工具按钮,计算机将编译成功的 HEX 文件下载到实验板上的 CPU 里,下载成功的画面如图 5 - 4 所示。

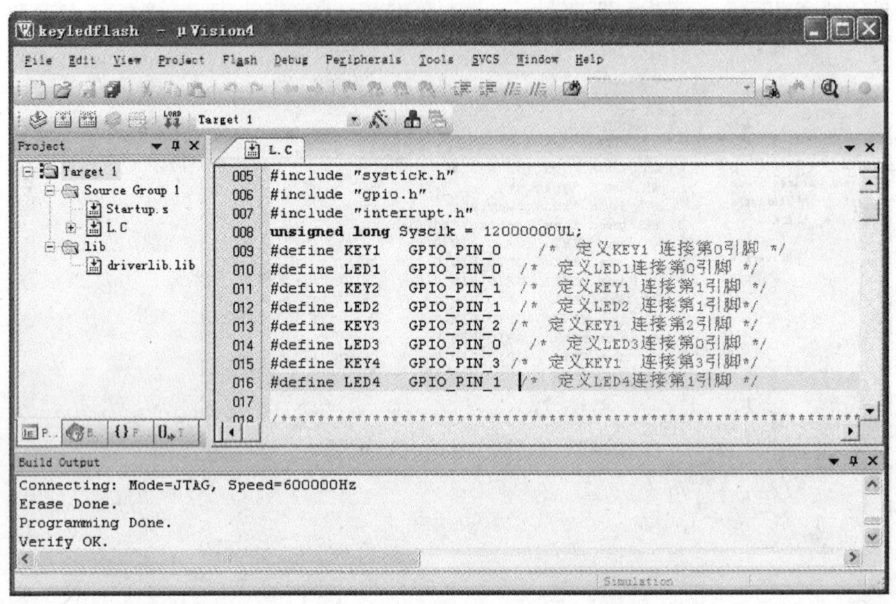


图 5 - 4 将调试好的 keyledflash. hex 下载到实验板

⑤ 按下实验板上的复位键,程序就在实验板上运行起来了。效果与任务要求的一致,这里不再赘述。

## 5.2 LM3S811 的中断系统概述

ARM Cortex - M3 处理器和嵌套向量中断控制器(NVIC)将区分所有异常的优先等级并对其进行处理。所有异常都在处理器模式中处理。在出现异常时,处理器的状态将被自动存储到堆栈中,并在中断服务程序(ISR)结束时自动从堆栈中恢复。取出向量和保存状态是同时进行的,这样便提高了进入中断的效率。处理器还支持末尾连锁(tail-chaining),这使处理器无需保存和恢复状态便可执行连续的(back-to-back)中断。

软件可在 7 个异常(系统处理程序)及 26 个中断上设置 8 个优先级。系统处理程序的优先级是通过 NVIC 系统处理程序优先级寄存器来设置的。中断是通过 NVIC 中断设置使能寄存器来使能的,并由 NVIC 中断优先级寄存器来区分其优先等级。如果将两个或更多的中断指定为相同的优先级,那么它们的硬件优先级(位置编号越高,优先级越低)就决定了处理器激活中断的顺序,如表 5 - 1 所列。例如,如果 GPIO 端口 A 和 GPIO 端口 B 都为优先级 1,那么 GPIO 端口 A 的优先级更高。

表 5-1　LM3S811 中断自然优先级

| 中断(在中断寄存器中的位) | 描　述 | 中断(在中断寄存器中的位) | 描　述 | 中断(在中断寄存器中的位) | 描　述 |
|---|---|---|---|---|---|
| 0 | GPIO 端口 A | 10 | PWM 发生器 0 | 20 | 定时器 0 B |
| 1 | GPIO 端口 B | 11 | PWM 发生器 1 | 21 | 定时器 1 A |
| 2 | GPIO 端口 C | 12 | PWM 发生器 2 | 22 | 定时器 1 B |
| 3 | GPIO 端口 D | 14 | ADC 序列 0 | 23 | 定时器 2 A |
| 4 | GPIO 端口 E | 15 | ADC 序列 1 | 24 | 定时器 2 B |
| 5 | 串口 UART0 | 16 | ADC 序列 2 | 25 | 模拟比较器 |
| 6 | 串口 UART1 | 17 | ADC 序列 3 | 28 | 系统控制 |
| 7 | 同步通信 SSI0 | 18 | 看门狗定时器 | 29 | Flash |
| 8 | $I^2C$ 0 | 19 | 定时器 0 A | | |

## 5.3　LM3S811 的中断库函数

### 5.3.1　中断使能与禁止函数

LM3S811 的中断函数分为两大类：一类是属于 ARM Cortex－M3 内核的，如 NMI 和 SysTick 等，中断向量号在 15 以内；另一类是 Stellaris 系列 ARM 芯片特有的，如 GPIO，UART 和 PWM 等，中断向量号在 16 以上。

#### 1. 函数 IntMasterEnable()

调用库函数 IntMasterEnable()将使能 ARM Cortex－M3 处理器内核的总中断。

功能：使能处理器中断。

原型：tBoolean IntMasterEnable(void)

参数：无。

返回：如果在调用该函数之前处理器中断是使能的，则返回 false，否则返回 true。

#### 2. 函数 IntMasterDisable()

调用库函数 IntMasterDisable()将禁止 ARM Cortex－M3 处理器内核响应所有中断，但是除了复位中断(ResetISR)、不可屏蔽中断(NMIISR)和硬件故障中断(FaultISR)以外，因为这些中断可能随时发生而无法通过软件禁止。

功能：禁止处理器中断。

原型：tBoolean IntMasterDisable(void)

参数：无。

返回：如果在调用该函数之前处理器中断是使能的，则返回 false，否则返回 true。

### 3. 函数 IntEnable()

功能：使能一个片内外设的中断。

原型：void IntEnable(unsigned long ulInterrupt)

参数：

ulInterrupt，指定被使能的片内外设中断。

返回：无。

### 4. 函数 IntDisable()

功能：禁止一个片内外设的中断。

原型：void IntDisable(unsigned long ulInterrupt)

参数：

ulInterrupt，指定被禁止的片内外设中断。

返回：无。

GPIO 中断使能举例：在程序中，用按键 KEY 作为外部中断输入，先使能 KEY 所在的 GPIO 端口并把相应引脚设置为输入，然后配置中断触发类型并使能中断。

```
//使能和设置程序
SysCtlPeriEnable(LED_PERIPH);                          //使能 LED 所在的 GPIO 端口
GPIOPinTypeOut(LED_PORT,LED_PIN);                      //设置 LED 所在引脚为输出
SysCtlPeriEnable(KEY_PERIPH);                          //使能 KEY 所在的 GPIO 端口
GPIOPinTypeIn(KEY_PORT,KEY_PIN);                       //设置 KEY 所在引脚为输入
GPIOIntTypeSet(KEY_PORT,KEY_PIN,GPIO_LOW_LEVEL);       //设置 KEY 引脚的中断类型
GPIOPinIntEnable(KEY_PORT,KEY_PIN);                    //使能 KEY 所在引脚的中断
IntEnable(INT_GPIOD);                                  //使能 GPIOD 端口中断
IntMasterEnable();                                     //使能处理器中断
// GPIO 端口 D 中断服务函数的部分程序
void GPIO_Port_D_ISR(void)
{
    unsignedcharucVal;
    unsignedlongulStatus;
    ulStatus = GPIOPinIntStatus(KEY_PORT,true);        //读取中断状态
    GPIOPinIntClear(KEY_PORT,ulStatus);                //清除中断状态,重要!
    if(ulStatus & KEY_PIN)                             //如果 KEY 的中断状态有效
```

```
    {
        ucVal = GPIOPinRead(LED_PORT,LED_PIN);          //翻转 LED
        LEDGPIOPinWrite(LED_PORT,LED_PIN,~ucVal);
        SysCtlDelay(10 * (TheSysClock/3000));           //延时约 10 ms,消除按键抖动
        while(GPIOPinRead(KEY_PORT,KEY_PIN) == 0x00);  //等待 KEY 抬起
        SysCtlDelay(10 * (TheSysClock/3000));           //延时约 10 ms,消除松键抖动
    }
}
```

### 5.3.2　中断优先级函数

LM3S811 处理器内核可以配置的中断优先级最多有 8 级。函数 IntPrioritySet()和 IntPriorityGet()用来管理一个片内外设的优先级,当多个中断源同时产生时,优先级最高的中断首先被处理器响应并得到处理。正在处理较低优先级中断时,如果有较高优先级的中断产生,则处理器立即转去处理较高优先级的中断。正在处理的中断不能被同级或较低优先级的中断所打断。

函数 IntPriorityGroupingSet()和 IntPriorityGroupingGet()用来管理抢占式优先级和子优先级的分组设置。

重要规则:多个中断源在其抢占式优先级相同的情况下,子优先级不论是否相同,如果某个中断已经在服务当中,则其他中断源都不能打断它(可以末尾连锁);只有抢占式优先级高的中断才可以打断其他抢占式优先级低的中断。

由于 Stellaris 系列 ARM 芯片只实现了 3 个优先级位,因此实际有效的抢占式优先级位数只能设为 0~3 位。如果抢占式优先级位数为 3,则子优先级都是 0,实际可嵌套的中断层数是 8 层;如果抢占式优先级位数为 2,则子优先级为 0~1 级,实际可嵌套的层数为 4 层;依次类推。当抢占式优先级位数为 0 时,实际可嵌套的层数为 1 层,即不允许中断嵌套。

#### 1. 函数 IntPrioritySet()

功能:设置一个中断的优先级。

原型:void IntPrioritySet(unsigned long ulInterrupt,unsigned char ucPriority)

参数:

ulInterrupt,指定的中断源。

ucPriority,要设定的优先级,应当取值(0~7)≪5,数值越小,优先级越高。

返回:无。

#### 2. 函数 IntPriorityGet()

功能:获取一个中断的优先级。

原型:long IntPriorityGet(unsigned long ulInterrupt)

参数：

ulInterrupt，指定的中断源。

返回：中断优先级数值，该返回值除以 32（即右移 5 位）后才能得到优先级数 0～7。如果指定了一个无效的中断，则返回－1。

### 3. 函数 IntPriorityGroupingSet()

功能：设置中断控制器的优先级分组。

原型：void IntPriorityGroupingSet(unsigned long ulBits)

参数：

ulBits，指定抢占式优先级位的数目，取值为 0～7，但对于 Stellaris 系列 ARM 芯片，与取值 3～7 的效果等同。

返回：无。

### 4. 函数 IntPriorityGroupingGet()

功能：获取中断控制器的优先级分组。

原型：unsigned long IntPriorityGroupingGet(void)

参数：无。

返回：抢占式优先级位的数目，数值范围为 0～7，但对于 Stellaris 系列 ARM 芯片，返回值与 3～7 的效果等同。

## 5.3.3 中断服务函数注册与注销函数

### 1. 函数 IntRegister()

功能：注册一个中断出现时被调用的函数。

原型：void IntRegister(unsigned long ulInterrupt, void ( * pfnHandler)(void))

参数：

ulInterrupt，指定的中断源。

* pfnHandler，指向中断产生时被调用函数的指针。

返回：无。

### 2. 函数 IntUnregister()

功能：注销一个中断出现时被调用的函数。

原型：void IntUnregister(unsigned long ulInterrupt)

参数：

ulInterrupt，指定的中断源。

返回：无。

## 5.4　中断函数的设置和使用

### 5.4.1　中断函数的使能、配置和使用

#### 1. 使能相关片内外设，并进行基本的配置

对于中断源所涉及的片内外设必须首先使能，使能的方法是调用头文件〈sysctl. h〉中的函数 SysCtlPeripheralEnable()。使能该片内外设以后，还要进行必要的基本配置。

#### 2. 设置具体中断的类型或触发方式

不同的片内外设，具体中断的类型或触发方式也各不相同。在使能中断之前，必须对其进行正确的设置。以 GPIO 为例，分为边沿触发和电平触发两大类，共 5 种。具体的设置要通过调用函数 GPIOIntTypeSet()来进行。

#### 3. 使能中断

对于 Stellaris 系列 ARM 芯片，在使能一个片内外设的具体中断时，通常采取 3 步走的方法：

① 调用片内外设具体中断的使能函数；

② 调用函数 IntEnable()，使能片内外设的总中断；

③ 调用函数 IntMasterEnable()，使能处理器总中断。

#### 4. 编写中断服务函数

中断服务函数在形式上与普通函数类似，但在命名及具体处理上有所不同。

**(1) 中断服务函数命名**

对于 GCC 编译器下的程序，中断服务函数的名称是事先约定好的。用户可以打开启动文件 LM3S_Startup. s 查看每个中断服务函数的标准名称。例如，GPIO 端口 B 的中断服务函数名称是 GPIO_Port_B_ISR，对应的函数原型应当是"void GPIO_Port_B_ISR(void)"，参数和返回值都必须是 void 类型。在 Keil 或 IAR 开发环境下，中断服务函数的名称可由程序员自己指定，但还是推荐采用 GCC 下的标准名称，这样有利于程序移植。

**(2) 中断状态查询**

一个具体的片内外设可能存在多个子中断源，但是都共用同一个中断向量。例如，GPIO 的端口 A 有 8 个引脚，每个引脚都可以产生中断，但是都共用同一个中断向量号 16，任一引脚发生中断时都会进入同一个中断服务函数。为了能够准确区分每一个子中断源，可以使用中断状态查询函数，例如 GPIO 的中断状态查询函数

GPIOPinIntStatus()。如果不使能中断，而采取纯粹的“轮询”编程方式，则也是利用中断状态查询函数来确定是否发生了中断，以及具体是哪个子中断源产生的中断。

**(3) 中断清除**

对于 Stellaris 系列 ARM 芯片的所有片内外设，在进入其中断服务函数后，中断状态并不能自动清除，而必须用软件清除(但是属于 Cortex - M3 内核的中断源例外，因为它们不属于“外设”)。如果中断未被及时清除，则在退出中断服务函数时会立即再次触发中断而造成混乱。清除中断的方法是调用相应片内外设的中断清除函数，例如，GPIO 端口的中断清除函数是 GPIOPinIntClear()。

下面以 GPIO 端口 A 的中断为例，给出了外设中断服务函数的经典编写方法。其中关键是先将外设的中断状态读到变量 ulStatus 中，然后及时、放心地清除全部中断状态，余下的工作就是排列多个 if 语句分别进行处理。

```
//GPIO 端口 A 的中断服务函数
void GPIO_Port_A_ISR(void)
{
    unsigned long ulStatus;
    ulStatus = GPIOPinIntStatus(GPIO_PORTA_BASE,true);    //读取中断状态
    GPIOPinIntClear(GPIO_PORTA_BASE,ulStatus);            //清除中断状态，重要！
    if(ulStatus & GPIO_PIN_0)                             //如果 PA0 的中断状态有效
    {
        //在这里添加 PA0 的中断处理代码
    }
    if(ulStatus & GPIO_PIN_1)                             //如果 PA1 的中断状态有效
    {
        //在这里添加 PA1 的中断处理代码
    }
    //如果还有其他引脚的中断需要处理，请继续并列类似的 if 语句
}
```

## 5. 注册中断服务函数

现在，中断服务函数虽然已经编写完成，但当中断事件产生时程序还是无法找到它，因为还缺少最后一个步骤——注册中断服务函数。

注册方法有两种，一种方法是直接利用中断注册函数，其优点是操作简单、可移植性好；缺点是由于把中断向量表重新映射到 SRAM 中而导致执行效率下降。另一种方法需要修改启动文件，优点是执行效率很高，缺点是可移植性不够好。经过权衡考虑后，还是推荐采用后一种方法，因为其效率优先，且操作并不复杂。

在不同的软件开发环境下，通过修改启动文件来注册中断服务函数的方法也各不相同。在 GCC 编译器下注册最简单，只要中断服务函数采用标准命名即可，而不

需修改启动文件 LM3S_Startup.s 中的中断向量表。

在 Keil 开发环境下，启动文件 Startup.s 是用汇编语言编写的，以中断服务函数 void I2C_ISR(void) 为例，先找到 Vectors 表格，然后根据注释内容把相应的 IntDefaultHandler 替换为 I2C_ISR，并在 Vectors 表格前插入声明 EXTERNI2C_ISR 即完成了注册。

在上述几步完成后，就可以等待中断事件的到来了。当中断事件产生时，程序就会自动跳转到对应的中断服务函数中去处理。

### 5.4.2 使用外部中断 INT0 的程序流程

流程包括：

① 时钟初始化(设置 LDO 输出电压，设置系统时钟)；

② 相应外设(GPIO)使能；

③ 设置 INT0 所在端口为输入类型；

④ 设置 INT0 中断触发类型；

⑤ 使能 INT0 所在引脚的中断；

⑥ 使能 GPIO 端口中断；

⑦ 使能处理器中断；

⑧ 编写中断服务子程序；

⑨ 在中断向量表(Startup.s)中注册中断。

## 5.5 项目 8：有等级高低的 LED 灯

### 5.5.1 任务要求与分析

两路按键 KEY1 和 KEY2 的输入采用不同的优先级中断，分别在各自的中断服务函数里控制指示灯 LED1 和 LED2。在程序里，把 KEY1 中断设置为较高的优先级 1，把 KEY2 中断设置为较低的优先级 2。

KEY1 和 KEY2 各自对应一个中断服务函数。在中断服务函数里只做两件事：读取并清除中断状态和点亮对应的 LED 指示灯，最后进入一个死循环而不退出中断。

### 5.5.2 硬件电路设计

硬件电路如图 5-5 所示，两个按键分别接 PA0 和 PC0，两个 LED 灯分别接 PD0 和 PE0。

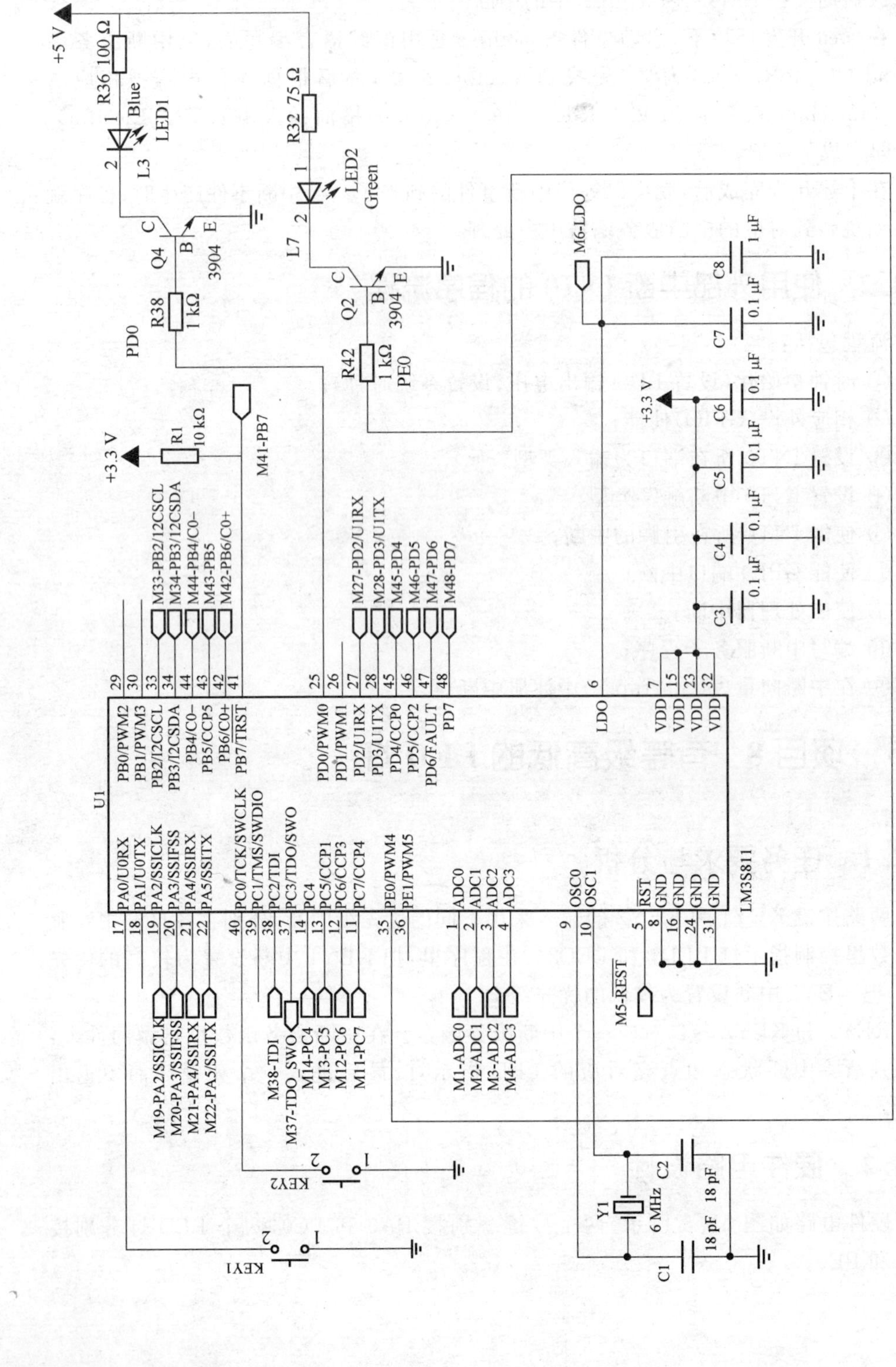

图 5－5 "有等级高低的 LED 灯"项目电路图

### 5.5.3 程序设计

可以在 main()函数里插入一句对函数 IntPriorityGroupingSet()的调用，如果参数是 0 或 1，则 KEY1 和 KEY2 中断都不能互相抢占对方；如果参数是 2，则 KEY1 中断的抢占式优先级为 0、KEY2 中断的抢占式优先级为 1，因此，KEY1 中断就可以抢占 KEY2 中断；如果参数是 3～7，则相当于是默认的 8 级中断嵌套。

程序清单如下：

```
//包含必要的头文件
#include "systemInit.h"
//定义 LED1 和 LED2
#define LED1_PERIPH SYSCTL_PERIPH_GPIOD
#define LED1_PORT GPIO_PORTD_BASE
#define LED1_PIN GPIO_PIN_0
#define LED2_PERIPH SYSCTL_PERIPH_GPIOE
#define LED2_PORT GPIO_PORTE_BASE
#define LED2_PIN GPIO_PIN_0
//定义 KEY1 和 KEY2
#define KEY1_PERIPH SYSCTL_PERIPH_GPIOD
#define KEY1_PORT GPIO_PORTA_BASE
#define KEY1_PIN GPIO_PIN_1
#define KEY2_PERIPH SYSCTL_PERIPH_GPIOE
#define KEY2_PORT GPIO_PORTC_BASE
#define KEY2_PIN GPIO_PIN_0
//KEY1 中断初始化
void key1IntInit(void)
{
    SysCtlPeriEnable(KEY1_PERIPH);                          //使能 KEY1 所在的 GPIO 端口
    GPIOPinTypeIn(KEY1_PORT,KEY1_PIN);                      //设置 KEY1 所在引脚为输出
    GPIOIntTypeSet(KEY1_PORT,KEY1_PIN,GPIO_LOW_LEVEL);      //设置 KEY1 的中断类型
    IntPrioritySet(INT_GPIOD,1<<5);                         //设置 KEY1 中断优先级为 1
    GPIOPinIntEnable(KEY1_PORT,KEY1_PIN);                   //使能 KEY1 所在引脚的中断
    IntEnable(INT_GPIOD);                                   //使能 GPIO 端口 D 的中断
}
//KEY2 中断初始化
void key2IntInit(void)
{
    SysCtlPeriEnable(KEY2_PERIPH);                          //使能 KEY2 所在的 GPIO 端口
    GPIOPinTypeIn(KEY2_PORT,KEY2_PIN);                      //设置 KEY2 所在引脚为输出
```

```
    GPIOIntTypeSet(KEY2_PORT,KEY2_PIN,GPIO_LOW_LEVEL); //设置 KEY2 的中断类型
    IntPrioritySet(INT_GPIOE,2<<5);                      //设置 KEY2 中断优先级为 2
    GPIOPinIntEnable(KEY2_PORT,KEY2_PIN);                //使能 KEY2 所在引脚的中断
    IntEnable(INT_GPIOE);                                //使能 GPIO 端口 E 的中断
}
//主函数(程序入口)
int main(void)
{
    jtagWait();                                          //防止 JTAG 失效,重要!
    clockInit();                                         //时钟初始化:晶振,6 MHz
    SysCtlPeriEnable(LED1_PERIPH);                       //使能 LED1 所在的 GPIO 端口
    GPIOPinTypeOut(LED1_PORT,LED1_PIN);                  //设置 LED1 所在的引脚为输出
    GPIOPinWrite(LED1_PORT,LED1_PIN,0x01);               //熄灭 LED1
    SysCtlPeriEnable(LED2_PERIPH);                       //使能 LED2 所在的 GPIO 端口
    GPIOPinTypeOut(LED2_PORT,LED2_PIN);                  //设置 LED2 所在的引脚为输出
    GPIOPinWrite(LED2_PORT,LED2_PIN,1<<2);               //熄灭 LED2
    key1IntInit();                                       //KEY1 中断初始化
    key2IntInit();                                       //KEY2 中断初始化
    IntMasterEnable();                                   //使能处理器中断
    for(;;)                                              //等待按键中断
    {
    }

}
//GPIO 端口 A 的中断服务函数
void GPIO_Port_A_ISR(void)
{
    unsigned long ulStatus;
    ulStatus = GPIOPinIntStatus(KEY1_PORT,true);         //读取中断状态
    GPIOPinIntClear(KEY1_PORT,ulStatus);                 //清除中断状态,重要!
    if(ulStatus & KEY1_PIN)                              //如果 KEY1 的中断状态有效
    {
        GPIOPinWrite(LED1_PORT,LED1_PIN,0x00);           //点亮 LED1
        for(;;);                                         //死循环,不退出中断服务函数
    }
}
//GPIO 端口 C 的中断服务函数
void GPIO_Port_C_ISR(void)
```

```
{
    unsigned long ulStatus;
    ulStatus = GPIOPinIntStatus(KEY2_PORT,true);        //读取中断状态
    GPIOPinIntClear(KEY2_PORT,ulStatus);                //清除中断状态,重要!
    if(ulStatus & KEY2_PIN)                             //如果 KEY2 的中断状态有效
    {
        GPIOPinWrite(LED2_PORT,LED2_PIN,0x00);          //点亮 LED2
        for(;;)                                         //死循环,不退出中断服务函数
        {
        }
    }
}
```

### 5.5.4 程序调试和运行

调试和运行的步骤是：

① 建立 Keil 工程文件,假设工程文件名为 priority。

② 进行 Keil 软件设置,并加入 driverlib. lib 文件。

③ 单击 Rebuild 工具按钮对程序进行编译,如图 5-6 所示。

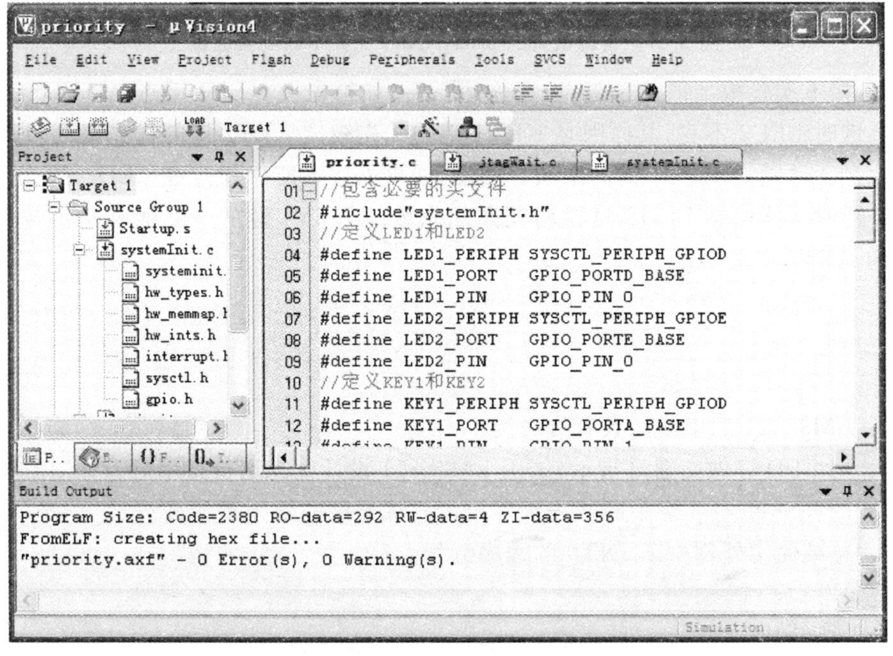


**图 5-6　"有等级高低的 LED 灯"项目文件的编译和调试**

④ 连接实验板到计算机的 USB 口，单击 LOAD 下载工具按钮，计算机则将编译成功的 HEX 文件下载到实验板上的 CPU 里，下载成功的画面如图 5－7 所示。

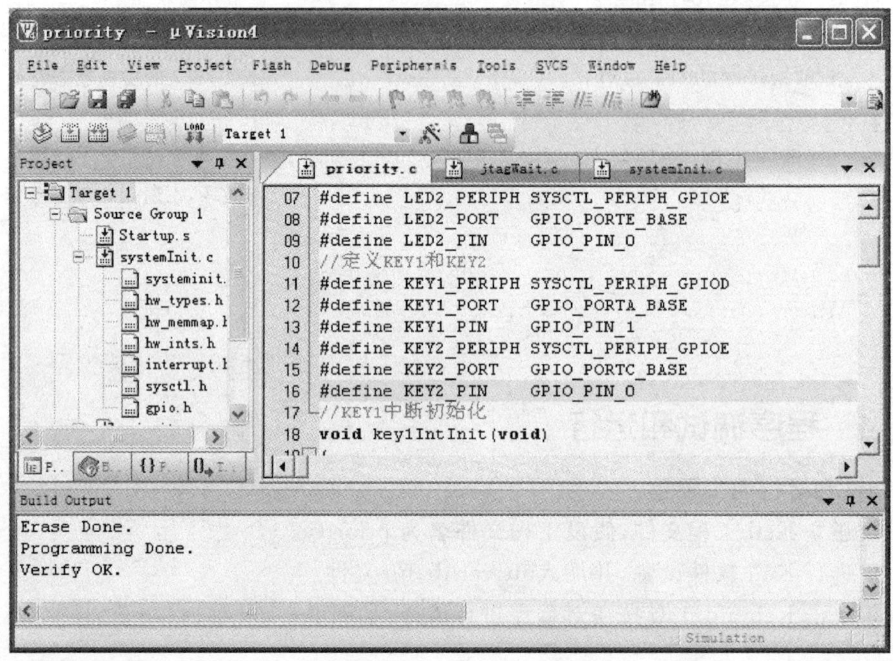


**图 5－7　将调试好的 priority. hex 文件下载到实验板**

⑤ 按下实验板上的复位键，在程序运行后，如果先按 KEY1 键点亮 LED1，再按 KEY2 键时 LED2 不亮，其原因是 KEY1 键的优先级比 KEY2 键的优先级高，KEY2 键的中断无法抢占 KEY1 键的中断。相反，如果先按 KEY2 键点亮 LED2，那么再按 KEY1 键时也能点亮 LED1，这说明较高优先级的 KEY1 键的中断能够抢占较低优先级的 KEY2 键的中断。

## 习　题

1. LM3S811 的中断函数有哪两类？
2. 用 LED 灯做交通灯指示，试用 LM3S811 设计优先通行指示灯。
3. LM3S811 有几级中断优先级？抢占式优先级的规则是什么？
4. 总结使用外部中断 INT0 的程序流程。

# 第6章 通用定时器

定时和计数控制是微机系统中极为重要的模块。计数指对外部事件的个数进行计量,其实质是对外部输入脉冲的个数进行计量。实现计数功能的器件称为计数器。定时器和计数器是一个部件,只不过计数器记录的是外界发生的事件;而定时器则是由单片机内部提供一个非常稳定的计数源,通过记录高精度晶振脉冲信号的个数而输出准确的时间间隔,从而进行定时。LM3S811 单片机具有 3 个通用定时器模块(GPTM),分别为 Timer0,Timer1 和 Timer2,每个模块含有 2 个定时器/计数器 TimeA 和 TimeB。每个计数器可以设计为 16 位单次触发/周期定时器、16 位输入边沿计数捕获、16 位输入边沿定时捕获和 16 位 PWM 四种情况。

## 6.1 项目 9:精确时钟信号发生器

时钟信号在自动控制方面具有定时、同步等作用,本项目是利用 LM3S811 内部定时器产生一个时钟信号。

### 6.1.1 任务要求和分析

编程实现利用 LM3S811 的定时器的精确定时功能,产生一个频率为 0.5 Hz 的时钟输出信号,并通过 LED 灯闪烁显示。

### 6.1.2 硬件电路设计

硬件电路如图 6-1 所示。图中定时信号从 PB0 输出,经由三极管 Q6 驱动 LED 发光显示。

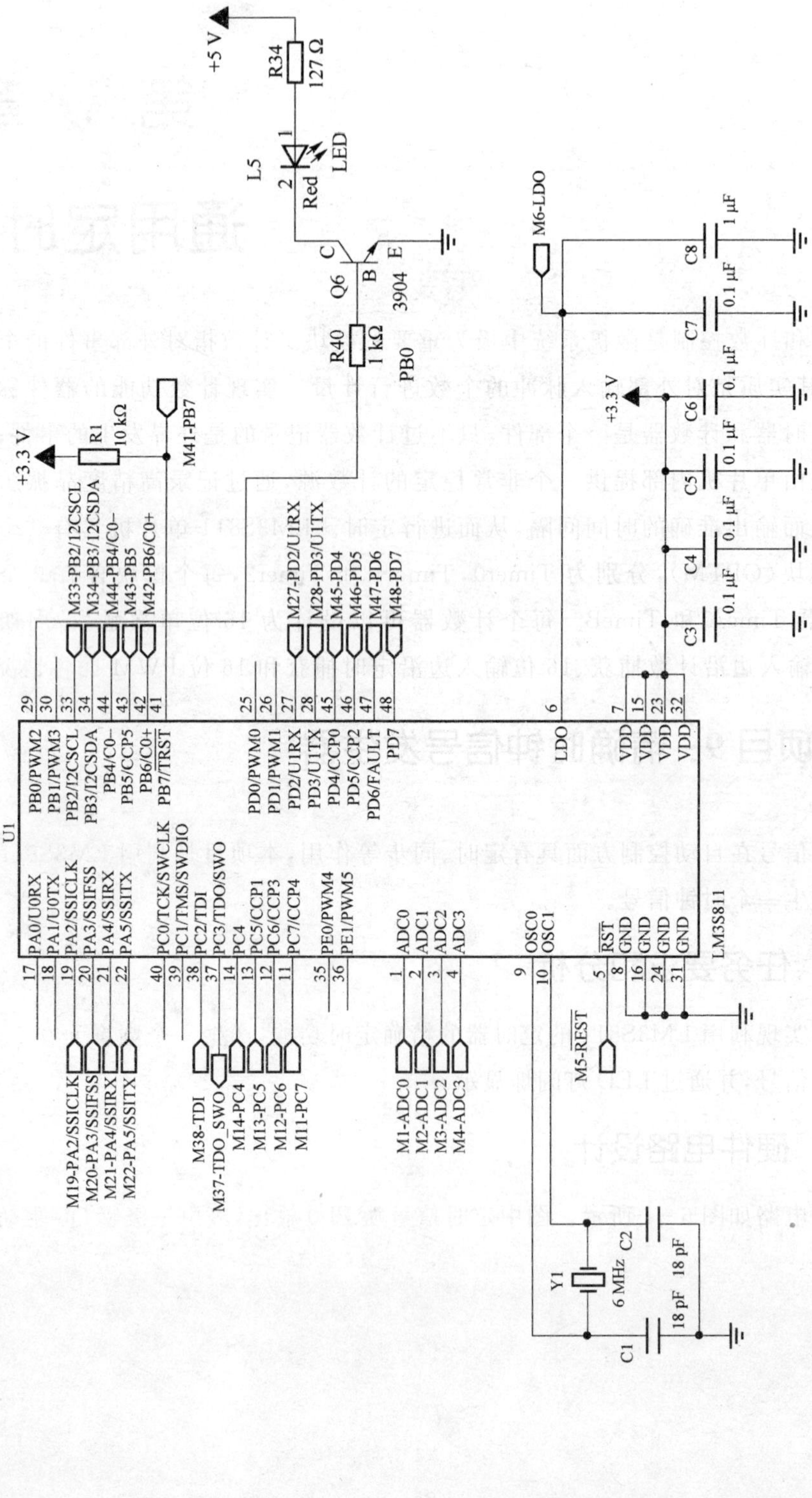

图 6－1 “精确时钟信号发生器”项目电路图

### 6.1.3 程序设计

首先，将相应的定时器配置好（使能和定时初值的装载等）；然后，注册相应的中断，编写中断服务程序；最后，使能中断，进入一个死循环，当定时时间到后产生中断，进入中断服务程序中执行电平翻转。

程序清单如下：

```
#include  "systemInit.h"
//定义全局的系统时钟变量
unsigned long TheSysClock = 12000000UL;
//定义 KEY
#define KEY_PERIPH SYSCTL_PERIPH_GPIOB
#define KEY_PORT GPIO_PORTC_BASE
#define KEY_PIN GPIO_PIN_4
//防止 JTAG 失效
void jtagWait(void)
{
    SysCtlPeripheralEnable(KEY_PERIPH);                //使能 KEY 所在的 GPIO 端口
    GPIOPinTypeGPIOInput(KEY_PORT,KEY_PIN);            //设置 KEY 所在引脚为输入
    if (GPIOPinRead(KEY_PORT, KEY_PIN) == 0x00)        //若复位时按下 KEY 键,则进入
    {
        for (;;);                                      //死循环,以等待 JTAG 连接
    }
    SysCtlPeripheralDisable(KEY_PERIPH);               //禁止 KEY 所在的 GPIO 端口
}
//系统时钟初始化
void clockInit(void)
{
    SysCtlLDOSet(SYSCTL_LDO_2_50V);                    //设置 LDO 输出电压
    //系统时钟设置：采用主振荡器,外接 6 MHz 晶振,不分频
    SysCtlClockSet(SYSCTL_USE_OSC | SYSCTL_OSC_MAIN | SYSCTL_XTAL_6MHZ | SYSCTL_SYSDIV_1);
    TheSysClock = SysCtlClockGet();                    //获取当前的系统时钟频率
}
#define LED_PERIPH SYSCTL_PERIPH_GPIOB                 //定义 LED
#define LED_PORT GPIO_PORTB_BASE
#define LED_PIN GPIO_PIN_0
int flag = 1;
//主函数(程序入口)
int main(void)
{
    jtagWait();                                        //JTAG 口解锁函数
```

```
    clockInit();                                        //时钟初始化：晶振,6 MHz
    SysCtlPeripheralEnable(LED_PERIPH);                 //使能使用到的 GPIO 端口
    GPIOPinTypeGPIOOutput(LED_PORT,LED_PIN);            //设置连接 LED 的 I/O 口为输出
    GPIOPadConfigSet(LED_PORT,LED_PIN,GPIO_STRENGTH_8MA,GPIO_PIN_TYPE_STD_WPU);
    //设置输出 I/O 口的驱动能力：8 mA,带弱上拉输出
    GPIOPinWrite(LED_PORT,LED_PIN,0xff);                //初始化 I/O 口
    SysCtlPeripheralEnable(SYSCTL_PERIPH_TIMER0);       //使能定时器 0 外设
    TimerConfigure(TIMER0_BASE,TIMER_CFG_A_PERIODIC);
    //设置定时器 0 为周期触发模式
    TimerLoadSet(TIMER0_BASE,TIMER_A,SysCtlClockGet()); //设置定时器装载值:定时 1 s
    TimerIntEnable(TIMER0_BASE,TIMER_TIMA_TIMEOUT);     //设置定时器为溢出中断
    TimerEnable(TIMER0_BASE,TIMER_A);                   //使能定时器 0
    IntEnable(INT_TIMER0A);                             //使能定时器 0 外设
    IntMasterEnable();                                  //处理器总中断使能
    while(1);                                           //等待定时器中断
}
void Timer0A_ISR(void)                                  //定时器 0 中断处理程序
{
    TimerIntClear(TIMER0_BASE,TIMER_TIMA_TIMEOUT);      //清除定时器 0 中断
    if(flag)                                            //翻转 LED 状态
    {
        GPIOPinWrite(LED_PORT,LED_PIN,0x00);
        flag = 0;
    }
    else
    {
        GPIOPinWrite(LED_PORT,LED_PIN,0xff);
        flag = 1;
    }
    TimerEnable(TIMER0_BASE,TIMER_A);                   //使能定时器 0
}
```

### 6.1.4 程序调试和运行

调试和运行的步骤是：

① 建立 Keil 工程文件，假设工程文件名为 Timer。

② 设置 Keil 软件，并加入 driverlib.lib 文件。

③ 单击 Rebuild 工具按钮对程序进行编译，如图 6-2 所示。

④ 连接实验板到计算机的 USB 口，单击 LOAD 下载工具按钮，计算机则将编译成功的 HEX 文件下载到实验板上的 CPU 里，下载成功的画面如图 6-3 所示。

⑤ 按下实验板上的复位键，程序运行后，LED 灯闪烁的频率是 0.5 Hz。

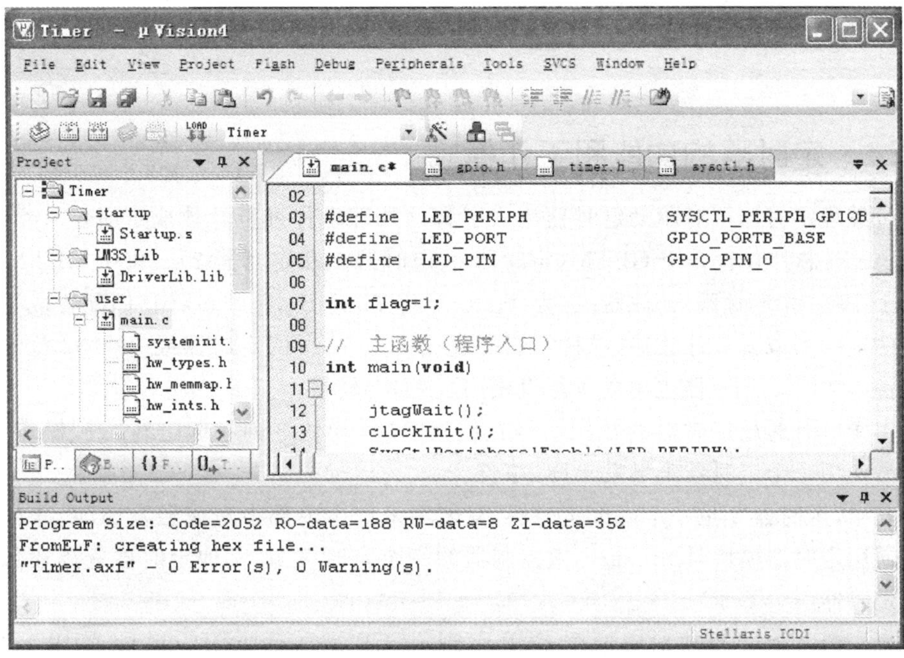


图 6-2　“精确时钟信号发生器”项目文件的编译和调试

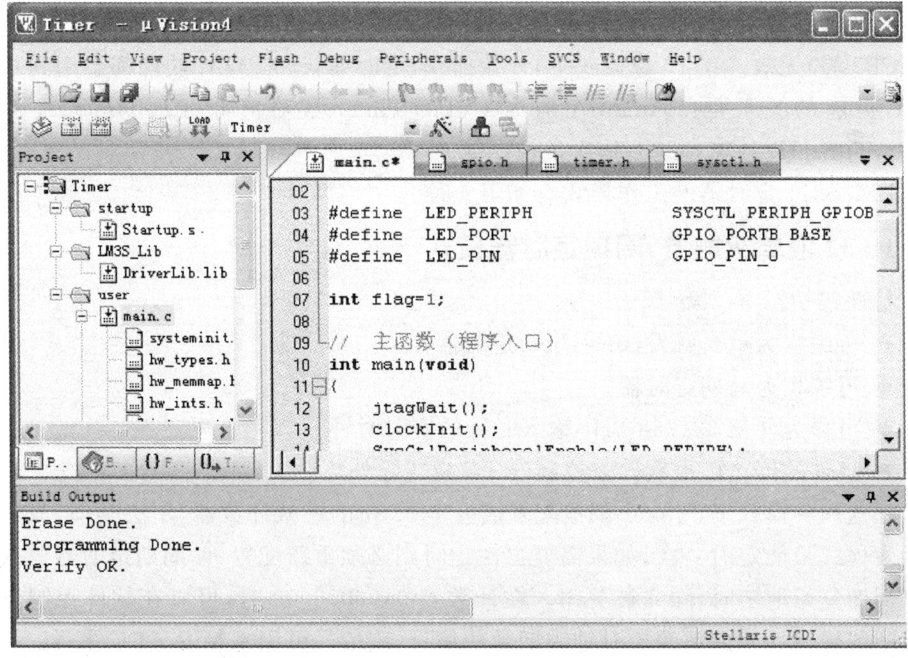


图 6-3　将调试好的 Timer.hex 文件下载到实验板

# 6.2 通用定时器的功能和配置

## 6.2.1 定时器的功能和工作模式

可编程定时器可对驱动定时器输入引脚的外部事件进行计数或定时。Stellaris 系列 ARM 芯片包含 3 个 GPTM(定时器 0、定时器 1 和定时器 2)。每个 GPTM 包含 2 个 16 位的定时器/计数器(称为 TimerA 和 TimerB),用户可将它们配置成独立运行的定时器或事件计数器,或将它们配置成 1 个 32 位的定时器或一个 32 位的实时时钟(RTC)。定时器也可用于触发模/数(ADC)转换。

由于所有通用定时器的触发信号在到达 ADC 模块之前一起进行"或"操作,因而只需使用一个定时器来触发 ADC 事件。

其中,定时器 2 是一个内部定时器,只能用来产生内部中断或触发 ADC 采样时间。通用定时器模块是 Stellaris 微控制器的一个定时资源,其他定时器资源还包括系统定时器(SysTick)。

每一个 Timer 模块对应两个 CCP 引脚。CCP 是"Capture/Compare/PWM"的缩写,意为"捕获/比较/脉宽调制"。在 32 位单次触发/周期定时器模式下,CCP 功能无效(与之复用的 GPIO 引脚功能仍然正常)。在 32 位 RTC 模式下,偶数 CCP 引脚(CCP0,CCP2 和 CCP4 等)作为 RTC 时钟源的输入,奇数 CCP 引脚(CCP1,CCP3 和 CCP5 等)无效。在 16 位模式下,计数捕获、定时捕获和 PWM 功能都会用到 CCP 引脚,对应的关系是:Timer0A 对应 CCP0,Timer0B 对应 CCP1;Timer1A 对应 CCP2,Timer1B 对应 CCP3;依次类推。

LM3S811 定时器的工作模式有如下 4 种。

### 1. 32 位单次触发/周期定时器模式

特性包括:

- 可编程为单次触发(one-shot)定时器;
- 可编程为周期定时器;
- 可作为使用 32.768 kHz 输入时钟的实时时钟;
- 事件的停止可由软件来控制(RTC 模式除外)。

在这两种模式下,Timer 都被配置成一个 32 位的递减计数器,用法类似,只是单次触发模式只能定时一次,如果需要再次定时则必须重新配置;而周期定时器模式则可以周而复始地定时,除非被关闭。在计数到 0x00000000 时,可以在软件控制下触发中断或输出一个内部的单时钟周期脉冲信号,该信号可用来触发 ADC 采样。

在 32 位 RTC 定时器模式下,Timer 被配置成一个 32 位的递增计数器。RTC 功能的时钟源来自偶数 CCP 引脚的输入。在 LM3S101/102 里,RTC 时钟信号从专门的“32 kHz”引脚输入。输入的时钟频率应为精准的 32.768 kHz，在芯片内部有一个 RTC 专用的预分频器，固定为 32 768 分频。因此，最终输入到 RTC 计数器的时钟频率正好是 1 Hz，即每过 1 s，RTC 计数器增 1。

RTC 计数器从 0x00000000 开始计数，到计满时需要 $2^{32}$ s，这是个极长的时间，有 136 年！因此 RTC 真正的用法是：初始化后不需要更改配置（调整时间或日期除外），只需修改匹配寄存器的值，而且要保证匹配值总是超前于当前计数值。每次匹配时可产生中断（如果中断已被使能），据此可以计算出当前的年月日、时分秒及星期。在中断服务函数里应当重新设置匹配值，并且匹配值仍要超前于当前的计数值。

### 2. 16 位定时器模式

性能包括：

- 可作为带 8 位预分频器的通用定时器功能模块（仅单次触发模式和周期定时器模式）；
- 可编程为单次触发（one-shot）定时器；
- 可编程为周期定时器；
- 事件的停止可由软件来控制。

一个 32 位的 Timer 可以拆分为两个单独运行的 16 位定时/计数器，每个定时/计数器都可以配置成带 8 位预分频（可选功能）的 16 位递减计数器。如果使用 8 位预分频功能，则相当于 24 位定时器，其具体用法与 32 位单次触发/周期定时器模式类似，不同的是对 TimerA 和 TimerB 的操作是分别独立进行的。

### 3. 16 位输入捕获模式

性能包括：

- 可进行输入边沿计数捕获；
- 可进行输入边沿定时捕获。

在边沿计数方式下，定时器会对外部事件进行计数，工作过程是：

① 定时器装载；

② 使能定时器；

③ 每输入一个要捕捉的事件，定时器计数值减 1；

④ 若计数值与匹配寄存器的值相等，则停止计数（禁能定时器），并产生中断。

#### (1) 16 位输入边沿计数捕获模式

在 16 位输入边沿计数捕获模式下，TimerA 或 TimerB 被配置为能够捕获外部输入脉冲边沿事件的递减计数器。共有 3 种边沿事件类型：正边沿、负边沿和双边沿。

该模式的工作过程是：设置装载值，并预设一个匹配值（应小于装载值）；计数使能后，在特定的 CCP 引脚上每输入 1 个脉冲（正边沿、负边沿或双边沿有效），计数值就减 1；当计数值与匹配值相等时停止运行并触发中断（如果中断已被使能）。如果需要再次捕获外部脉冲，则要重新进行配置。

**(2) 16 位输入边沿定时捕获模式**

在 16 位输入边沿定时捕获模式下，TimerA 或 TimerB 被配置为自由运行的 16 位递减计数器，允许在输入信号的上升沿或下降沿捕获事件。在边沿定时工作方式下，定时器以系统时钟频率进行减计数，定时器溢出后会重新装载定时器并继续减计数。

当输入一个外部事件后，定时器会将外部事件发生时的定时器的值复制到 GPTMTnR 中并产生中断信号，此时可通过 TimerValueGet()函数读取该值。

该模式的工作过程是：设置装载值(默认为 0xFFFF)和捕获边沿类型；计数器被使能后开始自由运行，从装载值开始递减计数，计数到 0 时重装初值，继续计数；如果从 CCP 引脚上出现有效的输入脉冲边沿事件，则当前计数值被自动复制到一个特定的寄存器里，该值会一直保持不变，直至遇到下一个有效的输入边沿时才被刷新。为了能够及时读取捕获到的计数值，应当使能边沿事件捕获中断，并在中断服务函数里进行读取。

### 4. 16 位 PWM 模式

简单的 PWM 模式可通过软件实现 PWM 信号的输出反相，Timer 模块还可用来产生简单的 PWM 信号。在 Stellaris 系列 ARM 的众多型号中，对于片内未集成专用 PWM 模块的，可利用 Timer 模块的 16 位 PWM 功能来产生 PWM 信号，只是实现的功能较为简单。对于片内已集成专用 PWM 模块但仍然不够用的，则可从 Timer 模块中借用。

在 PWM 模式下，TimerA 或 TimerB 被配置为 16 位的递减计数器，通过设置适当的装载值(决定 PWM 的周期)和匹配值(决定 PWM 的占空比)来自动地产生 PWM 方波信号，并从相应的 CCP 引脚输出。在软件上，还可控制输出反相，参见函数 TimerControlLevel()。简单的 PWM 模式可使用的 CCP 引脚如表 6－1 所列。

**表 6－1　可使用的 CCP 引脚**

| 定时器 | 16 位向上/向下计数器 | 偶数 CCP 引脚 | 奇数 CCP 引脚 |
|---|---|---|---|
| 定时器 0 | TimerA | CCP0 | |
| | TimerB | | CCP1 |
| 定时器 1 | TimerA | CCP2 | |
| | TimerB | | CCP3 |
| 定时器 2 | TimerA | CCP4 | |
| | TimerB | | CCP5 |

## 6.2.2　定时器的设置和使能

内容包括：

① 时钟初始化(设置 LDO 输出电压和系统时钟)；

② 相应外设(GPIO 和 Timer)使能；
③ 设置端口所在的引脚为 CCP 功能；
④ 配置 Timer 模块的工作模式；
⑤ 设置 Timer 在捕获模式下的边沿事件类型；
⑥ 设置 Timer 的装载值及匹配值；
⑦ 使能 Timer 计数；
⑧ 使能捕获模式下的匹配中断；
⑨ Timer 中断使能和总中断使能；
⑩ 编写中断服务子程序并在中断向量表(Startup. s)中注册中断。

## 6.3　通用定时器库函数

在使用某个 Timer 模块之前应首先将其使能，方法为

```
#define SysCtlPeriEnable SysCtlPeripheralEnable
SysCtlPeriEnable(SYSCTL_PERIPH_TIMERn);          //末尾的 n 取 0,1,2 或 3
```

对于 RTC、计数捕获、定时捕获和 PWM 等功能，需要用到相应的 CCP 引脚作为信号的输入或输出。因此还必须对 CCP 所在的 GPIO 端口进行配置。以 CCP2 在 PD5 引脚上为例，则配置方法为

```
#define CCP2_PERIPH SYSCTL_PERIPH_GPIOD
#define CCP2_PORT GPIO_PORTD_BASE
#define CCP2_PIN GPIO_PIN_5
SysCtlPeripheralEnable(CCP2_PERIPH);          //使能 CCP2 引脚所在的 GPIO 端口 D
GPIOPinTypeTimer(CCP2_PORT,CCP2_PIN);         //配置 CCP2 引脚为 Timer 功能
```

### 6.3.1　配置与控制函数

#### 1. 函数 TimerConfigure()

函数 TimerConfigure()用来配置 Timer 的工作模式，这些模式包括：32 位单次触发定时器、32 位周期定时器、32 位 RTC 定时器、16 位输入边沿计数捕获、16 位输入边沿定时捕获和 16 位 PWM。对于 16 位模式，Timer 被拆分为两个独立的定时/计数器 TimerA 和 TimerB，该函数能够分别对它们进行配置。

功能：配置 Timer 模块的工作模式。

原型：void TimerConfigure(unsigned long ulBase,unsigned long ulConfig)

参数：

ulBase，Timer 模块的基址，取值为 TIMER*n*_BASE(*n* 为 0,1,2 或 3)。

ulConfig，Timer 模块的配置，在 32 位模式下应当取下列值之一：

● TIMER_CFG_32_BIT_OS,32 位单次触发定时器；
● TIMER_CFG_32_BIT_PER,32 位周期定时器；
● TIMER_CFG_32_RTC,32 位 RTC 定时器。

在 16 位模式下,一个 32 位的 Timer 被拆分成两个独立运行的子定时器TimerA 和 TimerB。配置 TimerA 的方法是:参数 ulConfig 先取值 TIMER_CFG_16_BIT_PAIR,然后再取该值与下列值之一进行“或”运算后的组合形式：

● TIMER_CFG_A_ONE_SHOT,TimerA 为单次触发定时器；
● TIMER_CFG_A_PERIODIC,TimerA 为周期定时器；
● TIMER_CFG_A_CAP_COUNT,TimerA 为边沿事件计数器；
● TIMER_CFG_A_CAP_TIME,TimerA 为边沿事件定时器；
● TIMER_CFG_A_PWM,TimerA 为 PWM 输出。

配置 TimerB 的方法是：参数 ulConfig 先取值 TIMER_CFG_16_BIT_PAIR,然后再取该值与下列值之一进行“或”运算后的组合形式：

● TIMER_CFG_B_ONE_SHOT,TimerB 为单次触发定时器；
● TIMER_CFG_B_PERIODIC,TimerB 为周期定时器；
● TIMER_CFG_B_CAP_COUNT,TimerB 为边沿事件计数器；
● TIMER_CFG_B_CAP_TIME,TimerB 为边沿事件定时器；
● TIMER_CFG_B_PWM,TimerB 为 PWM 输出。

返回：无。

定时器配置举例如下：

① 配置 Timer0 为 32 位单次触发定时器的语句为

```
TimerConfigure(TIMER0_BASE,TIMER_CFG_32_BIT_OS);
```

② 配置 Timer1 为 32 位周期定时器的语句为

```
TimerConfigure(TIMER1_BASE,TIMER_CFG_32_BIT_PER);
```

③ 配置 Timer2 为 32 位 RTC 定时器的语句为

```
TimerConfigure(TIMER2_BASE,TIMER_CFG_32_RTC);
```

④ 在 Timer0 中,配置 TimerA 为单次触发定时器(不配置 TimerB)的语句为

```
TimerConfigure(TIMER0_BASE,TIMER_CFG_16_BIT_PAIR | TIMER_CFG_A_ONE_SHOT);
```

⑤ 在 Timer0 中,配置 TimerB 为周期定时器(不配置 TimerA)的语句为

```
TimerConfigure(TIMER0_BASE,TIMER_CFG_16_BIT_PAIR | TIMER_CFG_B_PERIODIC);
```

⑥ 在 Timer0 中,配置 TimerA 为单次触发定时器,同时配置 TimerB 为周期定时器的语句为

```
TimerConfigure(TIMER0_BASE,TIMER_CFG_16_BIT_PAIR | TIMER_CFG_A_ONE_SHOT | TIMER_CFG_
```

B_PERIODIC);

⑦ 在 Timer1 中,配置 TimerA 为边沿事件计数器、TimerB 为边沿事件定时器的语句为

```
TimerConfigure(TIMER1_BASE,TIMER_CFG_16_BIT_PAIR | TIMER_CFG_A_CAP_COUNT | TIMER_CFG_B_
CAP_TIME);
```

⑧ 在 Timer2 中,TimerA 和 TimerB 都配置为 PWM 输出的语句为

```
TimerConfigure(TIMER2_BASE,TIMER_CFG_16_BIT_PAIR | TIMER_CFG_A_PWM | TIMER_CFG_B_
PWM);
```

### 2. 函数 TimerControlStall()

函数 TimerControlStall()可以控制 Timer 在程序单步调试时暂停运行,这为用户随时观察相关寄存器的内容提供了方便,否则在单步调试时 Timer 可能还在飞速运行,从而影响互动的调试效果。但是该函数对 32 位 RTC 定时器模式无效,即 RTC 定时器一旦使能就会独立地运行,除非被禁止计数。

功能:控制 Timer 暂停运行(对 32 位 RTC 模式无效)。

原型:void TimerControlStall(unsigned long ulBase,unsigned long ulTimer,tBoolean bStall)

参数:

ulBase,Timer 模块的基址,取值为 TIMER*n*_BASE(*n* 为 0,1,2 或 3)。

ulTimer,指定的 Timer,取值为 TIMER_A,TIMER_B 或 TIMER_BOTH。

在 32 位模式下只能取值 TIMER_A,作为总体上的控制,取值 TIMER_B 或 TIMER_BOTH 都无效。在 16 位模式下取值 TIMER_A 只对 TimerA 有效,取值 TIMER_B 只对 TimerB 有效,取值 TIMER_BOTH 同时对 TimerA 和 TimerB 有效。

bStall,如果取值 true,则在单步调试模式下暂停计数;如果取值 false,则在单步调试模式下继续计数。

返回:无。

### 3. 函数 TimerControlTrigger()

函数 TimerControlTrigger()可以控制 Timer 在单次触发/周期定时器溢出时产生一个内部的单时钟周期脉冲信号,该信号可用来触发 ADC 采样。

功能:控制 Timer 的输出触发功能使能或禁止。

原型: void TimerControlTrigger(unsigned long ulBase, unsigned long ulTimer,tBoolean bEnable)

参数：

ulBase，Timer 模块的基址，取值为 TIMERn_BASE(n 为 0,1,2 或 3)。

ulTimer，指定的 Timer，取值为 TIMER_A，TIMER_B 或 TIMER_BOTH。

bEnable，如果取值 true，则使能输出触发；如果取值 false，则禁止输出触发。

返回：无。

### 4. 函数 TimerControlEvent()

函数 TimerControlEvent()用于两种 16 位输入边沿捕获模式，可以控制有效的输入边沿。输入边沿有 3 种情况：正边沿、负边沿和双边沿。

功能：控制 Timer 在捕获模式中的边沿事件类型。

原型：void TimerControlEvent(unsigned long ulBase，unsigned long ulTimer，unsigned long ulEvent)

参数：

ulBase，Timer 模块的基址，取值为 TIMERn_BASE(n 为 0,1,2 或 3)。

ulTimer，指定的 Timer，取值为 TIMER_A，TIMER_B 或 TIMER_BOTH。

ulEvent，指定的边沿事件类型，应当取下列值之一：

- TIMER_EVENT_POS_EDGE，正边沿事件；
- TIMER_EVENT_NEG_EDGE，负边沿事件；
- TIMER_EVENT_BOTH_EDGES，双边沿事件(正边沿和负边沿都有效)。

**注**：在 16 位输入边沿计数捕获模式下，可以取值 3 种边沿事件的任何一种，但在 16 位输入边沿定时模式下，仅支持正边沿和负边沿，不能支持双边沿。

返回：无。

### 5. 函数 TimerControlLevel()

函数 TimerControlLevel()可以控制 Timer 在 16 位 PWM 模式下的方波有效输出电平是高电平还是低电平，即可以控制 PWM 方波反相输出。

功能：控制 Timer 在 PWM 模式下的有效输出电平。

原型：void TimerControlLevel(unsigned long ulBase，unsigned long ulTimer，tBoolean bInvert)

参数：

ulBase，Timer 模块的基址，取值为 TIMERn_BASE(n 为 0、1、2 或 3)。

ulTimer，指定的 Timer，取值为 TIMER_A，TIMER_B 或 TIMER_BOTH。

bInvert，当取值 false 时，PWM 输出为高电平有效(默认)；当取值 true 时，输出为低电平有效(即输出反相)。

返回：无。

## 6.3.2 计数值的装载与获取函数

### 1. 函数 TimerLoadSet()

函数 TimerLoadSet()用来设置 Timer 的装载值。装载寄存器与计数器不同,它是独立存在的。在调用 TimerEnable()时会自动把装载值加载到计数器里,以后每输入一个脉冲,计数器值就加1或减1(取决于配置的工作模式),而装载寄存器不变。另外,在计数器溢出时也会自动重新加载装载值。

功能:设置 Timer 的装载值。

原型:void TimerLoadSet (unsigned long ulBase, unsigned long ulTimer, unsigned long ulValue)

参数:

ulBase,Timer 模块的基址,取值为 TIMER*n*_BASE(*n* 为 0,1,2 或 3)。

ulTimer,指定的 Timer,取值为 TIMER_A,TIMER_B 或 TIMER_BOTH。

ulValue,32 位装载值(32 位模式)或 16 位装载值(16 位模式)。

返回:无。

### 2. 函数 TimerLoadGet()

函数 TimerLoadGet()用来获取装载寄存器的值。

功能:获取 Timer 的装载值。

原型:unsigned long TimerLoadGet(unsigned long ulBase,unsigned long ulTimer)

参数:

ulBase,Timer 模块的基址,取值为 TIMER*n*_BASE(*n* 为 0,1,2 或 3)。

ulTimer,指定的 Timer,取值为 TIMER_A,TIMER_B 或 TIMER_BOTH。

返回:32 位装载值(32 位模式)或 16 位装载值(16 位模式)。

### 3. 函数 TimerValueGet()

函数 TimerValueGet()用来获取当前 Timer 计数器的值。但在 16 位输入边沿定时捕获模式下,获取的是捕获寄存器的值,而非计数器的值。

功能:获取当前 Timer 的计数值(在 16 位输入边沿定时捕获模式下,获取的是捕获值)。

原型:unsigned long TimerValueGet(unsigned long ulBase,unsigned long ulTimer)

参数:

ulBase,Timer 模块的基址,取值为 TIMER*n*_BASE(*n* 为 0,1,2 或 3)。

ulTimer,指定的 Timer,取值为 TIMER_A,TIMER_B 或 TIMER_BOTH。

返回:当前 Timer 的计数值(在 16 位输入边沿定时捕获模式下,返回的是捕获值)。

## 6.3.3 运行控制函数

### 1. 函数 TimerEnable()

函数 TimerEnable()用来使能 Timer 计数器开始计数。

功能:使能 Timer 计数(即启动 Timer)。

原型:void TimerEnable(unsigned long ulBase,unsigned long ulTimer)

参数:

ulBase,Timer 模块的基址,取值为 TIMER*n*_BASE(*n* 为 0,1,2 或 3)。

ulTimer,指定的 Timer,取值为 TIMER_A,TIMER_B 或 TIMER_BOTH。

返回:无。

### 2. 函数 TimerDisable()

函数 TimerDisable()用来禁止计数。

功能:禁止 Timer 计数(即关闭 Timer)。

原型:void TimerDisable(unsigned long ulBase,unsigned long ulTimer)

参数:

ulBase,Timer 模块的基址,取值为 TIMER*n*_BASE(*n* 为 0,1,2 或 3)。

ulTimer,指定的 Timer,取值为 TIMER_A,TIMER_B 或 TIMER_BOTH。

返回:无。

### 3. 函数 TimerRTCEnable()

在 32 位 RTC 定时器模式下,为了能够使 RTC 开始计数,需要同时调用函数 TimerEnable()和 TimerRTCEnable()。函数 TimerRTCEnable()用于使能 RTC 计数。

功能:使能 RTC 计数。

原型:void TimerRTCEnable(unsigned long ulBase)

参数:

ulBase,Timer 模块的基址,取值为 TIMER*n*_BASE(*n* 为 0,1,2 或 3)。

返回:无。

**说明:** *启动 RTC 时,除了要调用本函数外,还必须调用函数 TimerEnable()。*

### 4. 函数 TimerRTCDisable()

功能:禁止 RTC 计数。

原型:void TimerRTCDisable(unsigned long ulBase)

参数:

ulBase，Timer 模块的基址，取值为 TIMER*n*_BASE(*n* 为 0，1，2 或 3)。

返回：无。

### 5. 函数 TimerQuiesce()

调用函数 TimerQuiesce()可以复位 Timer 模块的所有配置，这为快速停止 Timer 工作或重新配置 Timer 为其他的工作模式提供了一种简便的手段。

功能：使 Timer 进入其复位状态。

原型：void TimerQuiesce(unsigned long ulBase)

参数：

ulBase，Timer 模块的基址，取值为 TIMER*n*_BASE(*n* 为 0，1，2 或 3)。

返回：无。

## 6.3.4 匹配与预分频函数

函数 TimerMatchSet()和 TimerMatchGet()用来设置和获取 Timer 匹配寄存器的值。Timer 开始运行后，当计数器的值与预设的匹配值相等时可以触发某种动作，如中断、捕获、PWM 等。

在 Timer 的 16 位单次触发/周期定时器模式下，输入到计数器的脉冲可以先经 8 位预分频器进行 1～256 分频，这样，16 位的定时器就被扩展为 24 位。该功能是可选的，预分频器的默认值是 0，即不分频。函数 TimerPrescaleSet()和 TimerPrescaleGet()用来设置和获取 8 位预分频器的值。

### 1. 函数 TimerMatchSet()

功能：设置 Timer 的匹配值。

原型：void TimerMatchSet(unsigned long ulBase，unsigned long ulTimer，unsigned long ulValue)

参数：

ulBase，Timer 模块的基址，取值为 TIMER*n*_BASE(*n* 为 0，1，2 或 3)。

ulTimer，指定的 Timer，取值为 TIMER_A，TIMER_B 或 TIMER_BOTH。

ulValue，32 位匹配值(32 位 RTC 模式)或 16 位匹配值(16 位模式)。

返回：无。

### 2. 函数 TimerMatchGet()

功能：获取 Timer 的匹配值。

原型：unsigned long TimerMatchGet(unsigned long ulBase，unsigned long ulTimer)

参数：

ulBase，Timer 模块的基址，取值为 TIMER*n*_BASE(*n* 为 0，1，2 或 3)。

ulTimer,指定的 Timer,取值为 TIMER_A,TIMER_B 或 TIMER_BOTH。

返回：32 位匹配值(32 位 RTC 模式)或 16 位匹配值(16 位模式)。

**3. 函数 TimerPrescaleSet()**

功能：设置 Timer 预分频值(仅对 16 位单次触发/周期定时器模式有效)。

原型：void TimerPrescaleSet(unsigned long ulBase, unsigned long ulTimer, unsigned long ulValue)

参数：

ulBase,Timer 模块的基址,取值为 TIMER*n*_BASE(*n* 为 0,1,2 或 3)。

ulTimer,指定的 Timer,取值为 TIMER_A,TIMER_B 或 TIMER_BOTH。

ulValue,8 位预分频值(高 24 位无效),取值为 0～255,对应的分频数是 1～256。

返回：无。

**4. 函数 TimerPrescaleGet()**

功能：获取 Timer 预分频值(仅对 16 位单次触发/周期定时器模式有效)。

原型：unsigned long TimerPrescaleGet(unsigned long ulBase, unsigned long ulTimer)

参数：

ulBase,Timer 模块的基址,取值为 TIMER*n*_BASE(*n* 为 0,1,2 或 3)。

ulTimer,指定的 Timer,取值为 TIMER_A,TIMER_B 或 TIMER_BOTH。

返回：8 位预分频值(高 24 位总为 0)。

## 6.3.5 中断控制函数

Timer 模块有多个中断源,分为超时中断、匹配中断和捕获中断 3 大类,又细分为 7 种。函数 TimerIntEnable()和 TimerIntDisable()用来使能或禁止一个或多个 Timer 中断源。

函数 TimerIntClear()用来清除一个或多个 Timer 中断状态,函数 TimerIntStatus()用来获取 Timer 的全部中断状态。在 Timer 中断服务函数里,这两个函数通常要配合使用。

函数 TimerIntRegister()和 TimerIntUnregister()用来注册和注销 Timer 的中断服务函数。

**1. 函数 TimerIntEnable()**

功能：使能 Timer 的中断。

原型：void TimerIntEnable(unsigned long ulBase, unsigned long ulIntFlags)

参数：

ulBase，Timer 模块的基址，取值为 TIMER*n*_BASE（*n* 为 0，1，2 或 3）。

ulIntFlags，被使能的中断源，应当取下列值之一或它们之间任意“或”运算的组合形式：

- TIMER_TIMA_TIMEOUT，TimerA 超时中断；
- TIMER_CAPA_MATCH，TimerA 捕获模式匹配中断；
- TIMER_CAPA_EVENT，TimerA 捕获模式边沿事件中断；
- TIMER_TIMB_TIMEOUT，TimerB 超时中断；
- TIMER_CAPB_MATCH，TimerB 捕获模式匹配中断；
- TIMER_CAPB_EVENT，TimerB 捕获模式边沿事件中断；
- TIMER_RTC_MATCH，RTC 匹配中断。

返回：无。

### 2. 函数 TimerIntDisable()

功能：禁止 Timer 的中断。

原型：void TimerIntDisable(unsigned long ulBase，unsigned long ulIntFlags)

参数：

ulBase，Timer 模块的基址，取值为 TIMER*n*_BASE（*n* 为 0，1，2 或 3）。

ulIntFlags，被禁止的中断源，取值与函数 TimerIntEnable() 中的参数 ulIntFlags 相同。

返回：无。

### 3. 函数 TimerIntClear()

功能：清除 Timer 的中断。

原型：void TimerIntClear(unsigned long ulBase，unsigned long ulIntFlags)

参数：

ulBase，Timer 模块的基址，取值为 TIMER*n*_BASE（*n* 为 0，1，2 或 3）。

ulIntFlags，被清除的中断源，取值与函数 TimerIntEnable() 中的参数 ulIntFlags 相同。

返回：无。

### 4. 函数 TimerIntStatus()

功能：获取当前 Timer 的中断状态。

原型：unsigned long TimerIntStatus(unsigned long ulBase，tBoolean bMasked)

参数：

ulBase，Timer 模块的基址，取值为 TIMER*n*_BASE（*n* 为 0，1，2 或 3）。

bMasked，如果需要获取的是原始的中断状态，则取值 false；如果需要获取的是屏蔽的中断状态,则取值 true。

返回:中断状态,数值与函数 TimerIntEnable()中的参数 ulIntFlags 相同。

**5. 函数 TimerIntRegister()**

功能:注册一个 Timer 的中断服务函数。

原型:void TimerIntRegister(unsigned long ulBase, unsigned long ulTimer, void (*pfnHandler)(void))

参数:

ulBase,Timer 模块的基址,取值为 TIMER*n*_BASE(*n* 为 0,1,2 或 3)。

ulTimer,指定的 Timer,取值为 TIMER_A,TIMER_B 或 TIMER_BOTH。

*pfnHandler,函数指针,指向 Timer 中断出现时调用的函数。

返回:无。

**6. 函数 TimerIntUnregister()**

功能:注销 Timer 的中断服务函数。

原型:void TimerIntUnregister(unsigned long ulBase, unsigned long ulTimer)

参数:

ulBase,Timer 模块的基址,取值为 TIMER*n*_BASE(*n* 为 0,1,2 或 3)。

ulTimer,指定的 Timer,取值为 TIMER_A,TIMER_B 或 TIMER_BOTH。

返回:无。

## 6.4 项目 10:按键控制的 16 位计数器

### 6.4.1 任务要求和分析

设计程序,使用 LM3S811 定时器 0 的库函数的操作实现键盘输入计数,每按 5 次键盘,指示灯亮灭翻转 1 次。

采用定时器 0 实现输入边沿计数并产生中断,由按键 KEY1 输入边沿,定时器 0 采用递减计数,当计数值与匹配值相等时进入中断,在定时器 0 中断处理程序中,使 LED1 的状态翻转。

### 6.4.2 硬件电路设计

电路图如图 6-4 所示,按键 KEY1 接 PD4,LED1 接 PB6。

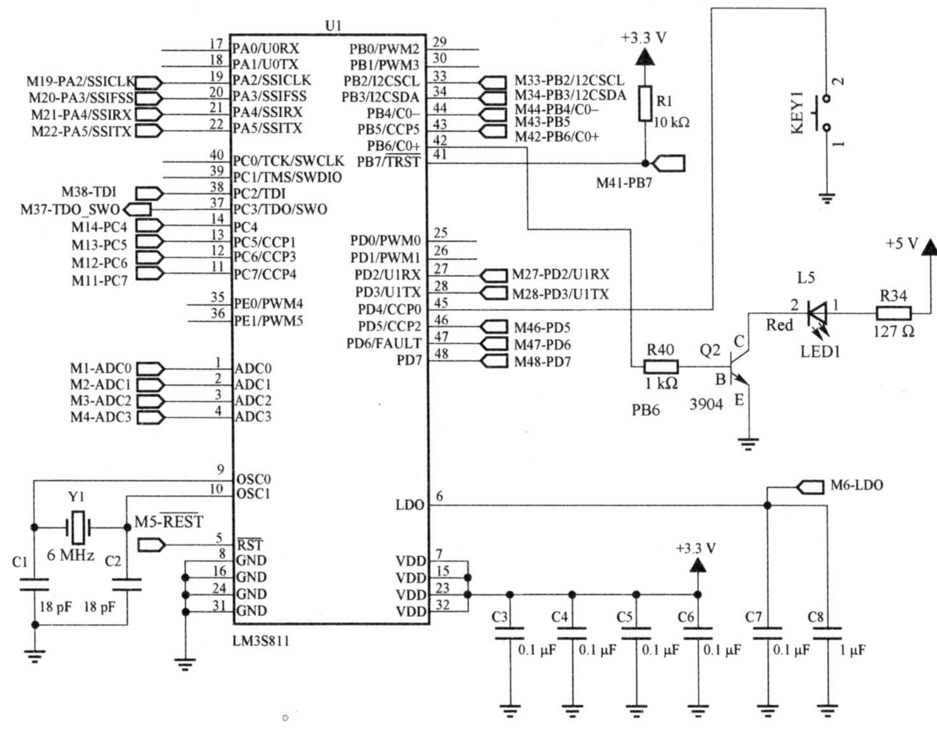


图 6-4　"按键控制的 16 位计数器"项目电路图

## 6.4.3　程序设计

软件设计时，将定时器装载值设为 10，匹配值设为 5，采用按键对定时器计数，当计数值达到匹配值时产生一次中断，并翻转 1 次相应的 GPIO（PB6 端口）。

程序清单如下：

```
#include "hw_memmap.h"
#include "hw_types.h"
#include "hw_ints.h"
#include "gpio.h"
#include "sysctl.h"
#include "systick.h"
#include "timer.h"
#include "interrupt.h"
#define KEY1 GPIO_PIN_4                                    //定义 KEY1:PD4
#define LED1 GPIO_PIN_6                                    //定义 LED1:PB6
void Timer0A_ISR(void)
{
```

```
    TimerIntClear(TIMER0_BASE, TIMER_CAPA_MATCH);          //清除定时器 0 中断
    TimerLoadSet(TIMER0_BASE, TIMER_A, 10);                //重装定时器装载值为 10
    GPIOPinWrite(GPIO_PORTB_BASE,LED1,GPIOPinRead(GPIO_PORTB_BASE,LED1)^ LED1);
    //翻转 GPIO (PB6 端口)
    TimerEnable(TIMER0_BASE, TIMER_A);                     //使能定时器 0
}
int main(void)
{
    SysCtlClockSet(SYSCTL_SYSDIV_1 | SYSCTL_USE_OSC | SYSCTL_OSC_MAIN |
                   SYSCTL_XTAL_6MHZ);                      //设定晶振为时钟源
    SysCtlPeripheralEnable(SYSCTL_PERIPH_TIMER0);          //使能定时器 0 外设
    SysCtlPeripheralEnable(SYSCTL_PERIPH_GPIOB);           //使能 GPIO 端口 B 外设
    SysCtlPeripheralEnable(SYSCTL_PERIPH_GPIOD);           //使能 GPIO 端口 D 外设
    IntMasterEnable();                                     //使能全局中断
    GPIOPinTypeTimer(GPIO_PORTD_BASE,KEY1);                //设置 PD4 为 CCP0 功能输入口
    GPIODirModeSet(GPIO_PORTB_BASE,LED1,GPIO_DIR_MODE_OUT);
    //设置 GPIO 的 PB6 为输出口
    GPIOPadConfigSet(GPIO_PORTB_BASE,LED1,GPIO_STRENGTH_2MA,GPIO_PIN_TYPE_STD);
    //配置端口类型
    GPIOPinWrite(GPIO_PORTB_BASE,LED1,0);                  //点亮 LED1
    TimerConfigure(TIMER0_BASE,TIMER_CFG_16_BIT_PAIR | TIMER_CFG_A_CAP_COUNT);
    //设置定时器 0 为 16 位定时器配置、边沿计数捕获模式
    TimerControlEvent(TIMER0_BASE,TIMER_A,TIMER_EVENT_NEG_EDGE);//设置为下降沿捕获
    TimerLoadSet(TIMER0_BASE,TIMER_A,10);                  //设置定时器装载值为 10
    TimerMatchSet(TIMER0_BASE,TIMER_A,6);                  //设置定时器匹配值为 6
    TimerIntEnable(TIMER0_BASE,TIMER_CAPA_MATCH);          //GPTM 捕获 B 的匹配中断使能
    TimerEnable(TIMER0_BASE,TIMER_A);                  //使能定时器并开始等待边沿事件
    IntEnable(INT_TIMER0A);                                //使能定时器 0
    while (1)
    {
    }
}
```

### 6.4.4 程序调试和运行

调试和运行的步骤是：

① 建立 Keil 工程文件，假设工程文件名为 time_16_count。

② 设置 Keil 软件，并加入 driverlib. lib 文件。

③ 单击 Rebuild 工具按钮对程序进行编译，如图 6 - 5 所示。

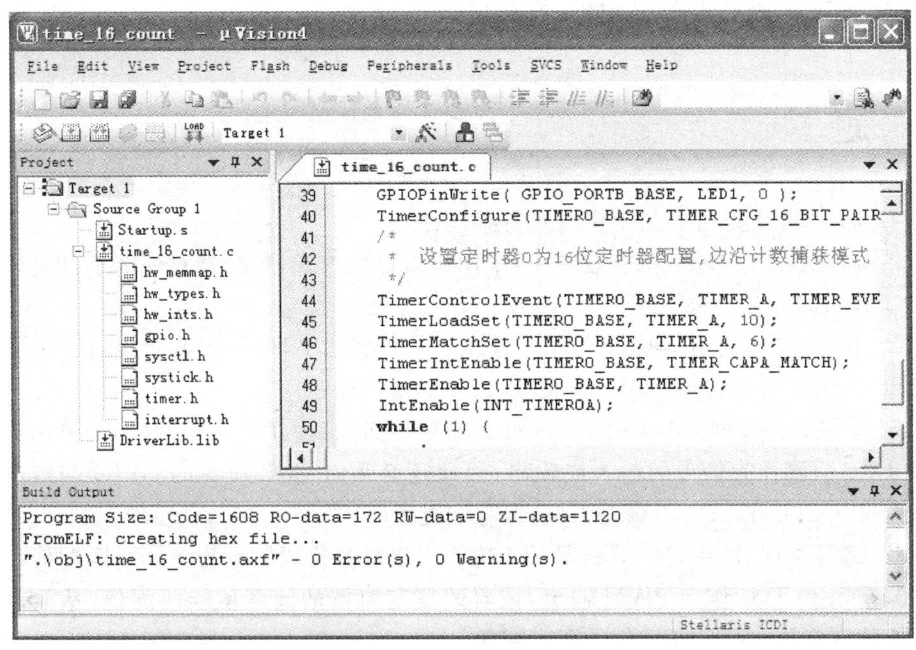


**图 6-5　“按键控制的 16 位计数器”项目文件的编译和调试**

④ 连接实验板到计算机的 USB 口,单击 LOAD 下载工具按钮,计算机则将编译成功的 HEX 文件下载到实验板上的 CPU 里,下载成功的画面如图 6-6 所示。

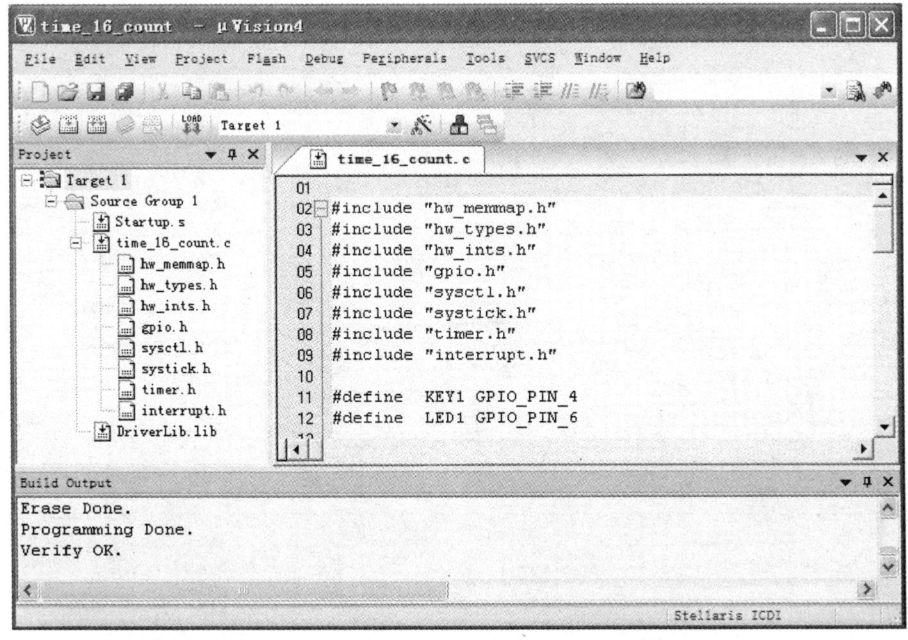


**图 6-6　将调试好的 time_16_count.hex 文件下载到实验板**

⑤ 按下实验板上的复位键，在程序运行后，按下 KEY1 键 5 次，LED1 状态翻转。

## 习 题

1. LM3S811 定时器的工作模式有哪几种？

2. 简述在 16 位输入捕获模式下，采用边沿计数方式，定时器对外部事件进行计数的工作过程。

3. 设计程序，利用定时器 Time0 通过 PB0 口输出 2 Hz 的方波周期信号。

4. 定时器的设置和使能过程及方法、步骤是什么？

5. 若要使用 LM3S811 的 RTC、计数捕获、定时捕获、PWM 等功能，需要用到相应的 CCP 引脚作为信号的输入或输出，因此还必须对 CCP 所在的 GPIO 端口进行配置。以 CCP0 在 PD4 引脚上为例，编写配置程序。

6. 编写程序，使用定时器的 PWM 功能。定时器装载值设为 3 000，匹配值设为 2 000，采用 LED 灯作为 PWM 输出，试着改变定时器的装载值或匹配值，从而改变 PWM 的占空比，观察 LED 灯的亮度变化。

# 第7章 通用异步串行通信(UART)的结构和功能

通信是微机控制领域中一个重要的信息交换手段，工作现场的下位机可以采集一些模拟量（温度、湿度和气体浓度等），然后将这些模拟量转换成数字量后通过串行通信接口传输给上位 PC 机，在 PC 机上通过应用软件可以显示这些模拟量的值，还可以通过 PC 机串口发送控制数据给下位机，用来控制下位机的工作状态，等等。因此，掌握微机的通信技术是非常重要的。

## 7.1 通用异步串行通信概述

在工业控制中，单片机一般充当控制器的角色，通过从串口发送一定格式的数据来控制与之相连的设备的动作，同时设备也会反馈回来一些自己的状态信息给单片机，供单片机进行判断，做出相应的控制。

### 7.1.1 通信与串口的概念

#### 1. 通 信

微处理器与外界进行信息交换统称为通信。微处理器的通信方式有两种：并行通信和串行通信。并行通信是数据的各位同时发送或接收，其特点是传送速度快、效率高，但是成本也高，适用于短距离传送数据。计算机内部的数据传送一般均采用并行方式。串行通信是数据一位一位顺序地发送或接收，其特点是传送速度慢，但是成本低，适用于较长距离传送数据。计算机与外界的数据传送一般均采用串行方式。

#### 2. 串 口

串即串行的意思，指数据在一根数据线上按照二进制数的数位一位接一位地传输，例如要传输一字节的数据 10110010，那么先将最低位的 0 通过数据线传送出去，然后是下一位的 1（两次传送时间间隔很小），依次将 8 位数据（1 B）传送出去。在此对比一下并口的传输方式。“并”就是并行的意思，指数据是并行传输的，假如一个并口有 8 根数据线，那么它一次可以传送 8 位即 1 B，仍以刚才的数据为例，在某一时刻，通过并口传送此数据，那么此并口的一根线上传的是 0 信号，另一根是 1 信号，以此类推，每根线上在同一时刻传的数据都不一样，这样就达到了一次传送多位的目的。

初次接触单片机通信的读者可能会很自然地认为并口比串口速度快，但其实不然，首先，并口需要不只一根线，成本相对较高，多根线也使得线路阻抗和噪声等问题更加突出，从而不适合长距离传输。而串口只需两根线（一根发送，一根接收）即可完成通信的功能，目前串口也比并口的传输速率快，RS－232（即通常所说的串口）、USB 和 1394 等都属于串口。

### 7.1.2 异步通信

串行数据通信按数据的传送方式可分为异步通信和同步通信两种形式。异步通信方式是以字符为单位进行数据传送，每一个字符均按固定的字符格式传送，又被称为帧。该方式的优点是不需要传送同步脉冲，可靠性高，所需设备简单；缺点是字符帧中因包含起始位和停止位而降低了有效数据的传输速率。异步通信数据格式如图 7－1 所示。

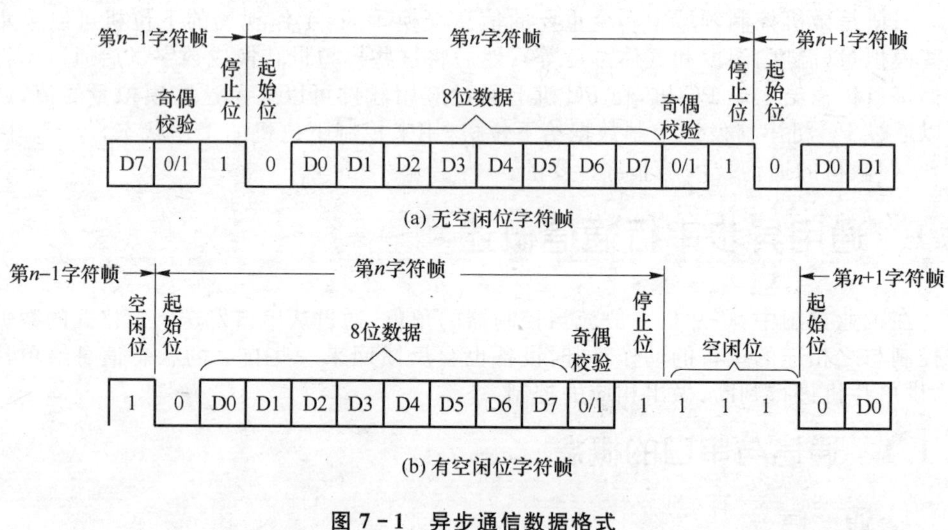


**图 7－1　异步通信数据格式**

### 7.1.3 串行数据通信的波特率

波特率指每秒传送信号的数量，单位为波特（Baud）。而每秒传送二进制数的信号数（即二进制数的位数）定义为比特率，单位是 bps（bit per second）或写成 b/s（位/秒）。

在单片机串行通信中，传送的信号是二进制信号，波特率与比特率在数值上相等，单位采用 bps。例如，异步串行通信的数据传送速率是 120 字符/秒，而每个字符规定包含 10 位数字，则传输波特率为

120 字符/秒× 10 位/字符＝1 200 位/秒＝1 200 bps

RS－232 常用的波特率有 19 200 bps，9 600 bps 和 4 800 bps，其中 9 600 bps 最常用。

## 7.2 LM3S811 UART 的特性和内部结构原理

### 7.2.1 LM3S811 UART 的特性

Stellaris 通用异步收发器（UART）具有完全可编程、16C550 型串行接口的特

性。LM3S811 的 UART 带有 2 个 UART 模块。每个 UART 具有以下特性：

- 独立的发送 FIFO 和接收 FIFO。
- FIFO 长度可编程,包括提供传统双缓冲接口的 1 B 深的操作。
- FIFO 触发深度可为 1/8,1/4,1/2,3/4 或 7/8。
- 可编程的波特率发生器允许速率高达 3.125 Mbps。
- 标准的异步通信位,包括起始位、停止位和奇偶校验位(parity)。
- 检测错误的起始位。
- 线中止(line-break)的产生和检测。
- 完全可编程的串行接口特性,包括可有 5,6,7 或 8 个数据位;可以采用偶校验、奇校验、粘着或无奇偶校验位;可以产生 1 或 2 个停止位。

## 7.2.2　LM3S811 UART 的内部结构原理和功能

LM3S811 UART 的内部结构如图 7-2 所示。每个 Stellaris UART 都可执行"并→串"和"串→并"转换功能,其功能与 16C550 UART 类似,但两者的寄存器不兼容。

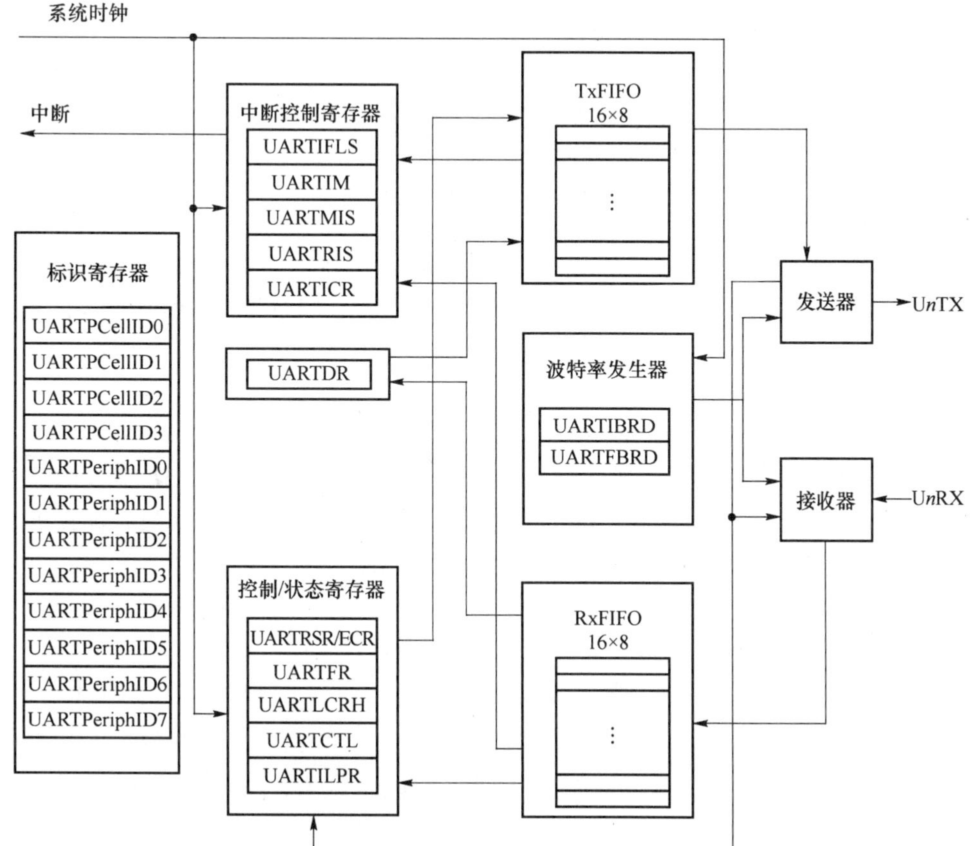


图 7-2　LM3S811 内部 UART 结构图

用户可通过 UART 控制寄存器(UARTCTL)的 TXE 位和 RXE 位将 UART 配置成发送和(/或)接收。复位完成后,发送和接收都是使能的。在对任一控制寄存器编程之前,必须将 UART 禁能,这可通过将 UARTCTL 寄存器的 UARTEN 位清零来实现。如果 UART 在 Tx 或 Rx 操作过程中被禁能,则当前的处理会在 UART 停止前完成。

### 1. 发送/接收逻辑

发送逻辑对从发送 FIFO 读取的数据执行"并→串"转换。控制逻辑输出起始位在先的串行位流,并根据控制寄存器中已编程的配置,后面紧跟着数据位(注意:最低位 LSB 先输出)、奇偶校验位和停止位,如图 7－3 所示。

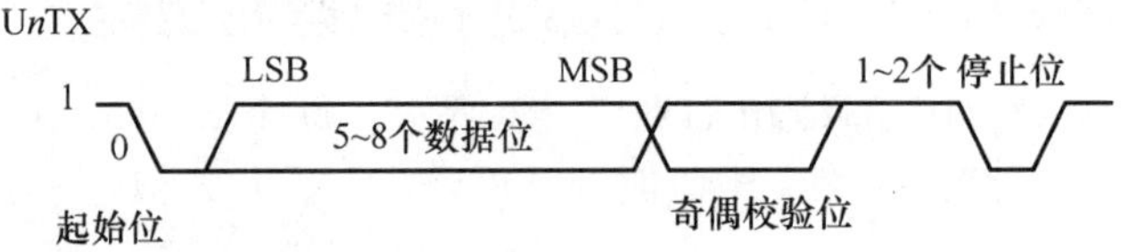


**图 7－3　UART 字符帧(LSB 在前)**

在检测到一个有效的起始脉冲后,接收逻辑对接收到的位流执行"串→并"转换。此外还会对溢出错误、奇偶校验错误、帧错误和线中止错误进行检测,并将检测到的状态附加到被写入接收 FIFO 的数据中。

### 2. 波特率的产生

波特率除数(baud-rate divisor)是一个 22 位的数,它由 16 位整数和 6 位小数组成。波特率发生器使用由这两个值组成的数字来决定位周期。通过带有小数波特率的除法器,在足够高的系统时钟速率下,UART 可以产生所有标准的波特率,而且误差很小。

波特率除数的计算公式是

$$BRD = BRDI.BRDF = SystemClock/(16 \times BaudRate)$$

式中,BRD 是 22 位的波特率除数,由 16 位整数和 6 位小数组成;BRDI 是 BRD 的整数部分;BRDF 是 BRD 的小数部分;SystemClock 是系统时钟(UART 模块的时钟直接来自 SystemClock);BaudRate 是波特率(取值 9 600,38 400 和 115 200 等,单位 bps)。

以 6 MHz 晶振作为系统时钟、波特率取 115 200 bps 为例,误差仅 0.16%,完全符合要求。利用 Stellaris 外设驱动库配置 UART 的方法是采用函数 UARTConfigSet(),以 UART0 为例,将其配置为波特率为 9 600 bps、数据位为 8、停止位为 1、无校验的方法如下:

```
UARTConfigSet(UART0_BASE,                    //配置 UART0,波特率:9 600 bps
              UART_CONFIG_WLEN_8 |           //数据位:8 位
              UART_CONFIG_STOP_ONE |         //停止位:1 位
              UART_CONFIG_PAR_NONE);         //校验位:无
```

### 3. 数据收/发

发送时，数据被写入发送 FIFO。如果 UART 被使能，则会按照预先设置好的参数(波特率、数据位、停止位、校验位等)开始发送数据，一直发送到 FIFO 中没有数据为止。一旦向发送 FIFO 写数据(如果 FIFO 不空)，那么 UART 的忙标志位 BUSY 就有效，并且在发送数据期间一直保持有效。BUSY 位仅在发送 FIFO 为空，且已从移位寄存器发送了最后一个字符，包括停止位时才变为无效，即 FIFO 不空时 UART 不再使能，从而也可以指示忙状态。BUSY 位的相关库函数是 UARTBusy()，其用法参见下面的描述。

在 UART 接收器空闲时，如果数据输入变成低电平，即接收到了起始位，则接收计数器开始运行，并且数据在 Baud16 的第 8 个周期被采样。如果 Rx 在 Baud16 的第 8 个周期仍为低电平，则起始位有效，否则会被认为是错误的起始位而将其忽略。

如果起始位有效，则根据数据字符被编程的长度，在 Baud16 的每个第 16 个周期对连续的数据位(即 1 个位周期之后)进行采样。如果奇偶校验模式使能，则还会检测奇偶校验位。

最后，如果 Rx 为高电平，则有效的停止位被确认，否则发生帧错误。当接收到一个完整的字符后，将数据存放在接收 FIFO 中。

### 4. 中断控制

出现以下情况时，可使 UART 产生中断：

- FIFO 溢出错误；
- 线中止错误(即 Rx 信号一直为 0 的状态，包括校验位和停止位在内)；
- 奇偶校验错误；
- 帧错误(停止位不为 1)；
- 接收超时(接收 FIFO 已有数据但未满，而后续数据长时间不来)；
- 发送；
- 接收。

由于所有中断事件在发送到中断控制器之前都会一起进行“或”运算操作，所以，任意时刻 UART 只能产生一个中断请求。

通过查询中断状态函数 UARTIntStatus()，软件可在同一个中断服务函数里处理多个中断事件(多个并列的 if 语句)。

### 5. FIFO 操作

FIFO 是 First-In-First-Out 的缩写，意为“先进先出”，这是一种常见的队列操作。Stellaris 系列 ARM 芯片的 UART 模块包含 2 个 16 B 的 FIFO：一个用于发送，另一个用于接收。可以将这两个 FIFO 分别配置为以不同深度触发中断。可供选择的配置包括 1/8，1/4，1/2，3/4 和 7/8 深度。例如，如果接收 FIFO 选择 1/4，则在 UART 接收到 4 个数据时产生接收中断。

收/发 FIFO 主要是为了解决 UART 收/发中断过于频繁而导致 CPU 效率不高的问题而引入的。在进行 UART 通信时，中断方式比轮询方式简便且效率高。但是，如果没有收/发 FIFO，则每收/发一个数据都要中断处理一次，使得效率仍然不够高。如果有了收/发 FIFO，则可以在连续收/发若干数据（可多至 14 个）后才产生一次中断，然后一并处理，这样就大大提高了收/发效率。

完全不必担心 FIFO 机制可能带来的数据丢失或得不到及时处理的问题，因为它已经事先想到了收/发过程中存在的任何问题，只要初始化配置好 UART 后就可以放心收/发了，FIFO 和中断例程会自动搞定一切。

**(1) 发送 FIFO 的基本工作过程**

只要有数据填充到发送 FIFO 里，就会立即启动发送过程。由于发送本身是一个相对缓慢的过程，因此在发送的同时，其他需要发送的数据还可以继续填充到发送 FIFO 里。当发送 FIFO 被填满时就不能再继续填充了，否则会造成数据丢失，此时只能等待。这个等待并不会很久，以 9 600 bps 的波特率为例，等待出现一个空位的时间在 1 ms 上下。发送 FIFO 会按照填入数据的先后顺序把数据一个个发送出去，直到发送 FIFO 全空时为止。已发送完毕的数据会被自动清除，这时在发送 FIFO 里同时会多出一个空位。

**(2) 接收 FIFO 的基本工作过程**

当硬件逻辑接收到数据时，就会往接收 FIFO 里填充接收到的数据。程序应当及时取走这些数据。数据被取走也是接收 FIFO 被自动删除的过程，因此，在接收 FIFO 里同时也会多出一个空位。如果接收 FIFO 里的数据未被及时取走而造成接收 FIFO 被填满，则以后再接收到数据时会因无空位可以填充而造成数据丢失。

**(3) 发送 FIFO 中断处理过程**

发送数据时，触发 FIFO 中断的条件是当发送 FIFO 里剩余的数据减少到预设的深度时触发中断（发送 FIFO 快空了，请赶紧填充），而不是填充到预设的深度时触发中断。为了减少中断次数以提高发送效率，发送 FIFO 中断触发深度级别越浅越好，如 1/8 深度。在需要发送大量数据时，首先要填充 FIFO 以启动发送过程，开始一定要填充到超过预设的触发深度（最好填满），然后就可以做其他事情了，剩余数据的发送工作会在中断里自动完成。当 FIFO 里剩余的数据减少到预设的触发深度时会自动触发中断。在中断服务函数里继续填充发送数据，填满时退出。下次中断时继续填充，直到所有待发送数据都填充完毕为止（可以设置一个软标志来通知主程序）。

**(4) 接收 FIFO 中断处理过程**

接收数据时，触发 FIFO 中断的条件是当接收 FIFO 里累积的数据增加到预设的深度时触发中断（接收 FIFO 快满了，请赶紧取走）。为了减少中断次数以提高接收效率，接收 FIFO 中断触发深度级别越深越好，如 7/8 深度。在需要接收大量数据时，接收过程可以完全自动地完成，每次中断产生时都要及时从接收 FIFO 里取走已接收到的数据(最好全部取走),以免接收 FIFO 溢出。

需要注意的是,在使能接收中断的同时,一般还要使能接收超时中断。如果没有使能接收超时中断,一种情况是在接收 FIFO 未填充到预设深度而对方已经发送完毕时并不会触发中断,结果造成最后接收的有效数据得不到处理。另一种情况是在对方发送过程中出现间隔时也不会触发中断,结果造成已在接收 FIFO 里的数据同样得不到及时处理。如果使能了接收超时中断,则在对方发送过程中出现 3 个数据的传输时间间隔时就会触发超时中断,从而确保数据能够得到及时的处理。

### 6. 回环操作

UART 可以进入一个内部回环(loopback)模式,用于诊断或调试。在回环模式下,从 Tx 上发送的数据将被 Rx 输入端接收。

## 7.3 LM3S811 的 UART 与电脑 COM 端口连接

图 7-4 是 LM3S811 的 UART 与电脑 COM 端口连接的典型应用电路。CZ1 和 CZ2 是电脑 DB9 形式的 COM 接口,U1 是 Exar 公司的 UART 转 RS-232 的接口芯片 SP3232E,它可在 3.3 V 下工作。接在 UART 端口的上拉电阻起保证通信可靠性的作用。

LM3S811 的 UART 的 Tx 和 Rx 分别与 U0RX 和 U0TX 相连,也可以与 U1RX 和 U1TX 相连,效果一样,图中未画出 LM3S811。

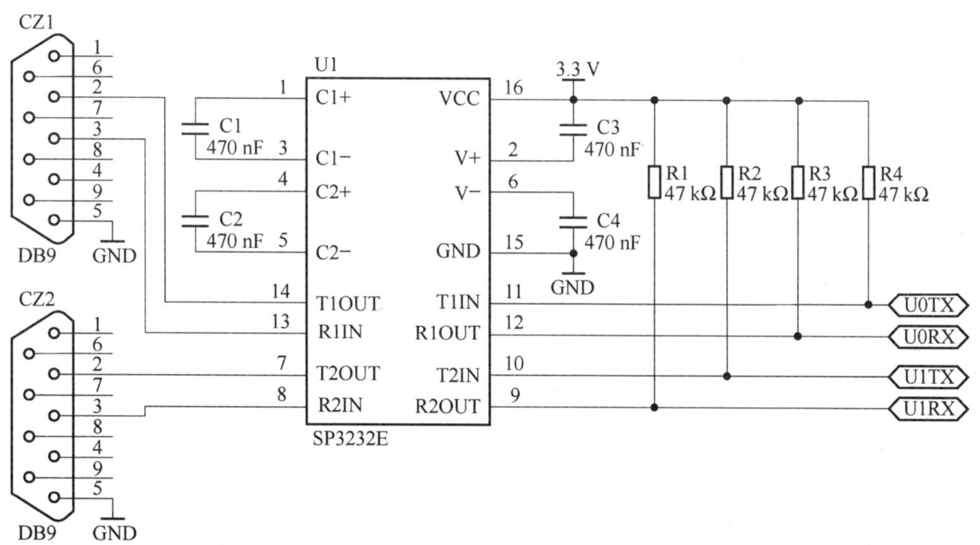


**图 7-4 UART 与电脑 COM 端口连接的典型应用电路**

# 7.4 UART 模块常用库函数

## 7.4.1 配置与控制函数

### 1. 函数 UARTConfigSetExpClk()

本函数用来对 UART 端口的波特率和数据格式进行配置。

功能：配置 UART(要求提供明确的时钟速率)。

原型：void UARTConfigSetExpClk(unsigned long ulBase, unsigned long ulUARTClk, unsigned long ulBaud, unsigned long ulConfig)

参数：

ulBase，UART 端口的基址，取值为 UART0_BASE，UART1_BASE 或 UART2_BASE。

ulUARTClk，提供给 UART 模块的时钟速率，即系统时钟频率。

ulBaud，期望设定的波特率。

ulConfig，UART 端口的数据格式，取下列各组数值之间“或”运算的组合形式：

① 数据字长度的取值为：

- UART_CONFIG_WLEN_8，8 位数据；
- UART_CONFIG_WLEN_7，7 位数据；
- UART_CONFIG_WLEN_6，6 位数据；
- UART_CONFIG_WLEN_5，5 位数据。

② 停止位的取值为：

- UART_CONFIG_STOP_ONE，1 个停止位；
- UART_CONFIG_STOP_TWO，2 个停止位(可降低误码率)。

③ 校验位的取值为：

- UART_CONFIG_PAR_NONE，无校验；
- UART_CONFIG_PAR_EVEN，偶校验；
- UART_CONFIG_PAR_ODD，奇校验；
- UART_CONFIG_PAR_ONE，校验位恒为 1；
- UART_CONFIG_PAR_ZERO，校验位恒为 0。

返回：无。

### 2. 函数 UARTConfigGetExpClk()

本函数用来获取当前的配置情况。

功能：获取 UART 的配置(要求提供明确的时钟速率)。

原型：void UARTConfigGetExpClk(unsigned long ulBase, unsigned long ulUARTClk, unsigned long ＊pulBaud, unsigned long ＊pulConfig)

参数：

ulBase，UART 端口的基址，取值为 UART0_BASE，UART1_BASE 或 UART2_BASE。

ulUARTClk，提供给 UART 模块的时钟速率，即系统时钟频率。

＊pulBaud，指针，指向保存获取的波特率的缓冲区。

＊pulConfig，指针，指向保存 UART 端口的数据格式的缓冲区。

返回：无。

### 3. 宏函数 UARTConfigSet()

本宏函数常常用来代替函数 UARTConfigSetExpClk()。在调用之前应先调用 SysCtlClockSet()函数设置系统时钟（不要使用误差很大的内部振荡器 IOSC，IOSC/4 和 INT30 等）。

功能：配置 UART（自动获取时钟速率）。

原型：

#define UARTConfigSet(a,b,c) UARTConfigSetExpClk(a,SysCtlClockGet(),b,c)

参数：详见函数 UARTConfigSetExpClk()的描述。

返回：无。

**例 1：**配置 UART0，要求波特率 9 600 bps，8 个数据位，1 个停止位，无校验。

```
UARTConfigSet(UART0_BASE,9600,UART_CONFIG_WLEN_8 | UART_CONFIG_STOP_ONE |
              UART_CONFIG_PAR_NONE);
```

**例 2：**配置 UART1，要求波特率最大，5 个数据位，1 个停止位，无校验。

```
UARTConfigSet(UART1_BASE,SysCtlClockGet()/16,UART_CONFIG_WLEN_5 |
              UART_CONFIG_STOP_ONE | UART_CONFIG_PAR_NONE);
```

**例 3：**配置 UART2，要求波特率 2 400 bps，8 个数据位，2 个停止位，偶校验。

```
UARTConfigSet(UART2_BASE,2400,UART_CONFIG_WLEN_8 |
              UART_CONFIG_STOP_TWO | UART_CONFIG_PAR_EVEN);
```

### 4. UARTConfigGet()

功能：获取 UART 的配置（自动获取时钟速率）。

原型：

#define UARTConfigGet(a, b, c) UARTConfigGetExpClk(a, SysCtlClockGet(),b,c)

参数：详见函数 UARTConfigSetExpClk()的描述。

返回：无。

### 5. 函数 UARTParityModeSet()

功能：设置指定 UART 端口的校验类型。

原型：void UARTParityModeSet(unsigned long ulBase,unsigned long ulParity)

参数：

ulBase,UART 端口的基址,取值为 UART0_BASE,UART1_BASE 或 UART2_BASE。

ulParity,指定使用的校验类型,取下列值之一：

- UART_CONFIG_PAR_NONE,无校验；
- UART_CONFIG_PAR_EVEN,偶校验；
- UART_CONFIG_PAR_ODD,奇校验；
- UART_CONFIG_PAR_ONE,校验位恒为 1；
- UART_CONFIG_PAR_ZERO,校验位恒为 0。

返回：无。

### 6. 函数 UARTParityModeGet()

功能：获取指定 UART 端口正在使用的校验类型。

原型：unsigned long UARTParityModeGet(unsigned long ulBase)

参数：

ulBase,UART 端口的基址,取值为 UART0_BASE,UART1_BASE 或 UART2_BASE。

返回：校验类型,与函数 UARTParityModeSet()中参数 ulParity 的取值相同。

### 7. 函数 UARTFIFOLevelSet()

功能：设置使指定 UART 端口产生中断的收发 FIFO 深度级别。

原型：void UARTFIFOLevelSet(unsigned long ulBase,unsigned long ulTxLevel,unsigned long ulRxLevel)

参数：

ulBase,UART 端口的基址,取值为 UART0_BASE,UART1_BASE 或 UART2_BASE。

ulTxLevel,发送中断 FIFO 的深度级别,取下列值之一：

- UART_FIFO_TX1_8,在 1/8 深度时产生发送中断；
- UART_FIFO_TX2_8,在 1/4 深度时产生发送中断；
- UART_FIFO_TX4_8,在 1/2 深度时产生发送中断；
- UART_FIFO_TX6_8,在 3/4 深度时产生发送中断；
- UART_FIFO_TX7_8,在 7/8 深度时产生发送中断。

**注**：当发送 FIFO 里剩余的数据减少到预设的深度时触发中断,而非填充到预

设深度时触发中断。因此在需要发送大量数据的应用场合,为了减少中断次数以提高发送效率,发送 FIFO 中断触发深度级别设置得越浅越好,如设置为 UART_FIFO_TX1_8。

ulRxLevel,接收中断 FIFO 的深度级别,取下列值之一:

- UART_FIFO_RX1_8,在 1/8 深度时产生接收中断;
- UART_FIFO_RX2_8,在 1/4 深度时产生接收中断;
- UART_FIFO_RX4_8,在 1/2 深度时产生接收中断;
- UART_FIFO_RX6_8,在 3/4 深度时产生接收中断;
- UART_FIFO_RX7_8,在 7/8 深度时产生接收中断。

**注:** 当接收 FIFO 里已有的数据累积到预设的深度时触发中断,因此在需要接收大量数据的应用场合,为了减少中断次数以提高接收效率,接收 FIFO 中断触发深度级别设置得越深越好,如设置为 UART _FIFO_RX7_8。

返回:无。

#### 8. 函数 UARTFIFOLevelGet()

功能:获取使指定 UART 端口产生中断的收/发 FIFO 深度级别。

原型: void UARTFIFOLevelGet (unsigned long ulBase, unsigned long * pulTxLevel,unsigned long * pulRxLevel)

参数:

ulBase,UART 端口的基址,取值为 UART0_BASE,UART1_BASE 或 UART2_BASE。

* pulTxLevel,指针,指向保存发送中断 FIFO 的深度级别的缓冲区。

* pulRxLevel,指针,指向保存接收中断 FIFO 的深度级别的缓冲区。

返回:无。

### 7.4.2 使能与禁止函数

函数 UARTEnable()和 UARTDisable()用来使能和禁止 UART 端口的收/发功能。一般是先配置 UART,然后再使能收/发。当需要修改 UART 配置时,应先禁止它,待配置完成后再使能它。

#### 1. 函数 UARTEnable()

功能:使能指定 UART 端口的发送和接收操作。

原型:void UARTEnable(unsigned long ulBase)

参数:

ulBase,UART 端口的基址,取值为 UART0_BASE,UART1_BASE 或 UART2_BASE。

返回:无。

### 2. 函数 UARTDisable()

功能：禁止指定 UART 端口的发送和接收操作。

原型：void UARTDisable(unsigned long ulBase)

参数：

ulBase，UART 端口的基址，取值为 UART0_BASE，UART1_BASE 或 UART2_BASE。

返回：无。

## 7.4.3 数据收/发函数

### 1. 函数 UARTCharPut()

函数 UARTCharPut()以轮询的方式发送数据，如果发送 FIFO 有空位则填充要发送的数据，如果没有空位则一直等待。

功能：发送 1 个字符到指定的 UART 端口(等待)。

原型：void UARTCharPut(unsigned long ulBase，unsigned char ucData)

参数：

ulBase，UART 端口的基址，取值为 UART0_BASE，UART1_BASE 或 UART2_BASE。

ucData，要发送的字符。

返回：无(在未发送完毕前不会返回)。

### 2. 函数 UARTCharGet()

函数 UARTCharGet()以轮询的方式接收数据，如果接收 FIFO 里有数据则读出数据并返回，如果没有数据则一直等待。

功能：从指定的 UART 端口接收 1 个字符(等待)。

原型：long UARTCharGet(unsigned long ulBase)

参数：

ulBase，UART 端口的基址，取值为 UART0_BASE，UART1_BASE 或 UART2_BASE。

返回：读取到的字符，并自动转换为 long 型(在未收到字符之前会一直等待)。

### 3. 函数 UARTSpaceAvail()

函数 UARTSpaceAvail()用来探测发送 FIFO 里是否有可用的空位。该函数一般用于正式发送之前，以避免长时间的等待。

功能：确认在指定 UART 端口的发送 FIFO 里是否有可用的空位。

原型：tBoolean UARTSpaceAvail(unsigned long ulBase)

参数：

ulBase,UART 端口的基址,取值为 UART0_BASE,UART1_BASE 或 UART2_BASE。

返回:在发送 FIFO 里有可用空位返回 true,在发送 FIFO 里没有可用空位(发送 FIFO 已满)返回 false。

**说明:** 通常,本函数需要与函数 UARTCharPutNonBlocking()配合使用。

### 4. 函数 UARTCharsAvail()

函数 UARTCharsAvail()用来探测接收 FIFO 里是否有接收到的数据。该函数一般用于正式接收之前,以避免长时间的等待。

功能:确认在指定 UART 端口的接收 FIFO 里是否有字符。

原型:tBoolean UARTCharsAvail(unsigned long ulBase)

参数:

ulBase,UART 端口的基址,取值为 UART0_BASE,UART1_BASE 或 UART2_BASE。

返回:在接收 FIFO 里有字符返回 true,在接收 FIFO 里没有字符(接收 FIFO 为空)返回 false。

**说明:** 通常,本函数需要与函数 UARTCharGetNonBlocking()配合使用。

### 5. 函数 UARTCharPutNonBlocking()

函数 UARTCharPutNonBlocking()以“无阻塞”的形式发送数据,即不去探测发送 FIFO 里是否有可用空位。如果有空位则放入数据并立即返回,否则立即返回 false 表示发送失败。因此调用该函数时不会出现任何等待。UARTCharNonBlockingPut()是其等价的宏形式。

功能:发送 1 个字符到指定的 UART 端口(不等待)。

原型:tBoolean UARTCharPutNonBlocking(unsigned long ulBase, unsigned char ucData)

参数:

ulBase,UART 端口的基址,取值为 UART0_BASE,UART1_BASE 或 UART2_BASE。

ucData,要发送的字符。

返回:如果发送 FIFO 里有可用空位,则将数据放入发送 FIFO,并立即返回 true;如果发送 FIFO 里没有可用空间,则立即返回 false(发送失败)。

**说明:** 通常,在调用本函数之前应先调用函数 UARTSpaceAvail()来确认发送 FIFO 里是否有可用空位。

### 6. 宏函数 UARTCharNonBlockingPut()

功能:发送 1 个字符到指定的 UART 端口(不等待)。

原型：

```
#define UARTCharNonBlockingPut(a,b) UARTCharPutNonBlocking(a,b)
```

参数：参见函数 UARTCharPutNonBlocking()的描述。

返回：参见函数 UARTCharPutNonBlocking()的描述。

### 7. 函数 UARTCharGetNonBlocking()

函数 UARTCharGetNonBlocking()以"无阻塞"的形式接收数据，即不去探测接收 FIFO 里是否有接收到的数据。如果有数据则读取并立即返回，否则立即返回－1 表示接收失败。因此调用该函数时不会出现任何等待。UARTCharNonBlockingGet()是其等价的宏形式。

功能：从指定的 UART 端口接收 1 个字符(不等待)。

原型：long UARTCharGetNonBlocking(unsigned long ulBase)

参数：

ulBase，UART 端口的基址，取值为 UART0_BASE，UART1_BASE 或 UART2_BASE。

返回：如果接收 FIFO 里有字符，则立即返回接收到的字符(自动转换为 long 型)；如果接收 FIFO 里没有字符，则立即返回－1(接收失败)。

**说明：**通常，在调用本函数之前应先调用函数 UARTCharsAvail()来确认接收 FIFO 里是否有字符。

### 8. 宏函数 UARTCharNonBlockingGet()

功能：从指定的 UART 端口接收 1 个字符(不等待)。

原型：

```
#define UARTCharNonBlockingGet(a) UARTCharGetNonBlocking(a)
```

参数：参见函数 UARTCharGetNonBlocking()的描述。

返回：参见函数 UARTCharGetNonBlocking()的描述。

不管是函数 UARTCharPut()还是 UARTCharPutNonBlocking()，在发送数据时实际上都是把数据往发送 FIFO 中一放就退出，而并非是在 U*n*TX 引脚上真正发送完毕。

### 9. 函数 UARTBusy()

函数 UARTBusy()是判断 UART 发送操作是否忙，可用来判定在发送 FIFO 里的数据是否真正发送完毕，这包括最后一个数据的最后停止位。在 UART 转半双工的 RS－485 通信里，需要在发送完一批数据后将传输方向切换为接收，如果此时发送 FIFO 里还有数据未被真正发送出去，则过早的方向切换会破坏发送过程。因此运用函数 UARTBusy()进行判定是必要的。

功能：确认指定 UART 端口的发送操作是否忙。

原型：tBoolean UARTBusy(unsigned long ulBase)

参数：

ulBase，UART 端口的基址，取值为 UART0_BASE，UART1_BASE 或 UART2_BASE。

返回：无。

**说明**：本函数是通过探测发送 FIFO 是否为空来确认在发送 FIFO 里的全部字符是否真正发送完毕。该判定在半双工 UART 转 RS-485 通信里可能比较重要。

**10. 函数 UARTBreakCtl()**

函数 UARTBreakCtl()用来控制线中止(line-break)的产生或撤销。线中止指 UART 的接收信号 U*n*RX 一直为 0 的状态(包括校验位和停止位在内)。调用该函数时，会在 U*n*TX 引脚上输出一个连续的 0 电平状态，使对方的 Rx 产生一个线中止条件，并可以触发中断。线中止是一个特殊的状态，在某些情况下有特别的用途，例如可以利用它来激活串口 ISP 下载服务程序和智能化自动握手通信等。

功能：控制指定 UART 端口的线中止条件发送或删除。

原型：void UARTBreakCtl(unsigned long ulBase，tBoolean bBreakState)

参数：

ulBase，UART 端口的基址，取值为 UART0_BASE，UART1_BASE 或 UART2_BASE。

bBreakState，取值为 true 时，发送线中止条件到 Tx(使 Tx 一直为低电平)；取值为 false 时，删除线中止状态(使 Tx 恢复到高电平)。

返回：无。

## 7.4.4　中断控制函数

UART 端口在收/发过程中可产生多种中断，处理起来比较灵活。函数 UARTIntEnable()和 UARTIntDisable()用来使能和禁止 UART 端口的一个或多个中断。

函数 UARTIntClear()用来清除 UART 的中断状态，函数 UARTIntStatus()用来获取 UART 的中断状态。

函数 UARTIntRegister()和 UARTIntUnregister()用来注册或注销 UART 的中断服务函数。

**1. 函数 UARTIntEnable()**

功能：使能指定 UART 端口的一个或多个中断。

原型：void UARTIntEnable(unsigned long ulBase，unsigned long ulIntFlags)

参数：

ulBase，UART 端口的基址，取值为 UART0_BASE，UART1_BASE 或 UART2_BASE。

ulIntFlags，指定的中断源，应当取下列值之一或它们之间任意“或”运算的组合形式：

- UART_INT_OE，FIFO 溢出错误中断；
- UART_INT_BE，BREAK 错误中断；
- UART_INT_PE，奇偶校验错误中断；
- UART_INT_FE，帧错误中断；
- UART_INT_RT，接收超时中断；
- UART_INT_TX，发送中断；
- UART_INT_RX，接收中断。

**注**：接收中断和接收超时中断通常要配合使用，即取 UART_INT_RX | UART_INT_RT。

返回：无。

### 2. 函数 UARTIntDisable()

功能：禁止指定 UART 端口的一个或多个中断。

原型：void UARTIntDisable(unsigned long ulBase, unsigned long ulIntFlags)

参数：参见函数 UARTIntEnable()的描述。

返回：无。

### 3. 函数 UARTIntClear()

功能：清除指定 UART 端口的一个或多个中断。

原型：void UARTIntClear(unsigned long ulBase, unsigned long ulIntFlags)

参数：参见函数 UARTIntEnable()的描述。

返回：无。

### 4. 函数 UARTIntStatus()

功能：获取指定 UART 端口当前的中断状态。

原型：unsigned long UARTIntStatus(unsigned long ulBase, tBoolean bMasked)

参数：

ulBase，UART 端口的基址，取值为 UART0_BASE，UART1_BASE 或 UART2_BASE。

bMasked，如果需要获取原始的中断状态，则取值 false；如果需要获取屏蔽的中断状态，则取值 true。

返回：原始的或屏蔽的中断状态。

### 5. 函数 UARTIntRegister()

功能：注册一个指定 UART 端口的中断服务函数。

原型：void UARTIntRegister(unsigned long ulBase，void (*pfnHandler)(void))

参数：

ulBase，UART 端口的基址，取值为 UART0_BASE，UART1_BASE 或 UART2_BASE。

*pfnHandler，函数指针，指向 UART 中断出现时被调用的函数。

返回：无。

**6. 函数 UARTIntUnregister()**

功能：注销指定 UART 端口的中断服务函数。

原型：void UARTIntUnregister(unsigned long ulBase)

参数：

ulBase，UART 端口的基址，取值为 UART0_BASE，UART1_BASE 或 UART2_BASE。

返回：无。

## 7.5 项目 11：LM3S811 的 RS-232 通信

### 7.5.1 任务要求和分析

设计串口通信程序实现 UART 的发送与接收。利用串口调试助手，在 PC 键盘上输入字母，发送到 LM3S811 UART 模块，然后由微处理器再发回 PC 机，并在屏幕上回显出来。

### 7.5.2 硬件电路设计

LM3S811 的 RS-232 通信电路如图 7-4 所示。LM3S811 的 U0TX、U0RX、U1TX 和 U1RX 分别连接到 RS-232 的 T1IN、R1OUT、T2IN 和 R2OUT；用直连串口线连接实验板的 DB9 口和计算机的串口；串口调试助手设置波特率为 9 600 bps，数据位为 8，停止位为 1，无校验。

### 7.5.3 程序设计

首先，使能串口外设，并配置相应的 GPIO 引脚；然后，设置串口的通信波特率、数据位和停止位等；最后，调用发送与接收函数实现 UART 的发送与接收。具体步骤是：

① 使能 UART 模块，使能与 UART 相关的 GPIO 模块，将相应的 Tx 和 Rx 引脚设置为 UART 模式；

② 配置和使能 UART，主要包括设置 UART 的波特率、是否使用 FIFO、数据帧格式；

③ 配置 UART 中断(可选)；

④ 读/写数据。

### 1. 系统初始化程序

程序清单如下：

```
#include "systemInit.h"
//定义全局的系统时钟变量
unsigned long TheSysClock = 12000000UL;
//定义 KEY
#define KEY_PERIPH SYSCTL_PERIPH_GPIOB
#define KEY_PORT GPIO_PORTC_BASE
#define KEY_PIN GPIO_PIN_4
void jtagWait(void)
{
    SysCtlPeripheralEnable(KEY_PERIPH);                  //使能 KEY 所在的 GPIO 端口
    GPIOPinTypeGPIOInput(KEY_PORT,KEY_PIN);              //设置 KEY 所在引脚为输入
    if (GPIOPinRead(KEY_PORT,KEY_PIN) == 0x00)           //若复位时按下 KEY 键，则进入
    {
        for (;;);                                        //死循环，以等待 JTAG 连接
    }
    SysCtlPeripheralDisable(KEY_PERIPH);                 //禁止 KEY 所在的 GPIO 端口
}

//系统时钟初始化
void clockInit(void)
{
    SysCtlLDOSet(SYSCTL_LDO_2_50V);                      //设置 LDO 输出电压
    SysCtlClockSet(SYSCTL_USE_OSC |                      //系统时钟设置
                   SYSCTL_OSC_MAIN |                     //采用主振荡器
                   SYSCTL_XTAL_6MHZ |                    //外接 6 MHz 晶振
                   SYSCTL_SYSDIV_1);                     //不分频
    TheSysClock = SysCtlClockGet();                      //获取当前的系统时钟频率
}
```

### 2. 串口初始化和收/发程序

程序清单如下：

```
#include "systemInit.h"
#define SysCtlPeriEnable SysCtlPeripheralEnable
```

```
//UART 初始化
void uartInit(void)
{
    SysCtlPeriEnable(SYSCTL_PERIPH_UART0);          //使能 UART 模块
    SysCtlPeriEnable(SYSCTL_PERIPH_GPIOA);          //使能 Rx/Tx 所在的 GPIO 端口
    GPIOPinTypeUART(GPIO_PORTA_BASE,                //配置 Rx/Tx 所在引脚为
                    GPIO_PIN_0 | GPIO_PIN_1);       //UART 收发功能
    UARTConfigSet(UART0_BASE,                       //配置 UART 端口
                  9600,                             //波特率：9 600
                  UART_CONFIG_WLEN_8 |              //数据位：8
                  UART_CONFIG_STOP_ONE |            //停止位：1
                  UART_CONFIG_PAR_NONE);            //校验位：无
    UARTEnable(UART0_BASE);                         //使能 UART 端口
}
//通过 UART 发送一个字符
void uartPutc(const char c)
{
    UARTCharPut(UART0_BASE,c);
}
//通过 UART 发送字符串
void uartPuts(const char * s)
{
    while ( * s != '\0') uartPutc( * (s ++ ));
}
//通过 UART 接收一个字符
char uartGetc(void)
{
    return(UARTCharGet(UART0_BASE));
}
```

### 3. 主程序

程序清单如下：

```
#include "systemInit.h"
#define LED_PERIPH SYSCTL_PERIPH_GPIOA                 //LED 灯所接的端口
#define LED_PORT GPIO_PORTA_BASE
#define KEY_PERIPH SYSCTL_PERIPH_GPIOD                 //KEY 所接的端口
#define KEY_PORT GPIO_PORTD_BASE
//主函数(程序入口)
int main(void)
{
    char c;
```

```
    jtagWait();                                        //JTAG 口解锁函数
    clockInit();                                       //时钟初始化：晶振,6 MHz
    uartInit();                                        //UART 初始化
    uartPuts("hello,please input a string:\r\n");      //串口输出提示信息
    for (;;)
    {
        c = UARTCharGet(UART0_BASE);                   //等待接收字符
        UARTCharPut(UART0_BASE,c);                     //回显
    }
}
```

### 7.5.4 程序调试和运行

启动 Keil 软件，建立文件名为 UART0 的工程文件，编译程序。连接实验板与 PC 机并下载程序，如图 7－5 所示。

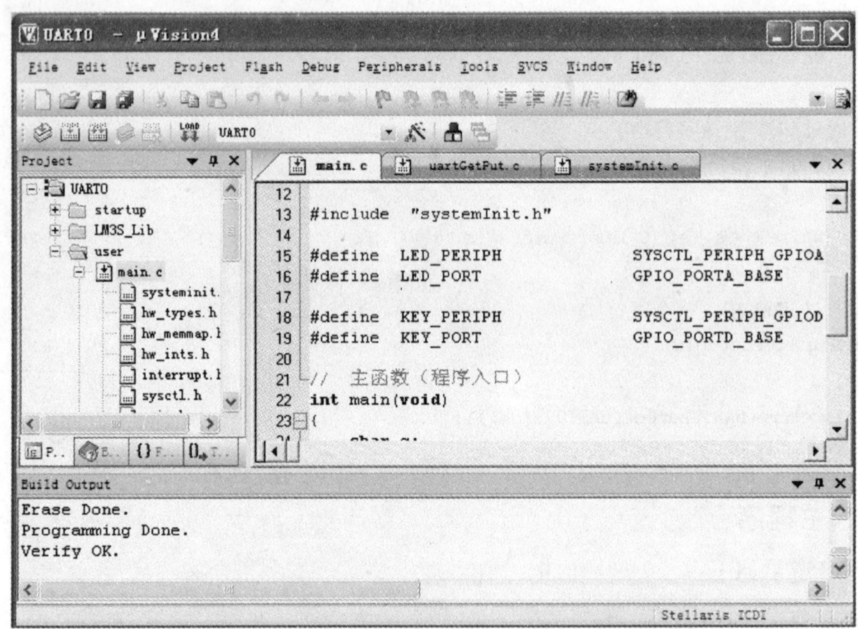

图 7－5 将调试好的 UART0.hex 文件下载到实验板

打开 PC 机上的串口调试助手或超级终端，波特率设置为 9 600 bps，按 8 位数据、无停止位、1 位校验位方式发送数据；复位后全速运行程序，在键盘上输入字符，观察 PC 机上软件界面显示的信息是否正确，并继续按提示操作，如图 7－6 所示。

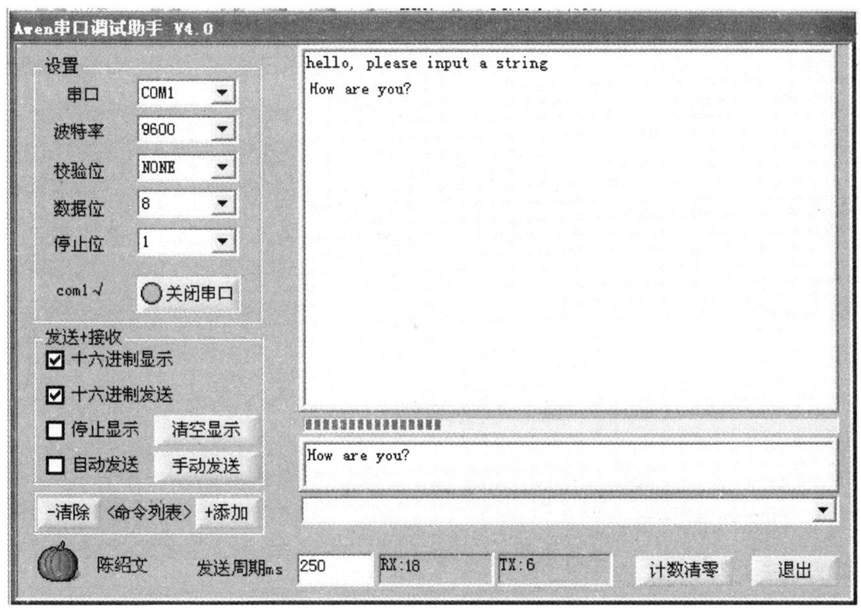


图 7-6　串口调试助手界面

# 习　题

1. 什么是串口通信？它有什么特点？

2. 异步通信的数据格式是怎样的？简述串行数据通信的波特率概念。

3. 若异步串行通信的数据传送速率是 240 字符/秒，而每个字符规定包含 10 位数字，则传输波特率是多少？

4. 简述 LM3S811 UART 的特性和内部结构原理。

5. 编写串口初始化程序，利用函数 UARTConfigSet()设置 UART0，使其波特率为 9 600 bps、数据位为 8、停止位为 1、无奇偶校验。

# 第 8 章

# 同步串行通信接口(SSI)的结构和功能

## 8.1 同步串行通信接口概述

### 8.1.1 同步通信概念

同步串行接口 SSI(Synchronous Serial Interface)是一种常用的工业用通信接口。ARM、飞思卡尔、德州仪器、美国国家半导体等公司都支持这种接口。在这种接口协议下,每一响应数据帧的长度可在 4～16 位之间变化,数据帧总长度可达 25 位。所谓同步方式就是以数据块为单位进行数据传送,包括同步字符、数据块和校验字符 CRC。同步串行通信的优点是数据传输速率较高,缺点是要求发送时钟与接收时钟保持严格同步。同步通信的数据格式如图 8-1 所示。

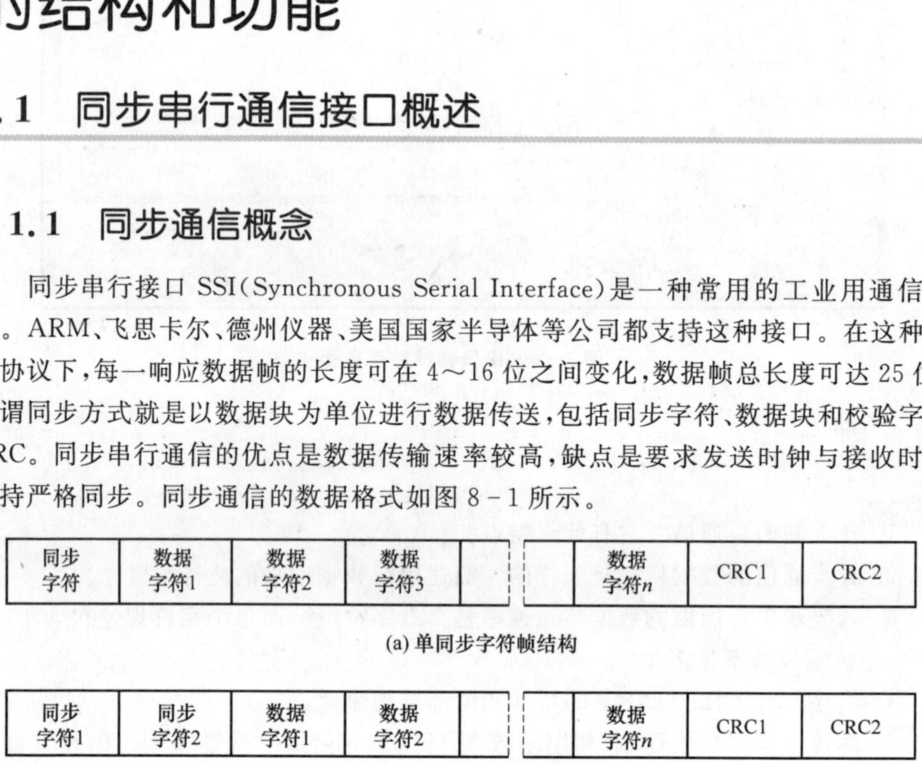

| 同步字符 | 数据字符1 | 数据字符2 | 数据字符3 | | | 数据字符n | CRC1 | CRC2 |
|---|---|---|---|---|---|---|---|---|

(a) 单同步字符帧结构

| 同步字符1 | 同步字符2 | 数据字符1 | 数据字符2 | | | 数据字符n | CRC1 | CRC2 |
|---|---|---|---|---|---|---|---|---|

(b) 双同步字符帧结构

图 8-1 同步通信数据格式

### 8.1.2 LM3S811 的同步串行通信接口的性能

#### 1. 同步串行通信接口的功能和结构

同步串行通信接口 SSI 对从外设器件接收到的数据执行从串行到并行的转换。CPU 可访问数据、控制和状态信息。发送和接收路径利用内部 FIFO 存储单元进行缓冲,该 FIFO 可在发送和接收模式下独立存储多达 8 个 16 位值。SSI 的结构如图 8-2 所示。

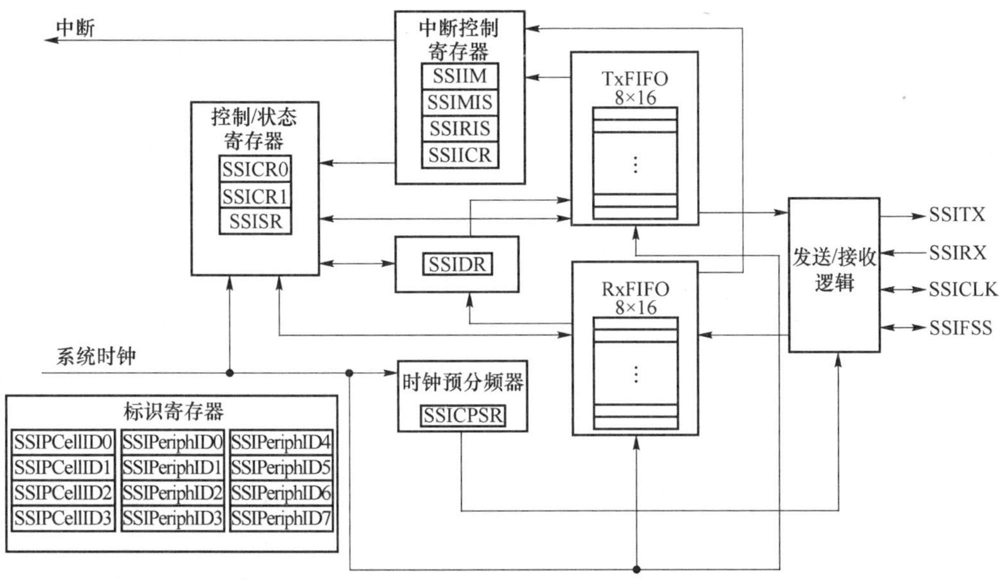


图 8-2　同步串行通信接口 SSI 的结构

### 2. 同步串行通信接口的特性

Stellaris 系列 ARM 芯片的同步串行通信接口可以作为主机或从机的身份与三种帧格式的同步串行通信接口的外设器件进行通信，它们是 Freescale SPI(飞思卡尔半导体)格式、NS 的 Micro Wire(美国国家半导体)格式和 Texas Instruments(德州仪器，TI)格式。SSI 接口是Stellaris系列 ARM 芯片都支持的标准外设，也是流行的外部串行总线之一。SSI 具有以下主要特性：

- 主机或从机操作；
- 时钟位速率和预分频可编程；
- 独立的发送和接收 FIFO，16 位宽，8 个单元深度；
- 接口操作可编程，以实现 Freescale SPI、Micro Wire 或 TI 的串行接口；
- 数据帧大小可编程，范围为 4～16 位；
- 内部回环测试模式，可进行诊断/调试测试。

## 8.2　同步串行通信接口的通信协议

对于 Freescale SPI、Micro Wire、Texas Instruments 的 3 种帧格式，当 SSI 空闲时，串行时钟(SSICLK)都保持不活动状态，只有当数据发送或接收时，SSICLK 才处于活动状态，在设置好的频率下工作。利用 SSICLK 的空闲状态可提供接收超时指示。如果在一个超时周期之后接收 FIFO 内仍含有数据，则产生超时指示。

对于 Freescale SPI 和 Micro Wire 这 2 种帧格式，串行帧(SSIFSS)引脚为低电

平有效，并在整个帧的传输过程中保持有效（被下拉）。

而对于 Texas Instruments 的同步串行帧格式，在发送每帧之前，在每次遇到 SSICLK 的上升沿开始的串行时钟周期时，SSIFSS 引脚就跳动一次。在这种帧格式中，SSI 和片外从器件在 SSICLK 的上升沿驱动各自的输出数据，并在下降沿锁存来自另一个器件的数据。不同于其他两种全双工传输的帧格式，在半双工下工作的 Micro Wire 帧格式使用特殊的主-从消息传递技术。在这种帧格式中，帧开始时向片外从机发送 8 位控制消息；在发送过程中，SSI 没有接收到输入的数据；在消息已发送之后，片外从机对消息进行译码，并在 8 位控制消息的最后 1 位也已发送出去之后等待 1 个串行时钟，之后以请求的数据进行响应。返回的数据在长度上可以是 4～16 位，使得在任何地方整个帧长度为 13～25 位。

## 8.2.1 Texas Instruments 同步串行帧格式

图 8－3 显示了一次传输的 Texas Instruments 同步串行帧格式。在这种帧格式传输方式中，在任何时候当 SSI 空闲时，SSICLK 和 SSIFSS 引脚被强制为低电平，发送数据线 SSITX 为三态。一旦发送 FIFO 的底部入口包含数据，SSIFSS 就变为高电平并持续 SSICLK 的一个周期，即将发送的值从发送 FIFO 传输到发送逻辑的串行移位寄存器中。在 SSICLK 的下一个上升沿，4～16 位数据帧的 MSB 从 SSITX 引脚移出。同样，接收数据的 MSB 也通过片外串行从器件移到 SSIRX 引脚上。

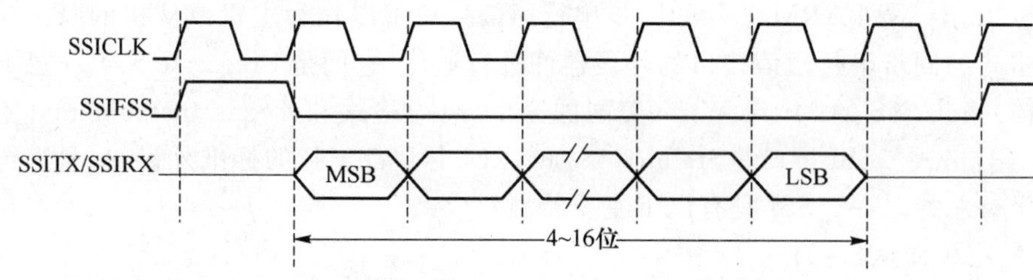


图 8－3　TI 的同步串行帧格式（单次传输）

然后，SSI 和片外串行从器件都提供时钟，供每个数据位在每个 SSICLK 的下降沿进入各自的串行移位寄存器中。在已锁存 LSB 之后的第一个 SSICLK 上升沿上，接收到的数据从串行移位寄存器传输到接收 FIFO。图 8－4 显示了背对背（back-to-back）传输时的 Texas Instruments 同步串行帧格式。

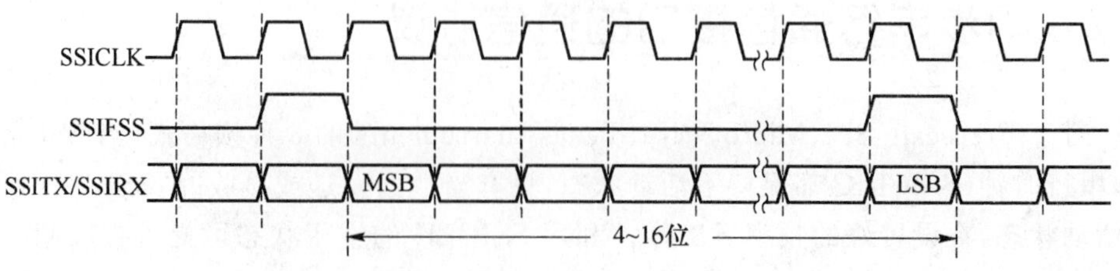


图 8－4　TI 的同步串行帧格式（连续传输）

## 8.2.2 Freescale SPI 帧格式

Freescale SPI(Motorola SPI)接口是一个 4 线接口,其中 SSIFSS 信号用做从机选择。Freescale SPI 格式的主要特性为:SSICLK 信号的不活动状态和相位可通过 SSISCR0 控制寄存器中的 SPO 和 SPH 位来设置。

当时钟极性控制位 SPO 为 0 时,在没有数据传输时,SSICLK 引脚上将产生稳定的低电平。如果 SPO 位为 1,则在没有进行数据传输时,在 SSICLK 引脚上将产生稳定的高电平。

相位控制位 SPH 可用于选择捕获数据及允许数据改变状态的时钟边沿。在第一个数据捕获边沿之前允许或不允许时钟转换,可以对第一个被传输的位产生极大影响。也就是说,当相位控制位 SPH 为 0 时,在第一个时钟边沿转换时捕获数据;当 SPH 为 1 时,在第二个时钟边沿转换时捕获数据。

### 1. SPO=0 和 SPH=0 时的 Freescale SPI 帧格式

当 SPO=0 和 SPH=0 时,Freescale SPI 帧格式的单次和连续传输信号序列如图 8-5 和图 8-6 所示。

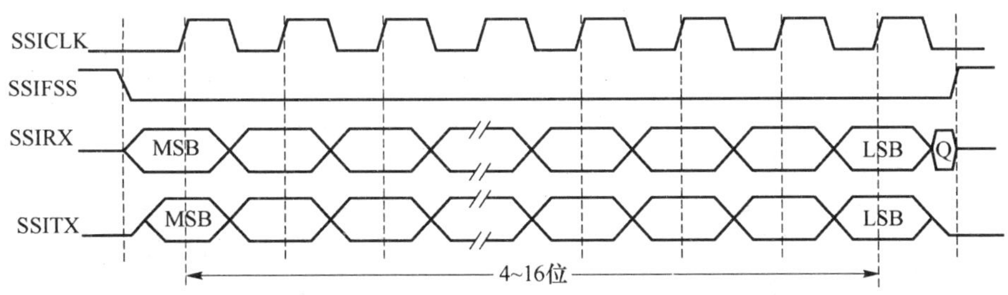


**图 8-5　SPO=0 和 SPH=0 时的 Freescale SPI 帧格式(单次传输)**

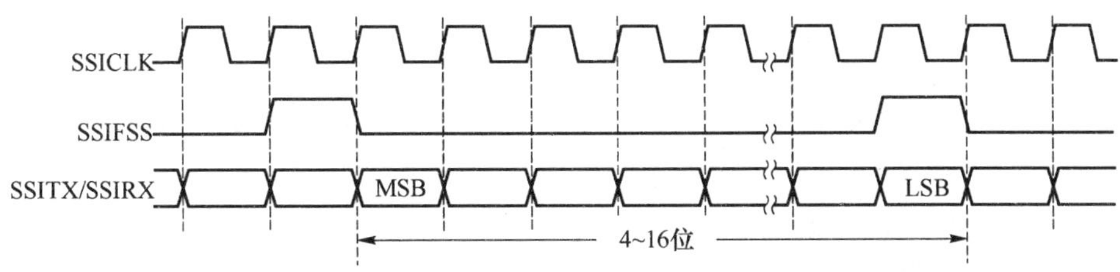


**图 8-6　SPO=0 和 SPH=0 时的 Freescale SPI 帧格式(连续传输)**

在本配置中,当 SSI 处于空闲周期时,则:

① SSICLK 强制为低电平;

② SSIFSS 强制为高电平;

③ 发送数据线 SSITX 强制为低电平；

④ 当 SSI 配置为主机时，使能 SSICLK 引脚；

⑤ 当 SSI 配置为从机时，禁止 SSICLK 引脚。

如果 SSI 使能且在发送 FIFO 中含有有效数据，则通过将 SSIFSS 主机信号驱动为低电平来表示发送操作开始。这使得从机数据能够放在主机的 SSIRX 输入线上，并将主机 SSITX 输出引脚使能。在 SSICLK 的半个周期之后，有效的主机数据传输到 SSITX 引脚。既然主机和从机数据都已设置好，则在下面 SSICLK 的半个周期之后，SSICLK 主机时钟引脚就变为高电平。然后，在 SSICLK 的上升沿捕获数据，该操作一直延续到 SSICLK 信号的下降沿。

如果是传输一个字，则在数据字的所有位都已传输完之后，在捕获到最后一个位之后的 SSICLK 的一个周期后，SSIFSS 线返回到其空闲的高电平状态。

在连续的背对背传输中，在数据字的每次传输之间，SSIFSS 信号必须变为高电平。这是因为如果 SPH 位为逻辑 0，则从机选择引脚会将其串行外设寄存器中的数据固定，不允许修改。因此，主器件必须在每次数据传输之间将从器件的 SSIFSS 引脚拉高，以使能串行外设的数据写操作。当连续传输完成时，在捕获到最后一个位之后的 SSICLK 的一个周期后，SSIFSS 引脚返回其空闲状态。

## 2. SPO＝0 和 SPH＝1 时的 Freescale SPI 帧格式

当 SPO＝0 和 SPH＝1 时，Freescale SPI 帧格式的传输信号序列如图 8－7 所示，该图涵盖了单次和连续传输两种情况。

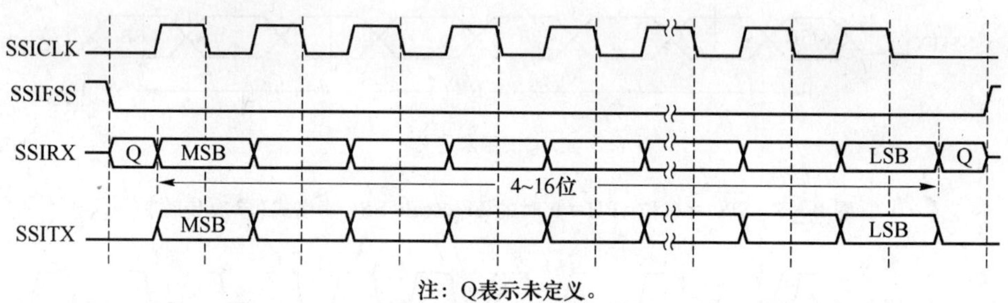


图 8－7 SPO＝0 和 SPH＝1 时的 Freescale SPI 帧格式

在本配置中，当 SSI 处于空闲周期时，则：

① SSICLK 强制为低电平；

② SSIFSS 强制为高电平；

③ 发送数据线 SSITX 强制为低电平；

④ 当 SSI 配置为主机时，使能 SSICLK 引脚；

⑤ 当 SSI 配置为从机时，禁止 SSICLK 引脚。

如果 SSI 使能且在发送 FIFO 中含有有效数据，则通过将 SSIFSS 主机信号驱动为低电平来表示发送操作开始，并将主机 SSITX 输出引脚使能。在下面的 SSICLK

的半个周期之后，主机和从机的有效数据能够放在各自的传输线上。同时，利用一个上升沿转换来使能 SSICLK。然后，在 SSICLK 的下降沿捕获数据，该操作一直延续到SSICLK信号的上升沿。

如果是传输一个字，则在所有位传输完之后，在捕获到最后一个位之后的SSICLK的一个周期后，SSIFSS 线返回其空闲的高电平状态。

如果是背对背传输，则在两次连续的数据字传输之间，SSIFSS 引脚保持低电平，连续传输的结束情况与单个字传输相同。

### 3. SPO＝1 和 SPH＝0 时的 Freescale SPI 帧格式

当 SPO＝1 和 SPH＝0 时，Freescale SPI 帧格式的单次和连续传输信号序列如图 8－8和图 8－9 所示。

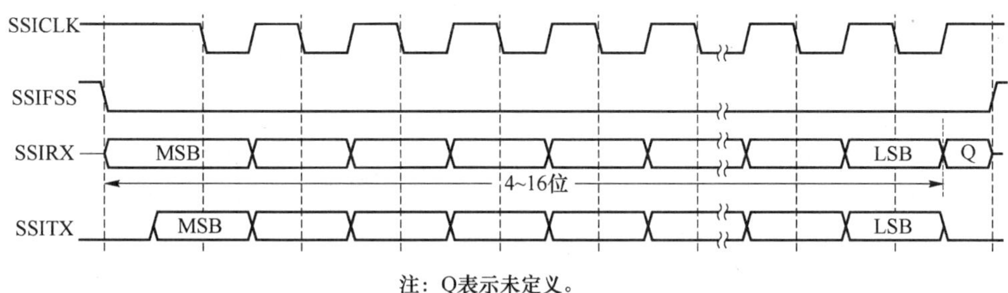


图 8－8　SPO＝1 和 SPH＝0 时的 Freescale SPI 帧格式(单次传输)

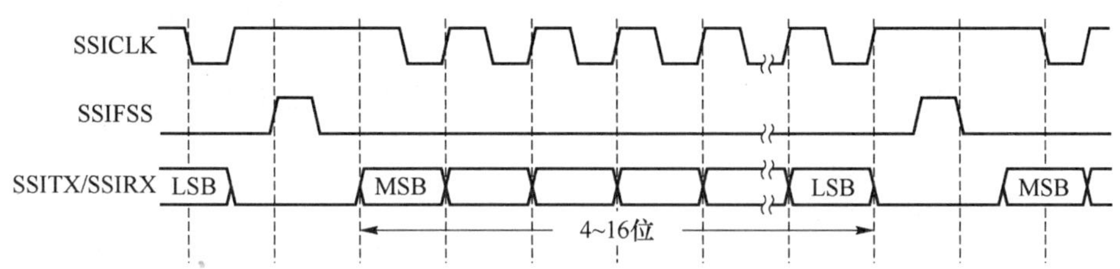


图 8－9　SPO＝1 和 SPH＝0 时的 Freescale SPI 帧格式(连续传输)

在本配置中，当 SSI 处于空闲周期时，则：

① SSICLK 强制为高电平；

② SSIFSS 强制为高电平；

③ 发送数据线 SSITX 强制为低电平；

④ 当 SSI 配置为主机时，使能 SSICLK 引脚；

⑤ 当 SSI 配置为从机时，禁止 SSICLK 引脚。

如果 SSI 使能且在发送 FIFO 中含有有效数据，则通过将 SSIFSS 主机信号驱动为低电平来表示传输操作开始，这可使从机数据立即传输到主机的 SSIRX 线上，并将主机 SSITX 输出引脚使能。在 SSICLK 的半个周期之后，有效的主机数据传输到

SSITX 线上。既然主机和从机的有效数据都已设置好，则在下面的 SSICLK 的半个周期之后，SSICLK 主机时钟引脚就变为低电平。这表示数据在下降沿被捕获且该操作延续到 SSICLK 信号的上升沿。如果是单个字传输，则在数据字的所有位传输完之后，在最后一个位传输完之后的 SSICLK 的一个周期后，SSIFSS 线返回其空闲的高电平状态。

而在连续的背对背传输中，在每次数据字传输之间，SSIFSS 信号必须变为高电平。这是因为如果 SPH 位为逻辑 0，则从机选择引脚会使其串行外设寄存器中的数据固定，不允许修改。因此，在每次数据传输之间，主器件必须将从器件的 SSIFSS 引脚拉为高电平来使能串行外设的数据写操作。在连续传输完成时，最后一个位被捕获之后的 SSICLK 的一个周期后，SSIFSS 引脚返回其空闲状态。

### 4. SPO＝1 和 SPH＝1 时的 Freescale SPI 帧格式

当 SPO＝1 和 SPH＝1 时，Freescale SPI 帧格式的传输信号序列如图 8－10 所示，该图涵盖了单次和连续传输两种情况。

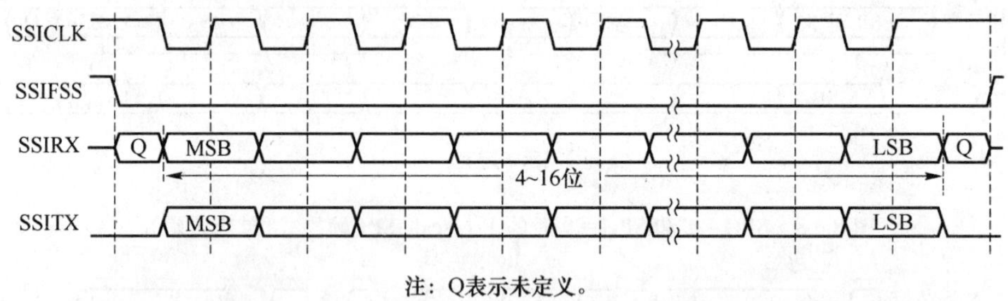


**图 8－10　SPO＝1 和 SPH＝1 时的 Freescale SPI 帧格式(单次和连续传输)**

在本配置中，当 SSI 处于空闲周期时，则：

① SSICLK 强制为高电平；

② SSIFSS 强制为高电平；

③ 发送数据线 SSITX 强制为低电平；

④ 当 SSI 配置为主机时，使能 SSICLK 引脚；

⑤ 当 SSI 配置为从机时，禁止 SSICLK 引脚。

如果 SSI 使能且在发送 FIFO 中含有有效数据，则通过将 SSIFSS 主机信号驱动为低电平来表示发送操作开始，并将主机 SSITX 输出引脚使能。在下面的 SSICLK 的半个周期之后，主机和从机数据都能够放在各自的传输线上。同时，利用 SSICLK 的下降沿转换来使能 SSICLK。然后，在上升沿捕获数据，并且该操作延续到 SSICLK 信号的下降沿。在所有位传输完之后，如果是单个字传输，则在最后一个位捕获完之后的 SSICLK 的一个周期后，SSIFSS 线返回其空闲的高电平状态。

对于连续的背对背传输，SSIFSS 引脚保持其有效的低电平状态，直至最后一个字的最后一位捕获完，再返回其空闲状态。在两次连续的数据字传输之间，SSIFSS

引脚保持低电平,连续传输的结束情况与单个字传输相同。

### 8.2.3 Micro Wire 帧格式

图 8-11 显示了单次传输的 Micro Wire 帧格式,图 8-12 为该格式的背对背传输情况。

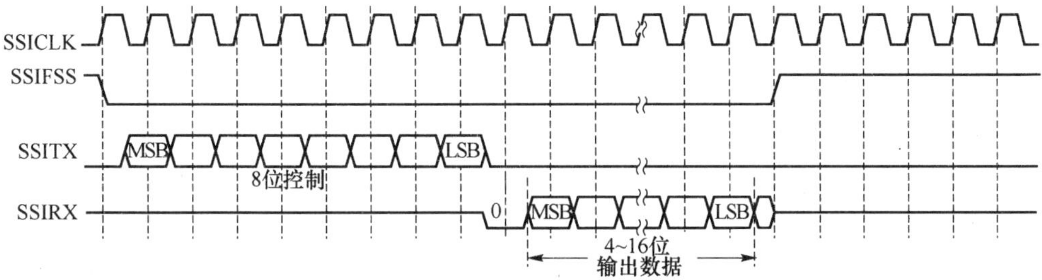


图 8-11 单次传输的 Micro Wire 帧格式

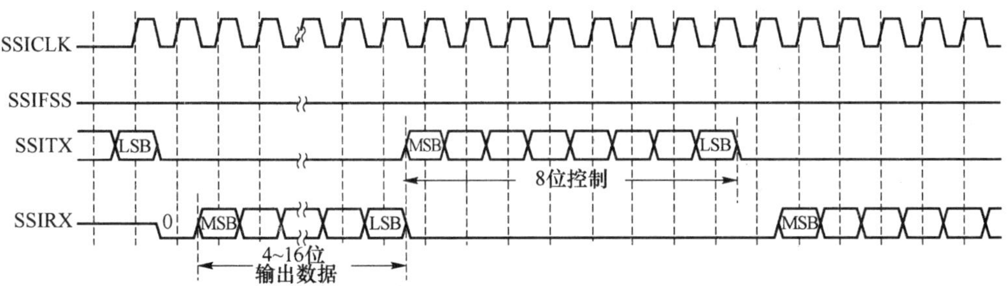


图 8-12 单次传输的 Micro Wire 帧格式(背对背传输)

Micro Wire 格式与 Freescale SPI 格式非常类似,只是 Micro Wire 为半双工而非全双工,并使用了主-从消息传递技术。每次的串行传输都是从由 SSI 向片外从器件发送 8 位控制字开始。在此传输过程中,SSI 没有接收到输入的数据。在消息已发送完之后,片外从机对消息进行译码,SSI 在将 8 位控制消息的最后一位发送完之后等待一个串行时钟,之后以请求的数据进行响应。返回的数据在长度上为 4～16 位,使得任何地方总的帧长度为 13～25 位。

在本配置中,当 SSI 处于空闲状态时,则:

① SSICLK 强制为低电平;

② SSIFSS 强制为高电平;

③ 数据线 SSITX 强制为低电平。

通过向发送 FIFO 写入一个控制字节来触发一次传输。SSIFSS 的下降沿使得包含在发送 FIFO 底部入口的值能够传输到发送逻辑的串行移位寄存器中,并且 8 位控制帧的 MSB 移出到 SSITX 引脚上。在该控制帧传输期间,SSIFSS 保持低电平,SSIRX 引脚保持三态。

片外串行从器件在 SSICLK 的上升沿时将每个控制位锁存到其串行移位寄存器中。在将最后一位锁存之后,从器件在一个时钟的等待状态中对控制字节进行译码,并且从机通过将数据发送回 SSI 进行响应。数据的每个位在 SSICLK 的下降沿时驱动到 SSIRX 线上。SSI 在 SSICLK 的上升沿依次将每个位锁存。在帧传输结束时,对于单次传输,在最后一位已锁存到接收串行移位寄存器之后的一个时钟周期后,SSIFSS 信号被拉为高电平,使数据被传输到接收 FIFO 中。

**注:** 在接收移位寄存器已将 LSB 锁存之后的 SSICLK 的下降沿上或在 SSIFSS 引脚变为高电平时,片外从器件能够将接收线置为三态。

对于连续传输,数据传输的开始与结束与单次传输的相同,但 SSIFSS 线持续有效(保持低电平)且数据传输以背对背方式产生。在接收到当前帧的数据的 LSB 之后,立即跟随下一帧的控制字节。在当前帧的 LSB 已锁存到 SSI 之后,接收数据的每个位在 SSICLK 的下降沿从接收移位寄存器中进行传输。

在 Micro Wire 模式中,在 SSIFSS 变为低电平之后的 SSICLK 的上升沿上,SSI 从机对接收数据的第一个位进行采样。驱动自由运行 SSICLK 的主机必须确保 SSIFSS 信号相对于 SSICLK 的上升沿具有足够的建立时间和保持时间裕量(setup and hold margins)。

图 8 - 13 阐明了 SSIFSS 输入的建立和保持时间要求。相对于 SSICLK 的上升沿(在该上升沿上,SSI 从机将对接收数据的第一个位进行采样),SSIFSS 的建立时间至少是 SSI 进行操作的 SSICLK 周期的 2 倍。相对于该边沿之前的 SSICLK 上升沿,SSIFSS 至少具有一个 SSICLK 周期的保持时间。

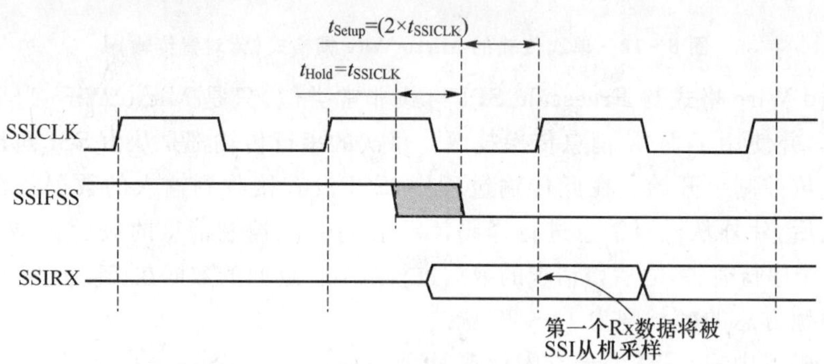


**图 8 - 13 Micro Wire 帧格式,SSIFSS 输入的建立和保持时间要求**

## 8.3 SSI 功能概述

SSI 对从外设器件接收到的数据执行从串行到并行的转换。CPU 可以通过访问 SSI 数据寄存器来发送和获得数据。发送和接收路径利用内部 FIFO 存储单元进行缓冲,以允许最多8个16位的值在发送和接收模式中独立地存储。

## 8.3.1 位速率和帧格式

SSI包含一个可编程的位速率时钟分频器和预分频器来生成串行输出时钟。尽管最大的位速率由外设器件来决定,但1.5 MHz及更高的位速率仍是支持的。

串行位速率通过对输入的系统时钟进行分频来获得。虽然理论上的SSICLK发送时钟可达到25 MHz,但模块有可能不能在该速率下工作。在进行发送操作时,系统时钟速率至少是SSICLK的2倍。在进行接收操作时,系统时钟速率至少是SSI-CLK的12倍。

SSI通信的帧格式有3种:Texas Instruments同步串行数据帧,Freescal SPI数据帧,Micro Wire串行数据帧。

根据已设置的数据大小,每个数据帧长度在4~16位之间,并采用MSB在前的方式发送。

## 8.3.2 FIFO操作

对FIFO的访问是通过在SSI数据寄存器(SSIDR)中写入与读出数据来实现的。SSIDR为16位宽的数据寄存器,可以对它进行读/写操作。SSIDR实际对应两个不同的物理地址,以分别完成对发送FIFO和接收FIFO的操作。

SSIDR的读操作即是对接收FIFO的入口(由当前FIFO读指针来指向)进行访问。当SSI接收逻辑将数据从输入的数据帧中转移出来后,将它们放入接收FIFO的入口(由当前FIFO写指针来指向)。

SSIDR的写操作即是将数据写入发送FIFO的入口(由当前FIFO写指针来指向)。每次,发送逻辑将发送FIFO中的数值转移出来一个,装入发送串行移位寄存器中,然后在设置的位速率下串行移出到SSITX引脚。

当所选的数据长度小于16位时,用户必须正确调整写入发送FIFO的数据,发送逻辑忽略高位未使用的位。

当SSI设置为Micro Wire帧格式时,发送数据的默认大小为8位(最高有效字节忽略),接收数据的大小由程序员控制。即使当SSICR1寄存器的SSE位设置为0(禁止SSI端口),也可以不将发送FIFO和接收FIFO清零,这样可在使能SSI之前使用软件来填充发送FIFO。

### 1. 发送FIFO

通用发送FIFO是16位宽、8单元深、先进先出的存储缓冲区。CPU通过写SSI数据寄存器SSIDR来将数据写入发送FIFO,数据在由发送逻辑读出之前一直保存在发送FIFO中。

当SSI配置为主机或从机时,并行数据先写入发送FIFO,再转换成串行数据并通过SSITX引脚分别发送到相关的从机或主机。

### 2. 接收 FIFO

通用接收 FIFO 是一个 16 位宽、8 单元深、先进先出的存储缓冲区。从串行接口接收到的数据在由 CPU 读出之前一直保存在该缓冲区中，CPU 通过读 SSIDR 寄存器来访问接收 FIFO。当 SSI 配置为主机或从机时，通过 SSIRX 引脚接收到的串行数据转换成并行数据后装载到相关的从机或主机的接收 FIFO 中。

## 8.3.3 SSI 中断

SSI 在满足以下条件时能够产生中断：

① 发送 FIFO 服务；

② 接收 FIFO 服务；

③ 接收 FIFO 超时；

④ 接收 FIFO 溢出。

所有中断事件在发送到嵌套中断向量控制器之前先要执行“或”操作，因此，在任何给定的时刻，SSI 只能向中断控制器产生一个中断请求。通过对 SSI 中断屏蔽寄存器(SSIIM)中的对应位进行设置，可以屏蔽 4 个单独屏蔽的中断里的任意一个；将适当的屏蔽位置 1 可使能中断。

SSI 提供单独输出和组合中断输出，这样可允许全局中断服务程序或组合的逻辑驱动程序来处理中断。发送或接收动态数据流的中断已与状态中断分开，这样，根据 FIFO 的出发点(trigger level)可以对数据执行读和写操作。各个中断源的状态可从 SSI 原始中断状态寄存器(SSIRIS)和 SSI 屏蔽后的中断状态寄存器(SSIMIS)中读出。

# 8.4 SSI 库函数

## 8.4.1 配置与控制函数

### 1. SSIConfigSetExpClk()

功能：进行 SSI 配置(需要提供明确的时钟速率)。

原型：void SSIConfigSetExpClk(unsigned long ulBase, unsigned long ulSSIClk, unsigned long ulProtocol, unsigned long ulMode, unsigned long ulBitRate, unsigned long ulDataWidth)

参数：

ulBase，SSI 模块的基址，应当取下列值之一：

- SSI_BASE，SSI 模块的基址(用于仅含有 1 个 SSI 模块的芯片)；
- SSI0_BASE，SSI0 模块的基址(等同于 SSI_BASE)；
- SSI1_BASE，SSI1 模块的基址。

ulSSIClk,提供给 SSI 模块的时钟速率。

ulProtocol,数据传输协议,应当取下列值之一:

- SSI_FRF_MOTO_MODE_0,Freescale SPI 格式,极性 0,相位 0;
- SSI_FRF_MOTO_MODE_1,Freescale SPI 格式,极性 0,相位 1;
- SSI_FRF_MOTO_MODE_2,Freescale SPI 格式,极性 1,相位 0;
- SSI_FRF_MOTO_MODE_3,Freescale SPI 格式,极性 1,相位 1;
- SSI_FRF_TI,Texas Instruments 格式;
- SSI_FRF_NMW,NS 的 Micro Wire 格式。

ulMode,SSI 模块的工作模式,应当取下列值之一:

- SSI_MODE_MASTER,SSI 主模式;
- SSI_MODE_SLAVE,SSI 从模式;
- SSI_MODE_SLAVE_OD,SSI 从模式(输出禁止)。

ulBitRate,SSI 的位速率,该位速率必须满足下面的时钟比率标准:

- ulBitRate≤ FSSI/2(主模式);
- ulBitRate≤ FSSI/12(从模式),其中 FSSI 是提供给 SSI 模块的时钟速率。

ulDataWidth,数据宽度,取值为 4~16。

返回:无。

### 2. SSIConfig()

这是一个宏函数,为了实际编程方便,常常用来代替函数 SSIConfigSetExpClk()。

功能:进行 SSI 配置。

原型:

#define SSIConfig(a,b,c,d,e) SSIConfigSetExpClk(a,SysCtlClockGet(),b,c,d,e)

参数:详见函数 SSIConfigSetExpClk()的描述。

返回:无。

### 3. SSIEnable()

功能:使能 SSI 发送和接收。

原型:void SSIEnable(unsigned long ulBase)

参数:

ulBase,SSI 模块的基址,取值为 SSI_BASE,SSI0_BASE 或 SSI1_BASE。

返回:无。

### 4. SSIDisable()

功能:禁止 SSI 发送和接收。

原型:void SSIDisable(unsigned long ulBase)

参数:

ulBase,SSI 模块的基址,取值为 SSI_BASE,SSI0_BASE 或 SSI1_BASE。

返回：无。

## 8.4.2 数据收/发函数

### 1. SSIDataPutNonBlocking()

功能：将一个数据单元放入 SSI 的发送 FIFO 里(不等待)。

原型：long SSIDataPutNonBlocking(unsigned long ulBase,unsigned long ulData)

参数：

ulBase,SSI 模块的基址,取值为 SSI_BASE,SSI0_BASE 或 SSI1_BASE。

ulData,要发送的一个数据单元(4～16 个有效位)。

返回：写入发送 FIFO 的数据单元数量(如果发送 FIFO 里没有可用的空间,则返回 0)。

### 2. SSIDataGetNonBlocking()

功能：从 SSI 的接收 FIFO 里读取一个数据单元(不等待)。

原型：long SSIDataGetNonBlocking(unsigned long ulBase,unsigned long * pulData)

参数：

ulBase,SSI 模块的基址,取值为 SSI_BASE,SSI0_BASE 或 SSI1_BASE。

* pulData,指针,指向保存读取到的数据单元地址。

返回：从接收 FIFO 里读取到的数据单元数量(如果接收 FIFO 为空,则返回 0)。

### 3. SSIDataNonBlockingPut()

功能：将一个数据单元放入 SSI 的发送 FIFO 里(不等待)。这是一个宏函数。

原型：

```
#define SSIDataNonBlockingPut(a,b) SSIDataPutNonBlocking(a,b)
```

参数：参见函数 SSIDataPutNonBlocking()的描述。

返回：参见函数 SSIDataPutNonBlocking()的描述。

### 4. SSIDataNonBlockingGet()

功能：从 SSI 的接收 FIFO 里读取一个数据单元(不等待)。这是一个宏函数。

原型：

```
#define SSIDataNonBlockingGet(a,b) SSIDataGetNonBlocking(a,b)
```

参数：参见函数 SSIDataGetNonBlocking()的描述。

返回：参见函数 SSIDataGetNonBlocking()的描述。

### 5. SSIDataPut()

功能：将一个数据单元放入 SSI 的发送 FIFO 里。

原型：void SSIDataPut(unsigned long ulBase,unsigned long ulData)

参数：

ulBase,SSI 模块的基址,取值为 SSI_BASE,SSI0_BASE 或 SSI1_BASE。

ulData,要发送的一个数据单元(4～16 个有效位)。

返回：无。

**6. SSIDataGet()**

功能：从 SSI 的接收 FIFO 里读取一个数据单元。

原型：void SSIDataGet(unsigned long ulBase,unsigned long ＊pulData)

参数：

ulBase,SSI 模块的基址,取值为 SSI_BASE,SSI0_BASE 或 SSI1_BASE。

＊pulData,指针,指向保存读取到的数据单元地址。

返回：无。

## 8.4.3 中断控制函数

**1. SSIIntEnable()**

功能：使能单独的(一个或多个)SSI 中断源。

原型：void SSIIntEnable(unsigned long ulBase,unsigned long ulIntFlags)

参数：

ulBase,SSI 模块的基址,取值为 SSI_BASE,SSI0_BASE 或 SSI1_BASE。

ulIntFlags,指定的中断源,应当取下列值之一或它们之间任意"或"运算的组合形式：

- SSI_TXFF,发送 FIFO 半空或不足半空；
- SSI_RXFF,接收 FIFO 半满或超过半满；
- SSI_RXTO,接收超时(接收 FIFO 已有数据但未半满,而后续数据长时间不来)；
- SSI_RXOR,接收 FIFO 溢出。

返回：无。

**2. SSIIntDisable()**

功能：禁止单独的(一个或多个)SSI 中断源。

原型：void SSIIntDisable(unsigned long ulBase,unsigned long ulIntFlags)

参数：参见函数 SSIIntEnable()的描述。

返回：无。

**3. SSIIntStatus()**

功能：获取 SSI 当前的中断状态。

原型：unsigned long SSIIntStatus(unsigned long ulBase,tBoolean bMasked)

参数：

ulBase,SSI 模块的基址,取值为 SSI_BASE,SSI0_BASE 或 SSI1_BASE。

bMasked,如果需要获取原始的中断状态,则取值 false;如果需要获取屏蔽的中断状态,则取值 true。

返回：当前中断的状态,参见函数 SSIIntEnable()中参数 ulIntFlags 的描述。

### 4. SSIIntClear()

功能：清除 SSI 的中断。

原型：void SSIIntClear(unsigned long ulBase,unsigned long ulIntFlags)

参数：参见函数 SSIIntEnable()的描述。

返回：无。

### 5. SSIIntRegister()

功能：注册一个 SSI 中断服务函数。

原型：void SSIIntRegister(unsigned long ulBase,void (*pfnHandler)(void))

参数：

ulBase,SSI 模块的基址,取值为 SSI_BASE,SSI0_BASE 或 SSI1_BASE。

*pfnHandler,指针,指向 SSI 中断出现时被调用的函数。

返回：无。

### 6. SSIIntUnregister()

功能：注销 SSI 的中断服务函数。

原型：void SSIIntUnregister(unsigned long ulBase)

参数：

ulBase,SSI 模块的基址,取值为 SSI_BASE,SSI0_BASE 或 SSI1_BASE。

返回：无。

## 8.5 项目 12：利用同步串口动态扫描 8 位数码管

### 8.5.1 任务要求和分析

根据 SSI 的使用方法及其相关的 API 函数,采用 SSI 总线通信编程方法,驱动 4 位 1 体数码管循环滚动地显示 0～F。

### 8.5.2 硬件电路设计

#### 1. 数码管简介

单片机系统中常用的显示器有：发光二极管 LED(Light Emitting Diode)显示器、液晶 LCD(Liquid Crystal Display)显示器和 CRT 显示器等。LED 和 LCD 显示器有两种显示结构：段显示(7 段、米字型等)和点阵显示(5×8 和 8×8 点阵等)。

当使用 LED 显示器时,要注意区分这两种不同的接法。为了显示数字或字符,必须对数字或字符进行编码。7 段数码管加上一个小数点,共计 8 段,如图 8-14 所示,因此,为 LED 显示器提供的编码正好是 1 字节。若使用共阴极 LED 显示器,则根据电路连接图显示 16 进制数的编码如表 8-1 所列。

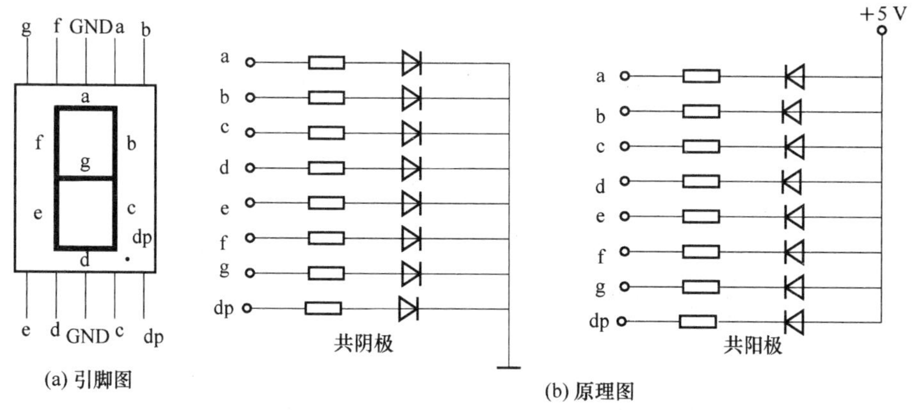


图 8-14 数码管显示字符原理

表 8-1 共阴极编码

| 0x3F | 0x06 | 0x5B | 0x4F | 0x66 | 0x6D |
|---|---|---|---|---|---|
| 0 | 1 | 2 | 3 | 4 | 5 |
| 0x7D | 0x07 | 0x7F | 0x6F | 0x77 | 0x7C |
| 6 | 7 | 8 | 9 | A | B |
| 0x39 | 0x5E | 0x79 | 0x71 | 0x00 | |
| C | D | E | F | 无显示 | |

LED 显示器的工作方式有两种：静态显示方式和动态显示方式。

静态显示方式的特点是每个数码管的段选线必须接一个 8 位数据线来保持显示的字形码。当送入一次字形码后,显示字形可一直保持,直到送入新的字形码为止。这种方式的优点是占用 CPU 时间少,显示便于监测和控制;缺点是硬件电路比较复杂,成本较高。

动态显示方式的特点是将所有位数码管的段选线并联在一起,由位选线控制是哪一位数码管有效。点亮数码管采用动态扫描显示。所谓动态扫描显示即轮流向各位数码管送出字形码和相应的位选信号,利用发光管的余晖和人眼的视觉暂留特点,使人感觉好像各位数码管同时都在显示。动态显示的亮度比静态显示的差一些,所以,在选择限流电阻时应选择略小于静态显示电路中的限流电阻。

## 2. 硬件电路设计

如图 8-15 所示,本实验配置 4 个 SSI 引脚为使用外设功能,配置 SSI 帧格式为 Freescale SPI,配置处理器为主模式,配置波特率为 0.6 Mbps,配置数据宽度为 16 位。

引脚配置是：MOSI↔SSITX(PA5),SSEL↔SSIFSS(PA3),SCLK↔SSICLK(PA2),MISO↔SSIRX(PA4)。

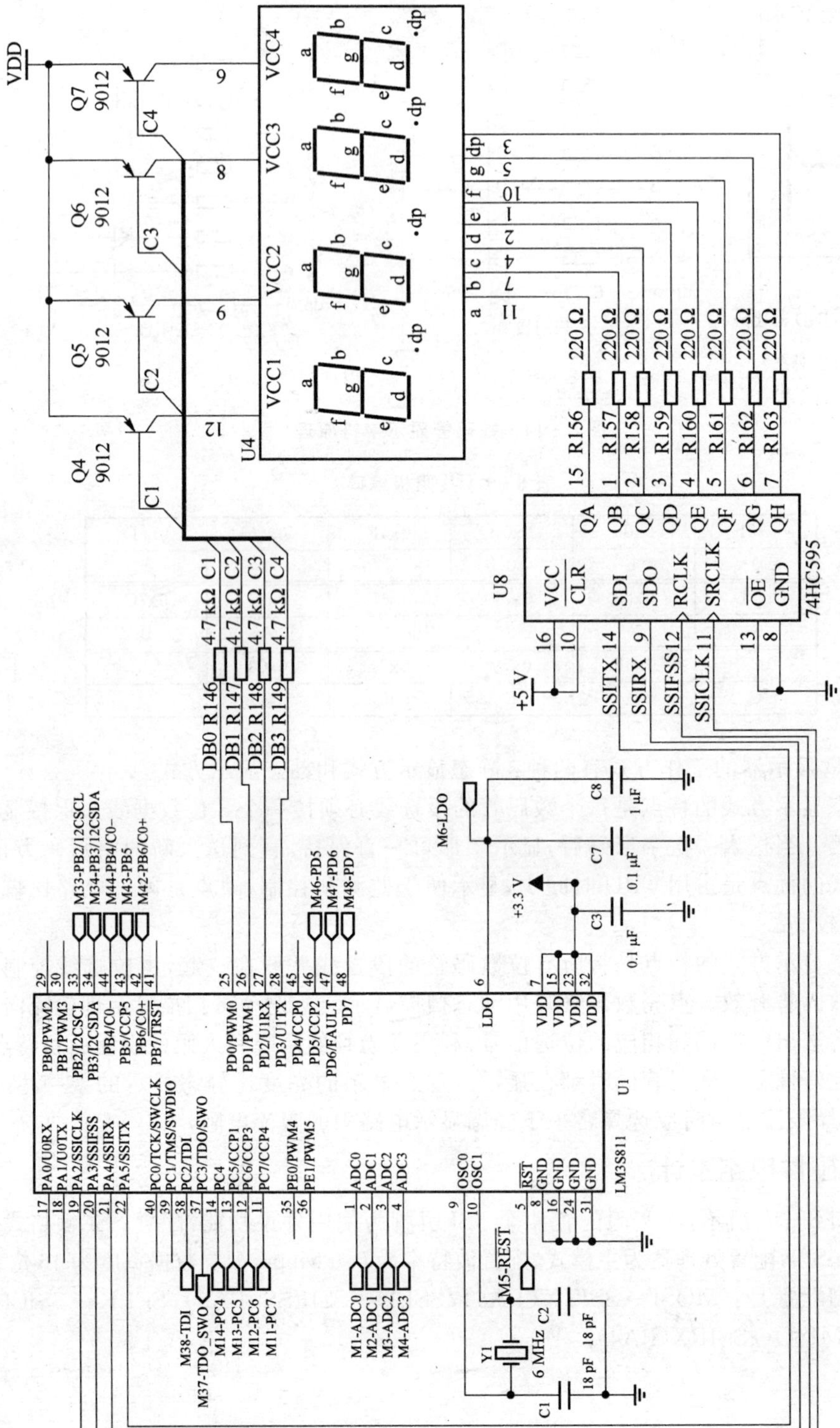

图 8－15 “利用同步串口动态扫描 8 位数码管”项目电路图

### 8.5.3　程序设计

首先，通过 SPI 总线来控制 74HC595 给数码管送显示的段码值；然后，通过控制相应的位选信号线来控制显示的位置。

程序清单如下：

```
#include "systemInit.h"
#include <ssi.h>
#include <timer.h>
#define PART_LM3S615
#include <pin_map.h>
unsigned char dispBuf[8];                                   //定义显示缓冲区
//SSI 初始化
void ssiInit(void)
{
    unsigned long ulBitRate = TheSysClock / 10;
    SysCtlPeriEnable(SYSCTL_PERIPH_SSI);                    //使能 SSI 模块
    SysCtlPeriEnable(SSICLK_PERIPH);                        //使能 SSI 接口所在的 GPIO 端口
    SysCtlPeriEnable(SSIFSS_PERIPH);
    SysCtlPeriEnable(SSIRX_PERIPH);
    SysCtlPeriEnable(SSITX_PERIPH);
    GPIOPinTypeSSI(SSICLK_PORT,SSICLK_PIN);                 //将相关 GPIO 设置为 SSI 功能
    GPIOPinTypeSSI(SSIFSS_PORT,SSIFSS_PIN);
    GPIOPinTypeSSI(SSIRX_PORT,SSIRX_PIN);
    GPIOPinTypeSSI(SSITX_PORT,SSITX_PIN);
    //SSI 配置：基址，协议格式，主/从模式，位速率，数据宽度
    SSIConfig(SSI_BASE,SSI_FRF_MOTO_MODE_0,SSI_MODE_MASTER,ulBitRate,16);
    SSIEnable(SSI_BASE);                                    //使能 SSI 收/发
}
//定时器初始化
void timerInit(void)
{
    unsigned long ulClock = TheSysClock / (60 * 8);        //扫描速率在 60 Hz 以上时
                                                            //人眼才不会明显感到闪烁
    SysCtlPeriEnable(SYSCTL_PERIPH_TIMER0);                 //使能 Timer 模块
    TimerConfigure(TIMER0_BASE,TIMER_CFG_32_BIT_PER);       //配置为 32 位周期定时器
    TimerLoadSet(TIMER0_BASE,TIMER_A,ulClock);              //设置 Timer 初值
    TimerIntEnable(TIMER0_BASE,TIMER_TIMA_TIMEOUT);         //使能 Timer 超时中断
    IntEnable(INT_TIMER0A);                                 //使能 Timer 中断
    IntMasterEnable();                                      //使能处理器中断
    TimerEnable(TIMER0_BASE,TIMER_A);                       //使能 Timer 计数
}
```

```
//动态数码管显示初始化
void dispInit(void)
{
    unsigned short i;
    for (i = 0; i < 8; i++) dispBuf[i] = 0x00;
    ssiInit();
    timerInit();
}
//在坐标 ucX 处显示一个数字 ucData
void dispDataPut(unsigned char ucX,unsigned char ucData)
{
    dispBuf[ucX & 0x07] = ucData;
}
//主函数(程序入口)
int main(void)
{
    unsigned char i,x;
    jtagWait();                                           //防止 JTAG 失效,重要!
    clockInit();                                          //时钟初始化:晶振,6 MHz
    dispInit();                                           //动态数码管显示初始化
    for (;;)
    {
        for (i = 0; i < 9; i++)                           //在数码管上滚动显示 0～F
        {
            for (x = 0; x < 8; x++) dispDataPut(x,i + x);
            SysCtlDelay(2000 * (TheSysClock / 3000));
        }
    }
}

//定时器的中断服务函数
void Timer0A_ISR(void)
{
    const unsigned char SegTab[16] =                      //定义数码管段选数据
    {
        0x3F,0x06,0x5B,0x4F,0x66,0x6D,0x7D,0x07,
        0x7F,0x6F,0x77,0x7C,0x39,0x5E,0x79,0x71
    };
    const unsigned char DigTab[8] =                       //定义数码管位选数据
    {
        0x01,0x02,0x04,0x08,0x10,0x20,0x40,0x80
    };
```

```
    static unsigned char n = 0;
    unsigned short t;
    unsigned long ulStatus;
    ulStatus = TimerIntStatus(TIMER0_BASE,true);          //读取中断状态
    TimerIntClear(TIMER0_BASE,ulStatus);                  //清除中断状态,重要!
    if (ulStatus & TIMER_TIMA_TIMEOUT)                    //如果是 Timer 超时中断
    {
        t = DigTab[n] ^ 0xFF;                             //获取位选数据
        t <<= 8;                                          //位选数据放在高 8 位
        t |= SegTab[dispBuf[n] & 0x0F];                   //段选数据放在低 8 位
        SSIDataPut(SSI_BASE,t);                           //输出数据,共 16 个有效位
        n++;
        n &= 0x07;
    }
}
```

### 8.5.4　程序调试和运行

编译工程文件 SPI BUS. uvproj 后下载程序到实验板上;实验板复位后全速运行程序,观察数码管显示的内容。程序正常运行时,处理器通过 SSI 接口向外循环输出 0～7 和 1～8 等依次递增的字模,74HC595 接收到 SSI 信号后在 7 段数码管上显示相应的字符,最终在 7 段数码管上循环显示字符。

## 习　题

1. 什么是同步通信? 有何优点? 数据格式是什么?
2. LM3S811 的同步串行通信接口 SSI 的特性有哪些?
3. 简述同步串行通信接口 SSI 的通信协议的要点。
4. SSI 模块在满足什么条件时能够产生中断?
5. 编写 SSI 模块的初始化函数。

# 第 9 章

# I²C 接口的结构和功能

## 9.1 I²C 通信概述

I²C(Inter Integrated Circuit)总线是由 Philips 公司开发的两线式串行总线，用于连接微控制器及其外围设备，是微电子通信控制领域广泛采用的一种总线标准。它是同步通信的一种特殊形式，具有接口线少、控制方式简单、器件封装形式小和通信速率较高等优点。

目前，I²C 总线已经成为业界嵌入式应用的标准解决方案，被广泛应用于各种各样基于微控制器的专业、消费与电信产品中，作为控制、诊断与电源管理总线。多个符合 I²C 总线标准的器件都可以通过同一条 I²C 总线进行通信，而不需要额外的地址译码器。由于 I²C 总线是一种两线式串行总线，因此，简单的操作特性成为它快速崛起成为业界标准的关键因素。

### 9.1.1 I²C 总线特征和术语

I²C 总线仅由 2 根信号线组成，由此带来的好处是：节省芯片 I/O、节省 PCB 面积、节省线材成本，等等。I²C 总线协议简单且容易实现，协议的基本部分相当简单，初学者能够很快掌握其要领。得益于简单的协议规范，在芯片内部，以硬件方法实现 I²C 部件的逻辑是很容易的。

对于应用工程师来说，即使 MCU 内部没有硬件的 I²C 总线接口，也能够方便地利用开漏的 I/O(如果没有，可用准双向 I/O 代替)来模拟实现。

**1. I²C 总线特征**

I²C 总线特征包括：

① 只要求两条总线线路。一条串行数据线 SDA，一条串行时钟线 SCL。

② 支持的器件多。NXP 半导体最早提出 I²C 总线协议，目前包括半导体巨头德州仪器(TI)、美国国家半导体(National Semiconductor)、意法半导体(ST)、美信半导体(Maxim-IC)等都有大量器件带有 I²C 总线接口，这为应用工程师设计产品时选择合适的 I²C 器件提供了广阔空间。在现代微控制器设计中，I²C 总线接口已经成

为标准的重要片内外设之一。

③ I²C 总线上可同时挂接多个器件。每个连接到总线上的器件都可通过唯一的地址和一直存在的简单的主机/从机关系软件来设定地址，主机可以作为主机发送器或主机接收器；同一条 I²C 总线上可以挂接很多器件，一般可达数十个以上，甚至更多。器件之间靠不同的编址来区分，而不需要附加 I/O 线或地址译码部件。连接到相同总线的 IC 数量只受总线的最大电容 400 pF 的限制。

④ 总线可裁减性好。在原有总线连接的基础上可随时新增或删除器件。用软件可以很容易地实现 I²C 总线的自检功能，能够及时发现总线上的变动。

⑤ 总线电气兼容性好。I²C 总线规定器件之间以开漏 I/O 相连接，这样，只要选取适当的上拉电阻就能轻易实现不同逻辑电平之间的互联通信，而不需要额外的转换。

⑥ 多主方式。支持多种通信方式，一主多从是最常见的通信方式。此外，还支持多主机通信及广播模式等。它是一个真正的多主机总线，如果两个或更多主机同时初始化，则数据传输可以通过冲突检测和仲裁来防止数据被破坏。

⑦ 通信速率高并兼顾低速通信。I²C 总线的标准传输速率为 100 kbps（每秒 100 kb）。在快速模式下为 400 kbps。按照后来修订的版本，位速率可高达 3.4 Mbps。

I²C 总线的通信速率也可以低至几 kbps 以下，用以支持低速器件（比如软件模拟的实现）或用来延长通信距离。从机也可在接收和响应一字节后使 SCL 线保持低电平，从而迫使主机进入等待状态直到从机准备好下一个要传输的字节。

⑧ 有一定的通信距离。一般情况下，I²C 总线的通信距离可从几米到十几米。通过降低传输速率、屏蔽和中继等办法，通信距离可延长到数十米乃至数百米以上。

#### 2. I²C 总线术语

I²C 总线术语包括：

- 发送器。发送数据到总线的器件。
- 接收器。从总线接收数据的器件。
- 主机。启动数据传送并产生时钟信号的设备。
- 从机。被主机寻址的器件。
- 多主机。同时有多于一个的主机尝试控制总线但不破坏传输。
- 仲裁。是一个在有多个主机同时尝试控制总线但只允许其中一个来控制总线并使传输不被破坏的过程。
- 同步。两个或多个器件同步时钟信号的过程。

### 9.1.2 I²C 总线原理简介

采用 I²C 总线的系统结构如图 9－1 所示。其中，SCL 是时钟线，SDA 是数据线，总线上的各节点都采用漏极开路结构与总线相连，所以，SCL 和 SDA 都要接上拉电阻。由于这是一种线"与"的连接方式，所以总线在空闲状态下都保持高电平。在标准 $I^2C$ 模式下，数据传输率可达 100 kbps，在高速模式下可达 400 kbps。总线的驱动能力受总线电容的限制，不加驱动扩展时驱动能力为 400 pF。

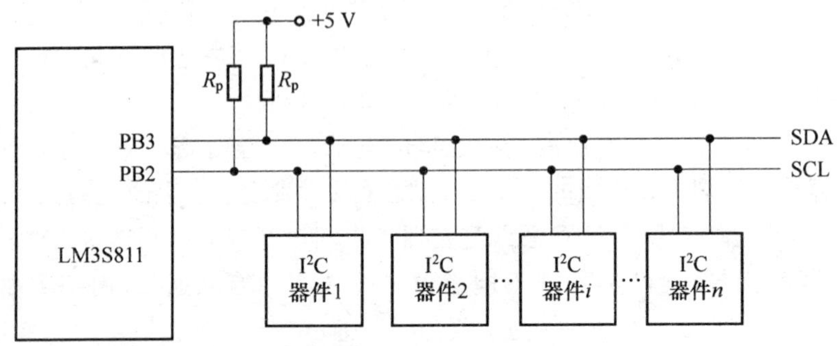


**图 9－1　典型 $I^2C$ 总线系统结构**

$I^2C$ 总线上支持多主和主从两种工作方式。在多主方式下，通过硬件和软件的仲裁，主控制器取得总线控制权。而在多数情况下，系统中只有一个主器件，即单主节点，总线上的其他器件都是具有 $I^2C$ 总线的外围从器件，这时的 $I^2C$ 总线就工作在主从工作方式下。在主从方式下，从器件的地址包括器件编号地址和引脚地址，器件编号地址由 $I^2C$ 总线委员会分配，引脚地址决定于引脚外接电平的高低，当器件内部有连续的子地址空间时，对这些空间进行 $N$ 字节的连续读、写，子地址会自动加 1。在主从方式的 $I^2C$ 总线系统中只需考虑主方式的 $I^2C$ 总线操作。

$I^2C$ 模块必须被连接到双向的开漏引脚上。如图 9－1 所示为 $I^2C$ 总线的典型连接方式，要注意主机与各个从机之间要共 GND 引脚，而且要在信号线 SCL 和 SDA 上接有适当的上拉电阻 $R_p$(pull-up resistor)。上拉电阻一般取值 3～10 kΩ(强调低功耗时可以取得更大一些，强调快速通信时可以取得更小一些)。

开漏结构的好处是：当总线空闲时，这两条信号线都保持高电平，不会消耗电流；电气兼容性好；上拉电阻接 5 V 电源就能与 5 V 逻辑器件接口，上拉电阻接 3 V 电源又能与 3 V 逻辑器件接口。因为是开漏结构，所以不同器件的 SDA 与 SDA 之间和 SCL 与 SCL 之间可以直接相连，而不需要额外的转换电路。

## 9.2　$I^2C$ 通信规则

### 9.2.1　$I^2C$ 总线的数据传输格式

在 $I^2C$ 总线上传送的每一字节均为 8 位，并且高位在前。首先由起始信号启动 $I^2C$ 总线，其后为寻址字节，寻址字节由高 7 位地址和最低 1 位的方向位组成，方向位表明主控器与被控器之间数据传送的方向，方向位为 0 时表明主控器对被控器的写操作，为 1 时表明主控器的读操作，其后的数据传输字节数没有限制。每传送一字节后都必须跟随一个应答位或非应答位，在全部数据传送结束后，主控器发送终止信号，图 9－2 给出了一次完整的数据传输过程。

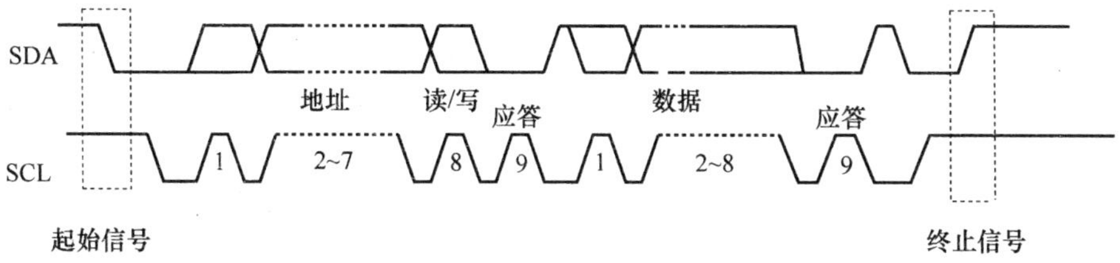


**图 9－2　I²C 总线上一次完整的数据传输格式**

I²C 总线上的数据传输有许多读、写组合方式，几种常用的数据传输格式如图 9－3 所示。

写操作：

| S | SLAW | A | DATA1 | A | DATA2 | A | … | DATA(*n*−1) | A | DATA*n* | A/$\overline{A}$ | P |
|---|---|---|---|---|---|---|---|---|---|---|---|---|

读操作：

| S | SLAW | A | DATA1 | A | DATA2 | A | … | DATA(*n*−1) | A | DATA*n* | $\overline{A}$ | P |
|---|---|---|---|---|---|---|---|---|---|---|---|---|

读/写操作：

| S | SLAW/R | A | DATA1 | A | … | DATA*n* | A/$\overline{A}$ | Sr | SLAR/W | A |
|---|---|---|---|---|---|---|---|---|---|---|

| DATA1 | A | … | DATA*n* | A/$\overline{A}$ | P |
|---|---|---|---|---|---|

■：主控器发送，被控器接收；□：主控器接收，被控器发送

**图 9－3　I²C 总线上常用的数据传输格式**

图 9－3 中各个字母表示的含义是：A 为应答信号；$\overline{A}$为非应答信号；S 为起始信号；Sr 为重复起始信号；P 为停止信号；SLAW 为写寻址字节；SLAR 为读寻址字节；DATA1～DATA*n* 为被写入/读出的 *n* 个数据字节，在读/写操作中未注明数据的传送方向，其方向由寻址字节的方向位决定。

I²C 总线支持任何 IC 生产过程（NMOS、CMOS、双极性）。两线——串行数据线（SDA）和串行时钟线（SCL）在连接到总线的器件间传递信息。每个器件都有一个唯一的地址识别（无论是微控制器 MCU、LCD 驱动器、存储器或键盘接口），而且都可作为一个发送器或接收器（由器件的功能决定）。很明显，LCD 驱动器只是一个接收器，而存储器则既可以接收又可以发送数据。除了发送器和接收器外，器件在执行数据传输时也可被看做是主机或从机。主机是初始化总线的数据传输并产生允许传输

的时钟信号的器件。此时，任何被寻址的器件都被认为是从机。

Stellaris 系列 ARM 芯片的 $I^2C$ 模块在作为主机或从机时都可产生中断。$I^2C$ 主机在发送或接收操作完成（或由于错误中止）时产生中断，$I^2C$ 从机在主机已向其发送数据或发出请求时产生中断。

带有 $I^2C$ 总线的器件除了有从机地址（slave address）外，还有数据地址（也称子地址）。从机地址是该器件在 $I^2C$ 总线上被主机寻址的地址，数据地址是该器件内部不同部件或存储单元的编址。

数据地址也像普通数据一样进行传输，传输格式也与数据相统一，区分传输的是地址还是数据靠收发双方具体的逻辑约定。数据地址的长度必须由整数字节组成，可能是单字节，也可能是双字节，还可能是 4 字节，要因具体器件而定。

## 9.2.2 数据有效性（data validity）

在时钟线 SCL 的高电平期间，SDA 线上的数据必须保持稳定。SDA 仅可在时钟线 SCL 为低电平时改变，如图 9-4 所示。

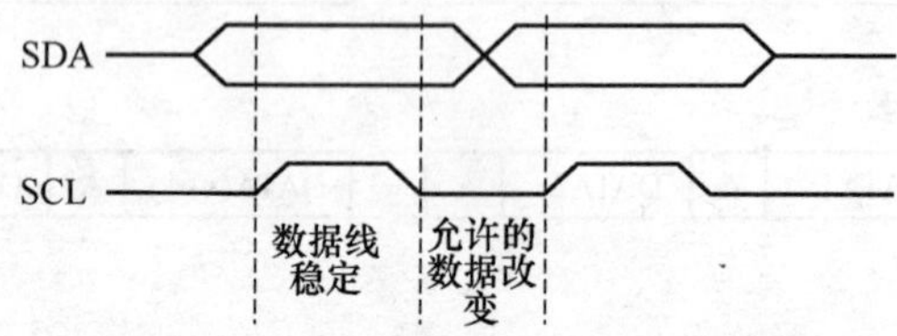


图 9-4 $I^2C$ 数据有效性示意图

## 9.2.3 起始和停止条件（START and STOP conditions）

$I^2C$ 总线协议定义了两种状态：起始和停止。当 SCL 为高电平时，在 SDA 线上从高到低的跳变被定义为起始条件；当 SCL 为高电平时，在 SDA 线上从低到高的跳变被定义为停止条件。总线在起始条件之后被看做是忙状态，在停止条件之后被看做是空闲，如图 9-5 所示。

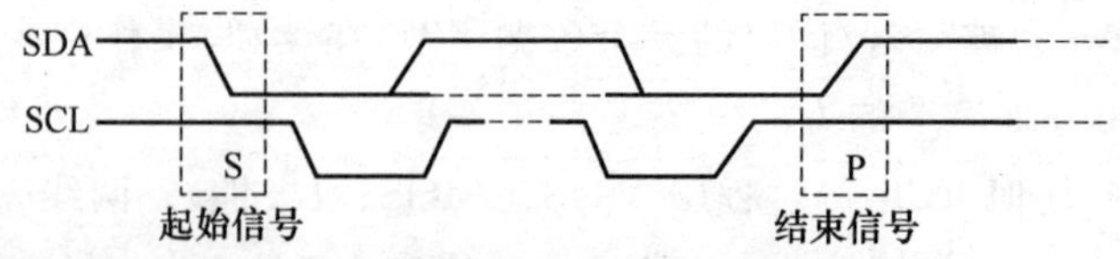


图 9-5 $I^2C$ 总线的起始条件和停止条件

## 9.2.4 字节格式（byte format）

SDA 线上的每个字节必须为 8 位长，不限制每次传输的字节数，每个字节后面必须带有一个应答位，数据传输时MSB在前。当接收器不能接收另一个完整的字节时，可以将时钟线SCL拉至低电平，以迫使发送器进入等待状态；当接收器释放时钟线SCL时，继续进行数据传输。

## 9.2.5　应答(acknowledge)

数据传输必须带有应答。与应答相关的时钟脉冲由主机产生。发送器在应答时钟脉冲期间释放SDA线。接收器必须在应答时钟脉冲期间拉低SDA，使得它在应答时钟脉冲的高电平期间保持稳定(低电平)。

当从机接收器不应答从机地址时，数据线必须由从机保持在高电平状态。然后主机可产生停止条件来中止当前的传输。

如果在传输中涉及主机接收器，则主机接收器可通过在最后一个字节(在从机之外计时)上不产生应答的方式来通知从机发送器数据传输结束。从机发送器必须释放SDA线来允许主机产生停止或重复的起始条件。

## 9.2.6　仲裁(arbitration)

只有在总线空闲时，主机才可以启动传输。在起始条件的最少保持时间内，两个或两个以上的主机都有可能产生起始条件。当SCL为高电平时在SDA上发生仲裁，在这种情况下，发送高电平的主机(而另一个主机正在发送低电平)将关闭(switch off)其数据输出状态。

可以在几个位上发生仲裁。仲裁的第一个阶段是比较地址位，如果两个主机都试图寻址相同的器件，则仲裁继续比较数据位。例如，带有7位地址数据格式(formats with 7-bit addresses)的传输如图9-6所示。从机地址在起始条件之后发送，该地址为7位，后面跟的第8位是数据方向位，该数据方向位决定了下一个操作是接收(高电平)还是发送(低电平)，0表示传输(发送)，1表示请求数据(接收)。

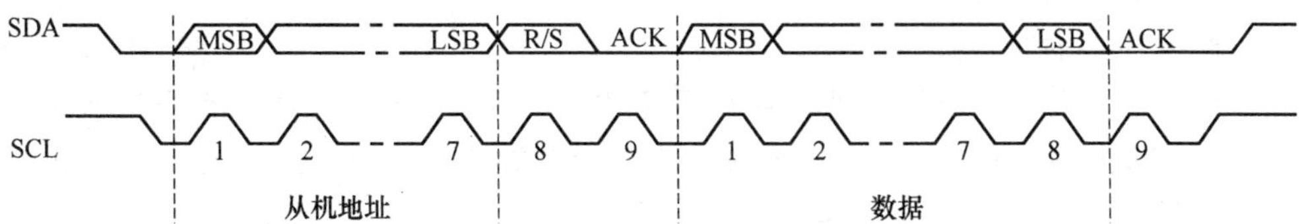


图9-6　带7位地址的完整数据传输

数据传输始终由主机产生的停止条件来中止。然而，通过产生重复的起始条件和寻址另一个从机(而无需先产生停止条件)，主机仍可在总线上通信。因此，在这种传输过程中可能会有接收/发送格式的不同组合。首字节的前7位组成了从机地址(图9-7)，第8位决定了消息的方向。首字节的R/S位为0表示主机将向所选择的从机写(发送)信息,R/S 位为 1 表示主机将接收来自从机的信息。

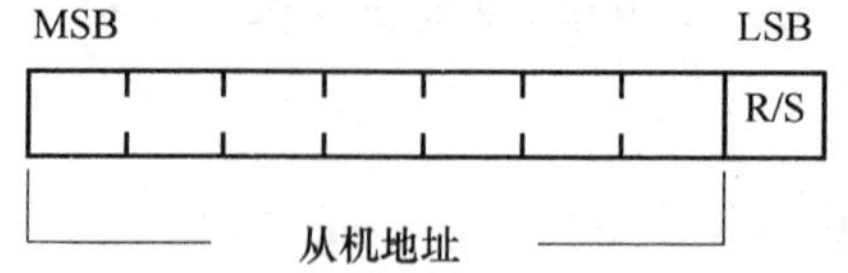


图 9-7 第一个字节的 R/S 位

# 9.3 LM3S811 的 $I^2C$ 功能

## 9.3.1 SCL 时钟速率

$I^2C$ 总线的时钟速率由以下参数决定:

- CLK_PRD。系统时钟周期。
- SCL_LP。SCL 低电平时间(固定为 6)。
- SCL_HP。SCL 高电平时间(固定为 4)。
- TIMER_PRD。位于 $I^2C$ 的寄存器 MTPR($I^2C$ Master Timer Period)中的可编程值。

$I^2C$ 时钟周期的计算公式是

SCL_PERIOD=2×(1+TIMER_PRD)×(SCL_LP+SCL_HP)×CLK_PRD

例如,CLK_PRD=50 ns(系统时钟为 20 MHz),TIMER_PRD=2,SCL_LP=6,SCL_HP=4,则 SCL_PERIOD 为 3 μs,即 333 kHz。

## 9.3.2 中断控制

$I^2C$ 总线能够在观测到以下条件时产生中断:

- 主机传输完成。
- 主机传输过程中出现错误。
- 从机传输时接收到数据。
- 从机传输时接收到主机的请求,这对 $I^2C$ 主机模块和从机模块来说是独立的中断信号。但当两个模块都能产生多个中断时,仅有单个中断信号被送到中断控制器。

### 1. $I^2C$ 主机中断

当传输结束(发送或接收)或在传输过程中出现错误时,$I^2C$ 主机模块产生一个中断。调用函数 I2CMasterIntEnable()可使能 $I^2C$ 主机中断。当符合中断条件时,软件必须通过函数 I2CMasterErr()来检查以确认错误不是在最后一次传输中产生。

如果最后一次传输没有被从机应答,或者如果主机由于与另一个主机竞争时丢失仲裁而被强制放弃总线所有权，那么会发出一个错误条件。如果没有检测到错误，则可继续执行传输。可通过函数 I2CMasterIntClear()来清除中断状态。

如果应用不要求使用中断(而使用基于轮询的设计方法)，那么原始的中断状态总可以通过调用函数 I2CMasterIntStatus(false)来观察到。

**2. I²C 从机中断**

从机模块在它接收到来自 I²C 主机的请求时产生中断。调用函数 I2CSlaveIntEnable()可使能 I²C 从机中断。软件通过调用函数 I2CSlaveStatus()来确定模块是否应该写入(发送)数据或读取(接收)数据。通过调用函数 I2CSlaveIntClear()来清除中断。

如果应用不要求使用中断(而使用基于轮询的设计方法)，那么原始的中断状态总可以通过调用函数 I2CSlaveIntStatus(false)来观察到。

### 9.3.3 回环操作(loopback operation)

I²C 模块能够被设置到内部的回送模式以用于诊断或调试工作。在回送模式中，主机和从机模块的 SDA 和 SCL 信号结合在一起。

### 9.3.4 主机命令序列

I²C 模块在主机模式下有多种收/发模式：

- 主机单次发送，数据传输格式为 S | SLA+W | DATA | P;
- 主机单次接收，数据传输格式为 S | SLA+R | DATA | P;
- 主机突发发送，数据传输格式为 S | SLA+W | DATA |…| P;
- 主机突发接收，数据传输格式为 S | SLA+R | DATA |…| P;
- 主机突发发送后主机接收，数据传输格式为 S | SLA+W | DATA | … | Sr | SLA+R |…| P;
- 主机突发接收后主机发送，数据传输格式为 S | SLA+R | DATA | … | Sr | SLA+W |…| P。

在传输格式中，S 为起始条件，P 为停止条件，SLA+W 为从机地址加写操作，SLA+R 为从机地址加读操作，DATA 为传输的有效数据，Sr 为重复起始条件(在物理波形上等同于 S)。在单次模式中，每次仅能传输一字节的有效数据；而在突发模式中，一次可以传输多字节的有效数据。在实际应用中，以“主机突发发送”和“主机突发发送后主机接收”这两种模式最为常见。

控制主机收/发动作的是函数 I2CMasterControl()，参见 9.4 节中的描述。

### 9.3.5 从机状态控制

当 I²C 模块作为总线上的从机时，收/发操作仍然由(另外的)主机控制。当从机被寻址到时会触发中断，将被要求接收或发送数据。通过调用函数 I2CSlaveStatus()来获得主机的操作要求，分以下几种情况：

- 主机已经发送了第一字节，该字节应被视为数据地址(或数据地址的首字节)；
- 主机已经发送了数据，应当及时读取该数据(也可能是数据地址的后继字节)；
- 主机要求接收数据，应当根据数据地址找到存储的数据，然后回送给主机。

## 9.4 $I^2C$ 库函数

### 9.4.1 主机模式收/发控制函数

函数 I2CMasterInitExpClk()用来初始化 $I^2C$ 模块为主机模式，并可选择通信速率为 100 kbps 的标准模式或 400 kbps 的快模式。在实际编程时常常以更方便的宏函数 I2CMasterInit()来代替此函数。为了能够在实际应用中支持更低或更高的通信速率，还补充了一个实用函数 I2CMasterSpeedSet()。

函数 I2CMasterEnable()和 I2CMasterDisable()用来使能或禁止主机模式下的总线收/发。

函数 I2CMasterControl()用来控制 $I^2C$ 总线在主机模式下收/发数据的各种总线动作。在控制总线收/发数据之前要调用函数 I2CMasterSlaveAddrSet()来设置器件的地址和读/写控制位，如果是要发送数据，则还要调用函数 I2CMasterDataPut()来设置首先发送的数据字节(应当是数据地址)。在总线接收到数据后，要通过函数 I2CMasterDataGet()来及时读取收到的数据。

函数 I2CMasterBusy()用来查询主机当前的状态是否忙，函数 I2CMasterBusBusy()用来确认在多机通信中是否有其他主机正在占用总线。

在 $I^2C$ 主机通信过程中可能会遇到一些错误情况，如被寻址的器件不存在、发送数据时从机没有应答，等等，都可通过调用函数 I2CMasterErr()来查知。

**1. 函数 I2CMasterInitExpClk()**

功能：$I^2C$ 主机模块初始化(要求提供明确的时钟速率)。

原型：void I2CMasterInitExpClk(unsigned long ulBase, unsigned long ulI2CClk, tBoolean bFast)

参数：

ulBase，$I^2C$ 主机模块的基址，取下列值之一：

- I2C0_MASTER_BASE，$I^2C$ 0 主机模块的基址；
- I2C1_MASTER_BASE，$I^2C$ 1 主机模块的基址；

- I2C_MASTER_BASE，I²C 主机模块的基址（等同于 I²C 0）。

ulI2CClk，提供给 I²C 模块的时钟速率，即系统时钟频率。

bFast，取值 false 时，以 100 kbps 的标准位速率传输数据；取值 true 时，以 400 kbps快模式传输数据。

返回：无。

### 2. 宏函数 I2CMasterInit()

功能：I²C 主机模块初始化。

原型：

```
#define I2CMasterInit(a,b) I2CMasterInitExpClk(a,SysCtlClockGet(),b)
```

参数：参见函数 I2CMasterInitExpClk()的描述。

返回：无。

### 3. 补充函数 I2CMasterSpeedSet()

功能：I²C 主机通信速率设置。

原型：void I2CMasterSpeedSet(unsigned long ulBase,unsigned long ulSpeed)

参数：

ulBase，I²C 主机模块的基址。

ulSpeed，期望设置的速率（单位为 bps）。

返回：无。

**例 1：** 假设采用 6 MHz 主频，则设置 I²C 主机速率为 15 kbps 的程序语句为

```
SysCtlClockSet(SYSCTL_USE_OSC | SYSCTL_OSC_MAIN | SYSCTL_XTAL_6MHZ | SYSCTL_SYSDIV_1);
I2CMasterSpeedSet(I2C0_MASTER_BASE,15000);
```

**例 2：** 假设采用 50 MHz 主频，则设置 I²C 主机速率为 1.25 Mbps 的程序语句为

```
SysCtlLDOSet(SYSCTL_LDO_2_75V);
SysCtlClockSet(SYSCTL_USE_PLL | SYSCTL_OSC_MAIN | SYSCTL_XTAL_6MHZ |
               SYSCTL_SYSDIV_4);
I2CMasterSpeedSet(I2C0_MASTER_BASE,1250000);
```

### 4. 函数 I2CMasterEnable()

功能：使能 I²C 主机模块。

原型：void I2CMasterEnable(unsigned long ulBase)

参数：

ulBase，I²C 主机模块的基址。

返回：无。

### 5. 函数 I2CMasterDisable()

功能：禁止 I²C 主机模块。

原型：void I2CMasterDisable(unsigned long ulBase)

参数：

ulBase，$I^2C$ 主机模块的基址。

返回：无。

### 6. 函数 I2CMasterSlaveAddrSet()

功能：设置 $I^2C$ 主机将要放到总线上的从机地址。

原型：void I2CMasterSlaveAddrSet(unsigned long ulBase，unsigned char ucSlaveAddr，tBoolean bReceive)

参数：

ulBase，$I^2C$ 主机模块的基址。

ucSlaveAddr，7 位从机地址(这是纯地址，不含读/写控制位)。

bReceive，取值 false 时，表示主机将要写数据到从机；取值 true 时，表示主机将要从从机读取数据。

返回：无。

**说明：**本函数仅仅是设置将要发送到总线上的从机地址，而不会真正在总线上产生任何动作。

### 7. 函数 I2CMasterDataPut()

功能：从主机发送一字节。

原型：void I2CMasterDataPut(unsigned long ulBase，unsigned char ucData)

参数：

ulBase，$I^2C$ 主机模块的基址。

ucData，要发送的数据。

返回：无。

**说明：**本函数实际上并不会真正发送数据到总线上，而是将待发送的数据存放在一个数据寄存器中。

### 8. 函数 I2CMasterDataGet()

功能：接收一个已经发送到主机的字节。

原型：unsigned long I2CMasterDataGet(unsigned long ulBase)

参数：

ulBase，$I^2C$ 主机模块的基址。

返回：接收到的字节(自动转换为长整型)。

### 9. 函数 I2CMasterControl()

功能：控制主机模块在总线上的动作。

原型：void I2CMasterControl(unsigned long ulBase，unsigned long ulCmd)

参数：

ulBase，I²C 主机模块的基址。

ulCmd，向主机发出的命令，取下列值之一：

- I2C_MASTER_CMD_SINGLE_SEND，单次发送；
- I2C_MASTER_CMD_SINGLE_RECEIVE，单次接收；
- I2C_MASTER_CMD_BURST_SEND_START，突发发送起始；
- I2C_MASTER_CMD_BURST_SEND_CONT，突发发送继续；
- I2C_MASTER_CMD_BURST_SEND_FINISH，突发发送完成；
- I2C_MASTER_CMD_BURST_SEND_ERROR_STOP，突发发送遇错误停止；
- I2C_MASTER_CMD_BURST_RECEIVE_START，突发接收起始；
- I2C_MASTER_CMD_BURST_RECEIVE_CONT，突发接收继续；
- I2C_MASTER_CMD_BURST_RECEIVE_FINISH，突发接收完成；
- I2C_MASTER_CMD_BURST_RECEIVE_ERROR_STOP，突发接收遇错误停止。

返回：无。

### 10. 函数 I2CMasterBusy()

功能：确认 I²C 主机是否忙。

原型：tBoolean I2CMasterBusy(unsigned long ulBase)

参数：

ulBase，I²C 主机模块的基址。

返回：true 表示忙，false 表示不忙。

**说明：**本函数用来确认 I²C 主机是否正在忙于发送或接收数据。

### 11. 函数 I2CMasterBusBusy()

功能：确认 I²C 总线是否忙。

原型：tBoolean I2CMasterBusBusy(unsigned long ulBase)

参数：

ulBase，I²C 主机模块的基址。

返回：true 表示忙，false 表示不忙。

**说明：**本函数通常用于多主机通信环境中，以确认其他主机是否正在占用总线。

### 12. 函数 I2CMasterErr()

功能：获取 I²C 主机模块的错误状态。

原型：unsigned long I2CMasterErr(unsigned long ulBase)

参数：

ulBase，$I^2C$ 主机模块的基址。

返回：

错误状态，是下列值之一：

- I2C_MASTER_ERR_NONE，没有错误；
- I2C_MASTER_ERR_ADDR_ACK，地址应答错误；
- I2C_MASTER_ERR_DATA_ACK，数据应答错误；
- I2C_MASTER_ERR_ARB_LOST，丢失仲裁错误(多机通信竞争总线失败)。

## 9.4.2 主机模式中断控制函数

$I^2C$ 总线主机模式的中断控制函数有：中断的使能与禁止控制函数 I2CMasterIntEnable()和 I2CMasterIntDisable()、中断状态查询函数 I2CMasterIntStatus()和中断状态清除函数 I2CMasterIntClear()。

### 1. 函数 I2CMasterIntEnable()

功能：使能 $I^2C$ 主机中断。

原型：void I2CMasterIntEnable(unsigned long ulBase)

参数：

ulBase，$I^2C$ 主机模块的基址。

返回：无。

### 2. 函数 I2CMasterIntDisable()

功能：禁止 $I^2C$ 主机中断。

原型：void I2CMasterIntDisable(unsigned long ulBase)

参数：

ulBase，$I^2C$ 主机模块的基址。

返回：无。

### 3. 函数 I2CMasterIntStatus()

功能：获取 $I^2C$ 主机的中断状态。

原型：tBoolean I2CMasterIntStatus(unsigned long ulBase，tBoolean bMasked)

参数：

ulBase，$I^2C$ 主机模块的基址。

bMasked，取值 false 时将获取原始的中断状态，取值 true 时将获取屏蔽的中断状态。

返回：false 表示没有中断，true 表示产生了中断请求。

### 4. 函数 I2CMasterIntClear()

功能：清除 $I^2C$ 主机的中断状态。

原型：void I2CMasterIntClear(unsigned long ulBase)

参数：

ulBase，I²C 主机模块的基址。

返回：无。

### 9.4.3 从机模式收/发控制函数

函数 I2CSlaveInit()用来初始化 I²C 模块为从机模式，并指定从机地址。函数 I2CSlaveEnable()和 I2CSlaveDisable()用来使能和禁止从机模式下的总线收/发。

函数 I2CSlaveStatus()用来获取从机的状态，即在 I²C 模块处于从机模式下时，当有(其他的)主机寻址到本从机时要求发送或接收数据的状况。该函数在处理从机收发数据过程中起着至关重要的作用。

函数 I2CSlaveDataGet()用来读取从机已经接收到的数据字节，函数 I2CSlaveDataPut()用来发送从机要传输到(其他的)主机上的数据字节。

#### 1. 函数 I2CSlaveInit()

功能：初始化 I²C 从机模块。

原型：void I2CSlaveInit(unsigned long ulBase，unsigned char ucSlaveAddr)

参数：

ulBase，I²C 从机模块的基址，取下列值之一：

- I2C0_SLAVE_BASE，I²C 0 从机模块的基址；
- I2C1_SLAVE_BASE，I²C 1 从机模块的基址；
- I2C_SLAVE_BASE，I²C 从机模块的基址(等同于 I²C 0)。

ucSlaveAddr，7 位从机地址(这是纯地址，MSB 应当为 0)。

返回：无。

#### 2. 函数 I2CSlaveEnable()

功能：使能 I²C 从机模块。

原型：void I2CSlaveEnable(unsigned long ulBase)

参数：

ulBase，I²C 从机模块的基址。

返回：无。

#### 3. 函数 I2CSlaveDisable()

功能：禁止 I²C 从机模块。

原型：void I2CSlaveDisable(unsigned long ulBase)

参数：

ulBase，I²C 从机模块的基址。

返回：无。

### 4. 函数 I2CSlaveStatus()

功能：获取 $I^2C$ 从机模块的状态。

原型：unsigned long I2CSlaveStatus(unsigned long ulBase)

参数：

ulBase，$I^2C$ 从机模块的基址。

返回：

主机请求的动作(如果有的话)，可能是下列值之一：

- I2C_SLAVE_ACT_NONE，主机没有请求任何动作；
- I2C_SLAVE_ACT_RREQ_FBR，主机已发送数据到从机，并且收到跟在从机地址后的第一个字节；
- I2C_SLAVE_ACT_RREQ，主机已经发送数据到从机；
- I2C_SLAVE_ACT_TREQ，主机请求从机发送数据。

### 5. 函数 I2CSlaveDataGet()

功能：获取已经发送到从机模块的数据。

原型：unsigned long I2CSlaveDataGet(unsigned long ulBase)

参数：

ulBase，$I^2C$ 从机模块的基址。

返回：获取到的一字节(自动转换为 unsigned long 型)。

### 6. 函数 I2CSlaveDataPut()

功能：从从机模块发送数据。

原型：void I2CSlaveDataPut(unsigned long ulBase，unsigned char ucData)

参数：

ulBase，$I^2C$ 从机模块的基址。

ucData，要发送的数据。

返回：无。

**说明：**本函数执行的结果是把将要发送的数据存放到一个寄存器中，而不能在总线上立即产生任何动作，只有在(其他的)主机控制信号 SCL 的作用下才能把数据一位一位地发送出去。

## 9.4.4 从机模式中断控制函数

$I^2C$ 总线从机模式的中断控制函数有：中断的使能与禁止控制函数 I2CSlaveIntEnable() 和 I2CSlaveIntDisable()、中断状态查询函数 I2CSlaveIntStatus() 及中断状态清除函数 I2CSlaveIntClear()。

### 1. 函数 I2CSlaveIntEnable()

功能：使能 I²C 从机模块的中断。

原型：void I2CSlaveIntEnable(unsigned long ulBase)

参数：

ulBase，I²C 从机模块的基址。

返回：无。

### 2. 函数 I2CSlaveIntDisable()

功能：禁止 I²C 从机模块的中断。

原型：void I2CSlaveIntDisable(unsigned long ulBase)

参数：

ulBase，I²C 从机模块的基址。

返回：无。

### 3. 函数 I2CSlaveIntStatus()

功能：获取 I²C 从机的中断状态。

原型：tBoolean I2CSlaveIntStatus(unsigned long ulBase，tBoolean bMasked)

参数：

ulBase，I²C 从机模块的基址。

bMasked，取值 false 时将获取原始的中断状态，取值 true 时将获取屏蔽的中断状态。

返回：false 表示没有中断，true 表示产生了中断请求。

### 4. 函数 I2CSlaveIntClear()

功能：清除 I²C 从机的中断状态。

原型：void I2CSlaveIntClear(unsigned long ulBase)

参数：

ulBase，I²C 从机模块的基址。

返回：无。

## 9.4.5 中断的注册与注销函数

这两个函数用来注册或注销 I²C 总线在主机(或从机)模式下的中断服务函数。

### 1. 函数 I2CIntRegister()

功能：注册一个 I²C 总线的中断服务函数。

原型：void I2CIntRegister(unsigned long ulBase，void ( * pfnHandler)(void))

参数：

ulBase，$I^2C$ 主机模块的基址。

＊pfnHandler，函数指针，指向 $I^2C$ 主机或从机中断出现时调用的函数。

返回：无。

### 2. 函数 I2CIntUnregister()

功能：注销 $I^2C$ 总线的中断服务函数。

原型：void I2CIntUnregister(unsigned long ulBase)

参数：

ulBase，$I^2C$ 主机模块的基址。

返回：无。

# 9.5 项目 13：基于 $I^2C$ 总线的实时时钟控制系统

## 9.5.1 任务要求和分析

设计一套时钟系统，采用 PCF8563 芯片，利用数码管动态显示。

根据设计任务，这里使用 Cortex－M3 的内部 $I^2C$ 控制器及其相关的 API 函数；利用 $I^2C$ 总线的通信编程方法，使数码管显示实时时钟的秒值和分值。

## 9.5.2 硬件电路设计

### 1. PCF8563 芯片简介

PCF8563 是低功耗的 CMOS 实时时钟/日历芯片，提供一个可编程的时钟输出、一个中断输出和掉电检测器，所有的地址和数据都通过 $I^2C$ 总线接口串行传递。

PCF8563 除具有日历时钟的功能外，还具有 256 字节的 SRAM，并可作为计数器使用，这里只介绍与实验有关的日历时钟的用法。

PCF8563 的器件地址为 0x1010，引脚地址中的 A2 和 A1 必须为 0，因此只有 A0 一个地址引脚。一个 $I^2C$ 总线上最多可以接 2 片 PCF8563。PCF8563 内部 RAM 的 00H～0FH 单元是工作寄存器空间，表 9－1 给出了 PCF8563 各寄存器的功能。

**表 9－1 PCF8563 寄存器功能**

| 地 址 | 寄存器名称 | 位 7 | 位 6 | 位 5 | 位 4 | 位 3 | 位 2 | 位 1 | 位 0 |
|---|---|---|---|---|---|---|---|---|---|
| 00H | 控制/状态寄存器 1 | TEST | 0 | STOP | 0 | TESTC | 0 | 0 | 0 |
| 01H | 控制/状态寄存器 2 | 0 | 0 | 0 | TI/TP | AF | TF | AIE | TIE |
| 02H | 秒 | VL | 00～59 BCD 码格式数 | | | | | | |
| 03H | 分 | — | 00～59 BCD 码格式数 | | | | | | |
| 04H | 时 | — | — | 00～59 BCD 码格式数 | | | | | |

续表 9－1

| 地　址 | 寄存器名称 | 位 7 | 位 6 | 位 5 | 位 4 | 位 3 | 位 2 | 位 1 | 位 0 |
|---|---|---|---|---|---|---|---|---|---|
| 05H | 日 | — | — | 01～31 BCD 码格式数 | | | | | |
| 06H | 星期 | — | — | — | — | — | 0～6 | | |
| 07H | 月/世纪 | C | — | — | 01～12 BCD 码格式数 | | | | |
| 08H | 年 | 00～99 BCD 码格式数 | | | | | | | |
| 09H | 分钟报警 | AE | — | 00～59 BCD 码格式数 | | | | | |
| 0AH | 小时报警 | AE | — | 00～23 BCD 码格式数 | | | | | |
| 0BH | 日报警 | AE | — | 00～31 BCD 码格式数 | | | | | |
| 0CH | 星期报警 | AE | — | — | — | — | 0～6 | | |
| 0DH | CLKOUT 频率寄存器 | FE | — | — | — | — | — | FD1 | FD0 |
| 0EH | 定时器控制寄存器 | TE | — | — | — | — | — | TD1 | TD0 |
| 0FH | 定时器倒计数数值寄存器 | 定时器倒计数数值 | | | | | | | |

注：标明"—"的位无效。

下面进一步介绍几个寄存器的内容。内存地址 00H 和 01H 是控制寄存器和状态寄存器，在外接 32.768 kHz 晶振时，默认情况下，报警禁止。内存地址 02H～08H 用于时钟计数器（秒至年计数器），地址 09H～0CH 用于报警寄存器（定义报警条件），地址 0DH 控制 CLKOUT 引脚的输出频率，地址 0EH 和 0FH 分别用于定时器控制寄存器和定时器倒计数数值寄存器。表 9－1 中，TEST 设置工作模式，STOP 决定芯片时钟的运行情况，TESTC 设置电源复位功能；TI/TP 控制中断产生的条件，AF 是报警标志位，TF 是定时器设置标志位，标志位 AIE 和 TIE 决定一个中断的请求有效或无效；VL＝0 保证准确的时钟/日历数据；C 为世纪位；AE 是报警中断使能位（低有效）；FE 是频率输出使能位（高有效），FD1 和 FD0 用于控制频率输出引脚；TE 是定时器中断使能位（高有效），TD1 和 TD0 是定时器时钟频率选择位。

PCF8563 的数据操作有指定单元写、指定单元读和现行地址读 3 种，数据操作格式如图 9－8 所示。

指定单元写

| S | SLAW | A | WORDADR | A | DATA1 | A | … | DATA*n* | A | P |
|---|---|---|---|---|---|---|---|---|---|---|

指定单元读

现行地址读

**图 9－8　PCF8563 的数据操作格式**

## 2. 系统硬件电路设计

如图 9－9 所示，时钟部分选用的 RTC 芯片为 PCF8563，采用 I²C 接口，它能够输出可编程的时钟频率，可以利用计数器系统对其进行计数操作。当然，RTC 的主要功能是提供实时时钟，因此可以制作简易的实时时钟显示系统。PCF8563 的时钟信号 SCL 和 SDA 接 LM3S811 的 PB2 和 PB3，INT1 接 PB1。

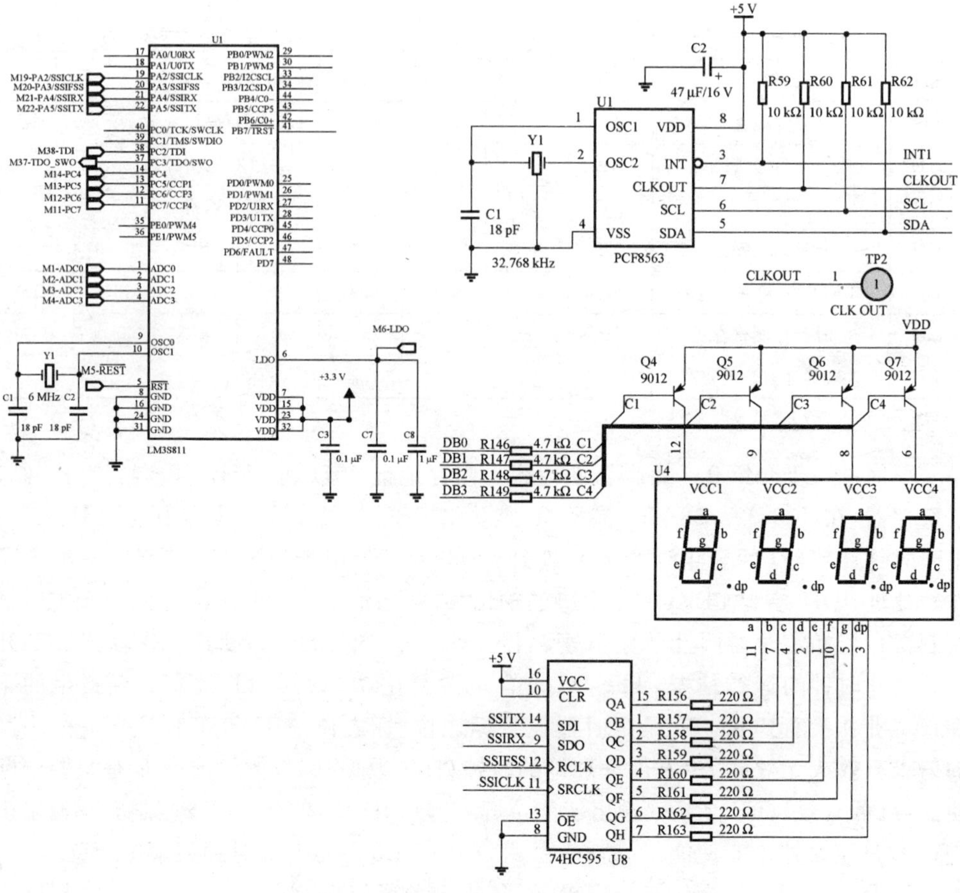

图 9－9 “基于 I²C 总线的实时时钟控制系统”项目电路图

显示部分的控制信号传输采用 SPI 总线，这部分选用的是四位一体的共阳极数码管，位选线由 PD0～PD3 控制，段码值由 LM3S811 的 SSICLK，SSIFSS，SSIRX 和 SSITX(PA2～PA5)经由 74HC595 送给数码管；可以显示数字和简易的字母和符号。

## 9.5.3 程序设计

首先配置内部 I²C 控制器，使用 I²C 总线按照 PCF8563 的操作时序，访问 PCF8563 存储器进行读/写操作，再通过数码管显示读出的时钟秒值和分值。

程序清单如下：

```
#include  "systemInit.h"
#define BitRate 115200                        //设定 SPI 的波特率
#define DataWidth 8                           //设定 SPI 的数据宽度
#define BITS_PERIPH SYSCTL_PERIPH_GPIOD       //数码管位选控制信号(PD0 控制最高位)
#define BITS_PORT GPIO_PORTD_BASE
unsigned char DISP_TAB[16] = {                //此表为 7 段数码管显示 0～F 的字模
    0xC0,0xF9,0xA4,0xB0,0x99,0x92,0x82,0xF8,
    0x80,0x90,0x88,0x83,0xC6,0xA1,0x86,0x8E};
//I²C 总线的相关操作状态
#define STATE_IDLE          0         //状态 0,总线空闲状态
#define STATE_WRITE_NEXT    1         //状态 1,写下一个数据
#define STATE_WRITE_FINAL   2         //状态 2,写最后一个数据
#define STATE_WAIT_ACK      3         //状态 3,返回一个应答信号,以指示读操作已经完成
#define STATE_SEND_ACK      4         //状态 4,等待应答信号
#define STATE_READ_ONE      5         //状态 5,读取一字节的数据
#define STATE_READ_FIRST    6         //状态 6,读取字符串的首数据
#define STATE_READ_NEXT     7         //状态 7,读取下一个数据
#define STATE_READ_FINAL    8         //状态 8,读取最后一个数据
#define STATE_READ_WAIT     9         //状态 9,读取数据的最终状态
//I²C 从机地址,注意需根据操作对象修改成不同的地址,并需将原从机地址左移一位(与
//API 函数有关)
#define RCSI24c02 0x0a3>>1                      //PCF8563 的读地址 0x0a3
#define WCSI24c02 0x0a2>>1                      //PCF8563 的写地址 0x0a2
//此变量存储 I²C 总线上将被发送或接收的数据
static unsigned char *g_pucData = 0;            //初始化为零
static unsigned long g_ulCount = 0;
//中断服务程序的当前状态
static volatile unsigned long g_ulState = STATE_IDLE; //初始化为状态 0,总线空闲状态
void I2CIntHandler(void)                        //I²C 中断服务程序
{
    I2CMasterIntClear(I2C0_MASTER_BASE);        //清除 I²C 中断
    switch(g_ulState)                           //根据当前状态执行相关操作
    {
        case STATE_IDLE:                        //空闲状态
        {
            break;
        }
        case STATE_WRITE_NEXT:                  //写下一个数据
        {
            I2CMasterDataPut(I2C0_MASTER_BASE, *g_pucData++);//将下一字节写入数
                                                //据寄存器
            g_ulCount--;
```

```
        //继续执行块写操作
        I2CMasterControl(I2C0_MASTER_BASE,I2C_MASTER_CMD_BURST_SEND_CONT);
        if(g_ulCount == 1)  //如果只剩下一字节,则将下一个状态设置为最终写状态
        {
            g_ulState = STATE_WRITE_FINAL;
        }
        break;
    }
    case STATE_WRITE_FINAL:                    //写最后一个数据
    {
        I2CMasterDataPut(I2C0_MASTER_BASE, * g_pucData++);
                                               //写最后的字节到数据寄存器
        g_ulCount--;
        I2CMasterControl(I2C0_MASTER_BASE,    //完成块写
                    I2C_MASTER_CMD_BURST_SEND_FINISH);
        g_ulState = STATE_SEND_ACK;          //下一个状态为等待块写完成状态
        break;
    }
    case STATE_WAIT_ACK:                       //等待应答信号
    {
      //判断前一次读操作是否有错误
        if(I2CMasterErr(I2C0_MASTER_BASE) == I2C_MASTER_ERR_NONE)
        {
            I2CMasterDataGet(I2C0_MASTER_BASE);     //读取接收到的数据
            g_ulState = STATE_IDLE;          //如果没有错误,进入空闲状态
            break;
        }
    }
    case STATE_SEND_ACK:                //返回一个应答信号,以指示读操作已经完成
    {
        //设置 I²C 主机为接收模式
        I2CMasterSlaveAddrSet(I2C0_MASTER_BASE,RCSI24c02,true);
                                               //进行单字节读操作
        I2CMasterControl(I2C0_MASTER_BASE,I2C_MASTER_CMD_SINGLE_RECEIVE);
        g_ulState = STATE_WAIT_ACK;          //等待 ACK 信号
        break;
    }
    case STATE_READ_ONE:                       //读取一字节的数据
    {
                                               //设置 I²C 主机为接收模式
        I2CMasterSlaveAddrSet(I2C0_MASTER_BASE,RCSI24c02,true);
                                               //进行单字节读操作
```

```
        I2CMasterControl(I2C0_MASTER_BASE,I2C_MASTER_CMD_SINGLE_RECEIVE);
        g_ulState = STATE_READ_WAIT; //下一个状态为等待最终读状态
        break;
    }
    case STATE_READ_FIRST:                  //读取字符串的首数据
    {
                                            //设置 I²C 主机为接收模式
        I2CMasterSlaveAddrSet(I2C0_MASTER_BASE,RCSI24c02,true);
        I2CMasterControl(I2C0_MASTER_BASE,    //开始接收块
                         I2C_MASTER_CMD_BURST_RECEIVE_START);
        g_ulState = STATE_READ_NEXT;        //下一个状态为块读取状态
        break;
    }
    case STATE_READ_NEXT:                   //读取下一个数据
    {
        *g_pucData++= I2CMasterDataGet(I2C0_MASTER_BASE); //读取接收到的字符
        g_ulCount--;
        //继续块读取操作
        I2CMasterControl(I2C0_MASTER_BASE,I2C_MASTER_CMD_BURST_RECEIVE_CONT);
        if(g_ulCount == 2)  //如果仅剩下两字节,则下一状态将为块读取结束状态
        {
            g_ulState = STATE_READ_FINAL;
        }
        break;
    }
    case STATE_READ_FINAL:                  //块读取结束状态
    {
        *g_pucData++= I2CMasterDataGet(I2C0_MASTER_BASE); //读取接收到的字符
        g_ulCount--;
        I2CMasterControl(I2C0_MASTER_BASE,    // 完成块读取操作
                         I2C_MASTER_CMD_BURST_RECEIVE_FINISH);
        g_ulState = STATE_READ_WAIT; //下一个状态为等待块读取最终状态
        break;
    }
    case STATE_READ_WAIT:                   //读字节或读块的最终状态
    {
        *g_pucData++= I2CMasterDataGet(I2C0_MASTER_BASE); //读取接收到的字符
        g_ulCount--;
        g_ulState = STATE_IDLE;             //设置状态为空闲
        break;
    }
}
```

```
}

//EEPROM 写操作(待发送的数据,器件的子地址,待发送数据的个数)
void EEPROMWrite(unsigned char * pucData, unsigned long ulOffset,
                unsigned long ulCount)
{
    g_pucData = pucData;                          //将要写入的数据存入缓冲区
    g_ulCount = ulCount;
    if(ulCount != 1)                              //根据将要写的字节数设定中断
                                                  //的下一个状态
    {
        g_ulState = STATE_WRITE_NEXT;
    }
    else
    {
        g_ulState = STATE_WRITE_FINAL;
    }
    I2CMasterSlaveAddrSet(I2C0_MASTER_BASE,WCSI24c02,false); //设置从地址,准备发送数据
    I2CMasterDataPut(I2C0_MASTER_BASE,ulOffset);  //将写地址发送到数据寄存器
    //开始循环写字节操作,写该地址作为第一个地址
    I2CMasterControl(I2C0_MASTER_BASE, I2C_MASTER_CMD_BURST_SEND_START);
    while(g_ulState != STATE_IDLE)                //等待 I²C 为空闲状态
    {
    }
}
//EEPROM 读操作(读取的数据,器件的子地址,读取数据的个数)
void EEPROMRead(unsigned char * pucData, unsigned long ulOffset,
                unsigned long ulCount)
{
    g_pucData = pucData;                          //设置读缓冲
    g_ulCount = ulCount;
    if(ulCount == 1)         //根据将要读取的字节数设定下一步将要进行的操作
    {
        g_ulState = STATE_READ_ONE;
    }
    else
    {
        g_ulState = STATE_READ_FIRST;
    }
    I2CMasterSlaveAddrSet(I2C0_MASTER_BASE,RCSI24c02,false);  //获取 EEPROM 中的地址设置
    I2CMasterDataPut(I2C0_MASTER_BASE,ulOffset);  //将目的地址发送到数据寄存器
    //执行单字节发送操作,仅写入地址
```

```
    I2CMasterControl(I2C0_MASTER_BASE,I2C_MASTER_CMD_SINGLE_SEND);
    while(g_ulState != STATE_IDLE)                    //等待 I²C空闲
    {
    }
}

//主函数(程序入口)
int main(void)
{
    unsigned char m0[1],m1[1],m2[1],m3[1],m4[1],m5[1],m6[1],m7[1],m8[1],i,j;
    jtagWait();                                        //JTAG 口解锁函数
    clockInit();                                       //时钟初始化：晶振,6 MHz
    SysCtlPeripheralEnable(SYSCTL_PERIPH_SSI);//使能片内 SSI 外设,为 SSI 提供时钟
    SysCtlPeripheralEnable(SYSCTL_PERIPH_GPIOA | BITS_PERIPH); //使能用到的端口
    //设置连接数码管位选的 I/O 口为输出
    GPIODirModeSet(BITS_PORT,GPIO_PIN_0 | GPIO_PIN_1 | GPIO_PIN_2 | GPIO_PIN_3,GPIO_
                DIR_MODE_OUT);
    //设置输出 I/O 口的驱动能力为 8 mA,带弱上拉输出
    GPIOPadConfigSet(BITS_PORT,GPIO_PIN_1 | GPIO_PIN_2 | GPIO_PIN_3,GPIO_STRENGTH_
                 8MA_SC,GPIO_PIN_TYPE_STD);
    //设置 SPI 为主机模式 0,8 位数据宽度,115 200 的波特率
    SSIConfig(SSI_BASE,SSI_FRF_MOTO_MODE_0,SSI_MODE_MASTER,BitRate,DataWidth);
    SSIEnable(SSI_BASE);                               //使能 SPI
    //设定 GPIO 端口 A 的 2～5 引脚为使用 SSI 外设功能
    GPIOPinTypeSSI(GPIO_PORTA_BASE,(GPIO_PIN_2 | GPIO_PIN_3 | GPIO_PIN_4 | GPIO_PIN_5));
    GPIOPinWrite(BITS_PORT,GPIO_PIN_0,0xff);  //数码管位选信号,初始化数码管全灭
    GPIOPinWrite(BITS_PORT,GPIO_PIN_1,0xff);
    GPIOPinWrite(BITS_PORT,GPIO_PIN_2,0xff);
    GPIOPinWrite(BITS_PORT,GPIO_PIN_3,0xff);
    SysCtlPeripheralEnable(SYSCTL_PERIPH_I2C0);//使能片内 I²C 0 模块,为 I²C 提供时钟
    SysCtlPeripheralEnable(SYSCTL_PERIPH_GPIOB);  //使能 I²C 外设所在的端口
    IntMasterEnable();                                 //处理器总中断使能
    //设定 GPIO 端口 B 的 2～3 引脚为使用 I²C 外设功能
    GPIOPinTypeI2C(GPIO_PORTB_BASE,GPIO_PIN_2 | GPIO_PIN_3);
    //设置 I²C 主机模块的时钟速率,以 100 kbps 标准位速率传输数据
    I2CMasterInitExpClk(I2C0_MASTER_BASE,SysCtlClockGet(),false);
    IntEnable(INT_I2C0);                               //使能 I²C 中断源
    I2CMasterIntEnable(I2C0_MASTER_BASE);              //使能 I²C 主机中断
    m0[0] = 0x00;                              //设置 PCF8563 的相关控制寄存器初始化值
    m1[0] = 0x10;
    m2[0] = 0x00;                            //初始化 PCF8563 的秒、分、时、日、周、月、年
    m3[0] = 0x40;
```

```
m4[0] = 0x10;
m5[0] = 0x11;
m6[0] = 0x01;
m7[0] = 0x10;
m8[0] = 0x10;
EEPROMWrite(m0,0x00,1);                              //通过 I²C 总线写入初始化值
EEPROMWrite(m1,0x01,1);
EEPROMWrite(m2,0x02,1);
EEPROMWrite(m3,0x03,1);
EEPROMWrite(m4,0x04,1);
EEPROMWrite(m5,0x05,1);
EEPROMWrite(m6,0x06,1);
EEPROMWrite(m7,0x07,1);
EEPROMWrite(m8,0x08,1);
while(1)                 //送数码管显示当前的秒、分,采用动态扫描方式显示
{
    EEPROMRead(m2,0x02,1);                           //通过 I²C 总线获取当前的秒值
    i = m2[0] & 0x0f;                                //获得秒的个位
    j = m2[0]>>4 & 0x07;                             //获得秒的十位
    SSIDataPut(SSI_BASE,DISP_TAB[i]);                //通过 SPI 总线送去显示秒的个位
    GPIOPinWrite(BITS_PORT,GPIO_PIN_3,0x00);
    SysCtlDelay(5 * (SysCtlClockGet()/3000));
    GPIOPinWrite(BITS_PORT,GPIO_PIN_3,0xff);
    SSIDataPut(SSI_BASE, DISP_TAB[j]);               //通过 SPI 总线送去显示秒的十位
    GPIOPinWrite(BITS_PORT,GPIO_PIN_2,0x00);
    SysCtlDelay(5 * (SysCtlClockGet()/3000));
    GPIOPinWrite(BITS_PORT,GPIO_PIN_2,0xff);
    EEPROMRead(m3,0x03,1);                           //通过 I²C 总线获取当前的分钟值
    i = m3[0] & 0x0f;                                //获得分钟的个位
    j = m3[0]>>4 & 0x07;                             //获得分钟的十位
    SSIDataPut(SSI_BASE,DISP_TAB[i]);                //通过 SPI 总线送去显示分钟的个位
    GPIOPinWrite(BITS_PORT,GPIO_PIN_1,0x00);
    SysCtlDelay(5 * (SysCtlClockGet()/3000));
    GPIOPinWrite(BITS_PORT,GPIO_PIN_1,0xff);
    SSIDataPut(SSI_BASE,DISP_TAB[j]);         //通过 SPI 总线送去显示分钟的十位
    GPIOPinWrite(BITS_PORT,GPIO_PIN_0,0x00);
    SysCtlDelay(5 * (SysCtlClockGet()/3000));
    GPIOPinWrite(BITS_PORT,GPIO_PIN_0,0xff);
}
}
```

### 9.5.4 程序调试和运行

建立 Keil 工程文件，假设工程文件名为“I2C BUS. uvproj”，如图 9-10 所示，编译并下载程序到实验板。复位实验板后全速运行程序，观察数码管显示的内容是否与时钟跳动一致，修改程序，使实验板的时间与当前时间一致。

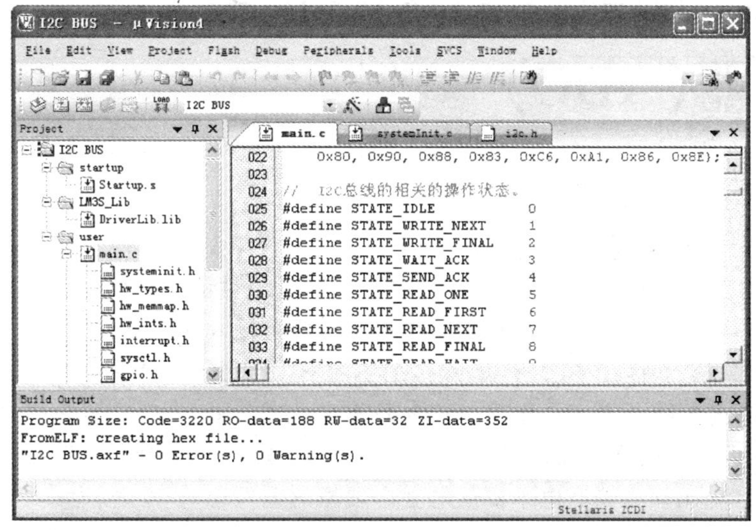


图 9-10 建立并编译工程文件 I2C BUS. uvproj

## 习 题

1. $I^2C$ 总线有何特征？
2. $I^2C$ 通信规则有哪些？$I^2C$ 总线协议定义的起始和停止条件是什么？
3. LM3S811 的 $I^2C$ 总线在什么条件下产生中断？
4. 试编写 LM3S811 的 $I^2C$ 总线在主机模式下的初始化程序。
5. 若 LM3S811 的外部扩展 Flash 存储器为 24C02，试编写在主机模式下 $I^2C$ 读/写 24C02 的程序。

# 第10章

# 电压比较器(COMP)和模/数转换器(ADC)

## 10.1 电压比较器概述

电压比较器(voltage comparator)在电路结构、电性能等方面与运放基本相同,而其符号表示也与运放完全一致,有同相和反相两个输入端,一个输出端,开环增益用$A$表示。因此,电压比较器可以看做是放大倍数接近"无穷大"的运算放大器,如图10-1所示。电压比较器的功能是比较两个模拟信号的大小,并在输出端得到高电平或低电平。理想的电压比较器,其特性可表示为:当+ve大于-ve时,输出高电平HIGH;当-ve大于+ve时,输出低电平LOW。电压比较器的主要用途是:波形的产生和变换、从模拟电路到数字电路的接口,等等。

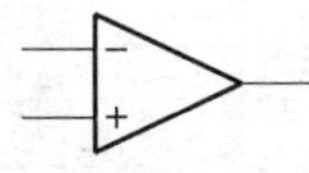


图10-1 电压比较器符号

电压比较器的工作原理是:当电压比较器的输出端由低电平转换到高电平,或从高电平转换到低电平时,需要一定的时间(决定电压比较器的瞬态响应);由于电压比较器的增益是有限的,并且存在失调电压,因此,它的输入端将出现不确定电压,该不确定电压将直接影响电压比较器的灵敏度(对输入电压判别的灵敏度)。对于高性能的电压比较器来说,应具有高的开环增益$A$、低的失调电压和高的压摆率。显然,一般的运算放大器如果工作在开环状态,也可作为电压比较器使用。但在设计运放电路时,会着重考虑其输出与输入之间的线性传输特性及频率补偿的稳定性。因此,运放的响应时间和延迟时间往往不是很大,开环增益也不是很高。若需要高速或高灵敏度的电压比较器,则采用运放来代替电压比较器通常是不合适的,而需要根据具体的要求来设计电压比较器。在设计电压比较器时,其直流特性的设计原则基本上与运放电路一致,而频率特性的设计则与运放电路不同,通常电压比较器在开环条件下工作,因此,在电路内部不需要考虑放大器闭环稳定工作的频率补偿。

可见,从电气符号上看,电压比较器与运算放大器几乎一样,但这两类电路还是有区别的。运算放大器多工作在闭环模式,主要是通过反馈回路来确定运算参数,比如放大倍数。电压比较器的结构较为简单,多工作在开环模式,输出端一般是开漏结构的数字输出，有着良好的逻辑兼容性。如果运算放大器工作在开环模式，也可以当做电压比较器，但灵敏度远不及专业的电压比较器，并且输出结构仍是模拟的，不便与数字电路接口。

LM3S811 控制器提供了一个模拟比较器，可通过配置模拟比较器来驱动输出、产生中断或 ADC 事件。注意：不是所有的比较器都可以选择驱动输出引脚。LM3S811 内部模拟比较器模块的结构图如图 10－2 所示。

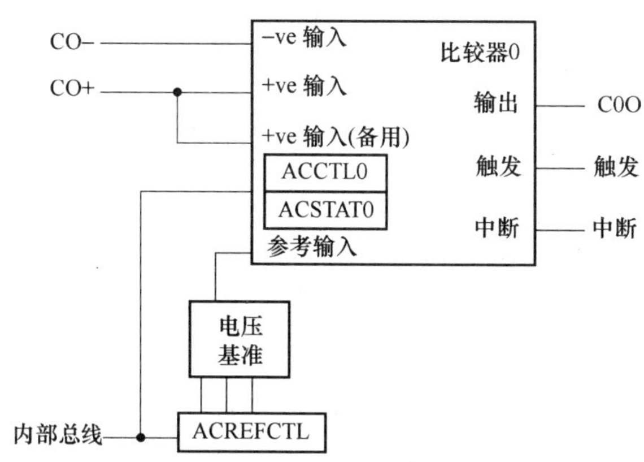


**图 10－2　模拟比较器模块结构图**

## 10.2　电压比较器的功能

LM3S811 的电压比较器可将测试电压与下面其中一种电压相比较：

- 独立的外部参考电压；
- 一个共用的外部参考电压；
- 共用的内部参考电压。

比较器可以向器件引脚提供输出，以替换板上的模拟比较器，或者可以使用比较器通过中断或触发 ADC 来通知应用让它开始捕获采样序列。中断产生逻辑和 ADC 触发是各自独立的，这就意味着，中断可以在上升沿产生，而 ADC 可以在下降沿触发。

## 10.3　常用电压比较器库函数

函数 ComparatorConfigure()用来配置一个 COMP，配置的项目包括 ADC 触发方式、中断触发方式、电压参考源选择和输出是否需要反相等。

函数 ComparatorRefSet()用来设置内部参考源的电压值。当然，只有在配置了内部参考源的情况下才起作用。

函数 ComparatorValueGet()用来获取 COMP 的输出状态。

## 10.3.1 配置与设置函数

### 1. 函数 ComparatorConfigure()

功能：配置模拟比较器。

原型：void ComparatorConfigure(unsigned long ulBase, unsigned long ulComp, unsigned long ulConfig)

参数：

ulBase，模拟比较器模块的基址，取值为 COMP_BASE。

ulComp，模拟比较器的编号，取值为 0，1 和 2。

ulConfig，模拟比较器的配置字，取下列各组值之间"或"运算的组合形式：

① ADC 触发方式选择的取值为：

- COMP_TRIG_NONE，不触发 ADC 采样；
- COMP_TRIG_HIGH，当 COMP 输出高电平时触发 ADC 采样；
- COMP_TRIG_LOW，当 COMP 输出低电平时触发 ADC 采样；
- COMP_TRIG_FALL，当 COMP 输出下降沿时触发 ADC 采样；
- COMP_TRIG_RISE，当 COMP 输出上升沿时触发 ADC 采样；
- COMP_TRIG_BOTH，当 COMP 输出双边沿时触发 ADC 采样。

② 中断触发方式选择的取值为：

- COMP_INT_HIGH，当 COMP 输出高电平时触发中断；
- COMP_INT_LOW，当 COMP 输出低电平时触发中断；
- COMP_INT_FALL，当 COMP 输出下降沿时触发中断；
- COMP_INT_RISE，当 COMP 输出上升沿时触发中断；
- COMP_INT_BOTH，当 COMP 输出双边沿时触发中断。

③ 参考输入电压源选择的取值为：

- COMP_ASRCP_PIN，使用专门的 Comp＋引脚作为参考电压；
- COMP_ASRCP_PIN0，使用 Comp0＋引脚作为参考电压(等同于 COMP_ASRCP_PIN)；
- COMP_ASRCP_REF，使用内部产生的参考电压。

④ 输出模式选择的取值为：

- COMP_OUTPUT_NORMAL，比较结果正常地输出到芯片引脚；
- COMP_OUTPUT_INVERT，比较结果反相地输出到芯片引脚；
- COMP_OUTPUT_NONE，不配置特殊的输出方式(等同于 NORMAL 方式)。

返回：无。

### 2. 函数 ComparatorRefSet()

功能：设置模拟比较器的内部参考电压。

原型：void ComparatorRefSet(unsigned long ulBase,unsigned long ulRef)

参数：

ulBase,模拟比较器模块的基址,取值为 COMP_BASE。

ulRef,内部参考电压,取下列值之一：

- COMP_REF_OFF,关闭内部参考源；
- COMP_REF_0V,内部参考电压为 0 V；
- COMP_REF_0_1375V,内部参考电压为 0.137 5 V；
- COMP_REF_0_275V,内部参考电压为 0.275 V；
- COMP_REF_0_4125V,内部参考电压为 0.412 5 V；
- COMP_REF_0_55V,内部参考电压为 0.55 V；
- COMP_REF_0_6875V,内部参考电压为 0.687 5 V；
- COMP_REF_0_825V,内部参考电压为 0.825 V；
- COMP_REF_0_928125V,内部参考电压为 0.928 125 V；
- COMP_REF_0_9625V,内部参考电压为 0.962 5 V；
- COMP_REF_1_03125V,内部参考电压为 1.031 25 V；
- COMP_REF_1_134375V,内部参考电压为 1.134 375 V；
- COMP_REF_1_1V,内部参考电压为 1.1 V；
- COMP_REF_1_2375V,内部参考电压为 1.237 5 V；
- COMP_REF_1_340625V,内部参考电压为 1.340 625 V；
- COMP_REF_1_375V,内部参考电压为 1.375 V；
- COMP_REF_1_44375V,内部参考电压为 1.443 75 V；
- COMP_REF_1_5125V,内部参考电压为 1.512 5 V；
- COMP_REF_1_546875V,内部参考电压为 1.546 875 V；
- COMP_REF_1_65V,内部参考电压为 1.65 V；
- COMP_REF_1_753125V,内部参考电压为 1.753 125 V；
- COMP_REF_1_7875V,内部参考电压为 1.787 5 V；
- COMP_REF_1_85625V,内部参考电压为 1.856 25 V；
- COMP_REF_1_925V,内部参考电压为 1.925 V；
- COMP_REF_1_959375V,内部参考电压为 1.959 375 V；
- COMP_REF_2_0625V,内部参考电压为 2.062 5 V；
- COMP_REF_2_165625V,内部参考电压为 2.165 625 V；
- COMP_REF_2_26875V,内部参考电压为 2.268 75 V；
- COMP_REF_2_371875V,内部参考电压为 2.371 875 V。

返回：无。

**说明：** 只有在用函数 ComparatorConfigure()配置采用内部参考源（参数取 COMP_ASRCP_REF）的情况下，本函数设置的参考电压值才会真正起作用。

**3. 函数 ComparatorValueGet()**

功能：获取模拟比较器的输出值。

原型：tBoolean ComparatorValueGet(unsigned long ulBase，unsigned long ulComp)

参数：

ulBase，模拟比较器模块的基址，取值为 COMP_BASE。

ulComp，模拟比较器的编号，取值为 0，1 和 2。

返回：模拟比较器输出高电平时返回 true，输出低电平时返回 false。

## 10.3.2 中断控制函数

函数 ComparatorIntEnable()和 ComparatorIntDisable()用来使能或禁止 COMP 的中断。

函数 ComparatorIntStatus()和 ComparatorIntClear()用来获取或清除 COMP 的中断状态。

函数 ComparatorIntRegister()和 ComparatorIntUnregister()用来注册或注销 COMP 的中断服务函数。

**1. 函数 ComparatorIntEnable()**

功能：使能模拟比较器中断。

原型：void ComparatorIntEnable(unsigned long ulBase，unsigned long ulComp)

参数：

ulBase，模拟比较器模块的基址，取值为 COMP_BASE。

ulComp，模拟比较器的编号，取值为 0，1 和 2。

返回：无。

**2. 函数 ComparatorIntDisable()**

功能：禁止模拟比较器中断。

原型：void ComparatorIntDisable(unsigned long ulBase，unsigned long ulComp)

参数：

ulBase，模拟比较器模块的基址，取值为 COMP_BASE。

ulComp，模拟比较器的编号，取值为 0，1 和 2。

返回：无。

**3. 函数 ComparatorIntStatus()**

功能：获取模拟比较器的中断状态。

原型：tBoolean ComparatorIntStatus(unsigned long ulBase，unsigned long ulComp， tBoolean bMasked)

参数：

ulBase，模拟比较器模块的基址，取值为 COMP_BASE。

ulComp，模拟比较器的编号，取值为 0，1 和 2。

bMasked，如果需要获取原始的中断状态，则取值 false；如果需要获取屏蔽的中断状态，则取值 true。

返回：产生中断时返回 true，没有产生中断时返回 false。

**4. 函数 ComparatorIntClear()**

功能：清除模拟比较器的中断状态。

原型：void ComparatorIntClear(unsigned long ulBase，unsigned long ulComp)

参数：

ulBase，模拟比较器模块的基址，取值为 COMP_BASE。

ulComp，模拟比较器的编号，取值为 0，1 和 2。

返回：无。

**5. 函数 ComparatorIntRegister()**

功能：注册一个模拟比较器的中断服务函数。

原型：void ComparatorIntRegister(unsigned long ulBase，unsigned long ulComp，void (* pfnHandler)(void))

参数：

ulBase，模拟比较器模块的基址，取值为 COMP_BASE。

ulComp，模拟比较器的编号，取值为 0，1 和 2。

* pfnHandler，在比较器中断出现时调用的函数的指针。

返回：无。

**6. 函数 ComparatorIntUnregister()**

功能：注销模拟比较器的中断服务函数。

原型：void ComparatorIntUnregister(unsigned long ulBase，unsigned long ulComp)

参数：

ulBase，模拟比较器模块的基址，取值为 COMP_BASE。

ulComp，模拟比较器的编号，取值为 0，1 和 2。

返回：无。

电压比较器的参考电压可以来自内部软件设置的参数，也可以来自外部参考电压，内部参考电压的设置参看下面的项目 14，外部参考电压的设计举例——“设计比较器输出触发中断”实例如下。

在该例中没有配置比较器的输出驱动引脚，因此比较器的输出信号仅在芯片内部有效。在配置比较器时，选择外部参考源，因此，反相输入端和同相输入端要接两路不同的模拟信号输入。当输出触发中断时，在中断服务函数里读取比较器的输出状态,并反映到一个 LED 上。

程序清单如下:

```
//设计比较器输出触发中断
#include "systemInit.h"
#include <comp.h>
#define PART_LM3S811
#include <pin_map.h>
//将较长的标识符定义成较短的形式
#define GPIOPinTypeComp GPIOPinTypeComparator
#define CompConfig ComparatorConfigure
#define CompRefSet ComparatorRefSet
#define CompValueGet ComparatorValueGet
#define CompIntEnable ComparatorIntEnable
#define CompIntStatus ComparatorIntStatus
#define CompIntClear ComparatorIntClear
//定义 LED
#define LED_PERIPH SYSCTL_PERIPH_GPIOG
#define LED_PORT GPIO_PORTG_BASE
#define LED_PIN GPIO_PIN_2
//LED 初始化
void ledInit(void)
{
    SysCtlPeriEnable(LED_PERIPH);                          //使能 LED 所在的 GPIO 端口
    GPIOPinTypeOut(LED_PORT,LED_PIN);                      //设置 LED 所在的引脚为输出
    GPIOPinWrite(LED_PORT,LED_PIN,0xFF);                   //熄灭 LED
}
//模拟比较器初始化
void compInit(void)
{
    SysCtlPeriEnable(SYSCTL_PERIPH_COMP0);                 //使能 COMP 模块
    SysCtlPeriEnable(C0_MINUS_PERIPH);                     //使能反相输入所在的 GPIO
    GPIOPinTypeComp(C0_MINUS_PORT,C0_MINUS_PIN);           //配置相关引脚为 COMP 功能
    SysCtlPeriEnable(C0_PLUS_PERIPH);                      //使能同相输入所在的 GPIO
    GPIOPinTypeComp(C0_PLUS_PORT,C0_PLUS_PIN);             //配置相关引脚为 COMP 功能
    //模拟比较器配置
    //不触发 ADC 采样,选择中断触发模式,选择 Comp+引脚作为参考源
    CompConfig(COMP_BASE,0,COMP_TRIG_NONE | COMP_INT_BOTH | COMP_ASRCP_PIN |
            COMP_OUTPUT_NORMAL);

    CompIntEnable(COMP_BASE,0);                            //使能 COMP 输出中断
    IntEnable(INT_COMP0);                                  //使能 COMP 模块中断
    IntMasterEnable( );                                    //使能处理器中断
}
//主函数(程序入口)
int main(void)
{
```

```
    jtagWait( );                                        //防止 JTAG 失效,重要!
    clockInit( );                                       //时钟初始化:晶振,6 MHz
    ledInit( );                                         //LED 初始化
    compInit( );                                        //模拟比较器初始化
    for (;;)
    {
    }
}
//模拟比较器 0 中断服务函数
void Analog_Comparator_0_ISR(void)
{
    unsigned long ulStatus;
    ulStatus = CompIntStatus(COMP_BASE,0,true);         //读取中断状态
    CompIntClear(COMP_BASE,0);                          //清除中断状态
    if (ulStatus)
    {
        if (CompValueGet(COMP_BASE,0))
        {
            GPIOPinWrite(LED_PORT,LED_PIN,0x00);        //点亮 LED
        }
        else
        {
            GPIOPinWrite(LED_PORT,LED_PIN,0xFF);        //熄灭 LED
        }
    }
}
```

## 10.4 项目 14:模拟比较器实验

### 10.4.1 任务要求和分析

本项目利用 LM3S811 的内部模拟比较器及其相关的 API 函数,来检测外部输入的一个可变电压,以控制输出端的高低变化。输出端接继电器,当外部输入电压高于参考电压时,继电器动作,使发光二极管点亮;当外部输入电压低于参考电压时,继电器复位,发光二极管熄灭。

### 10.4.2 硬件电路设计

模拟比较器的实验原理图如图 10-3 所示,外部可变的输入电压从电位器抽头引入 PB4,与内部设置好的参考电压比较,输出电压从 PA0 输出,经三极管 Q2 驱动继电器动作,控制发光二极管 D14 动作。

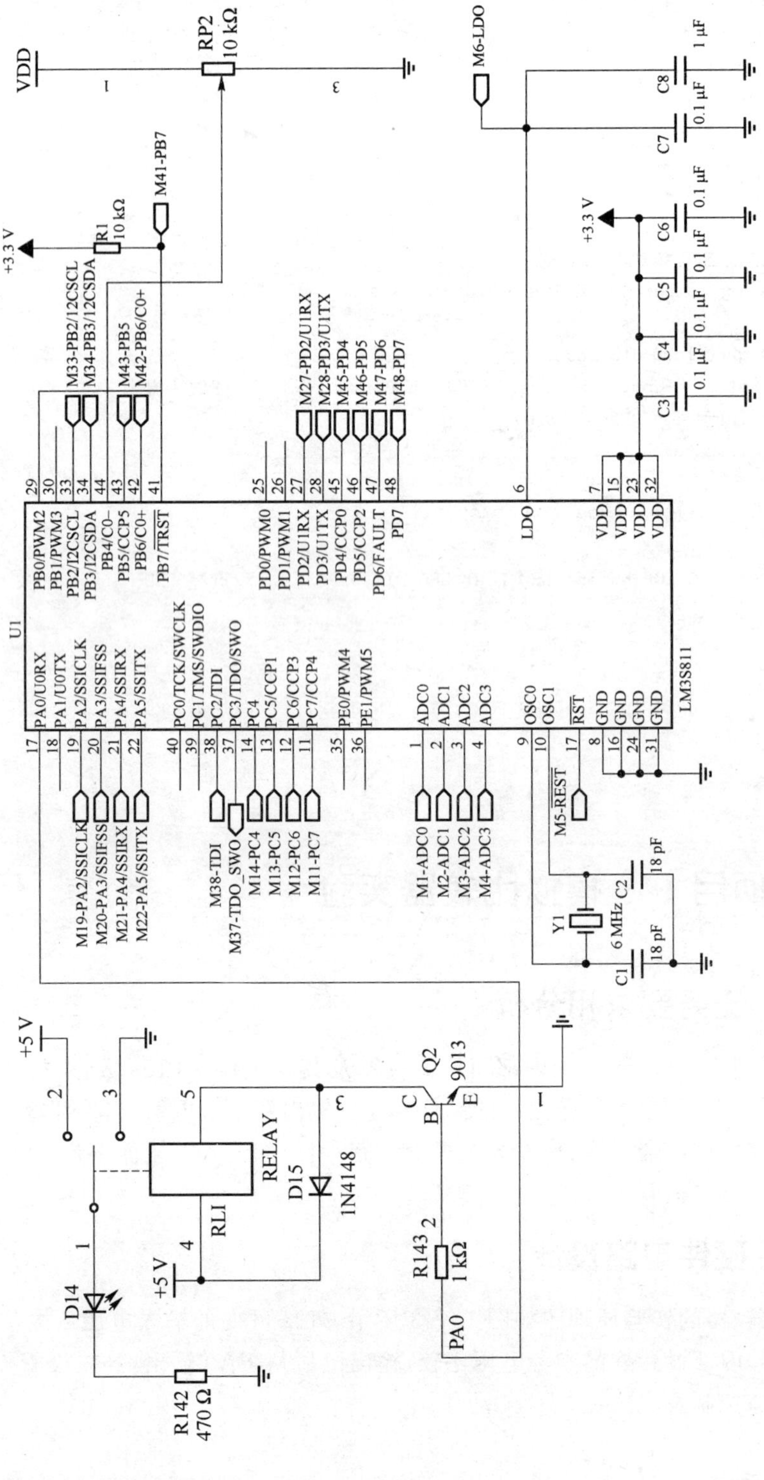

图 10－3 “模拟比较器实验”项目电路原理图

### 10.4.3　程序设计

先编程设定好模拟比较器的内部参考电压，然后外部输入一个可变电压，与参考电压进行比较，从而决定输出端的高低。

程序清单如下：

```
#include "systemInit.h"
#define PA0 GPIO_PIN_0                                        //PA0 为 RELAY
#define PB4 GPIO_PIN_4                                        //PB4 为 VIN-
//主函数(程序入口)
int main(void)
{
    jtagWait();                                               //JTAG 口解锁函数
    clockInit();                                              //时钟初始化：晶振,6 MHz
    SysCtlPeripheralEnable(SYSCTL_PERIPH_GPIOA);              //使能 GPIO PA 口
    SysCtlPeripheralEnable(SYSCTL_PERIPH_GPIOB);              //使能 GPIO PB 口
    SysCtlPeripheralEnable(SYSCTL_PERIPH_COMP0);              //使能模拟比较器 0
    GPIODirModeSet(GPIO_PORTA_BASE,PA0,GPIO_DIR_MODE_OUT);//设置 PA0 为输出
    GPIOPadConfigSet(GPIO_PORTA_BASE,PA0,                     //设置 PA0 强度和类型
                    GPIO_STRENGTH_4MA,                        //4 mA 的输出驱动强度
                    GPIO_PIN_TYPE_STD);                       //设置为推挽引脚
    GPIOPinTypeComparator(GPIO_PORTB_BASE,PB4);               //设置 PB4 为 C0-
    ComparatorConfigure(COMP_BASE,0,(COMP_TRIG_NONE | COMP_ASRCP_REF |
                       COMP_OUTPUT_NORMAL));                  //配置模拟比较器：无 ADC 触发
                                              //与内部 REF 进行比较;比较器的同相输出
    ComparatorRefSet(COMP_BASE,COMP_REF_1_1V);               //配置内部参考电压为 1.1 V
    while(1) {
        if (ComparatorValueGet(COMP_BASE,0) == 1) {
          //读取比较结果：1 为熄灭 D14,0 为点亮 D14
          GPIOPinWrite(GPIO_PORTA_BASE,PA0,0x00);             //熄灭 D14
        } else {
          GPIOPinWrite(GPIO_PORTA_BASE,PA0,0xff);             //点亮 D14
        }
    }
}
#include "systemInit.h"
//定义全局的系统时钟变量
unsigned long TheSysClock = 12000000UL;
//定义 KEY
#define KEY_PERIPH SYSCTL_PERIPH_GPIOB
#define KEY_PORT GPIO_PORTB_BASE
#define KEY_PIN GPIO_PIN_5
//防止 JTAG 失效
void jtagWait(void)
{
```

```
    SysCtlPeripheralEnable(KEY_PERIPH);                    //使能 KEY 所在的 GPIO 端口
    GPIOPinTypeGPIOInput(KEY_PORT, KEY_PIN);               //设置 KEY 所在引脚为输入
    if (GPIOPinRead(KEY_PORT, KEY_PIN) == 0x00)            //若复位时按下 KEY 键,则进入
    {
        for (;;);                                          //死循环,以等待 JTAG 连接
    }
    SysCtlPeripheralDisable(KEY_PERIPH);                   //禁止 KEY 所在的 GPIO 端口
}
//系统时钟初始化
void clockInit(void)
{
    SysCtlLDOSet(SYSCTL_LDO_2_50V);                        //设置 LDO 输出电压

    SysCtlClockSet(SYSCTL_USE_OSC |                        //系统时钟设置
                   SYSCTL_OSC_MAIN |                       //采用主振荡器
                   SYSCTL_XTAL_6MHZ |                      //外接 6 MHz 晶振
                   SYSCTL_SYSDIV_1);                       //不分频
    TheSysClock = SysCtlClockGet();                        //获取当前的系统时钟频率
}
```

## 10.4.4 程序调试和运行

建立 Keil 工程文件,假设工程文件名为 Comparator.uvproj,编译并下载程序到实验板上,如图 10－4 所示。复位实验板后全速运行程序,观察 D14 的变化并注意继电器的动作。

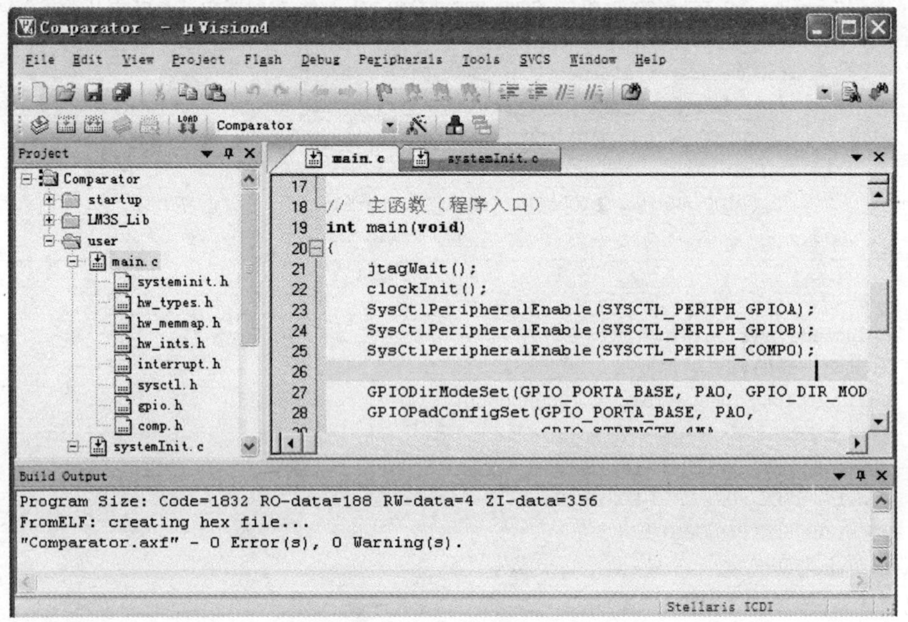


**图 10－4 "模拟比较器实验"项目文件的编译和调试**

## 10.5　模/数转换器概述

随着数字电子技术的迅速发展，各种数字设备，特别是数字电子计算机的应用日益广泛，几乎渗透到国民经济的所有领域之中。数字计算机只能对数字信号进行处理，处理的结果还是数字量。但在生产过程的自动控制中，所要处理的变量往往是连续变化的物理量，如温度、压力、速度等都是模拟量，这些非电子信号的模拟量先要经过传感器变成电压或电流信号，然后再转换成数字量，才能够送往计算机进行处理。

模/数转换器即 A/D 转换器，或简称 ADC，通常指一个将模拟信号转变为数字信号的电子元件。通常的模/数转换器是将一个输入电压信号转换为一个输出的数字信号。由于数字信号本身不具有实际意义，仅仅表示一个相对大小，故任何一个模/数转换器都需要一个参考模拟量作为转换的标准，比较常见的参考标准为最大的可转换信号大小。而输出的数字量则表示输入信号相对于参考信号的大小。

模/数转换器最重要的参数是转换的精度，通常用输出的数字信号位数的多少来表示。转换器能够准确输出的数字信号位数越多，表示转换器能够分辨输入信号的能力越强，转换器的性能也就越好。

A/D 转换一般要经过采样、保持、量化及编码 4 个过程。在实际电路中，有些过程是合并进行的，如采样和保持、量化和编码在转换过程中是同时实现的。

LM3S811 的 ADC 模块的转换分辨率为 10 位，并支持 4 个输入通道，以及一个内部温度传感器。ADC 模块含有一个可编程的序列发生器，可在无需控制器干涉的情况下对多个模拟输入源进行采样。

每个采样序列均对完全可配置的输入源、触发事件、中断的产生和序列优先级提供灵活的编程。

LM3S811 的 ADC 提供下列特性：

- 具有 4 个模拟输入通道；
- 可进行单端和差分输入配置；
- 具有内部温度传感器；
- 采样率为 500 000 次/秒；
- 具有 4 个可编程的采样转换序列，入口长度为 1～8，每个序列均带有相应的转换结果 FIFO；
- 灵活的触发控制，可以被控制器(软件)、定时器、模拟比较器、PWM 和 GPIO 触发控制；
- 硬件可对多达 64 个采样值进行平均计算，以便提高精度。

## 10.6 LM3S811 的 ADC 功能描述

LM3S811 的 ADC 通过使用一种基于序列的可编程方法来收集采样数据，取代了传统 ADC 模块使用的单次采样或双采样的方法。每个采样序列均为一系列程序化的连续(back-to-back)采样，使得 ADC 可以从多个输入源中收集数据，而无需控制器对它进行重新配置或处理。对采样序列内的每个采样进行编程，包括：

① 对某些参数进行编程，如输入源和输入模式(差分输入或单端输入)；

② 采样结束时的中断产生机制；

③ 指示序列最后一个采样的指示符。

### 10.6.1 采样序列发生器

采样控制和数据捕获由采样序列发生器进行处理。所有序列发生器的实现方法都相同，不同的只是各自可以捕获的采样数目和 FIFO 深度。表 10-1 给出了每个序列发生器可捕获的最大采样数及其相对应的 FIFO 深度。在本实现方案中，每个 FIFO 入口均为 32 位(1 个字)，低 10 位包含的是转换结果。

**表 10-1 ADC 序列发生器的采样数和 FIFO 深度**

| 序列发生器 | 采样数 | FIFO 深度 |
|---|---|---|
| SS0 | 8 | 8 |
| SS1 | 4 | 4 |
| SS2 | 4 | 4 |
| SS3 | 1 | 1 |

对于一个指定的采样序列，每个采样均可选择对应的输入引脚及温度传感器、中断使能、序列末端和差分输入模式。当配置一个采样序列时，控制采样的方法是灵活的。每个采样的中断均可使能，这使得在必要时可在采样序列的任何位置产生中断。同样，也可以在采样序列的任何位置结束采样并产生中断。例如，如果使用序列发生器 0，那么可以在第 5 个采样后结束并产生中断，中断也可以在第 3 个采样后产生。

在一个采样序列执行完后，可以利用函数 ADCSequenceDataGet()从 ADC 采样序列 FIFO 里读取结果。上溢和下溢可通过函数 ADCSequenceOverflow()和函数 ADCSequenceUnderflow()进行控制。

### 10.6.2 模块控制

在采样序列发生器的外面，控制逻辑的剩余部分负责管理中断产生、序列优先级设置和触发配置等任务。

大多数的 ADC 控制逻辑都在 14～18 MHz 的 ADC 时钟速率下运行。当选择了系统 XTAL 时，内部的 ADC 分频器通过硬件进行自动配置。自动时钟分频器的配置对所有 Stellaris 系列 ARM 芯片均以 16.667 MHz 操作频率为目标。

### 10.6.3 中 断

采样序列发生器虽然会对引起中断的事件进行检测，但它们不控制中断是否真正被发送到中断控制器。ADC 模块的中断信号由相应的状态位来控制。ADC 的中断状态分为原始的中断状态和屏蔽的中断状态，可通过函数 ADCIntStatus()来查知。函数 ADCIntClear()可以清除中断状态。

### 10.6.4 优先级设置

当同时出现采样事件(触发)时，可以为这些事件设置优先级，以安排它们的处理顺序。优先级值的有效范围是 0～3，其中 0 代表优先级最高，3 代表优先级最低。由于优先级相同的多个激活采样序列发生器单元不会提供一致的结果，因此软件必须确保所有激活采样序列发生器单元的优先级是唯一的。

### 10.6.5 采样事件

采样序列发生器可通过多种方式激活，如处理器(软件)、定时器、模拟比较器、PWM 和 GPIO。对于某些型号如 LM3S1138 并不存在专门的硬件 PWM 模块，因此也不会存在 PWM 触发方式。外部的外设触发源随着 Stellaris 家族成员的变化而改变，但所有器件都公用"控制器"和"一直"(always)触发器。软件可通过函数 ADCProcessorTrigger()来启动采样。

在使用"一直"触发器时必须非常小心，如果一个序列的优先级太高，那么可能会忽略(starve)其他低优先级序列。

### 10.6.6 硬件采样平均电路

使用硬件采样平均电路可产生具有更高精度的结果，然而结果的改善是以吞吐量的减小为代价的。硬件采样平均电路可累积高达 64 个采样值并进行平均，从而在序列发生器 FIFO 中形成一个数据入口。吞吐量根据平均计算中的采样数而相应地减小。例如，如果将平均电路配置为对 16 个采样值进行平均，则吞吐量也减小了 16 倍(factor)。

平均电路默认是关闭的，因此，转换器的所有数据直接传送到序列发生器 FIFO 中。进行平均计算的硬件由相关的硬件寄存器进行控制。ADC 中只有一个平均电路，所有输入通道(不管是单端输入还是差分输入)都接收相同数量的平均值。

### 10.6.7 模/数转换器

转换器本身会为所选模拟输入产生 10 位输出值。通过某些特定的模拟端口，输入的失真可以降到最低。转换器必须工作在 16 MHz 左右，如果时钟偏差太多，则会给转换结果带来很大误差。

## 10.6.8 差分采样

除了传统的单边采样(single-ended sampling)外，ADC 模块还支持两个模拟输入通道的差分采样(differential sampling)。

当队列步(asequence step)被配置为差分采样时，会形成 4 个差分对(differential pairs)之一，编号为 0～3。差分对 0 采样模拟输入 0 和 1，差分对 1 采样模拟输入 2 和 3，依次类推。ADC 不会支持其他差分对形式，比如模拟输入 0 与模拟输入 3。差分对所支持的编号有赖于模拟输入的编号，如表 10－2 所列。

表 10－2 差分采样对

| 差分对 | 模拟输入 |
|---|---|
| 0 | 0 和 1 |
| 1 | 2 和 3 |
| 2 | 4 和 5 |
| 3 | 6 和 7 |

在差分模式下被采样的电压是奇数和偶数通道电压的差值，即

$$\Delta V = V_{IN\_ENEN} - V_{IN\_ODD}$$

式中，$\Delta V$ 是差分电压，$V_{IN\_EVEN}$ 是偶数通道电压，$V_{IN\_ODD}$ 是奇数通道电压。因此，有

- 如果 $\Delta V=0$，则转换结果为 0x1FF；
- 如果 $\Delta V>0$，则转换结果大于 0x1FF(范围为 0x1FF～0x3FF)；
- 如果 $\Delta V<0$，则转换结果小于 0x1FF(范围为 0～0x1FF)。

$V_{IN\_ODD}=1.5$ V 时的差分采样范围如图 10－5 所示。

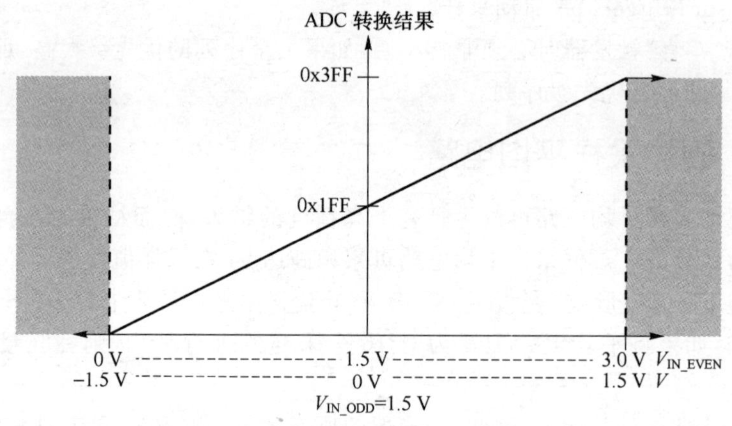


图 10－5 差分采样范围($V_{IN\_ODD}=1.5$ V)

差分对指定了模拟输入的极性，即偶数编号的输入总是正，奇数编号的输入总是负。为得到恰当的有效转换结果，负输入必须在正输入的±1.5 V 范围内。如果模拟输入高于 3 V 和低于 0 V(模拟输入的有效范围)，则输入电压将被截断(clipped)，意即其结果是 3 V 或 0 V。

在图 10－5 中显示了以 1.5 V 为中心的负输入示例。在该配置中，微分的电压跨度可以从－1.5 V 至 1.5 V。

图 10-6 显示了以+0.75 V 为中心的负输入示例，这意味着正通道的输入在-0.75 V 的微分电压时达到饱和，因为这个输入电压少于 0 V。

图 10-7 显示了以 2.25 V 为中心的负输入，这里，正通道的输入在 0.75 V 的微分电压时达到饱和，因为输入电压有可能大于 3 V。

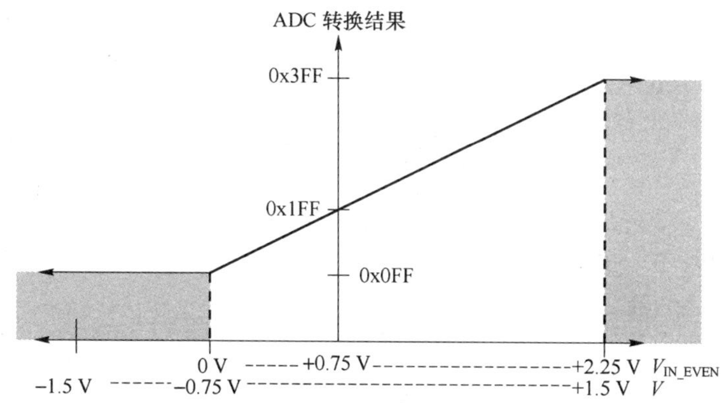


图 10-6　差分采样范围($V_{IN\_ODD}$=7.5 V)

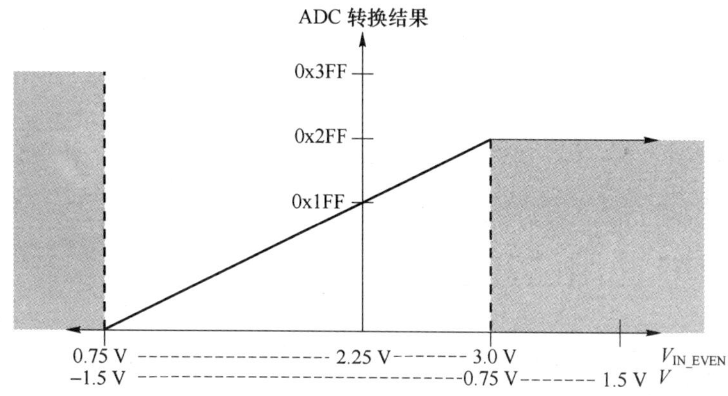


图 10-7　差分采样范围($V_{IN\_ODD}$=2.25 V)

## 10.6.9　测试模式

ADC 模块的测试模式是用户可用的测试模式，它允许在 ADC 模块的数字部分内执行回送操作。这在调试软件时非常有用，因为无需提供真实的模拟激励信号。

## 10.6.10　内部温度传感器

内部温度传感器提供了模拟温度读取操作和参考电压。输出终端 $V_{SENSO}$ 的电压通过以下等式计算得到，即

$$V_{SENSO}=2.7-(T+55)/75 \quad (单位：V)$$

它们的关系如图 10－8 所示。

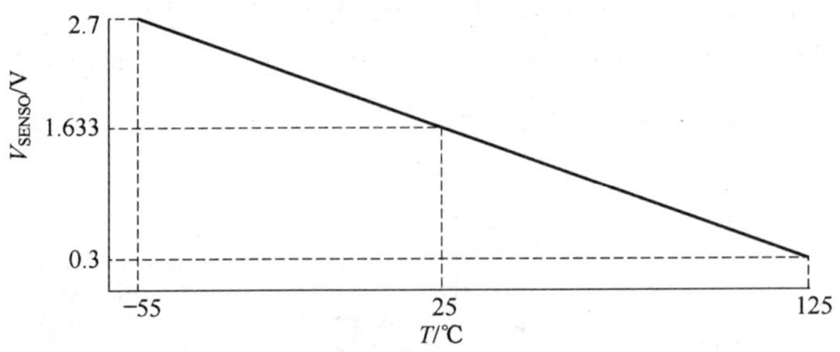


图 10－8　内部温度传感器特性

下面推导一个实用的 ADC 温度转换公式。假设温度电压 $V_{SENSO}$ 对应的 ADC 采样值为 $N$，2.7 V 对应 $N_1$，$(T+55)/75$ 对应 $N_2$。

已知

$$N_1 \times (3/1\,024) = 2.7$$

$$N_2 \times (3/1\,024) = (T+55)/75$$

由此得到

$$N = N_1 - N_2 = 2.7/(3/1\,024) - [(T+55)/75]/(3/1\,024)$$

解得

$$T = (151\,040 - 225 \times N)/1\,024$$

由此可知，当 ADC 配置为温度传感器模式后，只要得到 10 位采样值 $N$，就能推算出摄氏温度 $T$。

## 10.7　ADC 应用注意事项

在实际应用中，为了更好地发挥 Stellaris 系列的 10 位 ADC 特性，建议用户在设计时注意以下几个要点。

### 1. 供电稳定可靠

Stellaris 系列的 ADC 参考电压是内部的 3.0 V，该参考电压的上一级来源是 VDDA，因此 VDDA 的供电必须稳定可靠。建议 VDDA 的精度达到 1%。此外，建议 VDD 的供电也要尽可能稳定，以减少对 VDDA 的串扰。

### 2. 模拟电源与数字电源分离

Stellaris 系列芯片都提供了数字电源 VDD/GND 和模拟电源 VDDA/GNDA，在设计时建议采用两路不同的 3.3 V 电源稳压器分别进行供电。如果为了节省成本，也可采用单路 3.3 V 电源，但 VDDA/GNDA 要通过电感从 VDD/GND 分离出来。一般 GND 和 GNDA 最终还要连接在一起，因此建议用一个绕线电感连接，并且连接点尽可能靠近芯片(电感最好放在 PCB 背面),如图 10－9 所示。

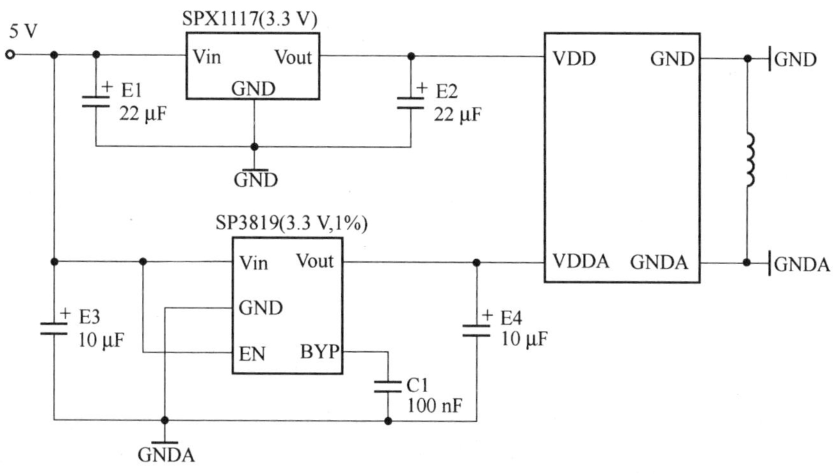


图 10－9　ADC 模拟电源与数字电源分离

### 3. 采用多层 PCB 布局

在成本允许的情况下,最好采用 4 层以上的 PCB 板,这能够带来更加优秀的 EMC 特性,并能减小对 ADC 采样的串扰,使结果更加精确。

### 4. 钳位二极管保护

下面是一个典型的应用。

在采样电网为 AC 220 V 变化的情况下,经变压器降压到 3 V 以“符合”ADC 输入不能超过 3 V 的要求,然后直接送到 ADC 输入引脚。如果确实按如上方法使用了,那么所设计的产品将会不合格!因为电网是存在波动的,瞬间电压可能大大超过额定的 220 V,因此经过变压器之后的电压可能远超过 3 V,自然有可能损坏芯片。正确的做法是必须采取限压保护措施,典型的用法是采用钳位保护二极管,因为它能够把输入电压限制在 GND$-V_{D2}$到 VDD$+V_{D1}$之间,如 10－10 所示。

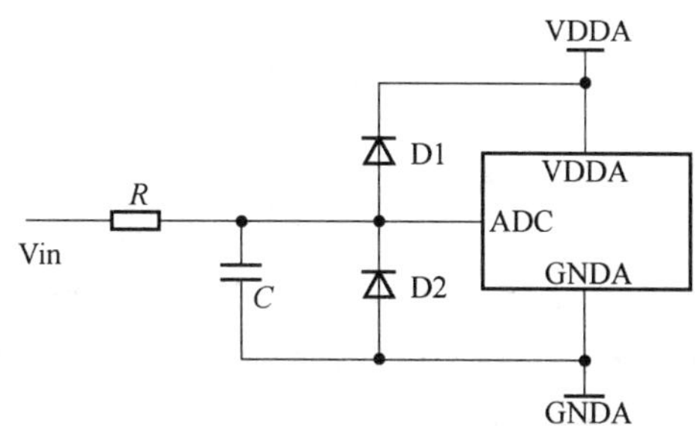


图 10－10　ADC 输入通道低通滤波与钳位保护

### 5. 低通或带通滤波

为了抑制串入 ADC 输入信号上的干扰，一般要进行低通或带通滤波。RC 滤波是最常见也是成本最低的一种选择，并且电阻 $R$ 还起到限流的作用。

### 6. 差分输入信号密近平行布线

如果是 ADC 的差分采样应用，那么这一对输入的差分信号在 PCB 板上应当安排成密近的平行线，如果在不同线路板之间传递差分信号，那么应当采用屏蔽的双绞线。密近的布线会使来自外部的干扰同时作用于两根信号线上，这只会形成共模干扰，而最终检测的是两根信号之间的差值，对共模信号并不敏感。

### 7. 差分模式也不能支持负的共模电压

Stellaris 系列的 ADC 支持差分采样，采样结果仅决定于两个输入端之间的电压差值。但是，输入到每个输入端的共模电压（相对于 GNDA 的电压值）还是不应超过 0～3 V 的额定范围。如果超过太多，就有可能造成芯片损坏（参考图 10-10 的保护措施）。

### 8. ADC 工作时钟必须在 16 MHz 左右

Stellaris 系列 ADC 模块的内在特性要求其工作时钟必须在 16 MHz 左右，否则会带来较大的误差，甚至是错误的转换结果。有两种方法可以保证提供给 ADC 模块的时钟在 16 MHz 左右。第一种方法是直接提供 16 MHz 的外部时钟，方法是从 OSC0 输入而 OSC1 悬空。2008 年新推出的 Dust Devil 家族能够直接支持 16 MHz 的晶振。第二种方法是启用 PLL 单元，根据内部时钟树的结构（详见 3.4.2 小节的内容），不论由 PLL 分频获得的主时钟频率是多少，提供给 ADC 模块的时钟总能够"自动地"保证在 16 MHz 左右。

## 10.8 ADC 库函数

### 10.8.1 ADC 采样序列操作函数

函数 ADCSequenceEnable() 和 ADCSequenceDisable() 用来使能和禁止一个 ADC 采样序列。函数 ADCSequenceConfigure() 和 ADCSequenceStepConfigure() 是两个至关重要的 ADC 配置函数，它们决定了 ADC 的全部功能。

函数 ADCSequenceDataGet() 用来读取 ADC 结果 FIFO 中的数据。函数 ADC-SequenceOverflow() 和 ADCSequenceOverflowClear() 用于处理 ADC 结果 FIFO 出现上溢的情况。函数 ADCSequenceUnderflow() 和 ADCSequenceUnderflowClear() 用于处理 ADC 结果 FIFO 出现下溢的情况。

### 1. 函数 ADCSequenceEnable()

功能：使能一个 ADC 采样序列。

原型：void ADCSequenceEnable(unsigned long ulBase, unsigned long ulSequenceNum)

参数：

ulBase,ADC 模块的基址,取值为 ADC_BASE。

ulSequenceNum,ADC 采样序列的编号,取值为 0,1,2 和 3。

返回：无。

### 2. 函数 ADCSequenceDisable()

功能：禁止一个 ADC 采样序列。

原型：void ADCSequenceDisable(unsigned long ulBase, unsigned long ulSequenceNum)

参数：

ulBase,ADC 模块的基址,取值为 ADC_BASE。

ulSequenceNum,ADC 采样序列的编号,取值为 0,1,2 和 3。

返回：无。

### 3. 函数 ADCSequenceConfigure()

功能：配置 ADC 采样序列的触发事件和优先级。

原型：void ADCSequenceConfigure(unsigned long ulBase, unsigned long ulSequenceNum, unsigned long ulTrigger, unsigned long ulPriority)

参数：

ulBase,ADC 模块的基址,取值为 ADC_BASE。

ulSequenceNum,ADC 采样序列的编号,取值为 0,1,2 和 3。

ulTrigger,启动采样序列的触发源,取下列值之一：

- ADC_TRIGGER_PROCESSOR,处理器事件；
- ADC_TRIGGER_COMP0,模拟比较器 0 事件；
- ADC_TRIGGER_COMP1,模拟比较器 1 事件；
- ADC_TRIGGER_COMP2,模拟比较器 2 事件；
- ADC_TRIGGER_EXTERNAL,外部事件(PB4 中断)；
- ADC_TRIGGER_TIMER,定时器事件；
- ADC_TRIGGER_PWM0,PWM0 事件；
- ADC_TRIGGER_PWM1,PWM1 事件；
- ADC_TRIGGER_PWM2,PWM2 事件；
- ADC_TRIGGER_ALWAYS,触发一直有效(用于连续采样)。

ulPriority，相对于其他采样序列的优先级，取值为 0，1，2 和 3（优先级依次从高到低）。

返回：无。

函数使用举例如下。

ADC 采样序列配置为 ADC 基址、采样序列 0、处理器触发、优先级 0 的程序设置语句为

```
ADCSequenceConfigure(ADC_BASE,0,ADC_TRIGGER_PROCESSOR,0);
```

ADC 采样序列配置为 ADC 基址、采样序列 1、定时器触发、优先级 2 的程序设置语句为

```
ADCSequenceConfigure(ADC_BASE,1,ADC_TRIGGER_TIMER,2);
```

ADC 采样序列配置为：ADC 基址、采样序列 2、外部事件（PB4 中断）触发、优先级 3 的程序设置语句为

```
ADCSequenceConfigure(ADC_BASE,2,ADC_TRIGGER_EXTERNAL,3);
```

ADC 采样序列配置为 ADC 基址、采样序列 3、模拟比较器 0 事件触发、优先级 1 的程序设置语句为

```
ADCSequenceConfigure(ADC_BASE,3,ADC_TRIGGER_COMP0,1);
```

### 4. 函数 ADCSequenceStepConfigure()

功能：配置 ADC 采样序列发生器的步进。

原型：void ADCSequenceStepConfigure(unsigned long ulBase,unsigned long ulSequenceNum,unsigned long ulStep,unsigned long ulConfig)

参数：

ulBase，ADC 模块的基址，取值为 ADC_BASE。

ulSequenceNum，ADC 采样序列的编号，取值为 0，1，2 和 3。

ulStep，步值，决定触发产生时 ADC 捕获序列的次序，对于不同的采样序列，取值也不相同，如表 10 - 3 所列。

ulConfig，步进的配置，取下列值之间“或”运算的组合形式：

**表 10 - 3　采样序列步值范围**

| 采样序列编号 | 步值范围 |
|---|---|
| 0 | 0～7 |
| 1 | 0～3 |
| 2 | 0～3 |
| 3 | 0 |

① ADC 控制的取值为：

- ADC_CTL_TS，温度传感器选择；
- ADC_CTL_IE，中断使能；
- ADC_CTL_END，队列结束选择；
- ADC_CTL_D，差分选择。

② ADC 通道的取值为：

- ADC_CTL_CH0，输入通道 0（对应 ADC0 输入）；
- ADC_CTL_CH1，输入通道 1（对应 ADC1 输入）；
- ADC_CTL_CH2，输入通道 2（对应 ADC2 输入）；
- ADC_CTL_CH3，输入通道 3（对应 ADC3 输入）；
- ADC_CTL_CH4，输入通道 4（对应 ADC4 输入）；
- ADC_CTL_CH5，输入通道 5（对应 ADC5 输入）；
- ADC_CTL_CH6，输入通道 6（对应 ADC6 输入）；
- ADC_CTL_CH7，输入通道 7（对应 ADC7 输入）。

**注意：** ADC 通道每次（即每步）最多只能选择 1 个，如果想要选取多通道，则要多次调用本函数分别进行配置；如果已经选择了内置的温度传感器（ADC_CTL_TS），则不能再选择 ADC 通道；如果已经选择了差分采样模式（ADC_CTL_D），则 ADC 通道只能选取下列值之一：

- ADC_CTL_CH0，差分输入通道 0（对应 ADC0 和 ADC1 输入的组合）；
- ADC_CTL_CH1，差分输入通道 1（对应 ADC2 和 ADC3 输入的组合）；
- ADC_CTL_CH2，差分输入通道 2（对应 ADC4 和 ADC5 输入的组合）；
- ADC_CTL_CH3，差分输入通道 3（对应 ADC6 和 ADC7 输入的组合）。

返回：无。

函数使用举例如下。

ADC 采样序列步进配置为 ADC 基址、采样序列 2、步值 0、采样 ADC0 输入后结束并申请中断的程序设置语句为

```
ADCSequenceStepConfigure(ADC_BASE,2,0,ADC_CTL_CH0 | ADC_CTL_END | ADC_CTL_IE);
```

ADC 采样序列步进配置为 ADC 基址、采样序列 3、步值 0、采样温度传感器后结束并申请中断的程序设置语句为

```
ADCSequenceStepConfigure(ADC_BASE,3,0,ADC_CTL_TS | ADC_CTL_END | ADC_CTL_IE);
```

ADC 采样序列步进配置为 ADC 基址、采样序列 0、步值 0、采样 ADC0 输入的程序设置语句为

```
ADCSequenceStepConfigure(ADC_BASE,0,0,ADC_CTL_CH0);
```

ADC 采样序列步进配置为 ADC 基址、采样序列 0、步值 1、采样 ADC1 输入的程

序设置语句为

```
ADCSequenceStepConfigure(ADC_BASE,0,1,ADC_CTL_CH1);
```

ADC 采样序列步进配置为 ADC 基址、采样序列 0、步值 2、再次采样 ADC0 输入的程序设置语句为

```
ADCSequenceStepConfigure(ADC_BASE,0,2,ADC_CTL_CH0);
```

ADC 采样序列步进配置为 ADC 基址、采样序列 0、步值 3、采样 ADC3 输入后结束并申请中断的程序设置语句为

```
ADCSequenceStepConfigure(ADC_BASE,0,3,ADC_CTL_CH3 | ADC_CTL_END | ADC_CTL_IE);
```

ADC 采样序列步进配置为 ADC 基址、采样序列 1、步值 0、差分采样 ADC0/ADC1 输入的程序设置语句为

```
ADCSequenceStepConfigure(ADC_BASE,1,0,ADC_CTL_D | ADC_CTL_CH0);
```

ADC 采样序列步进配置为 ADC 基址、采样序列 1、步值 1、差分采样 ADC2/ADC3 输入后结束并申请中断的程序设置语句为

```
ADCSequenceStepConfigure(ADC_BASE,1,1,ADC_CTL_D | ADC_CTL_CH1 | ADC_CTL_END |
                        ADC_CTL_IE);
```

### 5. 函数 ADCSequenceDataGet()

功能：从 ADC 采样序列里获取捕获到的数据。

原 型：long ADCSequenceDataGet (unsigned long ulBase, unsigned long ulSequenceNum,unsigned long * pulBuffer)

参数：

ulBase,ADC 模块的基址,取值为 ADC_BASE。

ulSequenceNum,ADC 采样序列的编号,取值为 0,1,2 和 3。

* pulBuffer,无符号长整型指针,指向保存数据的缓冲区。

返回：复制到缓冲区的采样数。

### 6. 函数 ADCSequenceOverflow()

功能：确定 ADC 采样序列是否发生了上溢。

原 型：long ADCSequenceOverflow (unsigned long ulBase, unsigned long ulSequenceNum)

参数：

ulBase,ADC 模块的基址,取值为 ADC_BASE。

ulSequenceNum,ADC 采样序列的编号,取值为 0,1,2 和 3。

返回：溢出返回 0，未溢出返回非 0。

**说明：** 正常操作不会产生上溢；但是，如果在下次触发采样前没有及时从 FIFO 里读取捕获的采样值，则可能会发生上溢。

### 7. 函数 ADCSequenceOverflowClear()

功能：清除 ADC 采样序列的上溢条件。

原型：void ADCSequenceOverflowClear(unsigned long ulBase, unsigned long ulSequenceNum)

参数：

ulBase，ADC 模块的基址，取值为 ADC_BASE。

ulSequenceNum，ADC 采样序列的编号，取值为 0，1，2 和 3。

返回：无。

### 8. 函数 ADCSequenceUnderflow()

功能：确定 ADC 采样序列是否发生了下溢。

原型：long ADCSequenceUnderflow(unsigned long ulBase, unsigned long ulSequenceNum)

参数：

ulBase，ADC 模块的基址，取值为 ADC_BASE。

ulSequenceNum，ADC 采样序列的编号，取值为 0，1，2 和 3。

返回：溢出返回 0，未溢出返回非 0。

**说明：** 正常操作不会产生下溢；但是，如果过多地读取 FIFO 里的采样值，则会发生下溢。

### 9. 函数 ADCSequenceUnderflowClear()

功能：清除 ADC 采样序列的下溢条件。

原型：void ADCSequenceUnderflowClear(unsigned long ulBase, unsigned long ulSequenceNum)

参数：

ulBase，ADC 模块的基址，取值为 ADC_BASE。

ulSequenceNum，ADC 采样序列的编号，取值为 0，1，2 和 3。

返回：无。

## 10.8.2　ADC 处理器触发函数

ADC 采样触发方式有许多种选择，其中处理器（软件）触发是最简单的一种情况。在配置好 ADC 模块以后，只要调用函数 ADCProcessorTrigger()就能够引起一次 ADC 采样。

函数 ADCProcessorTrigger()

功能：引起一次处理器触发 ADC 采样。

原型：void ADCProcessorTrigger(unsigned long ulBase, unsigned long ulSequenceNum)

参数：

ulBase，ADC 模块的基址，取值为 ADC_BASE。

ulSequenceNum，ADC 采样序列的编号，取值为 0，1，2 和 3。

返回：无。

## 10.8.3 ADC 过采样函数

ADC 过采样的实质是以牺牲采样速度来换取采样精度。硬件上的自动求平均值电路能够对多达连续 64 次的采样做出平均计算，以有效消除采样结果的不均匀性。对硬件过采样的配置很简单，就是调用函数 ADCHardwareOversampleConfigure()。

在 Stellaris 外设驱动库中还额外提供了简易的软件过采样库函数，能够对多至 8 个采样取平均值。用户也可参考其源代码做出更优秀的改进。

### 1. 函数 ADCHardwareOversampleConfigure()

功能：配置 ADC 硬件过采样的因数。

原型：void ADCHardwareOversampleConfigure(unsigned long ulBase, unsigned long ulFactor)

参数：

ulBase，ADC 模块的基址，取值为 ADC_BASE。

ulFactor，采样平均数，取值为 2，4，8，16，32 和 64，如果取值为 0，则禁止硬件过采样。

返回：无。

### 2. 函数 ADCSoftwareOversampleConfigure()

功能：配置 ADC 软件过采样的因数。

原型：void ADCSoftwareOversampleConfigure(unsigned long ulBase，unsigned long ulSequenceNum，unsigned long ulFactor)

参数：

ulBase，ADC 模块的基址，取值为 ADC_BASE。

ulSequenceNum，ADC 采样序列的编号，取值为 0，1 和 2(采样序列 3 不支持软件过采样)。

ulFactor,采样平均数,取值为 2,4,8。

**注意**:参数 ulFactor 和 ulSequenceNum 的取值是关联的。在 4 个采样序列中,只有深度大于 1 的采样序列才支持过采样,因此 ulSequenceNum 不能取值 3。当 ulFactor取值 2 和 4 时,ulSequenceNum 可以取值 0,1 和 2;当 ulFactor 取值 8 时,ulSequenceNum 只能取值 0。

返回:无。

### 3. 函数 ADCSoftwareOversampleStepConfigure()

功能:ADC 软件过采样步进配置。

原型:void ADCSoftwareOversampleStepConfigure(unsigned long ulBase,unsigned long ulSequenceNum,unsigned long ulStep,unsigned long ulConfig)

参数:

ulBase,ADC 模块的基址,取值为 ADC_BASE。

ulSequenceNum,ADC 采样序列的编号,取值为 0,1 和 2(采样序列 3 不支持软件过采样)。

ulStep,步值,决定触发产生时 ADC 捕获序列的次序。

ulConfig,步进的配置,取值与 10.8.1 小节中的函数 ADCSequenceStepConfigure()的参数 ulConfig 相同。

返回:无。

### 4. 函数 ADCSoftwareOversampleDataGet()

功能:从采用软件过采样的一个采样序列中获取捕获的数据。

原型:void ADCSoftwareOversampleDataGet(unsigned long ulBase,unsigned long ulSequenceNum,unsigned long * pulBuffer,unsigned long ulCount)

参数:

ulBase,ADC 模块的基址,取值为 ADC_BASE。

ulSequenceNum,ADC 采样序列的编号,取值为 0,1 和 2(采样序列 3 不支持软件过采样)。

* pulBuffer,长整型指针,指向保存数据的缓冲区。

ulCount,要读取的采样数。

返回:无。

## 10.8.4　ADC 中断控制函数

4 个采样序列 SS0,SS1,SS2 和 SS3 的中断控制是独立进行的,在中断向量表中分别独享 1 个向量号。

函数 ADCIntEnable()和 ADCIntDisable()用来使能和禁止 ADC 采样序列中断。函数 ADCIntStatus()用来获取一个采样序列的中断状态，而函数 ADCIntClear()用来清除其中断状态。函数 ADCIntRegister()和 ADCIntUnregister()用来注册和注销 ADC 采样序列中断。

**1. 函数 ADCIntEnable()**

功能：使能 ADC 采样序列的中断。

原型：void ADCIntEnable(unsigned long ulBase, unsigned long ulSequenceNum)

参数：

ulBase，ADC 模块的基址，取值为 ADC_BASE。

ulSequenceNum，ADC 采样序列的编号，取值为 0,1,2 和 3。

返回：无。

**2. 函数 ADCIntDisable()**

功能：禁止 ADC 采样序列的中断。

原型：void ADCIntDisable(unsigned long ulBase, unsigned long ulSequenceNum)

参数：

ulBase，ADC 模块的基址，取值为 ADC_BASE。

ulSequenceNum，ADC 采样序列的编号，取值为 0,1,2,3。

返回：无。

**3. 函数 ADCIntStatus()**

功能：获取 ADC 采样序列的中断状态。

原型：unsigned long ADCIntStatus(unsigned long ulBase, unsigned long ulSequenceNum, tBoolean bMasked)

参数：

ulBase，ADC 模块的基址，取值为 ADC_BASE。

ulSequenceNum，ADC 采样序列的编号，取值为 0,1,2 和 3。

bMasked，如果需要获取原始的中断状态，则取值为 false；如果需要获取屏蔽的中断状态，则取值为 true。

返回：当前原始的或屏蔽的中断状态。

**4. 函数 ADCIntClear()**

功能：清除 ADC 采样序列的中断状态。

原型：void ADCIntClear(unsigned long ulBase,unsigned long ulSequenceNum)

参数：

ulBase,ADC 模块的基址,取值为 ADC_BASE。

ulSequenceNum,ADC 采样序列的编号,取值为 0,1,2 和 3。

返回：无。

**5. 函数 ADCIntRegister()**

功能：注册一个 ADC 采样序列的中断服务函数。

原型：void ADCIntRegister(unsigned long ulBase,unsigned long ulSequenceNum,void (*pfnHandler)(void))

参数：

ulBase,ADC 模块的基址,取值为 ADC_BASE。

ulSequenceNum,ADC 采样序列的编号,取值为 0,1,2 和 3。

*pfnHandler,函数指针,指向 ADC 中断服务函数。

返回：无。

**6. 函数 ADCIntUnregister()**

功能：注销 ADC 采样序列的中断服务函数。

原型：void ADCIntUnregister(unsigned long ulBase,unsigned long ulSequenceNum)

参数：

ulBase,ADC 模块的基址,取值为 ADC_BASE。

ulSequenceNum,ADC 采样序列的编号,取值为 0,1,2 和 3。

返回：无。

## 10.9 项目 15：CPU 温度监测系统

### 10.9.1 任务要求和分析

本项目利用 LM3S811 的内部 ADC 模块及其相关的 API 函数,通过芯片内部的温度传感器来采集温度值,经过处理后在数码管上显示出来。

### 10.9.2 硬件电路设计

CPU 温度监测系统的硬件设计如图 10-11 所示,采用一体化四位数码管,数码管的位信号由 LM3S811 的 PD0～PD3 输出,经由三极管放大后驱动数码管;段信号由 CPU 的 SPI 口输出,经由 74HC595 驱动后送数码管显示。内部温度传感器采集的信号经由 CPU 读出后,经过处理和换算,由 SPI 模块输出。

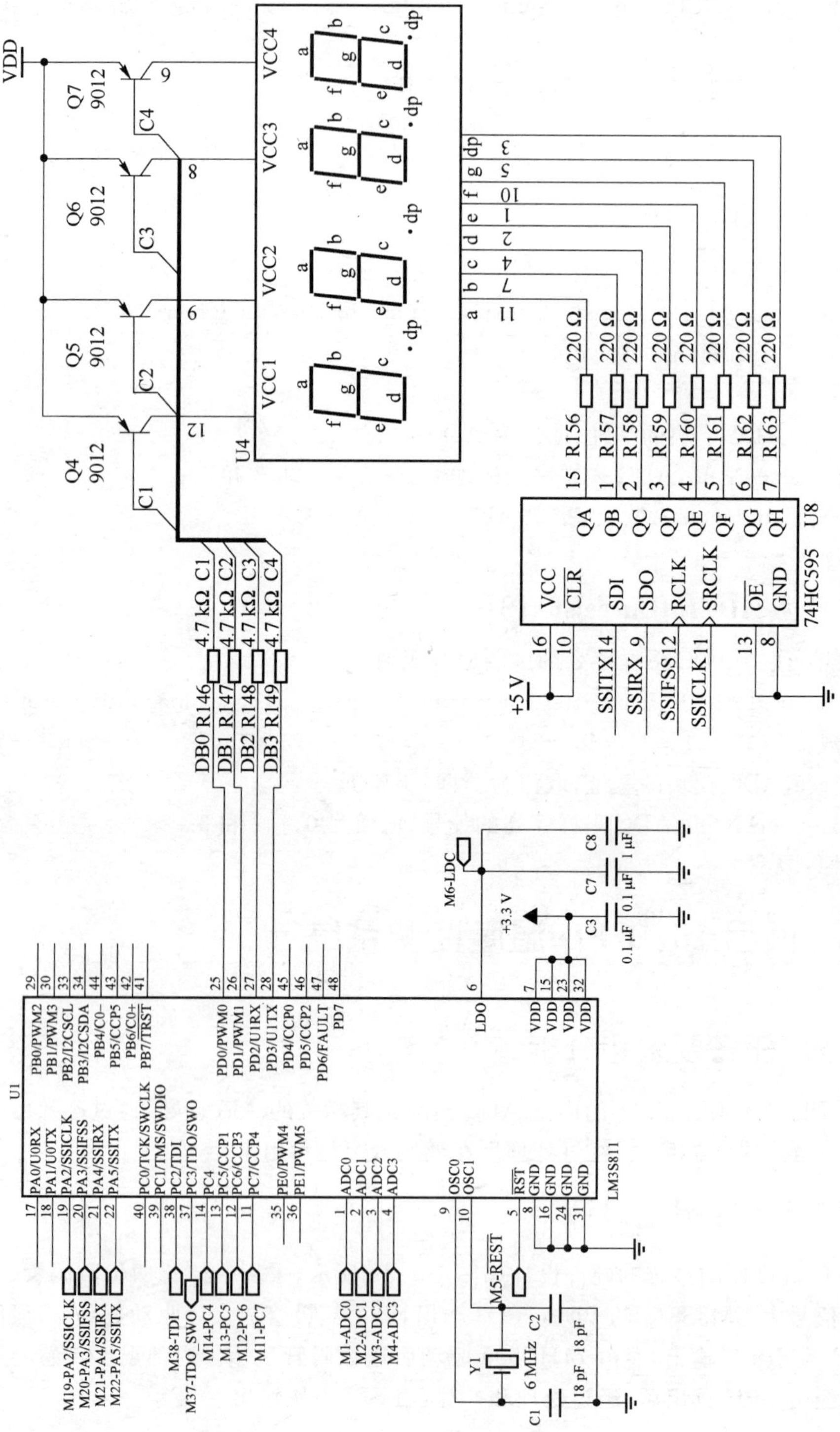

图 10－11 “CPU 温度监测系统”项目电路图

### 10.9.3 程序设计

先编写对片内 ADC 进行操作的程序。当数值采集回来后先进行变换，然后将变换后的温度值送到数码管上显示出来，以达到实时监测的目的。

程序清单如下：

```
#include "systemInit.h"
#define ADCSequEnable ADCSequenceEnable
#define ADCSequDisable ADCSequenceDisable
#define ADCSequConfig ADCSequenceConfigure
#define ADCSequStepConfig ADCSequenceStepConfigure
#define ADCSequDataGet ADCSequenceDataGet
#define BitRate 115200                           //设定波特率
#define DataWidth 8                              //设定数据宽度
#define BITS_PERIPH SYSCTL_PERIPH_GPIOD        //数码管位选控制信号(PD0 控制最高位
#define BITS_PORT GPIO_PORTD_BASE
unsigned char DISP_TAB[17] = {                   //此表为 7 段数码管显示的字模
    0xC0,0xF9,0xA4,0xB0,0x99,0x92,0x82,0xF8,
    0x80,0x90,0x88,0x83,0xC6,0xA1,0x86,0x8E,0xC6};
tBoolean ADC_EndFlag = false;                    //定义 ADC 转换结束的标志
//初始化
void Init(void)
{
    SysCtlPeripheralEnable(SYSCTL_PERIPH_SSI);  //使能片内 SSI 外设,为 SSI 提供时钟
    SysCtlPeripheralEnable(SYSCTL_PERIPH_GPIOA | BITS_PERIPH); //使能用到的端口
    //设置连接数码管位选的 I/O 口为输出
    GPIODirModeSet(BITS_PORT,GPIO_PIN_0 | GPIO_PIN_1 | GPIO_PIN_2 | GPIO_PIN_3,
                   GPIO_DIR_MODE_OUT);
    //设置输出 I/O 口的驱动能力,8 mA,带弱上拉输出
    GPIOPadConfigSet(BITS_PORT,GPIO_PIN_1 | GPIO_PIN_2 | GPIO_PIN_3,
                     GPIO_STRENGTH_8MA,GPIO_PIN_TYPE_STD_WPU);
    //设置 SPI 为主机模式 0、8 位数据宽度、115200 的波特率
    SSIConfig(SSI_BASE,SSI_FRF_MOTO_MODE_0,SSI_MODE_MASTER,BitRate,DataWidth);
    SSIEnable(SSI_BASE);                         //使能 SPI
    //设定 GPIO 端口 A 的 2～5 引脚为使用 SSI 外设功能
    GPIOPinTypeSSI(GPIO_PORTA_BASE,(GPIO_PIN_2 | GPIO_PIN_3 | GPIO_PIN_4 | GPIO_PIN_5));
    GPIOPinWrite(BITS_PORT,GPIO_PIN_0,0xff);     //数码管位选信号
    GPIOPinWrite(BITS_PORT,GPIO_PIN_1,0xff);
    GPIOPinWrite(BITS_PORT,GPIO_PIN_2,0xff);
    GPIOPinWrite(BITS_PORT,GPIO_PIN_3,0xff);
}
//ADC 初始化
```

```
void adcInit(void)
{
    SysCtlPeriEnable(SYSCTL_PERIPH_ADC);          //使能 ADC 模块
    SysCtlADCSpeedSet(SYSCTL_ADCSPEED_125KSPS); //设置 ADC 采样速率
    ADCSequDisable(ADC_BASE,0);                   //配置前先禁止采样序列
    //采样序列配置：ADC 基址,采样序列编号,触发事件,采样优先级
    ADCSequConfig(ADC_BASE,0,ADC_TRIGGER_PROCESSOR,0);
    //采样步进设置：ADC 基址,采样序列编号,步值,通道设置
    ADCSequStepConfig(ADC_BASE,0,0,ADC_CTL_TS | ADC_CTL_END | ADC_CTL_IE);
    ADCIntEnable(ADC_BASE,0);                     //使能 ADC 中断
    IntEnable(INT_ADC0);                          //使能 ADC 采样序列中断
    IntMasterEnable();                            //使能处理器中断
    ADCSequEnable(ADC_BASE,0);                    //使能采样序列
}
//ADC 采样
unsigned long adcSample(void)
{
    unsigned long ulValue;
    ADCProcessorTrigger(ADC_BASE,0);              //处理器触发采样序列
    while(! ADC_EndFlag);                         //等待采样结束
    ADC_EndFlag = false;                          //清除 ADC 采样结束标志
    ADCSequDataGet(ADC_BASE,0,&ulValue);          //读取 ADC 转换结果
    return(ulValue);
}
//显示芯片温度值
void tmpDisplay(unsigned long ulValue)
{
    unsigned long ulTmp;
    ulTmp = 151040UL - 225 * ulValue;
    SSIDataPut(SSI_BASE,DISP_TAB[16]);    //通过 SPI 总线送去显示温度符号℃
    GPIOPinWrite(BITS_PORT,GPIO_PIN_3,0x00);
    SysCtlDelay(5 * (SysCtlClockGet() / 3000));
    GPIOPinWrite(BITS_PORT,GPIO_PIN_3,0xff);
    SSIDataPut(SSI_BASE,DISP_TAB[(ulTmp / 1024) % 10]);
    //通过 SPI 总线送去显示温度值的个位
    GPIOPinWrite(BITS_PORT,GPIO_PIN_2,0x00);
    SysCtlDelay(5 * (SysCtlClockGet() / 3000));
    GPIOPinWrite(BITS_PORT,GPIO_PIN_2,0xff);
    SSIDataPut(SSI_BASE,DISP_TAB[(ulTmp / 1024) / 10]);
    //通过 SPI 总线送去显示温度值的十位
    GPIOPinWrite(BITS_PORT,GPIO_PIN_1,0x00);
    SysCtlDelay(5 * (SysCtlClockGet() / 3000));
```

```
    GPIOPinWrite(BITS_PORT,GPIO_PIN_1,0xff);
}

//主函数(程序入口)
int main(void)
{
    unsigned long ulValue,i = 50;
    clockInit();                                //时钟初始化：PLL
    Init();                                     //初始化
    adcInit();                                  //ADC 初始化
    for (;;)
    {
        ulValue = adcSample();                  //ADC 温度采样
        while(i--)                              //稍微稳定温度的显示
        {
            tmpDisplay(ulValue);                //显示芯片温度值
        }
        i = 50;
    }
}
//ADC 采样序列 0 的中断
void ADC_Sequence_0_ISR(void)
{
    unsigned long ulStatus;
    ulStatus = ADCIntStatus(ADC_BASE,0,true);   //读取中断状态
    ADCIntClear(ADC_BASE,0);                    //清除中断状态,重要!
    if(ulStatus != 0)                           //如果中断状态有效
    {
        ADC_EndFlag = true;                     //置位 ADC 采样结束标志
    }
}
```

### 10.9.4　程序调试和运行

建立 Keil 工程文件,假设工程文件名为 ADC_TEMP.uvproj,如图 10－12 所示,编译并下载程序。复位后全速运行程序,观察数码管显示的内容,并估计该温度值与芯片内的温度是否一致。

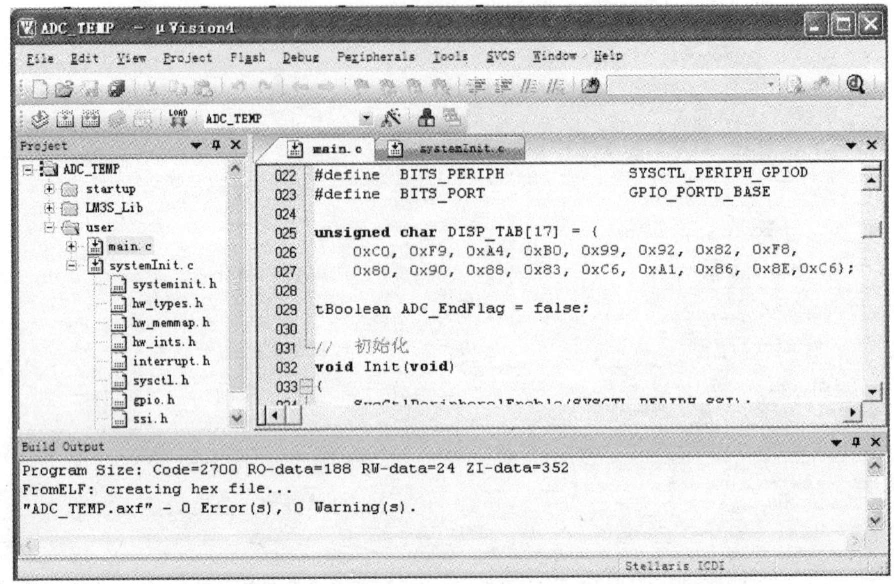

图 10 - 12 “CPU 温度监测系统”项目工程文件编译界面

# 习 题

1. 简述电压比较器的工作原理。

2. LM3S811 的电压比较器 COMP 的功能是什么?

3. 函数 ComparatorConfigure()用来配置一个 COMP,配置的项目包括哪几项?

4. 编写程序实现如下功能:从 PB4 输入一路模拟信号,模拟比较器使用内部参考电压 1.1 V,比较的结果在 PD7 上输出,PD7 连接到 LED1 上以便观察实验现象;同时读取比较寄存器的结果,并从 PB0 上输出显示。

5. LM3S811 ADC 模块有何特性?

6. LM3S811 的 ADC 模块采样数据与传统 ADC 相比有何不同?

7. 什么是 ADC 硬件采样平均电路? 它有何优点?

8. 应用 ADC 模块应该注意什么问题?

9. 假设 LM3S811 外接 6 MHz 晶振,试编写 A/D 转换程序,其中设置采样率为 125 ksps,采样序列 0 为处理器触发。

# 第 11 章 看门狗定时器的结构和配置

## 11.1 看门狗定时器概述

### 11.1.1 看门狗定时器的概念

在实际的 MCU 应用系统中，由于常常会受到来自外界的某些干扰，有可能（对规范的设计来说概率极小）造成程序的跑飞而陷入死循环，从而导致整个系统陷入停滞状态，并且不会自动恢复到可控的工作状态。所以出于对 MCU 运行的安全考虑，便引入了一种专门的复位监控电路，俗称看门狗（Watch Dog）。看门狗电路所起的作用是一旦 MCU 运行出现故障，就强制对 MCU 进行硬件复位，使整个系统重新处于可控状态（要想精确恢复到故障之前的运行状态，从技术上讲难度大、成本高，而复位是最简单且可靠的处理手段）。

### 11.1.2 看门狗定时器的工作原理

看门狗定时器 WDT（Watch Dog Timer）是单片机应用系统的一个组成部分，在单片机程序的调试和运行中都有着重要的意义。看门狗定时器实际上是一个计数器，其工作原理是：一般给看门狗一个大数，程序开始运行后看门狗开始递减计数。如果程序运行正常，过一段时间 CPU 将发出指令给看门狗复位喂狗，重新开始递减计数。如果看门狗减到了 0，就认为程序没有正常工作，则强制整个系统复位。

硬件看门狗利用一个定时电路来监控主程序的运行。在主程序运行中，要在定时时间到达之前对定时器进行复位。

### 11.1.3 看门狗定时器的应用和编程

看门狗定时器与 MCU 的连接如图 11－1 所示，当系统上电时，看门狗芯片自动产生几百毫秒的低电平复位信号，或者采用外部复位信号使 MCU 正常复位。MCU 配置一个 I/O 引脚为输出，并接到 WDI。如果 I/O 固定为 HIGH 或 LOW 电平不变，则一定时间之后，看门狗芯片内部的看门狗定时器就会溢出并使 $\overline{\text{WDO}}$ 输出低电平，而使 MCU 重新复位。当然，MCU 在正常工作情况下是不允许这样反复复位的，因此必须在程序中及时反转 I/O 的状态，该操作被形象地称为“喂狗”。每次反转 WDI 输入状态都能够清除看门狗定时器，从而确保 $\overline{\text{WDO}}$ 不会输出低电平（为了保证可靠，喂狗间隔应小于 1 s）。

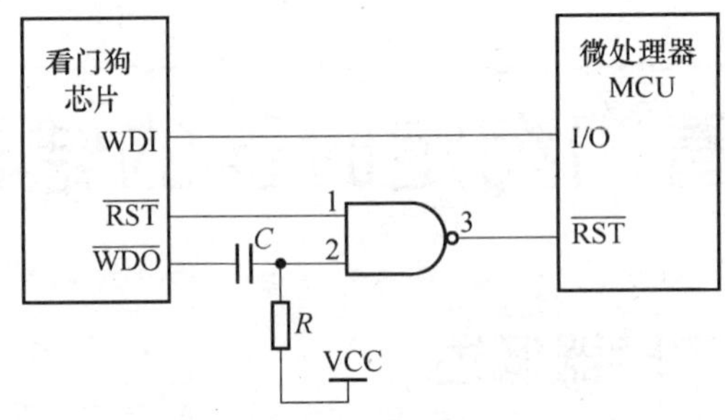


图 11-1　看门狗定时器与 MCU 的连接

在程序中喂狗操作的做法是：先编写一个能够使 WDI 状态反转的喂狗函数，然后把函数调用插入到每一个可能导致长时间执行的程序段中，最常见的情况是 while(1)、for(;;)之类的无条件循环语句。一旦程序因为意外情况跑飞，则很可能会陷入一个不含喂狗操作的死循环中，在超过一定时间之后，就会自动复位重来，而不会永远停留在故障状态。

## 11.2　LM3S811 的看门狗

### 11.2.1　LM3S811 看门狗的结构和特征

看门狗定时器模块包括 32 位递减(down)计数器、可编程装载寄存器、中断产生逻辑、锁定寄存器及对用户使能的暂停控制，如图 11-2 所示。

LM3S811 的看门狗定时器模块具有以下特性：

- 带可编程装载寄存器的 32 位倒计数器；
- 带使能控制的独立看门狗时钟；
- 带中断屏蔽的可编程中断产生逻辑；
- 软件跑飞时由锁定寄存器提供保护；
- 带使能/禁止控制的复位产生逻辑；
- 在调试过程中用户可控制看门狗暂停。

### 11.2.2　LM3S811 看门狗的功能

看门狗定时器模块包括 32 位倒计数器，以 6 MHz 系统时钟为例，最长定时接近 12 min。看门狗定时器具有“二次超时”特性。当 32 位计数器使能后倒计数至 0 状态时，看门狗定时器模块产生第一个超时信号，并产生中断触发信号。在发生了第一

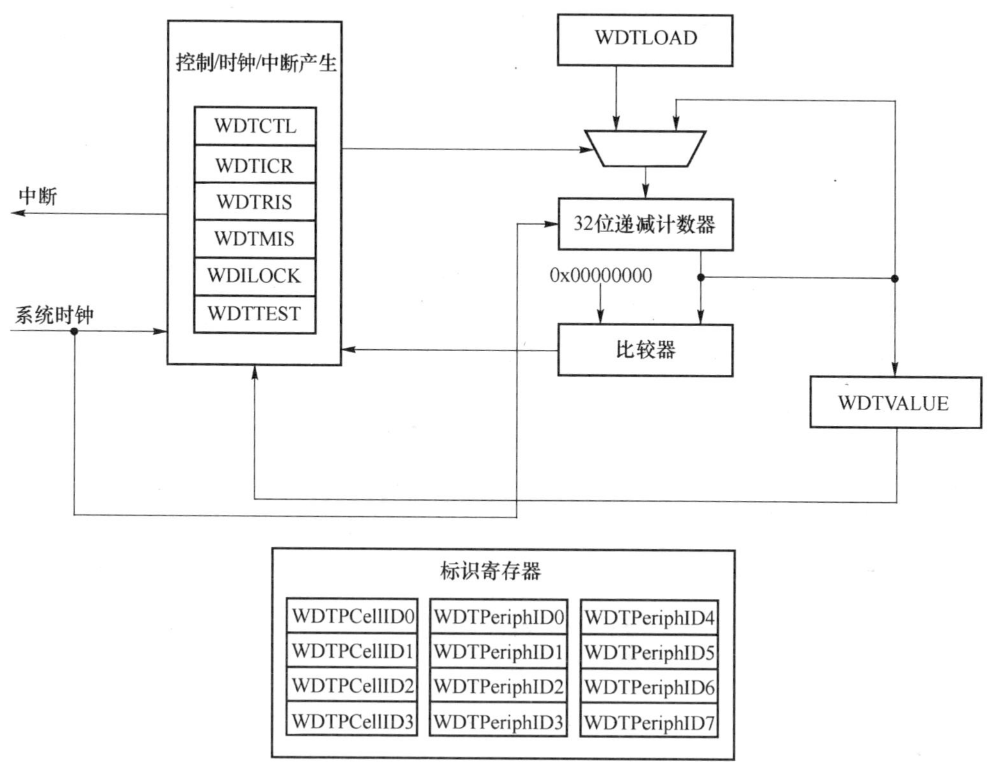


**图 11－2　WDT 模块的结构图**

个超时事件后，32 位计数器自动重装并重新递减计数。如果没有清除第一个超时中断状态，则当计数器再次递减至 0，且复位功能已使能时，看门狗定时器会向处理器发出复位信号。如果中断状态在 32 位计数器到达其第二次超时之前被清除（即喂狗操作），则自动重装 32 位计数器，并重新开始计数，从而可以避免处理器被复位。

为了防止在程序跑飞时意外修改看门狗模块的配置，特意引入了一个锁定寄存器。在配置看门狗定时器之后，只要写入锁定寄存器一个不是 0x1ACCE551 的任何数值，看门狗模块的所有配置都会被锁定，拒绝软件修改。因此，在以后要修改看门狗模块的配置，包括清除中断状态（即喂狗操作），都必须要首先解锁。解锁的方法是向锁定寄存器写入数值 0x1ACCE551。这是个很特别的数字，程序跑飞本身已是罕见的事件，而一旦在发生此罕见事件的情况下又恰好把这个特别的数字写入锁定寄存器更是不可能。读锁定寄存器将得到看门狗模块是否被锁定的状态，而非写入的数值。

为了防止在调试软件时看门狗产生复位，看门狗模块还提供了允许其暂停计数的功能。

### 11.2.3 看门狗定时器的正确使用方法

看门狗真正的用法应当是：在不用看门狗的情况下，硬件和软件经过反复测试已经通过，而当考虑到在实际应用环境中因出现强烈干扰而可能造成程序跑飞的情况时，再加入看门狗功能以进一步提高整个系统的工作可靠性。可见，看门狗只不过是万不得已的最后手段而已。

但是，有相当多的工程师，尤其是经验不足者，在调试自己的系统时一出现程序跑飞，就马上引入看门狗来解决，而没有真正去思考程序为什么会跑飞。实际上，程序跑飞的大部分原因是程序本身存在 bug，或者已经暗示硬件电路可能存在故障，而并非是受到了外部的干扰。如果试图用看门狗功能来“掩饰”此类潜在的问题，则是相当不明智的，也是危险的，那样做可能会使潜在的系统设计缺陷一直伴随着产品最终到达用户手中。

综上所述，这里给出的建议是：在调试自己的系统时，先不要使用看门狗，待完全调通且已经稳定工作后，再补上看门狗功能。

## 11.3 看门狗定时器库函数

### 11.3.1 运行控制函数

函数 WatchdogEnable()的作用是使能看门狗。该函数实际执行的操作是使能看门狗中断功能，即等同于函数 WatchdogIntEnable()。中断功能一旦被使能，则只有通过复位才能被清除。因此，库函数里不会有对应的 WatchdogDisable()函数。

函数 WatchdogRunning()可以探测看门狗是否已被使能。

函数 WatchdogResetEnable()使能看门狗定时器的复位功能，一旦看门狗定时器产生了二次超时事件，则将引起处理器复位。函数 WatchdogResetDisable()禁止看门狗定时器的复位功能，此时可以把看门狗作为一个普通定时器来使用。

在进行单步调试时，看门狗定时器仍然会独立地运行，这将很快导致处理器复位，从而破坏调试过程。函数 WatchdogStallEnable()允许看门狗定时器暂停计数，以防止在调试时引起不期望的处理器复位。函数 WatchdogStallDisable( )将禁止看门狗定时器暂停。

#### 1. 函数 WatchdogEnable()

功能：使能看门狗定时器。

原型：void WatchdogEnable(unsigned long ulBase)

参数：

ulBase，看门狗定时器模块的基址，取值为 WATCHDOG_BASE。

返回：无。

### 2. 函数 WatchdogRunning()

功能：确定看门狗定时器是否已经被使能。

原型：tBoolean WatchdogRunning(unsigned long ulBase)

参数：

ulBase，看门狗定时器模块的基址，取值为 WATCHDOG_BASE。

返回：如果看门狗定时器已被使能则返回 true，否则返回 false。

### 3. 函数 WatchdogResetEnable()

功能：使能看门狗定时器的复位功能。

原型：void WatchdogResetEnable(unsigned long ulBase)

参数：

ulBase，看门狗定时器模块的基址，取值为 WATCHDOG_BASE。

返回：无。

### 4. 函数 WatchdogResetDisable()

功能：禁止看门狗定时器的复位功能。

原型：void WatchdogResetDisable(unsigned long ulBase)

参数：

ulBase，看门狗定时器模块的基址，取值为 WATCHDOG_BASE。

返回：无。

### 5. 函数 WatchdogStallEnable()

功能：允许在调试过程中暂停看门狗定时器。

原型：void WatchdogStallEnable(unsigned long ulBase)

参数：

ulBase，看门狗定时器模块的基址，取值为 WATCHDOG_BASE。

返回：无。

### 6. 函数 WatchdogStallDisable()

功能：禁止在调试过程中暂停看门狗定时器。

原型：void WatchdogStallDisable(unsigned long ulBase)

参数：

ulBase，看门狗定时器模块的基址，取值为 WATCHDOG_BASE。

返回：无。

## 11.3.2 装载与锁定函数

函数 WatchdogReloadSet()设置看门狗定时器的装载值，WatchdogReloadGet()

获取装载值。

函数 WatchdogValueGet()获取看门狗定时器当前的计数值。函数 WatchdogLock()锁定看门狗定时器的配置,一旦锁定,则拒绝软件对配置进行修改。函数 WatchdogUnlock()解除锁定。函数 WatchdogLockState()探测看门狗定时器的锁定状态。

### 1. 函数 WatchdogReloadSet( )

功能:设置看门狗定时器的重装值。

原型:void WatchdogReloadSet(unsigned long ulBase,unsigned long ulLoadVal)

参数:

ulBase,看门狗定时器模块的基址,取值为 WATCHDOG_BASE。

ulLoadVal,32 位装载值。

返回:无。

### 2. 函数 WatchdogReloadGet()

功能:获取看门狗定时器的重装值。

原型:unsigned long WatchdogReloadGet(unsigned long ulBase)

参数:

ulBase,看门狗定时器模块的基址,取值为 WATCHDOG_BASE。

返回:已设置的 32 位装载值。

### 3. 函数 WatchdogValueGet()

功能:获取看门狗定时器的计数值。

原型:unsigned long WatchdogValueGet(unsigned long ulBase)

参数:

ulBase,看门狗定时器模块的基址,取值为 WATCHDOG_BASE。

返回:当前的 32 位计数值。

### 4. 函数 WatchdogLock()

功能:使能看门狗定时器的锁定机制。

原型:void WatchdogLock(unsigned long ulBase)

参数:

ulBase,看门狗定时器模块的基址,取值为 WATCHDOG_BASE。

返回:无。

### 5. 函数 WatchdogUnlock()

功能:解除看门狗定时器的锁定机制。

原型：void WatchdogUnlock(unsigned long ulBase)

参数：

ulBase，看门狗定时器模块的基址，取值为 WATCHDOG_BASE。

返回：无。

### 6. 函数 WatchdogLockState()

功能：获取看门狗定时器的锁定状态。

原型：tBoolean WatchdogLockState(unsigned long ulBase)

参数：

ulBase，看门狗定时器模块的基址，取值为 WATCHDOG_BASE。

返回：已锁定返回 true，未锁定返回 false。

## 11.3.3　中断控制函数

函数 WatchdogIntEnable()用来使能看门狗定时器中断。中断功能一旦被使能，则只有通过复位才能被清除。因此库函数里不会有对应的 WatchdogIntDisable()函数。

函数 WatchdogIntStatus()可获取看门狗定时器的中断状态，函数 WatchdogIntClear()用来清除中断状态。函数 WatchdogIntRegister()用来注册一个看门狗定时器的中断服务函数，而函数 WatchdogIntUnregister()则用来注销一个看门狗定时器的中断服务函数。

### 1. 函数 WatchdogIntEnable()

功能：使能看门狗定时器中断。

原型：void WatchdogIntEnable(unsigned long ulBase)

参数：

ulBase，看门狗定时器模块的基址，取值为 WATCHDOG_BASE。

返回：无。

### 2. 函数 WatchdogIntStatus()

功能：获取看门狗定时器的中断状态。

原型：unsigned long WatchdogIntStatus(unsigned long ulBase, tBoolean bMasked)

参数：

ulBase，看门狗定时器模块的基址，取值为 WATCHDOG_BASE。

bMasked，如果需要获取原始的中断状态，则取值 false；如果需要获取屏蔽的中断状态，则取值 true。

返回：原始的或屏蔽的中断状态。

### 3. 函数 WatchdogIntClear()

功能：清除看门狗定时器的中断状态。

原型：void WatchdogIntClear(unsigned long ulBase)

参数：

ulBase,看门狗定时器模块的基址,取值为 WATCHDOG_BASE。

返回：无。

### 4. 函数 WatchdogIntRegister()

功能：注册一个看门狗定时器的中断服务函数。

原型：void WatchdogIntRegister(unsigned long ulBase, void (* pfnHandler)(void))

参数：

ulBase,看门狗定时器模块的基址,取值为 WATCHDOG_BASE。

* pfnHandler,函数指针,指向要注册的中断服务函数。

返回：无。

### 5. 函数 WatchdogIntUnregister()

功能：注销看门狗定时器的中断服务函数。

原型：void WatchdogIntUnregister(unsigned long ulBase)

参数：

ulBase,看门狗定时器模块的基址,取值为 WATCHDOG_BASE。

返回：无。

## 11.4 项目 16：用信号灯演示 LM3S811 的看门狗功能

### 11.4.1 任务要求和分析

为了演示如何使用看门狗对系统进行监控,采用 LED 指示灯显示喂狗状态,程序一开始点亮 LED,然后熄灭一段时间后开始喂狗,每喂狗一次 LED 闪烁一次。如果没有对看门狗进行周期性的喂狗,则将会使系统复位。每当看门狗被喂狗时,LED 就取反,这样喂狗就能很容易地被观察到,每隔 1 s 喂狗一次。

### 11.4.2 硬件电路设计

本项目的电路比较简单,主要是处理器 LM3S811 的核心电路和 LED 驱动电路,如图 11-3 所示。图中将 PD0 作为 LED 驱动输出引脚,通过三极管驱动,控制 LED 指示灯的亮灭。

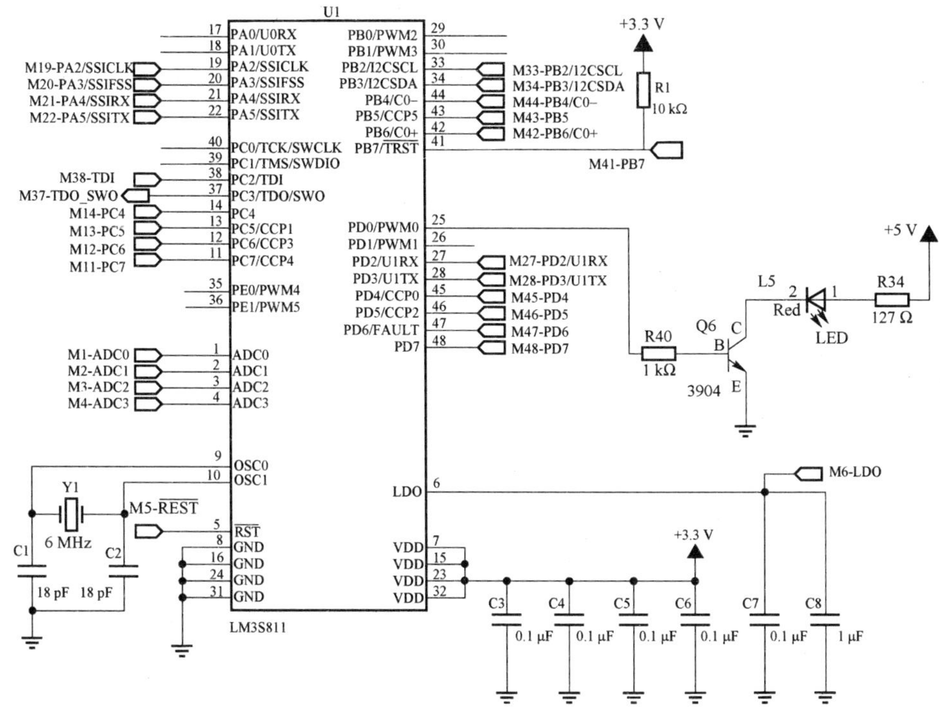


**图 11-3 "用信号灯演示 LM3S811 看门狗功能"项目电路图**

## 11.4.3 程序设计

程序清单如下：

```
#include "systemInit.h"
#include "watchdog.h"
//定义 LED
#define LED_PERIPH SYSCTL_PERIPH_GPIOD
#define LED_PORT GPIO_PORTD_BASE
#define LED_PIN GPIO_PIN_0
//LED 初始化
void ledInit(void)
{
    SysCtlPeripheralEnable(LED_PERIPH);            //使能 LED 所在的 GPIO 端口
    GPIOPinTypeGPIOOutput(LED_PORT,LED_PIN);       //设置 LED 所在引脚为输出
    GPIOPinWrite(LED_PORT,LED_PIN,0xFF);           //熄灭 LED
}
//看门狗初始化
void wdogInit(void)
{
```

```
    unsigned long ulValue = 350 * (TheSysClock / 1000); //准备定时 350 ms

    SysCtlPeripheralEnable(SYSCTL_PERIPH_WDOG); //使能看门狗模块
    WatchdogResetEnable(WATCHDOG_BASE);         //使能看门狗复位功能
    WatchdogStallEnable(WATCHDOG_BASE);         //使能调试器暂停看门狗计数
    WatchdogReloadSet(WATCHDOG_BASE,ulValue);   //设置看门狗装载值
    WatchdogEnable(WATCHDOG_BASE);              //使能看门狗
    WatchdogLock(WATCHDOG_BASE);                //锁定看门狗
}
//喂狗操作
void wdogFeed(void)
{
    WatchdogUnlock(WATCHDOG_BASE);              //解除锁定
    WatchdogIntClear(WATCHDOG_BASE);            //清除中断状态,即喂狗操作
    WatchdogLock(WATCHDOG_BASE);                //重新锁定
    GPIOPinWrite(LED_PORT,LED_PIN,0x00);        //点亮 LED
    SysCtlDelay(2 * (TheSysClock / 3000));      //短暂延时
    GPIOPinWrite(LED_PORT,LED_PIN,0xFF);        //熄灭 LED
}
//主函数(程序入口)
int main(void)
{
    jtagWait();                                 //防止 JTAG 失效
    clockInit();                                //时钟初始化:晶振,6 MHz
    ledInit();                                  //LED 初始化
    GPIOPinWrite(LED_PORT,LED_PIN,0x00);        //点亮 LED,表明已复位
    SysCtlDelay(1500 * (TheSysClock / 3000));
    GPIOPinWrite(LED_PORT,LED_PIN,0xFF);        //熄灭 LED
    SysCtlDelay(1500 * (TheSysClock / 3000));
    wdogInit();                                 //看门狗初始化
    while(1)
    {
        wdogFeed();                             //喂狗,每喂一次 LED 闪一下
        SysCtlDelay(600 * (TheSysClock / 3000));  //延时超过 2×350 ms 才会复位
    }
}
```

### 11.4.4 程序调试和运行

建立 Keil 工程文件 INT_WDG,然后编译下载。程序启动运行后,首先对 LED 初始化,熄灭 LED,然后可以观察到系统点亮 LED,表明已复位,延迟一段时间再熄灭;看门狗初始化后,每喂狗一次,可以观察 LED 闪烁一次。

# 习　题

1. 简述看门狗定时器的工作原理和作用。

2. LM3S811 的看门狗定时器模块有哪些特性?

3. 使用 Stellaris 库函数编写程序,当程序正常运行时,使得 LED1 不断地闪烁,并“喂狗”。当按下键时触发中断,处理器进入死循环,直到看门狗定时器导致系统复位,系统再次正常运行,LED1 不断地闪烁。

# 第12章

# 脉冲宽度调制(PWM)模块

脉冲宽度调制 PWM 是英文 Pulse Width Modulation 的缩写,简称脉宽调制。它是利用微处理器的数字输出来对模拟电路进行控制的一种非常有效的技术,广泛应用于测量、通信、功率控制与变换等许多领域。

PWM 控制技术以其控制简单、灵活和动态响应好的优点而成为电力电子技术应用最广泛的控制方式,也是人们研究的热点。由于当今科学技术的发展已经没有学科之间的界限,因此结合现代控制理论思想或实现无谐振软开关技术将成为 PWM 控制技术发展的主要方向之一。

## 12.1 项目 17:利用 PWM 调节 LED 灯的亮度

### 12.1.1 任务要求和分析

本项目实现的功能是利用 PWM 调节亮度,采用的方法是使用 LM3S811 的 PWM 模块来改变控制信号输出电压的占空比,从而改变驱动电压的高低,使 LED 闪烁亮度改变。

### 12.1.2 硬件电路设计

本项目 PWM 调节亮度的电路如图 12-1 所示,LM3S811 的 PB0 和 PB1 分别控制板子的 L5 和 L6,PB0 和 PB1 分别对应 PWM2 和 PWM3,CPU 输出的 PWM 控制信号改变驱动电压的占空比,从而改变 LED 的亮度。

### 12.1.3 程序设计

该项目的程序由主程序和 PWM 中断程序构成,在主程序中要使能 PWM2 和 PWM3 对应的端口为输出,还要使能 PWM 模块,配置 PWM 时钟,配置 PWM 发生器,设置 PWM 脉冲宽度,等等,需要强调的是中断程序必须加到 S 文件中,即将 extern PWM_Generator_1_ISR 添加到.s 文件的上边部分。

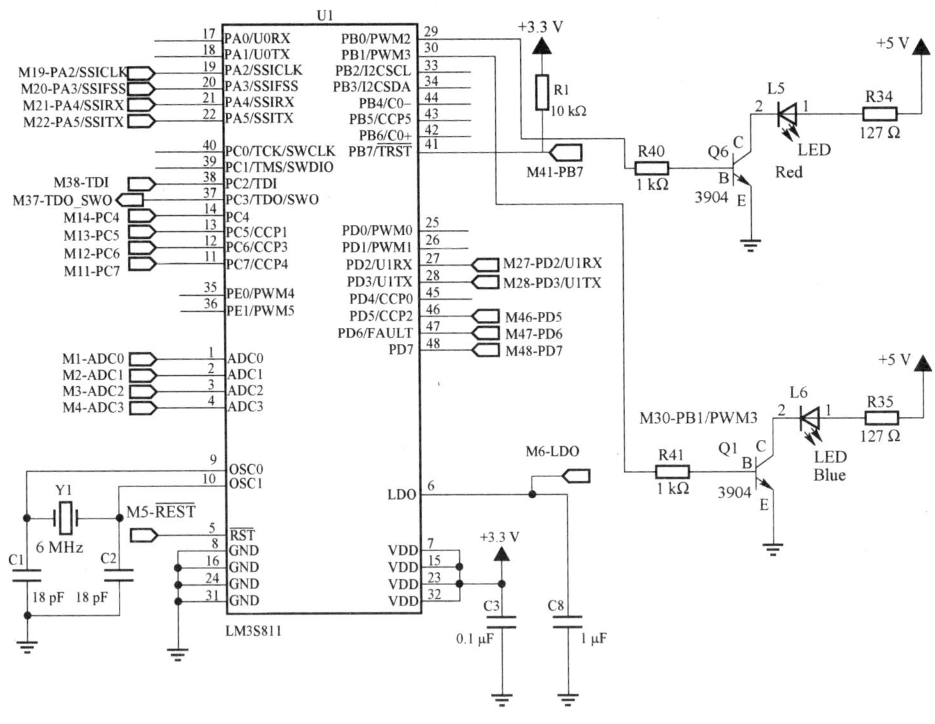


图 12-1　“利用 PWM 调节 LED 灯的亮度”项目电路图

程序清单如下：

```
#include <LM3Sxxx.H>
#define PB0_PWM2 GPIO_PIN_0
#define PB1_PWM3 GPIO_PIN_1
//防止 JTAG 失效
void jtagWait(void)
{
    SysCtlPeripheralEnable(SYSCTL_PERIPH_GPIOC);          //使能 KEY 所在的 GPIO 端口
    GPIOPinTypeGPIOInput(GPIO_PORTC_BASE,GPIO_PIN_4);     //设置 KEY 所在引脚为输入
    if (GPIOPinRead(GPIO_PORTC_BASE,GPIO_PIN_4) == 0x00)
    //若复位时按下 KEY,则进入
    {
      while(1);                                           //死循环,以等待 JTAG 连接
    }
    SysCtlPeripheralDisable(SYSCTL_PERIPH_GPIOC);         //禁止 KEY 所在的 GPIO 端口
}

int  main (void)
{
```

```
    jtagWait();
    SysCtlClockSet(SYSCTL_SYSDIV_1 |                    // 配置 6 MHz 外部晶振作为主时钟
                   SYSCTL_USE_OSC |
                   SYSCTL_OSC_MAIN |
                   SYSCTL_XTAL_6MHZ);
    SysCtlPeripheralEnable(SYSCTL_PERIPH_GPIOB);
    //使能 PWM2 和 PWM3 输出所在的 GPIO
    SysCtlPeripheralEnable(SYSCTL_PERIPH_PWM);          //使能 PWM 模块
    SysCtlPWMClockSet(SYSCTL_PWMDIV_1);                 //PWM 时钟配置:不分频
    GPIOPinTypePWM(GPIO_PORTB_BASE,                     //将 PB0 和 PB1 配置为 PWM 功能
                   GPIO_PIN_0 | GPIO_PIN_1);
    PWMGenConfigure(PWM_BASE,PWM_GEN_1,                 //配置 PWM 发生器 1:加减计数
                    PWM_GEN_MODE_UP_DOWN | PWM_GEN_MODE_NO_SYNC);
    PWMGenPeriodSet(PWM_BASE,PWM_GEN_1,60000);          //设置 PWM 发生器 1 的周期
    PWMPulseWidthSet(PWM_BASE,PWM_OUT_2,3000);          //设置 PWM2 输出的脉冲宽度
    PWMPulseWidthSet(PWM_BASE,PWM_OUT_3,3000);          //设置 PWM3 输出的脉冲宽度
    PWMOutputState(PWM_BASE,                            //使能 PWM2 和 PWM3 的输出
                   PWM_OUT_2_BIT | PWM_OUT_3_BIT,true);
    PWMGenEnable(PWM_BASE,PWM_GEN_1);                   //使能 PWM 发生器 1,开始产生
                                                        //PWM 方波
    PWMGenIntTrigEnable(PWM_BASE,                      //使能 PWM 发生器 1 归零触发中断
                        PWM_GEN_1,PWM_INT_CNT_ZERO);
    PWMIntEnable(PWM_BASE,PWM_GEN_1);                   //使能 PWM 发生器 1 中断
    IntEnable(INT_PWM1);                                //使能 PWM1 中断
    IntMasterEnable();                                  //使能总中断
    for (;;) {
    }
}
//PWM 发生器 1 中断服务函数
void PWM_Generator_1_ISR (void)
{
    const unsigned long ulTab[10] =
    {
        3000,9000,15000,21000,27000,
        33000,39000,45000,51000,57000
    };
    static unsigned long n = 0;
    PWMGenIntClear(PWM_BASE,PWM_GEN_1,PWM_INT_CNT_ZERO);
    PWMPulseWidthSet(PWM_BASE,PWM_OUT_2,ulTab[n]);      //设置 PWM2 输出的周期
    PWMPulseWidthSet(PWM_BASE,PWM_OUT_3,ulTab[9 - n]);  //设置 PWM3 输出的周期
    n++;
    if ( n >= 10 ) {
```

```
        n = 0;
    }
}
```

### 12.1.4 程序调试和运行

建立 Keil 工程文件 PWMLED,按照第 2 章介绍的方法设置 Keil 软件,编译下载程序并运行后,观察两个 LED 的亮度变化。

## 12.2 脉冲宽度调制概述

### 12.2.1 脉冲宽度调制的特点

PWM 的一个优点是从处理器到被控系统信号都是数字形式的,无需进行数/模转换。使信号保持为数字形式可将噪声的影响降到最小。噪声只有在强到足以将逻辑 1 改变为逻辑 0 或将逻辑 0 改变为逻辑 1 时,才可能对数字信号产生影响。

对噪声抵抗能力的增强是 PWM 相对于模拟控制的另外一个优点,而且这也是在某些时候将 PWM 用于通信的主要原因。从模拟信号转向 PWM 可以极大地延长通信距离。在接收端,通过适当的 RC 或 LC 网络可以滤除调制高频方波并将信号还原为模拟形式。

PWM 变频电路具有以下特点:

- 可以得到接近于正弦波的输出电压。
- 整流电路采用二极管,可获得接近 1 的功率因数。
- 电路结构简单。
- 通过对输出脉冲宽度的控制可以改变输出电压,从而加快了变频过程的动态响应。

总之,PWM 既经济、节约空间,抗噪性能又强,是一种值得广大工程师在许多设计应用中使用的有效技术。

### 12.2.2 脉冲宽度调制的基本原理

模拟信号的值可以连续变化,其时间和幅度的分辨率都没有限制。模拟电压和电流可直接进行控制,如对汽车收音机的音量进行控制。在简单的模拟收音机中,音量旋钮被连接到一个可变电阻上,当转动旋钮时,电阻值变大或变小,流经该电阻的电流也随之增加或减少,从而改变了驱动扬声器的电流值,使音量相应地变大或变小。与收音机一样,模拟电路的输出与输入也成线性比例。

尽管模拟控制看起来可能直观而简单,但它并不总是非常经济或可行的。其中一点就是，模拟电路容易随时间漂移，因而难以调节，而能够解决这个问题的精密模拟电路又可能非常庞大、笨重(如老式的家庭立体声设备)和昂贵；模拟电路还有可能严重发热，其功耗与工作元件两端电压与电流的乘积成正比；模拟电路还可能对噪声很敏感，任何扰动或噪声都肯定会改变电流值的大小。

通过以数字方式控制模拟电路，可以大幅度降低系统的成本和功耗。此外，许多微控制器和 DSP 已经在芯片上包含了 PWM 控制器，这使得数字控制的实现变得更加容易了。

脉宽调制(PWM)控制方式就是对逆变电路开关器件的通/断进行控制，使输出端得到一系列幅值相等的脉冲，用这些脉冲来代替正弦波或所需要的波形，也就是在输出波形的半个周期中产生多个脉冲，使各脉冲的等值电压为正弦波形，所获得的输出波形平滑且低次谐波少。按照一定规则对各脉冲的宽度进行调制，既可改变逆变电路输出电压的大小，又可改变输出频率。

在采样控制理论中有一个重要的结论，即冲量相等而形状不同的窄脉冲加在具有惯性的环节上，其效果基本相同。冲量即指窄脉冲的面积。这里所说的效果基本相同指该环节的输出响应波形基本相同。若把各输出波形用傅里叶变换分析，则它们的低频段特性非常接近，仅在高频段略有差异。

根据上面的理论就可以用不同宽度的矩形波来代替正弦波了，通过对矩形波的控制来模拟输出不同频率的正弦波。

例如，把正弦半波波形分成 $N$ 等份，就可把正弦半波看成是由 $N$ 个彼此相连的脉冲所组成的波形。这些脉冲宽度相等，都等于 $\Pi/n$，但幅值不等，且脉冲顶部不是水平直线，而是曲线，各脉冲的幅值按正弦规律变化。如果把上述脉冲序列用同样数量的等幅而不等宽的矩形脉冲序列代替，使矩形脉冲的中点与相应正弦等分的中点重合，且使矩形脉冲的面积与相应正弦部分的面积(即冲量)相等，就得到一组脉冲序列，这就是 PWM 波形。可以看出，各脉冲宽度是按正弦规律变化的。根据冲量相等、效果相同的原理，PWM 波形与正弦半波是等效的。对于正弦的负半周，用同样的方法也可以得到 PWM 波形。

在 PWM 波形中，各脉冲的幅值是相等的，当要改变等效输出正弦波的幅值时，只要按同一比例系数来改变各脉冲的宽度即可，因此在交-直-交变频器中，整流电路采用不可控的二极管电路即可，PWM 逆变电路输出的脉冲电压就是直流侧电压的幅值。

根据上述原理，在给出了正弦波频率、幅值和半个周期内的脉冲数后，PWM 波形各脉冲的宽度和间隔就可以准确计算出来。按照计算结果控制电路中各开关器件的通/断，就可以得到所需要的 PWM 波形。

### 12.2.3　脉冲宽度调制的具体过程

脉冲宽度调制(PWM)是一种对模拟信号电平进行数字编码的方法。通过使用高分辨率计数器,方波的占空比被调制用来对一个具体模拟信号的电平进行编码。PWM信号仍然是数字的,因为在给定的任何时刻,满幅值的直流供电要么完全有(ON),要么完全无(OFF)。电压或电流源是以一种通(ON)或断(OFF)的重复脉冲序列被加到模拟负载上去的。通的时候即是直流供电被加到负载上的时候,断的时候即是供电被断开的时候。只要带宽足够,任何模拟值都可以使用PWM进行编码。

多数负载(无论是电感性负载还是电容性负载)需要的调制频率高于10 Hz,通常调制频率为1～200 kHz。

许多微控制器内部都包含PWM控制器。例如,Microchip公司的PIC16C67内部包含两个PWM控制器,每个都可以选择接通时间和周期。占空比是接通时间与周期之比,调制频率为周期的倒数。在执行PWM操作之前,这种微处理器要求在软件中完成以下工作:

① 设置提供调制方波的片上定时器/计数器的周期。

② 在PWM控制寄存器中设置接通时间。

③ 设置PWM输出的方向,该输出是一个通用I/O引脚。

④ 启动定时器。

⑤ 使能PWM控制器。

目前几乎所有市售的微处理器都有PWM模块,对于没有PWM模块的微处理器,也可利用定时器及GPIO口来实现。

更为一般的PWM模块的控制流程为:

① 使能相关的模块(PWM模块及对应引脚的GPIO模块)。

② 配置PWM模块的功能,具体有:

ⓐ 设置PWM定时器周期,该参数决定PWM波形的频率。

ⓓ 设置PWM定时器比较值,该参数决定PWM波形的占空比。

ⓒ 设置死区(dead band)。为避免桥臂的直通,需要设置死区,一般较高档的单片机都有该功能。

ⓓ 设置故障处理情况。对于一般的故障是封锁输出,以防止过流而损坏功率管,故障一般包括比较器、ADC或GPIO检测。

ⓔ 设定同步功能。该功能在多桥臂,即多PWM模块协调工作时尤为重要。

③ 设置相应的中断,编写ISR,一般用于电压或电流采样,计算下一个周期的占空比,更改占空比,这部分也会有PI控制的功能。

④ 使能PWM波形的发生。

### 12.2.4 脉冲宽度调制的方法

脉冲宽度调制通常有两种方法，第一种为整体脉冲宽度调制，即对控制对象进行控制器设计，并根据控制要求的作用力大小，对整个系统模型进行动态的数学解算变换，以得出固定力输出应该持续作用的时间和开始作用的时间；第二种为脉宽动态调制法，即不考虑控制对象的模型，而是根据输入进行“动态衰减”性的累加，然后经过某种算法变换后，决定输出所持续的时间，这种方式非常简单，也能使输出作用近似相同。

从具体控制方法上看，有等脉冲宽度 PWM 法、随机 PWM 法、SPWM 法、等面积法、硬件调制法、软件生成法、自然采样法、规则采样法和低次谐波消去法等。

### 12.2.5 脉冲宽度调制的应用

对 PWM 的应用研究一直受到关注，首要的研究是 PWM 的数字化实现技术。随着微电子技术和电力电子技术的发展，电机控制系统的数字化已得到广泛认同，PWM 的数字化实现方法也已成为 PWM 的主要实现形式。

在 PWM 实际应用中，另一个重要问题是对器件非理想特性的补偿，包括对死区、功率器件开关时间和控制延时等的补偿，其中死区对 PWM 性能的影响最显著。死区对 PWM 输出电压的影响是多方面的：死区形成的偏差电压使 PWM 实际输出的基波电压在相位和幅值上与理想情况不同；死区对输出电压的谐波也有影响，死区带来了一系列的低次谐波，增大了电机输出的转矩脉动。因此，要想实现高性能的数字化交流伺服系统，必须对死区及其他非理想特性进行补偿。

在电机控制系统中，PWM 单元的前一级通常是电流控制器，PWM 单元是电流控制环的一部分。在这种结构中，对 PWM 的研究离不开电流控制，电流控制方法也应与 PWM 方法相适应。基于这种认识，一些文献对与电流控制相结合的 PWM 技术进行了研究。

PWM 控制技术是在电力电子领域有着广泛应用，并对电力电子技术产生十分深远影响的一项技术。因此，研究 PWM 控制技术具有很重要的意义。以 IGBT 和电力 MOSFET 等为代表的全控型器件给 PWM 控制技术提供了强大的物质基础。

目前，PWM 技术已经在以下几个方面得到了较好的应用：

① PWM 控制技术用于直流载波电路。直流载波电路实际上就是直流 PWM 电路，是 PWM 控制技术应用较早也成熟较早的一类电路，它应用于直流电动机调速系统和直流脉冲宽度调速系统。

② PWM 控制技术用于交流 - 交流变流电路。斩控式交流调压电路和矩阵式变频电路是 PWM 控制技术在这类电路中应用的代表，目前都还应用得不多，但矩阵式变频电路因其容易实现集成化，故可望有良好的发展前景。

③ PWM 控制技术用于逆变电路。PWM 控制技术在逆变电路中的应用最具代表性。正是由于在逆变电路中广泛而成功的应用，奠定了 PWM 控制技术在电力电

子技术中的突出地位。除功率很大的以外,不用 PWM 控制的逆变电路已十分少见。

④ PWM 控制技术用于整流电路。PWM 控制技术用于整流电路即构成 PWM 整流电路,可看成是逆变电路中的 PWM 技术向整流电路的延伸。PWM 整流电路已获得了一些应用,并有良好的应用前景。

## 12.3　LM3S811 的 PWM 模块

### 12.3.1　PWM 模块结构

PWM 模块由 3 个 PWM 发生器模块和 1 个控制模块组成。每个 PWM 发生器模块包含 1 个定时器(16 位递减或先递增后递减计数器)、2 个 PWM 比较器、PWM 信号发生器、死区发生器和中断/ADC 触发选择器。而控制模块决定了 PWM 信号的极性,以及将哪个信号传递到引脚。

每个 PWM 发生器模块产生两个 PWM 信号,这两个 PWM 信号可以是独立的信号(基于同一定时器因而频率相同的独立信号除外),也可以是一对插入了死区延迟的互补(complementary)信号。这些 PWM 发生器模块的输出信号在传递到器件引脚之前由输出控制模块管理。

Stellaris 系列单片机的 PWM 模块具有极大的灵活性。它可以产生简单的 PWM 信号,如简易充电泵需要的信号;也可以产生带死区延迟的成对 PWM 信号,如供半- H 桥(half-H bridge)驱动电路使用的信号。3 个 PWM 发生器模块也可产生三相反相器桥所需的完整 6 通道门控。

PWM 模块的结构如图 12-2 所示。该 LM3S811 控制器包含 3 个 PWM 发生器模块(PWM0,PWM1 和 PWM2),并产生 6 个独立的 PWM 信号或 3 对带死区延时的 PWM 信号。

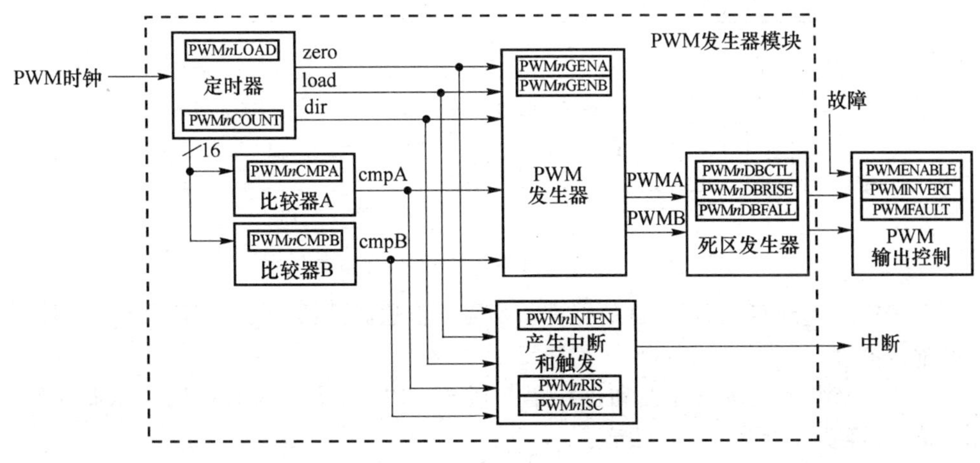


图 12-2　PWM 模块的结构

### 12.3.2 Stellaris 系列单片机的 PWM 特性

Stellaris 系列单片机的 PWM 特性包括：

- 3 个 PWM 发生器模块，可产生 6 路 PWM 信号；
- 灵活的 PWM 产生方法；
- 自带死区发生器；
- 灵活可控的输出控制模块；
- 安全可靠的错误检测保护功能；
- 丰富的中断机制和 ADC 触发。

### 12.3.3 LM3S811 的 PWM 功能

PWM 模块的每个 PWM 发生器都有 1 个 16 位定时器和 2 个比较器，可以产生 2 路 PWM 信号。在 PWM 发生器工作时，定时器不断地计数，并与 2 个比较器的值进行比较，在定时器计数值与比较器的值相等时，或者定时器计数值为零或为装载值时，可以对输出的 PWM 信号的脉宽产生影响，使其占空比发生变化。在使能 PWM 发生器之前，配置好定时器的计数速度、计数方式、定时器的装载值、两个比较器的值，以及 PWM 信号受什么事件控制，在使能 PWM 发生器后，根据控制的结果，PWM 发生器就可以产生许多复杂的 PWM 波形。

#### 1. LM3S811 的 PWM 模块应用

LM3S811 的 PWM 模块应用包括：

① PWM 模块可作为 16 位高分辨率 D/A。16 位 PWM 发生器加低通滤波器加输出缓冲器的电路如图 12-3 所示。

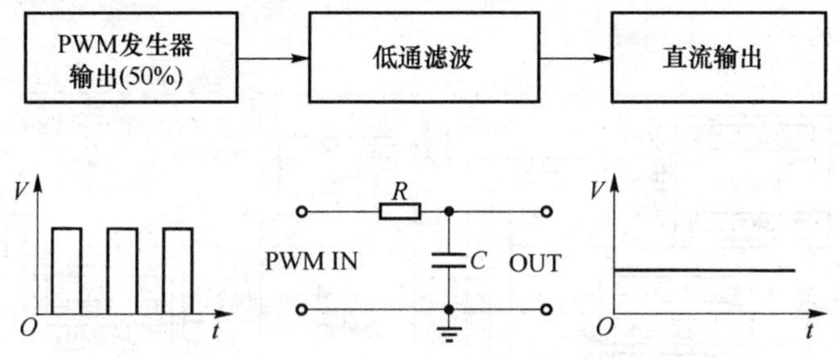


图 12-3 PWM 作为 D/A 输出电路

② PWM 模块可调节 LED 的亮度。不需要低通滤波器，通过功率管还可以控制电灯泡的亮度。

③ PWM 模块可演奏乐曲和进行语音播放。PWM 方波可直接用于乐曲演奏。作为 D/A 经功放电路可播放语音。

④ PWM 模块可控制电机。

## 2. PWM 定时器

PWM 定时器有两种工作模式:递减计数模式或先递增后递减计数模式。在递减计数模式中,定时器从装载值开始计数,计数到零时又返回到装载值并继续递减计数。在先递增后递减计数模式中,定时器从 0 开始往上计数,一直计数到装载值,然后从装载值递减到零,接着再递增到装载值,依次类推。通常,递减计数模式用来产生左对齐或右对齐的 PWM 信号,而先递增后递减计数模式则用来产生中心对齐的 PWM 信号。

PWM 定时器输出 3 个信号,这些信号在生成 PWM 信号的过程中被使用。1 个是方向信号(在递减计数模式中,该信号始终为低电平;在先递增后递减计数模式中,该信号则是在高、低电平之间切换)。另外 2 个信号为零脉冲和装载脉冲。当计数器计数值为零时,零脉冲信号发出一个宽度等于时钟周期的高电平脉冲;当计数器计数值等于装载值时,装载脉冲也发出一个宽度等于时钟周期的高电平脉冲。

**注:**在递减计数模式中,零脉冲之后紧跟着一个装载脉冲。

## 3. PWM 比较器

PWM 发生器包含 2 个比较器,用于监控计数器的值。当比较器的值与计数器的值相等时,比较器输出宽度为单时钟周期的高电平脉冲。在先递增后递减计数模式中,比较器在递增和递减计数时都要进行比较,因此必须通过计数器的方向信号来限定。这些限定脉冲在生成 PWM 信号的过程中被使用。如果任一比较器的值大于计数器的装载值,则该比较器永远不会输出高电平脉冲。

两种常见的波形产生过程是:

① 如图 12-4 所示是产生左对齐的两路 PWM 的波形图,产生的两路 PWMA 和 PWMB 为左对齐的一对 PWM 波形。

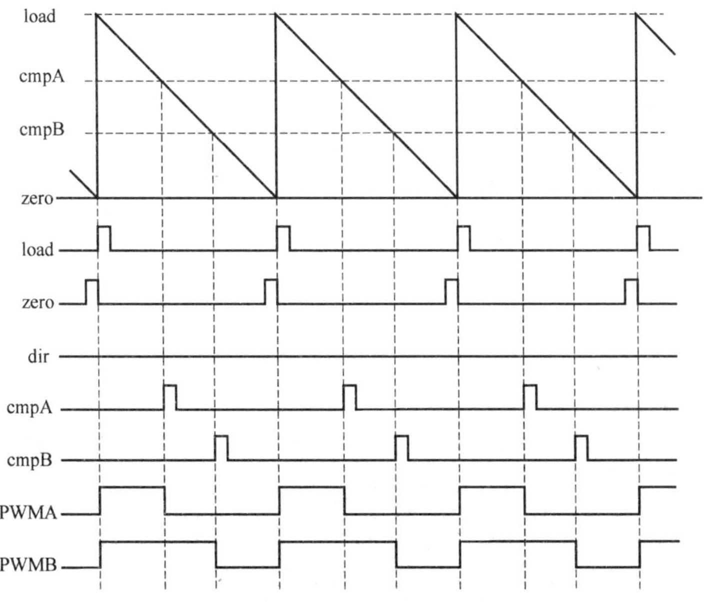


**图 12-4 左对齐 PWM 的产生**

**注**：*左对齐的 PWM 方波实际上也可以理解为右对齐。*

② 如图 12－5 所示是产生一对中心对齐的 PWM 的波形图，这时定时器的计数模式是先递增后递减计数模式。

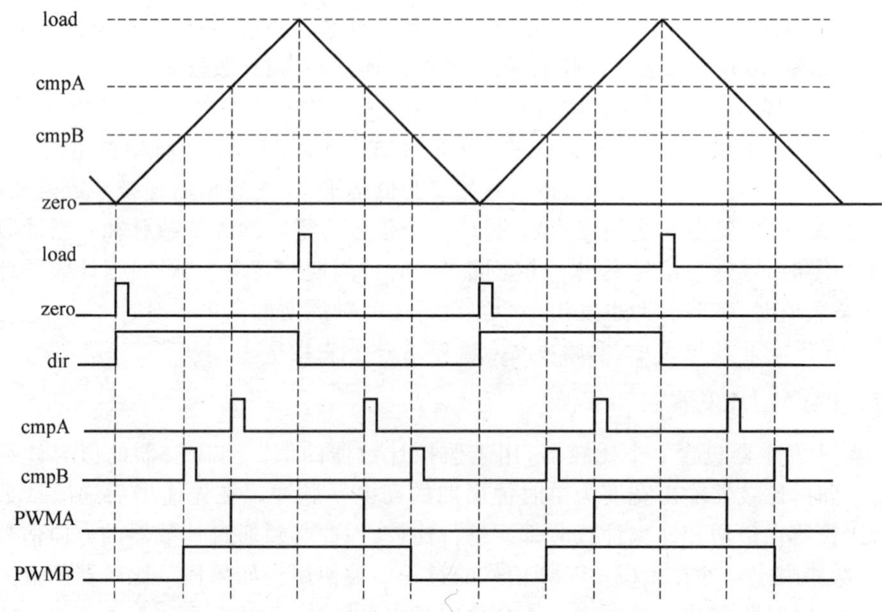


**图 12－5 中心对齐 PWM 的产生**

## 4. 死区发生器

如图 12－6 所示，从 PWM 发生器产生的两个 PWM 信号被传递到死区发生器。如果死区发生器禁能，则 PWM 信号只是简单地通过该模块，而不会发生改变。如果死区发生器使能，则丢弃第二个 PWM 信号，并在第一个 PWM 信号的基础上产生两个 PWM 信号。第一个输出 PWM 信号为带上升沿延迟的输入信号，延迟时间可编程。第二个输出 PWM 信号为输入信号的反相信号，在输入信号的下降沿与该信号的上升沿之间增加了可编程的延迟时间。对电机应用来讲，延迟时间一般仅需几百纳秒到几微秒。

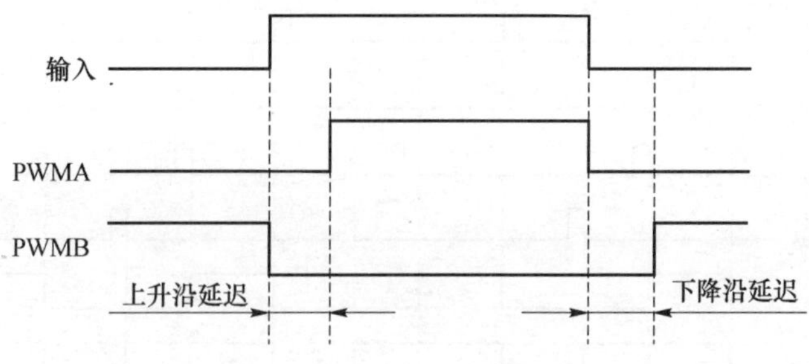


**图 12－6 PWM 死区发生器**

PWMA 和 PWMB 是一对高电平有效的信号,并且其中一个信号总为高电平。但在跳变处的那段可编程延迟时间除外,这时它们都为低电平。这样,这两个信号便可用来驱动半-H 桥驱动电路;又由于它们带有死区延迟,因而还可以避免冲过电流(shoot through current)破坏电力电子管。

### 5. 输出控制模块

PWM 发生器模块产生的是 2 个原始的 PWM 信号,输出控制模块在 PWM 信号进入芯片引脚之前要对其最后的状态进行控制。

输出控制模块主要有 3 项功能:

- 输出使能,只有被使能的 PWM 信号才能反映到芯片引脚上。
- 输出反相控制,如果使能 PWM 信号,则 PWM 信号输出到引脚时会进行 180°反相。
- 故障控制,当外部传感器检测到系统故障时能够直接禁止 PWM 输出。

### 6. PWM 故障检测

LM3S 系列单片机的 PWM 功能常用于对电机等大功率设备的控制。大功率设备往往也是具有一定危险性的设备,如电梯系统。如果系统意外产生某种故障,则应立即使电机停止运行(即令 PWM 输出无效),以避免系统长时间处于危险的运行状态。

LM3S 系列单片机专门提供了一个故障检测输入引脚 FAULT。输入引脚 FAULT 的信号来自用于监测系统运行状态的传感器。从引脚 FAULT 输入的信号不会经过处理器内核,而是直接送至 PWM 模块的输出控制单元,这样,即使处理器内核忙碌甚至死机,FAULT 信号照样可以关闭 PWM 信号的输出,从而显著增强了系统的安全性。

### 7. 中断/ADC 触发控制单元

PWM 模块的 5 种信号即 zero,load,dir,cmpA 和 cmpB 都可以触发中断,或者触发 ADC 转换,从而使控制非常灵活。

## 12.4 PWM 库函数

### 12.4.1 PWM 发生器配置与控制函数

函数 PWMGenConfigure()对指定的 PWM 发生器模式进行设置,包括定时器的计数模式、同步模式、调试下的行为及对故障模式的设置。调用该函数后可完成这些配置,但 PWM 发生器仍处于禁止状态,还没有开始运行。注意,在调用此函数而改变了定时器的计数模式时,必须重新调用函数 PWMGenPeriodSet()和 PWM-

PulseWidthSet()，以便对 PWM 的周期和占空比进行设置。

函数 PWMGenPeriodSet()设定指定的 PWM 发生器的周期，数值的大小为 PWM 时钟的节拍个数。每次调用该函数时，都会对之前的值进行覆盖重写。

函数 PWMPulseWidthSet()设定指定的 PWM 发生器的占空比，数值的大小也是 PWM 时钟的节拍个数，该数值不能大于在函数 PWMGenPeriodSet()中设置的值，也就是占空比不能大于 100%。

调用函数 PWMGenEnable()开始允许 PWM 时钟驱动，且相应的 PWM 发生器的定时器开始运作。反之函数 PWMGenDisable()则禁止 PWM 定时器运作。

### 1. 函数 PWMGenConfigure()

功能：PWM 发生器基本配置。

原型：void PWMGenConfigure(unsigned long ulBase，unsigned long ulGen，unsigned long ulConfig)

参数：

ulBase，PWM 端口的基址，取值为 PWM_Base。

ulGen，PWM 发生器的编号，取下列值之一：

- PWM_GEN_0；
- PWM_GEN_1；
- PWM_GEN_2；
- PWM_GEN_3。

ulConfig，PWM 发生器的设置，取下列各组数值之间的"或"运算组合形式：

① PWM 定时器的计数模式，取值为：

- PWM_GEN_MODE_DOWN，递减计数模式；
- PWM_GEN_MODE_UP_DOWN，先递增后递减计数模式。

② 计数器装载和比较器的更新模式，取值为：

- PWM_GEN_MODE_SYNC，同步更新模式；
- PWM_GEN_MODE_NO_SYNC，异步更新模式。

③ 计数器在调试模式中的行为，取值为：

- PWM_GEN_MODE_DBG_RUN，调试时一直运行；
- PWM_GEN_MODE_DBG_STOP，计数器到零停止直至退出调试模式。

④ 计数模式改变的同步方式，取值为：

- PWM_GEN_MODE_GEN_NO_SYNC，发生器不同步模式；
- PWM_GEN_MODE_GEN_SYNC_LOCAL，发生器局部同步模式；
- PWM_GEN_MODE_GEN_SYNC_GLOBAL，全局发生器同步模式。

⑤ 死区参数同步模式，取值为：

- PWM_GEN_MODE_DB_NO_SYNC，不同步；

● PWM_GEN_MODE_DB_SYNC_LOCAL,局部同步;

● PWM_GEN_MODE_DB_SYNC_GLOBAL,全局发生器同步模式。

⑥ 故障条件是否锁定,取值为:

● PWM_GEN_MODE_FAULT_LATCHED,锁定故障条件;

● PWM_GEN_MODE_FAULT_UNLATCHED,不锁定故障条件。

⑦ 是否使用最小故障保持时间,取值为:

● PWM_GEN_MODE_FAULT_MINPER,使用;

● PWM_GEN_MODE_FAULT_NO_MINPER,不使用。

⑧ 故障源输入的选择,取值为:

● PWM_GEN_MODE_FAULT_EXT,FAULT0 作为故障输入;

● PWM_GEN_MODE_FAULT_LEGACY,通过 PWMnFLTSRC0 选择。

返回:无。

### 2. 函数 PWMGenPeriodSet()

功能:PWM 发生器周期配置。

原型:void PWMGenPeriodSet(unsigned long ulBase, unsigned long ulGen, unsigned long ulPeriod)

参数:

ulBase,PWM 端口的基址,取值为 PWM_Base。

ulGen,PWM 发生器的编号,取下列值之一:

● PWM_GEN_0;

● PWM_GEN_1;

● PWM_GEN_2;

● PWM_GEN_3。

ulPeriod,PWM 定时器计时时钟数。

返回:无。

### 3. 函数 PWMGenPeriodGet()

功能:获取 PWM 发生器周期。

原型:unsigned long PWMGenPeriodGet(unsigned long ulBase, unsigned long ulGen)

参数:

ulBase,PWM 端口的基址,取值为 PWM_Base。

ulGen,PWM 发生器的编号,取下列值之一:

● PWM_GEN_0;

● PWM_GEN_1;

● PWM_GEN_2;

● PWM_GEN_3。

返回：PWM 定时器计时时钟数，类型为 unsigned long。

### 4. 函数 PWMPulseWidthSet()

功能：PWM 输出宽度设置。

原型：void PWMPulseWidthSet(unsigned long ulBase, unsigned long ulPWMOut,unsigned long ulWidth)

参数：

ulBase，PWM 端口的基址，取值为 PWM_Base。

ulPWMOut，要设置的 PWM 输出编号，取下列值之一：

- PWM_OUT_0；
- PWM_OUT_1；
- PWM_OUT_2；
- PWM_OUT_3；
- PWM_OUT_4；
- PWM_OUT_5；
- PWM_OUT_6；
- PWM_OUT_7。

ulWidth，对应输出 PWM 的高电平宽度，宽度值是 PWM 计数器的计时时钟数。

返回：无。

### 5. 函数 PWMPulseWidthGet()

功能：获取 PWM 输出宽度。

原型：unsigned long PWMPulseWidthGet(unsigned long ulBase,unsigned long ulPWMOut)

参数：

ulBase，PWM 端口的基址，取值为 PWM_Base。

ulPWMOut，要设置的 PWM 输出编号，取下列值之一：

- PWM_OUT_0；
- PWM_OUT_1；
- PWM_OUT_2；
- PWM_OUT_3；
- PWM_OUT_4；
- PWM_OUT_5；
- PWM_OUT_6；
- PWM_OUT_7。

返回：对应输出 PWM 的高电平宽度，宽度值是 PWM 计数器的计时时钟数，类型为 unsigned long。

### 6. 函数 PWMGenEnable()

功能：开启 PWM 发生器的定时计数器。

原型：void PWMGenEnable(unsigned long ulBase,unsigned long ulGen)

参数：

ulBase,PWM 端口的基址,取值为 PWM_Base。

ulGen,PWM 发生器的编号,取下列值之一：

- PWM_GEN_0；
- PWM_GEN_1；
- PWM_GEN_2；
- PWM_GEN_3。

返回：无。

### 7. 函数 PWMGenDisable()

功能：禁止 PWM 发生器的定时计数器。

原型：void PWMGenDisable(unsigned long ulBase,unsigned long ulGen)

参数：

ulBase,PWM 端口的基址,取值为 PWM_Base。

ulGen,PWM 发生器的编号,取下列值之一：

- PWM_GEN_0；
- PWM_GEN_1；
- PWM_GEN_2；
- PWM_GEN_3。

返回：无。

## 12.4.2　死区控制函数

函数 PWMDeadBandEnable()设置相应的 PWM 发生器的死区时间,并打开死区功能。所谓死区时间是相对于原来的 PWMA 的上升沿和下降沿的延迟时间,单位是 PWM 时钟的脉冲个数。调用该函数所做的配置完成后,PWM 发生器输出的两路 PWM 信号就是一对带死区的反相的 PWM 信号。

函数 PWMDeadBandDisable()对应关闭 PWM 的死区功能,PWM 波形将按原样输出。

### 1. 函数 PWMDeadBandEnable()

功能：设置死区延时并使能死区控制输出。

原型：void PWMDeadBandEnable(unsigned long ulBase,unsigned long ulGen,unsigned short usRise,unsigned short usFall)

参数：

ulBase,PWM 端口的基址,取值为 PWM_Base。

ulGen,PWM 发生器的编号,取下列值之一：

- PWM_GEN_0；
- PWM_GEN_1；
- PWM_GEN_2；
- PWM_GEN_3。

usRise,OUTA 上升沿相对于原 PWMA 的上升沿延时宽度,宽度值是 PWM 计数器的计时时钟数。

usFall,OUTB 上升沿相对于原 PWMA 的上升沿延时宽度,宽度值是 PWM 计数器的计时时钟数。

返回：无。

**2. 函数 PWMDeadBandDisable( )**

功能：禁止对应 PWM 发生器的死区输出。

原型：void PWMDeadBandDisable(unsigned long ulBase,unsigned long ulGen)

参数：

ulBase,PWM 端口的基址,取值为 PWM_Base。

ulGen,PWM 发生器的编号,取下列值之一：

- PWM_GEN_0；
- PWM_GEN_1；
- PWM_GEN_2；
- PWM_GEN_3。

返回：无。

## 12.4.3 同步控制函数

同步控制有两个函数,函数 PWMSyncUpdate()用来对所选定的 PWM 发生器所挂起的周期和占空比的改动进行更新,更新动作会延时到所选的 PWM 发生器的定时器计数到零时发生。

函数 PWMSyncTimeBase( )用来同步 PWM 发生器的时基,通过对所选的 PWM 发生器的定时器的计数值进行复位来完成时基同步。

**1. 函数 PWMSyncUpdate( )**

功能：同步所有挂起的更新。

原型：void PWMSyncUpdate(unsigned long ulBase,unsigned long ulGenBits)

参数：

ulBase,PWM 端口的基址,取值为 PWM_Base。

ulGenBits,要更新的 PWM 发生器模块,取下列值的逻辑“或”:

- PWM_GEN_0_BIT;
- PWM_GEN_1_BIT;
- PWM_GEN_2_BIT;
- PWM_GEN_3_BIT。

返回:无。

**2. 函数 PWMSyncTimeBase()**

功能:同步一个或多个 PWM 发生器的计数器。

原型:void PWMSyncTimeBase(unsigned long ulBase,unsigned long ulGenBits)

参数:

ulBase,PWM 端口的基址,取值为 PWM_Base。

ulGenBits,要同步的 PWM 发生器模块,取下列值的逻辑“或”:

- PWM_GEN_0_BIT;
- PWM_GEN_1_BIT;
- PWM_GEN_2_BIT;
- PWM_GEN_3_BIT。

返回:无。

### 12.4.4　输出控制函数

函数 PWMOutputState()用来控制最多 8 路 PWM 信号是否输出到引脚,这也是 PWM 发生器产生的 PWM 信号是否输出到引脚的最后一个开关。

函数 PWMOutputInvert()用来决定输出到引脚的 PWM 信号是否先反相再进行输出,如果 bInvert 为 1,则反相 PWM 信号。

函数 PWMOutputFaultLevel()用来指定在 PWM 的故障状态时,PWM 引脚的默认输出电平是高电平还是低电平。

函数 PWMOutputFault()用来确认在故障发生时,故障条件是否影响指定的输出电平,如果设定为不影响,那么即使发生了故障,引脚依然不受影响,信号按故障发生前原样输出。

**1. 函数 PWMOutputState()**

功能:使能或禁止 PWM 的输出。

原型: void PWMOutputState(unsigned long ulBase, unsigned long ulPWMOutBits,tBoolean bEnable)

参数:

ulBase,PWM 端口的基址,取值为 PWM_Base。

ulPWMOutBits,要修改输出状态的 PWM 输出,取下列值的逻辑“或”:

● PWM_OUT_0_BIT；

● PWM_OUT_1_BIT；

● PWM_OUT_2_BIT；

● PWM_OUT_3_BIT；

● PWM_OUT_4_BIT；

● PWM_OUT_5_BIT；

● PWM_OUT_6_BIT；

● PWM_OUT_7_BIT。

bEnable，输出是否有效，取下列值之一：

● true，允许输出；

● false，禁止输出。

返回：无。

### 2. 函数 PWMOutputInvert()

功能：设置对应 PWM 是否反相输出。

原型：void PWMOutputInvert（unsigned long ulBase，unsigned long ulPWMOutBits，tBoolean bInvert）

参数：

ulBase，PWM 端口的基址，取值为 PWM_Base。

ulPWMOutBits，要修改输出状态的 PWM 输出，取下列值的逻辑“或”：

● PWM_OUT_0_BIT；

● PWM_OUT_1_BIT；

● PWM_OUT_2_BIT；

● PWM_OUT_3_BIT；

● PWM_OUT_4_BIT；

● PWM_OUT_5_BIT；

● PWM_OUT_6_BIT；

● PWM_OUT_7_BIT。

bInvert，输出是否有效，取下列值之一：

● true，输出反相；

● false，直接输出。

返回：无。

### 3. 函数 PWMOutputFaultLevel()

功能：指定对应 PWM 输出在故障状态时的输出电平。

原型：void PWMOutputFaultLevel（unsigned long ulBase，unsigned long ulPWMOutBits，tBoolean bDriveHigh）

参数：

ulBase,PWM 端口的基址,取值为 PWM_Base。

ulPWMOutBits,要修改输出状态的 PWM 输出,取下列值的逻辑“或”：

- PWM_OUT_0_BIT；
- PWM_OUT_1_BIT；
- PWM_OUT_2_BIT；
- PWM_OUT_3_BIT；
- PWM_OUT_4_BIT；
- PWM_OUT_5_BIT；
- PWM_OUT_6_BIT；
- PWM_OUT_7_BIT。

bDriveHigh,输出是否有效,取下列值之一：

- true,故障时输出高电平；
- false,故障时输出低电平。

返回：无。

### 4. 函数 PWMOutputFault()

功能：指定对应 PWM 输出是否响应故障状态。

原型：void PWMOutputFault(unsigned long ulBase, unsigned long ulPWMOutBits,tBoolean bFaultSuppress)

参数：

ulBase,PWM 端口的基址,取值为 PWM_Base。

ulPWMOutBits,要修改输出状态的 PWM 输出,取下列值的逻辑“或”：

- PWM_OUT_0_BIT；
- PWM_OUT_1_BIT；
- PWM_OUT_2_BIT；
- PWM_OUT_3_BIT；
- PWM_OUT_4_BIT；
- PWM_OUT_5_BIT；
- PWM_OUT_6_BIT；
- PWM_OUT_7_BIT。

bFaultSuppress,输出是否有效,取下列值之一：

- true,故障时输出 PWMOutputFaultLevel()设置的电平；
- false,不响应故障信号,原样输出。

返回：无。

### 12.4.5 PWM 发生器中断和触发函数

PWM 发生器具有丰富的中断和触发源，能够在很多时刻产生中断，使得中断变得非常灵活。下面对与中断相关的函数进行说明。

函数 PWMGenIntRegister()给指定的 PWM 发生器立即注册一个中断服务函数。对应的函数 PWMGenIntUnregister()则注销已注册的 PWM 发生器中断函数。

函数 PWMGenIntTrigEnable()用来对中断和触发 ADC 的事件使能，通过使能的事件才能触发中断和 ADC 采样。其参数 ulIntTrig 包括 12 个事件，其中 6 个关于中断的时间，6 个关于 ADC 触发时间。在递减计数时，只有 8 个事件是有效的。

同样，也有对应的函数 PWMGenIntTrigDisable()对触发事件禁能。其作用与函数 PWMGenIntTrigEnable()相反。

函数 PWMGenIntStatus()用来获取 PWM 发生器的中断状态，调用此函数可返回原始或屏蔽后的中断状态。

函数 PWMGenIntClear()用来清除指定的中断状态，中断状态应该在进入中断服务函数中，在获取中断状态后立即清除。

#### 1. 函数 PWMGenIntRegister()

功能：注册一个指定 PWM 发送器中断函数。

原型：void PWMGenIntRegister(unsigned long ulBase，unsigned long ulGen，void （＊pfnIntHandler)(void))

参数：

ulBase，PWM 端口的基址，取值为 PWM_Base。

ulGen，PWM 发生器的编号，取下列值之一：

- PWM_GEN_0；
- PWM_GEN_1；
- PWM_GEN_2；
- PWM_GEN_3。

＊ pfnIntHandler，PWM 发生器中断发生时调用的函数指针。

返回：无。

#### 2. 函数 PWMGenIntUnregister()

功能：注销指定 PWM 发送器中断函数。

原型：void PWMGenIntUnregister(unsigned long ulBase，unsigned long ulGen)

参数：

ulBase，PWM 端口的基址，取值为 PWM_Base。

ulGen，PWM 发生器的编号，取下列值之一：

- PWM_GEN_0;
- PWM_GEN_1;
- PWM_GEN_2;
- PWM_GEN_3。

返回:无。

### 3. 函数 PWMGenIntTrigEnable()

功能:使能指定的 PWM 发生器的中断和 ADC 触发功能。

原型: void PWMGenIntTrigEnable(unsigned long ulBase, unsigned long ulGen,unsigned long ulIntTrig)

参数:

ulBase, PWM 端口的基址,取值为 PWM_Base。

ulGen,PWM 发生器的编号,取下列值之一:

- PWM_GEN_0;
- PWM_GEN_1;
- PWM_GEN_2;
- PWM_GEN_3。

ulIntTrig,PWM 发生器的中断和触发事件选择,取下列值的逻辑"或":

- PWM_INT_CNT_ZERO,计数器为 0 时触发中断;
- PWM_INT_CNT_LOAD,计数器为装载值时触发中断;
- PWM_INT_CNT_AU,比较器 A 递增匹配时触发中断;
- PWM_INT_CNT_AD,比较器 A 递减匹配时触发中断;
- PWM_INT_CNT_BU,比较器 B 递增匹配时触发中断;
- PWM_INT_CNT_BD,比较器 B 递减匹配时触发中断;
- PWM_TR_CNT_ZERO,计数器为 0 时触发 ADC;
- PWM_TR_CNT_LOAD,计数器为装载值时触发 ADC;
- PWM_TR_CNT_AU,比较器 A 递增匹配时触发 ADC;
- PWM_TR_CNT_AD,比较器 A 递减匹配时触发 ADC;
- PWM_TR_CNT_BU,比较器 B 递增匹配时触发 ADC;
- PWM_TR_CNT_BD,比较器 B 递减匹配时触发 ADC。

返回:无。

### 4. 函数 PWMGenIntTrigDisable()

功能:禁能指定的 PWM 发生器的中断和 ADC 触发功能。

原型: void PWMGenIntTrigDisable(unsigned long ulBase, unsigned long ulGen,unsigned long ulIntTrig)

参数:

ulBase，PWM 端口的基址，取值为 PWM_Base。

ulGen，PWM 发生器的编号，取下列值之一：

- PWM_GEN_0；
- PWM_GEN_1；
- PWM_GEN_2；
- PWM_GEN_3。

ulIntTrig，PWM 发生器的中断和触发事件选择，取下列值的逻辑“或”：

- PWM_INT_CNT_ZERO，计数器为 0 时触发中断；
- PWM_INT_CNT_LOAD，计数器为装载值时触发中断；
- PWM_INT_CNT_AU，比较器 A 递增匹配时触发中断；
- PWM_INT_CNT_AD，比较器 A 递减匹配时触发中断；
- PWM_INT_CNT_BU，比较器 B 递增匹配时触发中断；
- PWM_INT_CNT_BD，比较器 B 递减匹配时触发中断；
- PWM_TR_CNT_ZERO，计数器为 0 时触发 ADC；
- PWM_TR_CNT_LOAD，计数器为装载值时触发 ADC；
- PWM_TR_CNT_AU，比较器 A 递增匹配时触发 ADC；
- PWM_TR_CNT_AD，比较器 A 递减匹配时触发 ADC；
- PWM_TR_CNT_BU，比较器 B 递增匹配时触发 ADC；
- PWM_TR_CNT_BD，比较器 B 递减匹配时触发 ADC。

返回：无。

### 5. 函数 PWMGenIntStatus()

功能：获取指定的 PWM 发生器的中断状态。

原型：unsigned long PWMGenIntStatus(unsigned long ulBase，unsigned long ulGen，tBoolean bMasked)

参数：

ulBase，PWM 端口的基址，取值为 PWM_Base。

ulGen，PWM 发生器的编号，取下列值之一：

- PWM_GEN_0；
- PWM_GEN_1；
- PWM_GEN_2；
- PWM_GEN_3。

bMasked，获取是原始的中断状态还是屏蔽后的中断状态。

- true，屏蔽后的中断状态；
- false，原始的中断状态。

返回：返回指定的 PWM 发生器的屏蔽后中断状态或原始中断状态。

### 6. 函数 PWMGenIntClear()

功能：清除指定 PWM 发生器的中断状态。

原型：void PWMGenIntClear(unsigned long ulBase, unsigned long ulGen, unsigned long ulInts)

参数：

ulBase,PWM 端口的基址,取值为 PWM_Base。

ulGen,PWM 发生器的编号,取下列值之一：

- PWM_GEN_0；
- PWM_GEN_1；
- PWM_GEN_2；
- PWM_GEN_3。

ulInts,指定要清除的中断状态,取下列值的逻辑"或"：

- PWM_INT_CNT_ZERO,计数器为 0 时触发的中断；
- PWM_INT_CNT_LOAD,计数器为装载值时触发的中断；
- PWM_INT_CNT_AU,比较器 A 递增匹配时触发的中断；
- PWM_INT_CNT_AD,比较器 A 递减匹配时触发的中断；
- PWM_INT_CNT_BU,比较器 B 递增匹配时触发的中断；
- PWM_INT_CNT_BD,比较器 B 递减匹配时触发的中断。

返回：无。

## 12.4.6 故障管理函数

函数 PWMGenFaultConfigure()用来设置指定 PWM 发生器的故障检测引脚电平和最小故障保持时间,该函数必须在函数 PWMGenConfigure()中选用 PWM_GEN_MODE_FAULT_MINPER 值,这样在发生故障时,可以保证在最小故障时间内故障条件保持有效。

函数 PWMGenFaultTriggerSet()用来选择用哪些 FAULT 引脚作为指定的 PWM 发生器的错误检测引脚。

函数 PWMGenFaultTriggerGet()用来返回当前正使用哪些 FAULT 引脚作为指定的 PWM 发生器的错误检测引脚。

调用函数 PWMGenFaultStatus()可以返回当前发生的故障是由哪个输入端触发的,从而可以获取发生错误的地方。

函数 PWMGenFaultClear()用来清除故障源,调用该函数可清除上次的故障源标志,以便下次故障可触发标志,从而获取故障输入状态。

### 1. 函数 PWMGenFaultConfigure()

功能：设置指定 PWM 发生器的故障检测引脚电平和最小故障保持时间。

原型：void PWMGenFaultConfigure(unsigned long ulBase,unsigned long ulGen, unsigned long ulMinFaultPeriod,unsigned long ulFaultSenses)

参数：

ulBase,PWM 端口的基址,取值为 PWM_Base。

ulGen,PWM 发生器的编号,取下列值之一：

- PWM_GEN_0；
- PWM_GEN_1；
- PWM_GEN_2；
- PWM_GEN_3。

ulMinFaultPeriod,最小故障激活保持时间,用 PWM 时钟脉冲个数表示。

ulFaultSenses,指定的故障输入引脚的检测电平,取下列值之一：

- PWM_FAULTn_SENSE_HIGH；
- PWM_FAULTn_SENSE_LOW。

返回：无。

### 2. 函数 PWMGenFaultTriggerSet()

功能：设置指定的 PWM 发生器使用的故障输入端。

原型：void PWMGenFaultTriggerSet(unsigned long ulBase, unsigned long ulGen, unsigned long ulGroup,unsigned long ulFaultTriggers)

参数：

ulBase,PWM 端口的基址,取值为 PWM_Base。

ulGen,PWM 发生器的编号,取下列值之一：

- PWM_GEN_0；
- PWM_GEN_1；
- PWM_GEN_2；
- PWM_GEN_3。

ulGroup,故障输入组选择,这里必须为 PWM_FAULT_GROUP_0。

ulFaultTriggers,定义指定的 PWM 发生器使用哪个故障输入作为触发端,对于 PWM_FAULT_GROUP_0,取下列值的逻辑"或"：

- PWM_FAULT_FAULT0；
- PWM_FAULT_FAULT1；
- PWM_FAULT_FAULT2；
- PWM_FAULT_FAULT3。

返回：无。

### 3. 函数 PWMGenFaultTriggerGet()

功能：获取指定的 PWM 发生器使用的故障输入端。

原型：nsigned long PWMGenFaultTriggerGet(unsigned long ulBase,unsigned long ulGen,unsigned long ulGroup)

参数：

ulBase,PWM 端口的基址,取值为 PWM_Base。

ulGen,PWM 发生器的编号,取下列值之一：

- PWM_GEN_0;
- PWM_GEN_1;
- PWM_GEN_2;
- PWM_GEN_3。

ulGroup,故障输入组选择,这里必须为 PWM_FAULT_GROUP_0。

返回：

返回值是下列值的逻辑“或”：

- PWM_FAULT_FAULT0;
- PWM_FAULT_FAULT1;
- PWM_FAULT_FAULT2;
- PWM_FAULT_FAULT3。

### 4. 函数 PWMGenFaultStatus()

功能：获取指定 PWM 发生器当前的故障状态。

原型：unsigned long PWMGenFaultStatus(unsigned long ulBase, unsigned long ulGen,unsigned long ulGroup)

参数：

ulBase, PWM 端口的基址,取值为 PWM_Base。

ulGen,PWM 发生器的编号,取下列值之一：

- PWM_GEN_0;
- PWM_GEN_1;
- PWM_GEN_2;
- PWM_GEN_3。

ulGroup,故障输入组选择,这里必须为 PWM_FAULT_GROUP_0。

返回：

返回值是下列值的逻辑“或”：

- PWM_FAULT_FAULT0;
- PWM_FAULT_FAULT1;
- PWM_FAULT_FAULT2;
- PWM_FAULT_FAULT3。

#### 5. 函数 PWMGenFaultClear()

功能：清除指定 PWM 发生器当前的故障状态。

原型：void PWMGenFaultClear(unsigned long ulBase,unsigned long ulGen,unsigned long ulGroup,unsigned long ulFaultTriggers)

参数：

ulBase,PWM 端口的基址,取值为 PWM_Base。

ulGen,PWM 发生器的编号,取下列值之一：

- PWM_GEN_0；
- PWM_GEN_1；
- PWM_GEN_2；
- PWM_GEN_3。

ulGroup,故障输入组选择,这里必须为 PWM_FAULT_GROUP_0。

ulFaultTriggers,要清除的指定 PWM 发生器的故障输入,对于 PWM_FAULT_GROUP_0,取下列值的逻辑"或"：

- PWM_FAULT_FAULT0；
- PWM_FAULT_FAULT1；
- PWM_FAULT_FAULT2；
- PWM_FAULT_FAULT3。

返回：无。

### 12.4.7 故障中断函数

函数 PWMFaultIntRegister()注册一个故障中断服务函数。反之,函数 PWMFaultIntUnregister()注销当前已注册的故障中断服务函数。

函数 PWMFaultIntClear()清除故障错误中断,该函数只能清除 FAULT0 产生的中断,清除其他中断建议使用函数 PWMFaultIntClearExt()。

函数 PWMFaultIntClearExt()可以同时清除一个或多个 PWM 故障输入的中断。

#### 1. 函数 PWMFaultIntRegister()

功能：注册一个 PWM 故障中断函数。

原型：void PWMFaultIntRegister(unsigned long ulBase,void (*pfnIntHandler)(void))

参数：

ulBase,PWM 端口的基址,取值为 PWM_Base。

*pfnIntHandler,要调用的 PWM 故障中断函数的指针。

返回：无。

### 2. 函数 PWMFaultIntUnregister()

功能：注销 PWM 故障中断函数。

原型：void PWMFaultIntUnregister(unsigned long ulBase)

参数：

ulBase，PWM 端口的基址，取值为 PWM_Base。

返回：无。

### 3. 函数 PWMFaultIntClear()

功能：清除 PWM 模块的故障中断(FAULT0)。

原型：void PWMFaultIntClear(unsigned long ulBase)

参数：

ulBase，PWM 端口的基址，取值为 PWM_Base。

返回：无。

### 4. 函数 PWMFaultIntClearExt()

功能：清除 PWM 模块的指定的故障中断。

原型：void PWMFaultIntClearExt(unsigned long ulBase，unsigned long ulFaultInts)

参数：

ulBase，PWM 端口的基址，取值为 PWM_Base。

ulFaultInts，指定的要清除的故障中断，取下列值的逻辑"或"：

- PWM_INT_FAULT0；
- PWM_INT_FAULT1；
- PWM_INT_FAULT2；
- PWM_INT_FAULT3。

返回：无。

## 12.4.8 总中断控制函数

函数 PWMIntEnable()打开指定的 PWM 发生器的中断和故障中断。

函数 PWMIntDisable()屏蔽指定的中断。

函数 PWMIntStatus()用来获取原始或屏蔽后的 PWM 中断状态。

### 1. 函数 PWMIntEnable()

功能：使能指定的 PWM 发生器和故障的中断。

原型：void PWMIntEnable(unsigned long ulBase，unsigned long ulGenFault)

参数：

ulBase，PWM 端口的基址，取值为 PWM_Base。

ulGenFault，指定的要使能的中断，取下列值的逻辑"或"：

- PWM_INT_GEN_0；
- PWM_INT_GEN_1；
- PWM_INT_GEN_2；
- PWM_INT_GEN_3；
- PWM_INT_FAULT0；
- PWM_INT_FAULT1；
- PWM_INT_FAULT2；
- PWM_INT_FAULT3。

返回：无。

### 2. 函数 PWMIntDisable()

功能：禁止指定的 PWM 发生器和故障的中断。

原型：void PWMIntDisable(unsigned long ulBase,unsigned long ulGenFault)

参数：

ulBase，PWM 端口的基址，取值为 PWM_Base。

ulGenFault,指定的要禁止的中断,取下列值的逻辑“或”：

- PWM_INT_GEN_0；
- PWM_INT_GEN_1；
- PWM_INT_GEN_2；
- PWM_INT_GEN_3；
- PWM_INT_FAULT0；
- PWM_INT_FAULT1；
- PWM_INT_FAULT2；
- PWM_INT_FAULT3。

返回：无。

### 3. 函数 PWMIntStatus()

功能：获取指定的 PWM 中断状态。

原型：unsigned long PWMIntStatus(unsigned long ulBase,tBoolean bMasked)

参数：

ulBase,PWM 端口的基址,取值为 PWM_Base。

bMasked,指定要获取的中断状态是原始的中断状态还是屏蔽后的中断状态,取下列值之一：

- true,返回屏蔽后的中断状态；
- false,返回原始的中断状态。

返回：

返回值是下列值的逻辑“或”：

- PWM_INT_GEN_0;
- PWM_INT_GEN_1;
- PWM_INT_GEN_2;
- PWM_INT_GEN_3;
- PWM_INT_FAULT0;
- PWM_INT_FAULT1;
- PWM_INT_FAULT2;
- PWM_INT_FAULT3。

## 12.5 项目 18:利用 PWM 演奏《化蝶》(梁祝)乐曲

### 12.5.1 任务要求和分析

本项目是利用 LM3S811 的 PWM 模块产生不同频率的方波,来驱动喇叭发出不同的音调,再利用延时来控制发音时间的长短,即控制节拍,从而把乐曲中的音符和相应的节拍换成定时常数和延时常数存放在存储器中,这样就可以听到悦耳的音乐了。

### 12.5.2 硬件电路设计

本项目的电路如图 12-7 所示,设置 PD0 引脚为 PWM 功能,即从 PWM0 输出不同频率的方波电压,然后通过三极管来驱动扬声器发声。

### 12.5.3 程序设计

要想使蜂鸣器发出某音调的声音,只要给蜂鸣器输送该音调频率的电平信号即可。由于单片机 I/O 口的输出只有高电平"1"和低电平"0"两种状态,因此向蜂鸣器输送的电平信号实际上就是该音频的方波。可将简谱中所有音调的频率及其节拍分别存储于两个数组中,然后依次从数组中读出频率,再根据频率和定时器延时常数的计算公式即可由定时器的中断来控制发出该音调的音频,其发声时间可由节拍控制(即 1～4 个延时单位)。

在主程序中,首先配置与 PWM 相关的控制参数,使能 PWM 外设,设定源时钟和比较寄存器及死区寄存器,设置占空比,最后使能 PWM 发生器。同时,要根据乐曲的节奏要求,输出不同占空比的波形。

程序清单如下:

```
#include  "systemInit.h"
//全局变量
unsigned long g_ulFrequency;
```

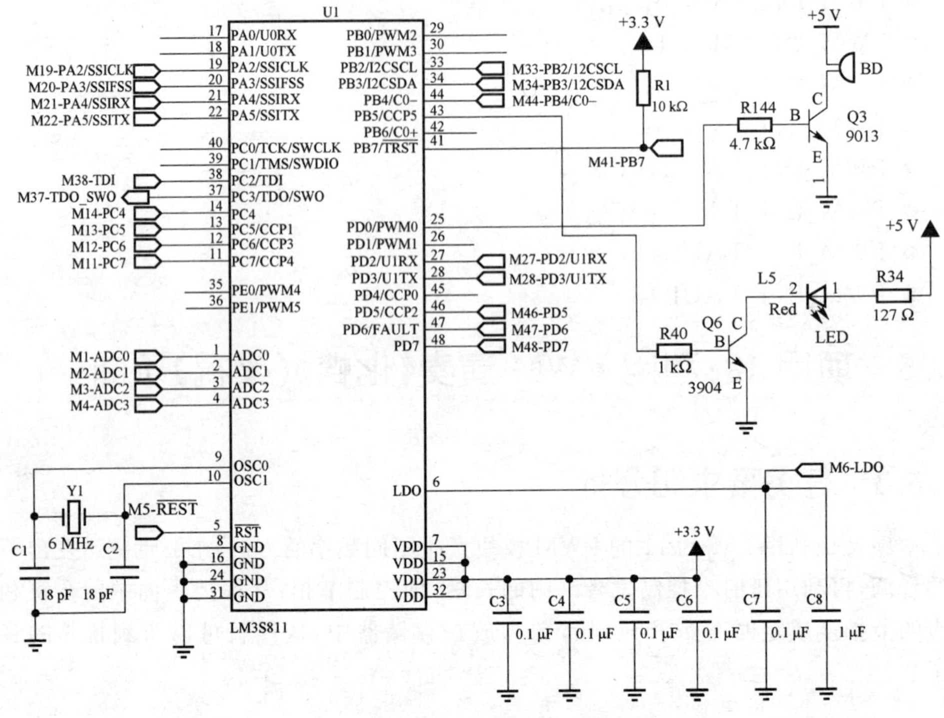


**图 12 - 7　利用 PWM 演奏乐曲的电路图**

```
unsigned long g_ulDutyCycle;
//定义低音音名(数值单位:Hz)
#define  L1    262    //c
#define  L2    294    //d
#define  L3    330    //e
#define  L4    349    //f
#define  L5    392    //g
#define  L6    440    //a1
#define  L7    494    //b1
//定义中音音名
#define  M1    523    //c1
#define  M2    587    //d1
#define  M3    659    //e1
#define  M4    698    //f1
#define  M5    784    //g1
#define  M6    880    //a2
#define  M7    988    //b2
//定义高音音名
#define  H1    1047    //c2
#define  H2    1175    //d2
```

```
#define  H3     1319    //e2
#define  H4     1397    //f2
#define  H5     1568    //g2
#define  H6     1760    //a3
#define  H7     1976    //b3
//定义时值单位,决定演奏速度(数值单位:ms)
#define  T      2000
//定义音符结构
typedef struct
{
    //音名:取值 L1～L7、M1～M7、H1～H7 分别表示低音、中音、高音的 1、2、3、4、5、6、7,
    //取值 0 表示休止符
    short mName;
    //时值:取值 T、T/2、T/4、T/8、T/16、T/32 分别表示全音符、二分音符、四分音符、
    //八分音符……,取值 0 表示演奏结束
    short mTime;
}tNote;
// 定义乐曲:《化蝶》(梁祝)
const tNote MyScore[] =
{
    {L3,T/4},
    {L5,T/8 + T/16},
    {L6,T/16},
    {M1,T/8 + T/16},
    {M2,T/16},
    {L6,T/16},
    {M1,T/16},
    {L5,T/8},
    {M5,T/8 + T/16},
    {H1,T/16},
    {M6,T/16},
    {M5,T/16},
    {M3,T/16},
    {M5,T/16},
    {M2,T/2},
    {M2,T/8},
    {M2,T/16},
    {M3,T/16},
    {L7,T/8},
    {L6,T/8},
    {L5,T/8 + T/16},
    {L6,T/16},
```

```
{M1,T/8},
{M2,T/8},
{L3,T/8},
{M1,T/8},
{L6,T/16},
{L5,T/16},
{L6,T/16},
{M1,T/16},
{L5,T/2},
{M3,T/8 + T/16},
{M5,T/16},
{L7,T/8},
{M2,T/8},
{L6,T/16},
{M1,T/16},
{L5,T/8},
{L5,T/4},
{L3,T/16},
{L5,T/16},
{L3,T/8},
{L5,T/16},
{L6,T/16},
{L7,T/16},
{M2,T/16},
{L6,T/4 + T/8},
{L5,T/16},
{L6,T/16},
{M1,T/8 + T/16},
{M2,T/16},
{M5,T/8},
{M3,T/8},
{M2,T/8},
{M3,T/16},
{M2,T/16},
{M1,T/8},
{L6,T/16},
{L5,T/16},
{L3,T/4},
{M1,T/4},
{L6,T/16},
{M1,T/16},
{L6,T/16},
```

```
    {L5,T/16},
    {L3,T/16},
    {L5,T/16},
    {L6,T/16},
    {M1,T/16},
    {L5,T/2},
    //{0,T/4},
    //{0,T/4},
    {0,0}        //结束
};

//蜂鸣器外设初始化
void io_init(void)
{
    unsigned long ulPWMClock;
    SysCtlPeripheralEnable(SYSCTL_PERIPH_GPIOB);        //使能 LED 所接的端口
    GPIOPinTypeGPIOOutput(GPIO_PORTB_BASE,GPIO_PIN_5);//设置接 LED 的口为输出
    GPIOPinWrite(GPIO_PORTB_BASE,GPIO_PIN_5,0x00);      //初始化 LED 为亮状态

    SysCtlPeripheralEnable(SYSCTL_PERIPH_GPIOD);        //使能 PWM0 所在端口
    GPIOPinTypePWM(GPIO_PORTD_BASE,GPIO_PIN_0);         //设置 PD0 引脚为 PWM 功能
    SysCtlPeripheralEnable(SYSCTL_PERIPH_PWM);          //使能片内 PWM 外设
    PWMGenConfigure(PWM_BASE,PWM_GEN_0,                 //配置 PWM 模块
                PWM_GEN_MODE_DOWN | PWM_GEN_MODE_NO_SYNC);
    SysCtlPWMClockSet(SYSCTL_PWMDIV_1);                 //设置 PWM 的时钟
    ulPWMClock = SysCtlClockGet();                      //获取 PWM 的时钟
    g_ulFrequency = 440;                                //初始化 PWM 的频率和占空比
    g_ulDutyCycle = 25;
    //设置 PWM0 的周期
    PWMGenPeriodSet(PWM_BASE,PWM_GEN_0,ulPWMClock / g_ulFrequency);
    //设置 PWM0 的脉冲宽度
    PWMPulseWidthSet(PWM_BASE,PWM_OUT_0,
                ((ulPWMClock * g_ulDutyCycle)/100) / g_ulFrequency);
    PWMGenEnable(PWM_BASE,PWM_GEN_0);                   //使能并启动 PWM0 发生器
}
//设置 LED 灯的亮灭状态
void io_set_led(tBoolean bOn)
{
    //按需求设置 LED 的亮灭
    GPIOPinWrite(GPIO_PORTB_BASE,GPIO_PIN_5,bOn ? GPIO_PIN_5 : 0x00);
}
// 使能或禁止 PWM0 输出
```

```
void io_set_pwm(tBoolean bOn)
{
    PWMOutputState(PWM_BASE,PWM_OUT_0_BIT,bOn);
}
//设置 PWM 的频率
void io_pwm_freq(unsigned long ulFreq)
{
    unsigned long ulPWMClock;
    ulPWMClock = SysCtlClockGet();                      //获取 PWM 的时钟
    g_ulFrequency = ulFreq;                             //设置全局时钟
    //设置 PWM 周期
    PWMGenPeriodSet(PWM_BASE,PWM_GEN_0,ulPWMClock / g_ulFrequency);
    //设置 PWM0 的脉冲宽度
    PWMPulseWidthSet(PWM_BASE,PWM_OUT_0,
                ((ulPWMClock * g_ulDutyCycle)/100) / g_ulFrequency);
}
//演奏乐曲,在 PWM 发声的同时点亮 LED 灯,反之熄灭
void MusicPlay(void)
{
    int i = 0;
    for (;;)
    {
        if (MyScore[i].mTime == 0)
        {
            break;
        }
        io_pwm_freq(MyScore[i].mName);
        io_set_pwm(1);
        io_set_led(1);
        SysCtlDelay(MyScore[i].mTime * (TheSysClock / 2000));
        i++;

        io_set_pwm(0);
        io_set_led(0);
        SysCtlDelay(10 * (TheSysClock / 2000));
    }
}

//主函数(程序入口)
int main(void)
{
    jtagWait();                                         //JTAG 口解锁函数
```

```
    clockInit();                                    //时钟初始化:晶振,6 MHz
    io_init();
    io_set_led(1);
    io_set_pwm(1);
    MusicPlay();
    while(1);
}
```

### 12.5.4　程序调试和运行

建立 Keil 工程文件 PWM0,编译并下载程序;复位后全速运行程序,观察 LED 指示灯的亮灭变化并与蜂鸣器发声相结合。

## 习　题

1. 脉冲宽度调制有何特点?
2. 简述脉冲宽度调制的基本原理。
3. 在启用 LM3S811 的 PWM 功能之前,在软件中都应做哪些使能和设置?
4. 编写 PWM0 的初始化程序。
5. 编写程序,利用 PWM 功能控制电机的转动速度。

# 第 13 章

# LM3S811 典型应用实例精讲

## 13.1 项目 19:矩阵式键盘和 12864 液晶驱动

人机界面是人与计算机系统进行信息交互的接口,包括信息的输入和输出。输入通道最常用的装置是键盘,键盘是十分重要的人机对话的组成部分,是人向机器发出指令、输入信息的必要设备。在系统中,键盘输入的主要对象是各种按键或开关。输出通道最常用的是显示器,显示器能够将计算机运行的结果显示出来,供用户观察;液晶显示器是常用的一种显示器。因此,研究 LM3S811 与键盘和液晶显示模块的接口和驱动具有十分重要的意义。

### 13.1.1 键盘概述

键盘是单片机系统中完成控制参数输入及修改的基本输入设备,是人工干预系统的重要手段。

**1. 键盘的分类**

键盘按编码方式可分为编码键盘与非编码键盘,按键组连接方式可分为独立连接式键盘与矩阵连接式键盘。

**(1) 编码键盘**

编码键盘由硬件完成键盘识别功能,它通过识别键是否被按下及所按下键的位置,由编码电路产生一个唯一对应的编码信息(如 ASCII 码)。编码键盘的特点是增加了硬件开销,但编码固定、编程简单。它适用于规模大的键盘。

**(2) 非编码键盘**

常用的非编码键盘,每个键都是一个常开开关电路。非编码键盘由软件完成键盘识别功能,它利用简单的硬件和一套专用键盘编码程序来识别按键的位置,然后由 CPU 将位置码通过查表程序转换成相应的编码信息。非编码键盘的速度较低,但结构简单,并且通过软件能够为某些键的重新定义提供很大方便。非编码键盘的特点是不增加硬件开销,编码灵活;但编程较复杂,占用 CPU 时间。它适用于小规模的键盘,特别是单片机系统的键盘。

**(3) 独立连接式键盘**

独立连接式键盘的每个键相互独立，各自与一条 I/O 线相连，如图 13－1 所示，CPU 可直接读取该 I/O 线的高/低电平状态。当没有键被按下时，所有的数据输入线都为高电平；当有任意一个键被按下时，与之相连的数据输入线将变为低电平。通过相应指令，可以判断是否有键被按下。其优点是硬件、软件结构简单，判键速度快，使用方便；缺点是占用 I/O 口线多。

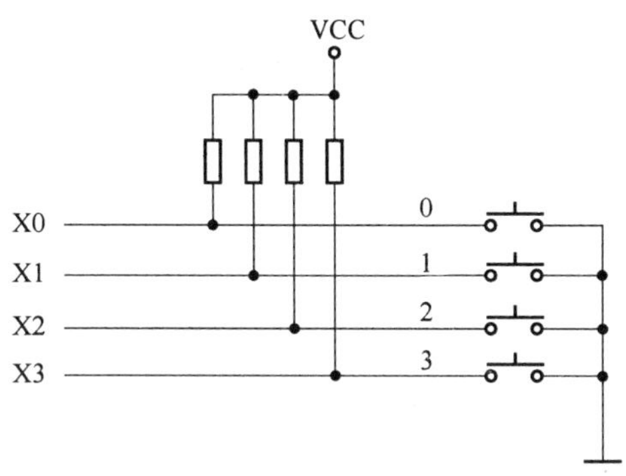


**图 13－1　独立连接式键盘电路**

独立连接式键盘多用于设置控制键和功能键，适用于键数少的场合。

**(4) 矩阵连接式键盘**

矩阵连接式键盘的键按矩阵排列，各键处于矩阵行/列的结点处，如图 13－2 所示，CPU 通过对连在行/列的 I/O 线送出已知电平的信号，然后读取列/行线的状态信息来逐线扫描，得出键码。其特点是键多时占用 I/O 口线少，硬件资源利用合理，但判键速度慢。

矩阵连接式键盘多用于设置数字键，适用于键数多的场合。

如图 13－2 所示为 4 行 4 列矩阵式键盘连接图，这种键盘适合采取动态扫描方式进行识别。扫描方式包括低电平扫描（回送线必须被上拉为高电平）和高电平扫描（回送线必须被下拉为低电平）。图中给出的是低电平扫描电路。

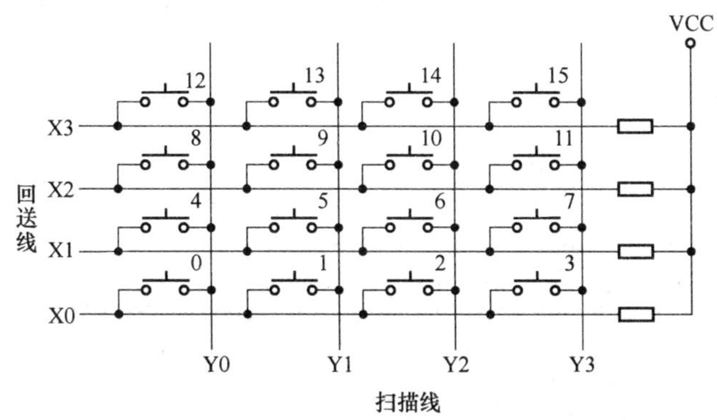


**图 13－2　矩阵连接式键盘的电路**

### 2. 按键的特性

键盘由若干独立的键组成，键的按下与释放通过机械触点的闭合与断开来实现，因机械触点的弹性作用，在闭合与断开的瞬间均有一个抖动过程，即在闭合时不会马上稳定地接通，在断开时也不会一下断开，因而在闭合及断开的瞬间均伴随一连串的抖动，如图 13－3 所示。抖动时间的长短由按键的机械特性决定，一般为5～10 ms。按键稳定闭合时间的长短由操作人员的按键动作决定，一般为零点几秒至数秒。键抖动会引起一次按键被误读多次。为确保 CPU 对键的一次闭合仅做一次处理，必须去除键抖动。在键闭合稳定时读取键的状态，并且必须在判别到键释放稳定后再做处理。

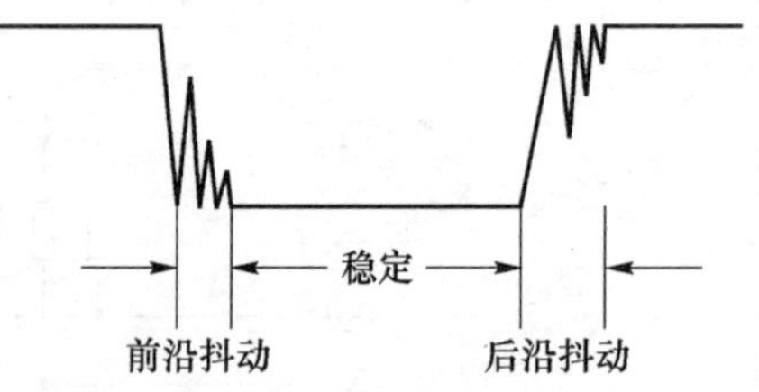


图 13－3　按键抖动信号波形

去除按键的抖动，可采用硬件或软件两种方法。

如果按键较少，则可采用硬件去抖。硬件去抖是采用 RS 触发器或在按键上并联电容器来实现的。

如果按键较多，则常采用软件方法去抖，即在检测出键闭合后执行一个延时程序，产生 5～10 ms 的延时，待前沿抖动消失后再一次检测键的状态，如果仍保持闭合状态电平，则确认为有键按下。当检测到按键被释放后，也要给 5～10 ms 的延时，待后沿抖动消失后才能转入该键的处理程序。

### 3. 使用键盘时必须解决的问题

在设计单片机应用系统的键盘时，除了考虑键盘的材质和类型等因素外，还要在进行系统软硬件设计时考虑以下问题：

① 开关状态的可靠输入。必须消除键抖动。可以采用硬件和软件两种方法，硬件方法就是在按键输入通道上添加去抖电路；软件方法则是延迟 10～20 ms。

② 键盘状态的监测方法。是采用中断方式还是采用查询方式。

③ 键盘的编码方法。

④ 键盘控制程序的编制。

## 13.1.2　LCD12864 液晶显示模块介绍

### 1. 液晶显示模块的特点

液晶显示模块以其微功耗、体积小、显示内容丰富、模块化、接口电路简单等诸多优点得到广泛应用。液晶显示模块是一种将液晶显示器件、连接件、集成电路、PCB 线路板、背光源、结构件装配在一起的组件，英文名称为 LCD Module，简称 LCM，中文一般称为液晶显示模块。但液晶显示模块的种类较多，特别是点阵图形液晶显示模块不易掌握,产品设计周期相对较长。

带中文字库的 128×64 液晶显示模块是一种具有 4 位/8 位并行、2 线或 3 线串行多种接口方式,内部含有国标一级、二级简体中文字库的点阵图形液晶显示模块,其显示分辨率为 128×64 点阵,内置 8 192 个 16×16 点阵汉字和 128 个 16×8 点阵 ASCII 字符集。利用该模块灵活的接口方式和简单、方便的操作指令,可构成全中文人机交互图形界面,可以显示 8 列×4 行 16×16 点阵的汉字,也可完成图形显示。低电压和低功耗是该模块的又一显著特点。由该模块构成的液晶显示方案与同类型的点阵图形液晶显示模块相比,不论是硬件电路结构还是显示程序都要简洁得多,而且该模块的价格也略低于相同点阵的图形液晶显示模块。

### 2. LCD12864 液晶显示模块的工作参数

LCD12864 液晶显示模块的工作参数是:

- 低电源电压(VDD 为+3.0～+5.5 V);
- 显示分辨率为 128×64 点阵;
- 内置汉字字库,提供 8 192 个 16×16 点阵汉字(简、繁体可选);
- 内置 128 个 16×8 点阵 ASCII 字符集;
- 2 MHz 时钟频率;
- 显示方式为 STN、半透和正显;
- 驱动方式为 1/32 DUTY 和 1/5 BIAS;
- 视角方向为 6 点;
- 背光方式为侧部高亮白色 LED,功耗仅为普通 LED 的 1/10～1/5;
- 通信方式为串行和并口可选;
- 内置 DC-DC 转换电路,无需外加负压;
- 无需片选信号,简化软件设计;
- 工作温度为 0～+55 ℃,存储温度为-20～+60 ℃。

### 3. 液晶显示模块引脚的功能

液晶显示模块有 20 个引脚,各个引脚的功能如表 13-1 所列。

表 13-1 液晶显示模块引脚功能

| 引脚号 | 引脚名称 | 电 平 | 引脚功能描述 |
|---|---|---|---|
| 1 | VSS | 0 V | 电源地 |
| 2 | VCC | 3.0～+5 V | 电源正 |
| 3 | V0 | — | 对比度(亮度)调整 |
| 4 | RS(CS) | H/L | RS=“H”时,表示 DB7～DB0 为显示数据;<br>RS=“L”时,表示 DB7～DB0 为显示指令数据 |

续表 13－1

| 引脚号 | 引脚名称 | 电　平 | 引脚功能描述 |
|---|---|---|---|
| 5 | R/W(SID) | H/L | R/W＝“H”,E＝“H”时,数据被读到 DB7～DB0;<br>R/W＝“L”,E＝“H”→“L”时,DB7～DB0 的数据被写到 IR 或 DR |
| 6 | E(SCLK) | H/L | 使能信号 |
| 7 | DB0 | H/L | 三态数据线 |
| 8 | DB1 | H/L | 三态数据线 |
| 9 | DB2 | H/L | 三态数据线 |
| 10 | DB3 | H/L | 三态数据线 |
| 11 | DB4 | H/L | 三态数据线 |
| 12 | DB5 | H/L | 三态数据线 |
| 13 | DB6 | H/L | 三态数据线 |
| 14 | DB7 | H/L | 三态数据线 |
| 15 | PSB | H/L | H:8 位或 4 位并口方式;L:串口方式 |
| 16 | NC | — | 空脚 |
| 17 | $\overline{\text{RESET}}$ | H/L | 复位端,低电平有效 |
| 18 | VOUT | — | LCD 驱动电压输出端 |
| 19 | A | VDD | 背光源正端(＋5 V) |
| 20 | K | VSS | 背光源负端 |

若在实际应用中仅使用并口通信模式,则可将 PSB 引脚接固定高电平,也可将模块上的 J8 端子与 VCC 端子用焊锡短接。模块内部接有上电复位电路,因此在不需要经常复位的场合可将$\overline{\text{RESET}}$引脚悬空。若背光和模块共用一个电源,则可将模块上的 JA 和 JK 端子用焊锡短接。

### 4. 控制器接口信号说明

RS 和 R/W 引脚的配合选择决定了控制界面的 4 种模式,如表 13－2 所列。

**表 13－2　RS 和 R/W 引脚配合选择的 4 种模式**

| RS | R/W | 功能说明 |
|---|---|---|
| L | L | MPU 写指令到指令暂存器(IR) |
| L | H | 读出忙标志(BF)及地址计数器(AC)的状态 |
| H | L | MPU 写入数据到数据暂存器(DR) |
| H | H | MPU 从数据暂存器(DR)中读出数据 |

### 5. E 信号的控制

液晶显示模块的使能信号 E 的使用方法如表 13－3 所列。

表13-3 液晶显示模块的使能信号E的使用方法

| E状态 | 执行动作 | 结　果 |
|---|---|---|
| 高→低 | I/O缓冲→DR | 配合W进行写数据或指令 |
| 高 | DR→I/O缓冲 | 配合R进行读数据或指令 |
| 低/低→高 | 无动作 | |

## 6. 液晶显示模块的使用须知

### (1) 忙标志BF

BF标志提供内部的工作情况。当BF=1时，表示模块在进行内部操作，此时模块不接收外部指令和数据；当BF=0时，模块为准备状态，随时可接收外部指令和数据。利用STATUSRD指令可将BF读到DB7总线，从而检验模块之工作状态。

### (2) 字型产生ROM(CGROM)

字型产生ROM提供8 192个中文字型和128个数字符号，可利用2字节将字型编码写入DDRAM后，将对应内容显示出来。

### (3) 显示控制触发器DFF

此触发器用于控制模块显示的开和关。DFF=1为开显示(DISPLAY ON)，DDRAM的内容会显示在屏幕上；DFF=0为关显示(DISPLAY OFF)。DFF的状态是由指令DISPLAY ON/OFF和RST信号控制的。

### (4) 显示数据RAM(DDRAM)

模块内部的显示数据RAM提供64×2个位元组的空间，最多可控制4行16字(64个字)的中文字型显示，当写入显示数据RAM时，可分别显示CGROM与CGRAM的字型；此模块可显示三种字型，分别是半角英数字型(16×8)、CGRAM字型及CGROM的中文字型，这三种字型的选择由在DDRAM中写入的编码来确定，在0000H～0006H的编码中(其代码分别是0000H、0002H、0004H、0006H共4个)将选择CGRAM的自定义字型，在02H～7FH的编码中将选择半角英数字的字型，对于A1H以上的编码则将自动结合下一个位元组，组成2个位元组的编码以形成中文字型的编码BIG5(A140H～D75FH)和GB(A1A0H～F7FFH)。

### (5) 字型产生RAM(CGRAM)

字型产生RAM提供图像定义(造字)功能，可以提供4组16×16点阵的自定义图像空间，使用者可将内部字型没有提供的图像字型自行定义到CGRAM中，以便同在CGROM中定义的一样通过DDRAM显示在屏幕上。

### (6) 地址计数器AC

地址计数器用来储存DDRAM/CGRAM之一的地址，其值可由设定指令暂存器来改变，之后只要读取或写入DDRAM/CGRAM值时，地址计数器的值就会自动加1，当RS为0而R/W为1时，地址计数器的值会被读取到DB6～DB0中。

### (7) 光标/闪烁控制电路

此模块提供硬件光标及闪烁控制电路，由地址计数器的值来指定 DDRAM 中的光标或闪烁位置。

## 7. 指令说明

液晶显示模块的控制芯片提供两套控制命令（RE＝0 为基本指令，RE＝1 为扩充指令），其基本指令（扩充指令参考相关资料）如表 13－4 所列。

**表 13－4 基本指令表**

| 指令 | 指令码 | | | | | | | | | | 功能 |
|---|---|---|---|---|---|---|---|---|---|---|---|
| | RS | R/W | D7 | D6 | D5 | D4 | D3 | D2 | D1 | D0 | |
| 清除显示 | 0 | 0 | 0 | 0 | 0 | 0 | 0 | 0 | 0 | 1 | 将 DDRAM 填满“20H”，并设定 DDRAM 的地址计数器（AC）到“00H” |
| 地址归位 | 0 | 0 | 0 | 0 | 0 | 0 | 0 | 0 | 1 | X | 设定 DDRAM 的地址计数器（AC）到“00H”，并将游标移到开头原点位置。这个指令不改变 DDRAM 的内容 |
| 显示状态开/关 | 0 | 0 | 0 | 0 | 0 | 0 | 1 | D | C | B | D＝1：整体显示 ON；<br>C＝1：游标 ON；<br>B＝1：允许游标位置反白 |
| 进入点设定 | 0 | 0 | 0 | 0 | 0 | 0 | 0 | 1 | I/D | S | 指定在数据的读取与写入时，设定游标的移动方向及指定显示的移位 |
| 游标或显示移位控制 | 0 | 0 | 0 | 0 | 0 | 1 | S/C | R/L | X | X | 设定游标的移动与显示的移位控制位。这个指令不改变 DDRAM 的内容 |
| 功能设定 | 0 | 0 | 0 | 0 | 1 | DL | X | RE | X | X | DL＝0/1：4/8 位数据；<br>RE＝1：扩充指令操作；<br>RE＝0：基本指令操作 |
| 设定 CGRAM 地址 | 0 | 0 | 0 | 1 | AC5 | AC4 | AC3 | AC2 | AC1 | AC0 | 设定 CGRAM 地址 |
| 设定 DDRAM 地址 | 0 | 0 | 1 | 0 | AC5 | AC4 | AC3 | AC2 | AC1 | AC0 | 设定 DDRAM 地址（显示位址）：<br>第一行为 80H～87H；<br>第二行为 90H～97H |
| 读取忙标志和地址 | 0 | 1 | BF | AC6 | AC5 | AC4 | AC3 | AC2 | AC1 | AC0 | 读取忙标志（BF）以确认内部动作是否完成，同时可以读出地址计数器（AC）的值 |
| 写数据到 RAM | 1 | 0 | 数据 | | | | | | | | 将数据 D7～D0 写入到内部的 RAM（DDRAM/CGRAM/IRAM/GRAM）中 |
| 读出 RAM 的值 | 1 | 1 | 数据 | | | | | | | | 从内部 RAM（DDRAM/CGRAM/IRAM/GRAM）中读取数据 D7～D0 |

## 8. 应用说明

### (1) 使用前的准备

先给液晶显示模块加上工作电压，再在模块的引脚 V0 与引脚 VOUT 之间连接

5 kΩ 的电位器，通过调节此电位器来调节 LCD 的对比度，使其显示出黑色的底影。此过程亦可初步检测 LCD 有无缺段现象。

**(2) 字符显示**

带中文字库的 FYD128X64－0402B 液晶显示模块每屏可显示 4 行 8 列共 32 个 16×16 点阵的汉字，每个显示 RAM 可显示 1 个中文字符或 2 个 16×8 点阵全高 ASCII 码字符，即每屏最多可实现 32 个中文字符或 64 个 ASCII 码字符的显示。带中文字库的 FYD128X64－0402B 内部提供 128×2 字节的字符显示 RAM 缓冲区(DDRAM)，字符显示是通过将字符显示编码写入该字符的显示 RAM 来实现的。根据写入内容的不同，可分别在液晶屏上显示 CGROM(中文字库)、HCGROM(ASCII 码字库)及 CGRAM(自定义字型)中的内容。三种不同字符/字型的选择编码范围为：0000H～0006H(其代码分别是 0000H、0002H、0004H、0006H 共 4 个)显示自定义字型，02H～7FH 显示半角 ASCII 码字符，A1A0H～F7FFH 显示 8 192 种 GB2312 中文字库字形。字符显示 RAM 在液晶显示模块中的地址为 80H～9FH。字符显示 RAM 的地址与 32 个字符显示区域有着一一对应的关系，其对应关系如表 13－5 所列。

**表 13－5 字符显示 RAM 的地址与 32 个字符显示区域的对照关系**

| | | | | | | | |
|---|---|---|---|---|---|---|---|
| 80H | 81H | 82H | 83H | 84H | 85H | 86H | 87H |
| 90H | 91H | 92H | 93H | 94H | 95H | 96H | 97H |
| 88H | 89H | 8AH | 8BH | 8CH | 8DH | 8EH | 8FH |
| 98H | 99H | 9AH | 9BH | 9CH | 9DH | 9EH | 9FH |

**(3) 图形显示**

先设垂直地址，再设水平地址(连续写入 2 字节的数据来完成垂直与水平的坐标地址设置)。

垂直地址的范围为 AC5H～AC0H。水平地址的范围为 AC3H～AC0H。

绘图 RAM(GDRAM)的地址计数器(AC)只会对水平地址($x$ 轴)自动加 1，当水平地址为 0FH 时会重新设为 00H，但并不会对垂直地址做进位自动加 1 处理，故当连续写入多笔数据时，程序须自行判断垂直地址是否需要重新设定。GDRAM 的坐标地址与资料排列顺序的对应关系如图 13－4 所示。

**(4) 用带中文字库的 128×64 点阵液晶显示模块的注意事项**

应注意以下几点：

① 若欲在某一位置显示中文字符，则应先设定显示字符的位置，即先设定显示地址，再写入中文字符编码。

② 显示 ASCII 字符的过程与显示中文字符的过程相同。在显示连续字符时，只须设定一次显示地址，之后由模块自动对地址加 1 指向下一个字符位置；否则，显示的字符中将会有一个空 ASCII 字符位置。

③ 当字符编码为 2 字节时，应先写入高位字节，再写入低位字节。

④ 模块在接收指令前，必须先向处理器确认模块内部处于非忙状态，即读取的 BF 标志为 0 时方可接收新的指令。如果在送出一个指令前不检查 BF 标志，则在前

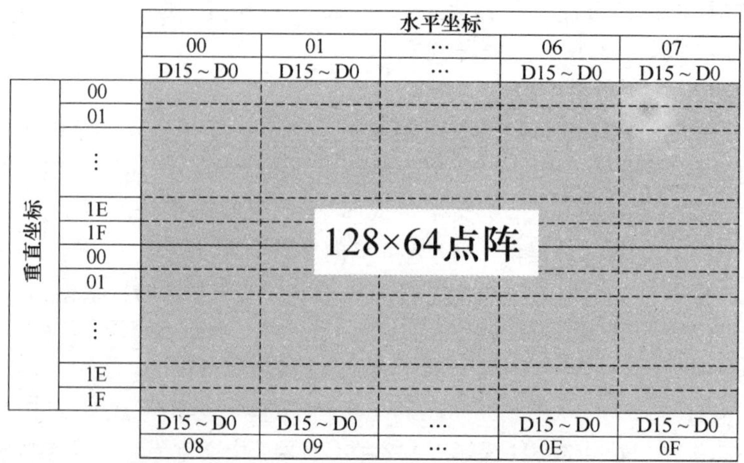


图 13－4　GDRAM 的坐标地址与数据排列顺序

一个指令和此指令中间必须延迟一段较长的时间，即等待前一个指令确实执行完成。指令执行的时间请参考指令表中的指令执行时间说明。

⑤ RE 为基本指令集与扩充指令集的选择控制位。当变更 RE 位的值后，指令集将维持在最后的状态，除非再次变更 RE。在使用相同的指令集时，无须每次重设 RE。

## 13.1.3　任务要求和分析

本项目是基于 LM3S811 的矩阵式键盘和 LCD12864 液晶显示驱动的程序设计。微处理器对键盘扫描，当判断出有键按下时，在液晶显示器上显示出该按键的键号。

一般，CPU 对键盘扫描的方式有程序控制的随机方式（CPU 空闲时扫描键盘）、定时控制方式（定时扫描键盘）和中断方式。这里采用中断方式，以便实时判定键是否按下。CPU 对键盘上闭合键的键号的确定方法一般是根据扫描线和回送线的状态计算求得。矩阵式键盘按键的识别方法有行反转法和扫描法等。行反转法需要两个双向 I/O 口分别接行线和列线。识别的步骤如下：

① 由行线输出全 0，读入列线，判断有无键按下。

② 若有键按下，则再将读入的列线输出，读入行线的值。

③ 第一步读入的列线值与第二步读入的行线值运算，从而得到代表此键的唯一的特征值。

行反转法因输入线与输出线反过来使用而得名。其优点是判键速度快，只需两次即可。

## 13.1.4　矩阵式键盘和液晶显示驱动电路

按照任务要求，设计的矩阵式键盘和液晶显示驱动电路如图 13－5 所示。PB0～PB3 口设置为输出，PA0～PA3 口设置为输入，PD 口的 8 位数据线接液晶显示模块的 DB0～DB7，以传输数据和指令，液晶显示模块的控制线接 PB4、PB5、PA4 和 PA5。

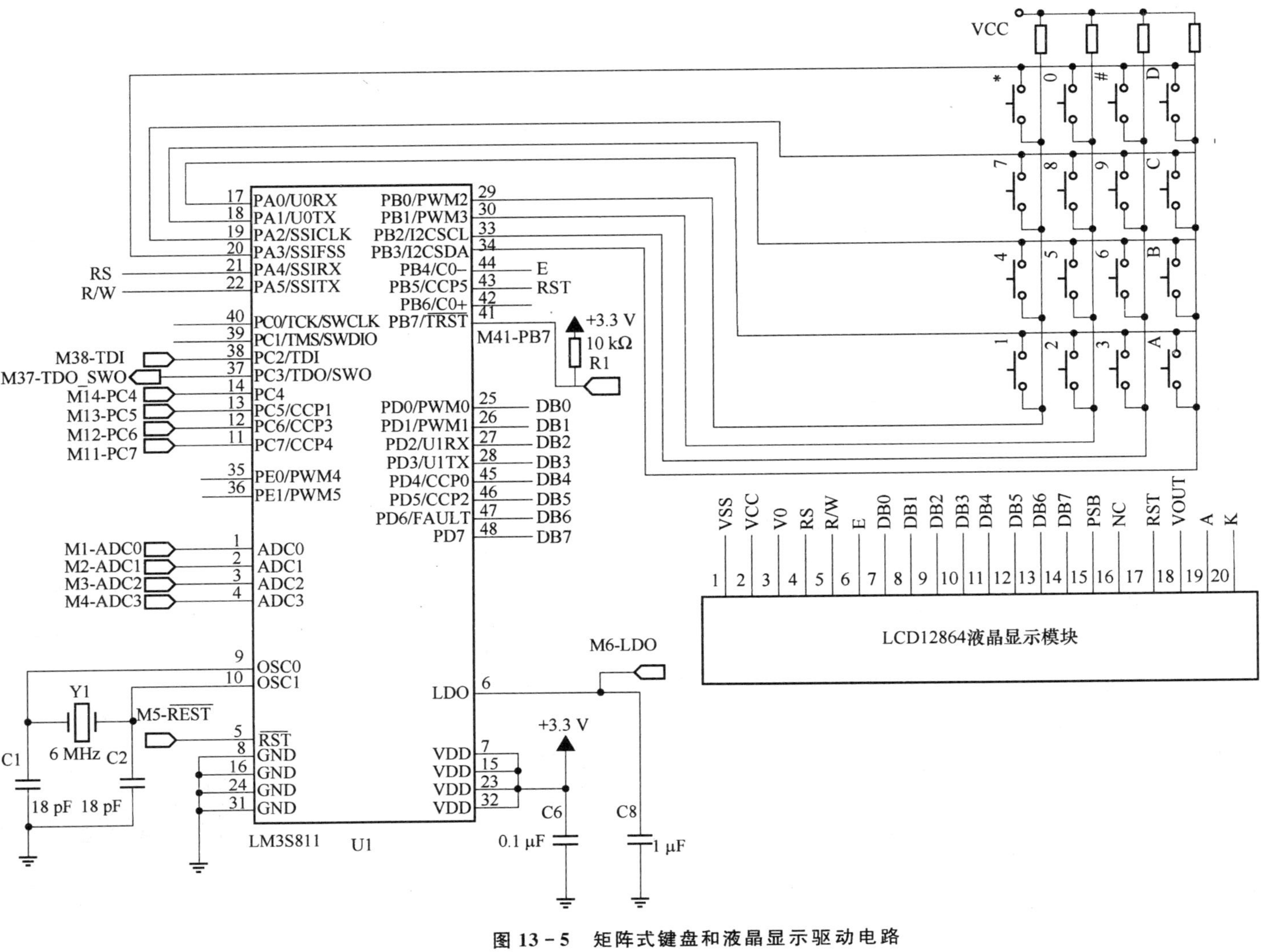


图 13-5 矩阵式键盘和液晶显示驱动电路

### 13.1.5 程序设计

程序由主程序、液晶显示驱动程序和键盘驱动程序构成。在进行键盘驱动程序设计时，首先对键盘初始化，然后判断是否有键闭合，消除键的机械抖动，最后在中断函数里确定闭合键的物理位置，得到闭合键的编号，调用显示函数。

**(1) 键盘驱动程序**

程序清单如下：

```
#include "systemInit.h"
#include "lcd12864.h"
#include "key44.h"
#define KEY_ROW_PERIPH SYSCTL_PERIPH_GPIOA
#define KEY_ROW_PORT GPIO_PORTA_BASE        //44 矩阵式键盘的行信号接在 PA0～PA3 上
#define KEY_COL_PERIPH SYSCTL_PERIPH_GPIOB
#define KEY_COL_PORT GPIO_PORTB_BASE        //44 矩阵式键盘的列信号接在 PB0～PB3 上
void keyInit(void)
{
    SysCtlPeriEnable(KEY_ROW_PERIPH);       //行、列按键使能
    SysCtlPeriEnable(KEY_COL_PERIPH);

    GPIOPinTypeIn(KEY_COL_PORT,0x0F);       //PB0～PB3 口设置为输入
    GPIOPinTypeOut(KEY_ROW_PORT,0x0F);      //PA0～PA3 口设置为输出
    GPIOIntTypeSet(KEY_COL_PORT,0x0F,GPIO_LOW_LEVEL);
    //设置 KEY_ROW 引脚的中断类型,高电平触发
    GPIOPinWrite(KEY_ROW_PORT,0x0F,0x00);
    GPIOPinIntEnable(KEY_COL_PORT,0x0F);    //使能 KEY_ROW 所在引脚的中断
    IntEnable(INT_GPIOB);                   //使能 GPIO 端口 D 的中断
    //IntMasterEnable();                    //使能处理器中断
}
void GPIO_Port_B_ISR(void)
{
    unsigned long rowVal;
    unsigned long ulStatus;
    ulStatus = GPIOPinIntStatus(GPIO_PORTB_BASE,true);  //读取中断状态
    GPIOPinIntClear(GPIO_PORTB_BASE,ulStatus);    //清除中断状态,重要!
    if (ulStatus & GPIO_PIN_0)                //如果 PB0 的中断状态有效,则表示为第一
                                              //列的按键
    {
        GPIOPinWrite(KEY_ROW_PORT,0x0f,~GPIO_PIN_0);
        rowVal = GPIOPinRead(KEY_COL_PORT,GPIO_PIN_0);
```

```
    if(rowVal == 0x00)
    {   //1
        Show(0x80,16,"按键为 1          ");
    }
    else
    {
        GPIOPinWrite(KEY_ROW_PORT,0x0f,~GPIO_PIN_1);
        rowVal = GPIOPinRead(KEY_COL_PORT,GPIO_PIN_0);
        if(rowVal == 0x00)
        {   //4
            Show(0x80,16,"按键为 4          ");
        }
        else
        {
            GPIOPinWrite(KEY_ROW_PORT,0x0f,~GPIO_PIN_2);
            rowVal = GPIOPinRead(KEY_COL_PORT,GPIO_PIN_0);
            if(rowVal == 0x00)
            {   //7
                Show(0x80,16,"按键为 7          ");
            }
            else
            {   //"*"
                Show(0x80,16,"按键为 *          ");
            }
        }
    }
}
if (ulStatus & GPIO_PIN_1)        //如果 PB1 的中断状态有效,则表示为第二列的按键
{
    GPIOPinWrite(KEY_ROW_PORT,0x0f,~GPIO_PIN_0);
    rowVal = GPIOPinRead(KEY_COL_PORT,GPIO_PIN_1);
    if(rowVal == 0x00)
    {   //2
        Show(0x80,16,"按键为 2          ");
    }
    else
    {
        GPIOPinWrite(KEY_ROW_PORT,0x0f,~GPIO_PIN_1);
        rowVal = GPIOPinRead(KEY_COL_PORT,GPIO_PIN_1);
        if(rowVal == 0x00)
        {   //5
```

```
                Show(0x80,16,"按键为 5          ");
            }
            else
            {
                GPIOPinWrite(KEY_ROW_PORT,0x0f,~GPIO_PIN_2);
                rowVal = GPIOPinRead(KEY_COL_PORT,GPIO_PIN_1);
                if(rowVal == 0x00)
                {   //8
                    Show(0x80,16,"按键为 8          ");
                }
                else
                {   //0
                    Show(0x80,16,"按键为 0          ");
                }
            }
        }
    }
    if (ulStatus & GPIO_PIN_2)      //如果 PB2 的中断状态有效,则表示为第三列的按键
    {
        GPIOPinWrite(KEY_ROW_PORT,0x0f,~GPIO_PIN_0);
        rowVal = GPIOPinRead(KEY_COL_PORT,GPIO_PIN_2);
        if(rowVal == 0x00)
        {   //3
            Show(0x80,16,"按键为 3          ");
        }
        else
        {
            GPIOPinWrite(KEY_ROW_PORT,0x0f,~GPIO_PIN_1);
            rowVal = GPIOPinRead(KEY_COL_PORT,GPIO_PIN_2);
            if(rowVal == 0x00)
            {   //6
                Show(0x80,16,"按键为 6          ");
            }
            else
            {
                GPIOPinWrite(KEY_ROW_PORT,0x0f,~GPIO_PIN_2);
                rowVal = GPIOPinRead(KEY_COL_PORT,GPIO_PIN_2);
                if(rowVal == 0x00)
                {   //9
                    Show(0x80,16,"按键为 9          ");
                }
```

```
                else
                {   //#
                    Show(0x80,16,"按键为#          ");
                }
            }
        }
    }

    if (ulStatus & GPIO_PIN_3)        //如果 PB3 的中断状态有效,则表示为第四列的按键
    {
        GPIOPinWrite(KEY_ROW_PORT,0x0f,~GPIO_PIN_0);
        rowVal = GPIOPinRead(KEY_COL_PORT,GPIO_PIN_3);
        if(rowVal == 0x00)
        {   //A
            Show(0x80,16,"按键为 A          ");
        }
        else
        {
            GPIOPinWrite(KEY_ROW_PORT,0x0f,~GPIO_PIN_1);
            rowVal = GPIOPinRead(KEY_COL_PORT,GPIO_PIN_3);
            if(rowVal == 0x00)
            {   //B
                Show(0x80,16,"按键为 B          ");
            }
            else
            {
                GPIOPinWrite(KEY_ROW_PORT,0x0f,~GPIO_PIN_2);
                rowVal = GPIOPinRead(KEY_COL_PORT,GPIO_PIN_3);
                if(rowVal == 0x00)
                {   //C
                    Show(0x80,16,"按键为 C          ");
                }
                else
                {   //D
                    Show(0x80,16,"按键为 D          ");
                }
            }
        }
    }
    GPIOPinWrite(KEY_ROW_PORT,0x0f,0x00);
}
```

**(2) LCD12864 液晶显示驱动程序**

程序清单如下：

```
#include  <hw_types.h>
#include  <hw_memmap.h>
#include  <hw_sysctl.h>
#include  <hw_gpio.h>
#include  <sysctl.h>
#include  <gpio.h>
#include  <ctype.h>
#include  "lcd12864.h"
#include  "systemInit.h"
//将较长的标识符定义成较短的形式
#define  SysCtlPeriEnable       SysCtlPeripheralEnable
#define  SysCtlPeriDisable      SysCtlPeripheralDisable
#define  GPIOPinTypeOut         GPIOPinTypeGPIOOutput
#define  GPIOPinTypeIn          GPIOPinTypeGPIOInput
//液晶显示模块控制引脚
#define  LCD_PERIPHB            SYSCTL_PERIPH_GPIOB
#define  LCD_PERIPHA            SYSCTL_PERIPH_GPIOA
#define  LCD_PIN_4              GPIO_PIN_4
#define  LCD_PIN_5              GPIO_PIN_5
#define  LCD_PIN_6              GPIO_PIN_6
//液晶显示模块数据引脚
#define  LCD_DATA        GPIO_PORTD_BASE  //D 口 8 位接液晶显示模块的 DA0～DA7,以传
                                          //输数据和指令
#define  LCD_CONTROLB    GPIO_PORTB_BASE  //B 口用到 PB4～PB5,作为控制使用
#define  LCD_CONTROLA    GPIO_PORTA_BASE  //A 口用到 PA4～PA5,作为控制使用
//**引脚定义*******
#define RS_0()     GPIOPinWrite(LCD_CONTROLA,LCD_PIN_4,0x00<<4)
//RS=0 为执行指令
#define RS_1()     GPIOPinWrite(LCD_CONTROLA,LCD_PIN_4,0x01<<4)
//RS=1 为执行数据
#define RW_0()     GPIOPinWrite(LCD_CONTROLA,LCD_PIN_5,0x00<<5)  //写
#define RW_1()     GPIOPinWrite(LCD_CONTROLA,LCD_PIN_5,0x01<<5)  //读
#define E_0()      GPIOPinWrite(LCD_CONTROLB,LCD_PIN_4,0x00<<4)
#define E_1()      GPIOPinWrite(LCD_CONTROLB,LCD_PIN_4,0x01<<4)  //使能
#define RST_0()    GPIOPinWrite(LCD_CONTROLB,LCD_PIN_5,0x00<<5)  //LCD 复位
#define RST_1()    GPIOPinWrite(LCD_CONTROLB,LCD_PIN_5,0x01<<5)
//延时
void Delay(unsigned long ulVal)
{
```

```
    while ( -- ulVal != 0);
}
//相关子程序

//写 PA 口,值为 ucval
void writedata(char ucval)
{
    GPIOPinWrite(LCD_DATA,GPIO_PIN_0 | GP I O_PIN_1 | GPIO_PIN_2 | GPIO_PIN_3 |
                GPIO_PIN_4 | GPIO_PIN_5 | GPIO_PIN_6 | GPIO_PIN_7,ucval);

}
//读 PA 口,返回值为 a
char readdata()
{
    char a;
    //设置 PA 口为输入类型
    GPIOPinTypeIn(LCD_DATA,GPIO_PIN_0 | GPIO_PIN_1 | GPIO_PIN_2 | GPIO_PIN_3 |
                GPIO_PIN_4 | GPIO_PIN_5 | GPIO_PIN_6 | GPIO_PIN_7);
    Delay(1 * (TheSysClock / 20000));
    //读 PA 口的值
    a = GPIOPinRead(LCD_DATA,GPIO_PIN_0 | GPIO_PIN_1 | GPIO_PIN_2 | GPIO_PIN_3 |
                GPIO_PIN_4 | GPIO_PIN_5 | GPIO_PIN_6 | GPIO_PIN_7);
    //设置 PA 口为输出类型
    GPIOPinTypeOut(LCD_DATA,GPIO_PIN_0 | GPIO_PIN_1 | GPIO_PIN_2 | GPIO_PIN_3 |
                GPIO_PIN_4 | GPIO_PIN_5 | GPIO_PIN_6 | GPIO_PIN_7);
    return(a);
}
//LCD 忙标志查询
void lcd_busy(void)
{
    char busy;
    writedata(0xff);
    RS_0();
    RW_1();
    do{
        E_1();
        busy = readdata();
        E_0();

    }while(busy>0x7f);
}
```

```
//写指令或数据
void write(char x,char Data)
{
    lcd_busy();                                     //忙查询
    if(x == 0)
    {
        RS_0(); RW_0();                             //写单字节命令字
    }
    else if(x == 1)
    {
        RS_1(); RW_0();                             //写单字节数据
    }
    E_1();
    writedata(Data);
    E_0();
    writedata(0xff);
}

void lcdInit(void)
{
    SysCtlPeriEnable(SYSCTL_PERIPH_GPIOD);          //使能 PD
    SysCtlPeriEnable(SYSCTL_PERIPH_GPIOB);          //使能 PB
    SysCtlPeriEnable(SYSCTL_PERIPH_GPIOA);
    GPIOPinTypeOut(LCD_CONTROLA,GPIO_PIN_4 | GPIO_PIN_5); //设置 PA4～PA5 为输出
                                                    //类型
    GPIOPinTypeOut(LCD_CONTROLB,GPIO_PIN_4 | GPIO_PIN_5 | GPIO_PIN_6);
                                                    //设置 PB4～PB6 为输出类型
    GPIOPinTypeOut(LCD_DATA,GPIO_PIN_0 | GPIO_PIN_1 | GPIO_PIN_2 | GPIO_PIN_3 |
                  GPIO_PIN_4 | GPIO_PIN_5 | GPIO_PIN_6 | GPIO_PIN_7); //设置 PD 为输出
                                                    //类型
    Delay(200 * (TheSysClock / 4000));              //启动等待,等 LCM 进入工作状态
    //E_1();                                        //并行使能
    GPIOPinWrite(LCD_CONTROLB,LCD_PIN_6,0x01<<6);//写 PSB 为 1
    RST_0();
    Delay(1 * (TheSysClock / 4000));
    RST_1();                                        //复位 LCD
    Delay(1 * (TheSysClock / 4000));
    write(0,0x30);                                  //采用基本指令集
    Delay(1 * (Th  eSysClock / 4000));
    write(0,0x02);
    Delay(1 * (TheSysClock / 4000));
    write(0,0x0c);                                  //显示打开,光标关,反白关
```

```
    Delay(1 * (TheSysClock / 4000));
    write(0,0x01);                          //清屏,将 DDRAM 的地址计数器归零
    Delay(1 * (TheSysClock / 4000));
    write(0,0x06);
    Delay(1 * (TheSysClock / 4000));
    write(0,0x80);
}
//汉字和字符显示,参数入口:Show(地址,显示宽度,汉字数组)
void Show(char address,char L,char STR1[])
{
    char i;
    write(0,address);
    for(i = 0;i<L;i++) write(1,STR1[i]);
}
```

**(3) 主程序**

程序清单如下:

```
#include "systemInit.h"
#include "lcd12864.h"
#include "key44.h"
//主函数(程序入口)
int main(void)
{
    jtagWait();                             //防止 JTAG 失效,重要!
    clockInit();                            //时钟初始化:晶振,6MHz

    lcdInit();
    keyInit();
    IntMasterEnable();                      //使能处理器中断
    for (;;)
    {
    }
}
```

## 13.2 项目 20:按键控制步进电机正反向变速

### 13.2.1 步进电机介绍

步进电机是将电脉冲信号转变为角位移或线位移的开环控制元步进电机件。在非超载情况下,电机的转速和停止的位置只取决于脉冲信号的频率和脉冲数,而不受

负载变化的影响，当步进驱动器接收到一个脉冲信号时，就驱动步进电机按设定的方向转动一个固定的角度，称为“步距角”，其旋转是以固定的角度一步一步运行的。可通过控制脉冲个数来控制角位移量，从而达到准确定位的目的；同时也可通过控制脉冲频率来控制电机转动的速度和加速度，从而达到调速的目的。

虽然步进电机已被广泛地应用，但步进电机并不能像普通的直流电机和交流电机那样在常规下使用，而必须由双环形脉冲信号、功率驱动电路等组成控制系统后方可使用。因此，用好步进电机绝非易事，它涉及机械、电机、电子及计算机等许多专业知识。

步进电机作为执行元件，是机电一体化的关键产品之一，广泛应用于各种自动化控制系统中。随着微电子和计算机技术的发展，步进电机的需求量与日俱增，在各个国民经济领域都有应用。

### 1. 步进电机的分类

现在，比较常用的步进电机包括永磁式步进电机(PM)、反应式步进电机(VR)、混合式步进电机(HB)和单相式步进电机等。

**(1) 永磁式步进电机**

永磁式步进电机一般为两相，转矩和体积较小，步进角一般为 7.5°或 15°；永磁式步进电机的输出力矩大，动态性能好，但步距角大。

**(2) 反应式步进电机**

反应式步进电机一般为三相，可实现大转矩输出，步进角一般为 1.5°，但噪声和振动都很大。反应式步进电机的转子磁路由软磁材料制成，定子上有多相励磁绕组，利用磁导的变化产生转矩。反应式步进动机结构简单，生产成本低，步距角小，但动态性能差。

**(3) 混合式步进电机**

混合式步进电机综合了反应式和永磁式步进电机两者的优点，它的步距角小，输出力矩大，动态性能好，是目前性能最高的步进电机。有时也称它为永磁感应子式步进电机。它分为两相和五相，两相的步进角一般为 1.8°，而五相的步进角一般为 0.72°。这种步进电机的应用最为广泛。

**(4) 单相式步进电机**

单相式步进电动机是使用单相交流电源的异步步进电机。当单相定子绕组中通入单相交流电时，在定子内会产生一个按正弦规律变化的脉动磁场，该磁场的大小随时间变化，而空间位置不变。

### 2. 步进电机的工作原理

步进电机是一种感应式电机，其工作原理是利用电子电路，将直流电变为分时供电的、多相时序控制电流，只有用这种电流为步进电机供电，步进电机才能正常工作，驱动器就是为步进电机分时供电的、多相时序控制器。

通常电机的转子为永磁体，当电流流过定子绕组时，定子绕组产生一矢量磁场。

该磁场会带动转子旋转一角度，使得转子的一对磁场方向与定子的磁场方向一致。当定子的矢量磁场旋转一个角度时，转子也随着该磁场旋转一个角度。每输入一个电脉冲，电机转动一个角度前进一步。它输出的角位移与输入的脉冲数成正比，转速与脉冲频率成正比。改变绕组通电的顺序，电机就会反转。所以，可用控制脉冲数量、频率及电机各相绕组的通电顺序来控制步进电机的转动。

如图 13－6 所示的步进电机为四相步进电机，采用单极性直流电源供电。只要对步进电机的各相绕组按合适的时序通电，就能使步进电机步进转动。

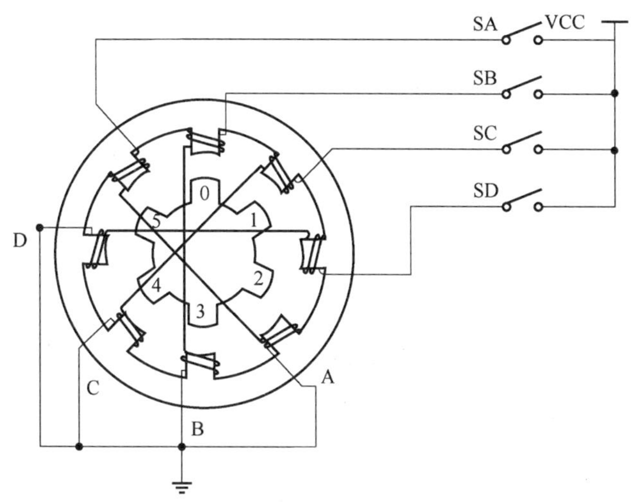


**图 13－6　四相步进电机步进示意图**

图 13－6 是该四相反应式步进电机工作原理示意图。开始时，开关 SB 接通电源，SA、SC、SD 断开，B 相磁极和转子 0、3 号齿对齐，同时，转子的 1、4 号齿与 C、D 相绕组磁极产生错齿，2、5 号齿与 D、A 相绕组磁极产生错齿。

当开关 SC 接通电源，SB、SA、SD 断开时，由于 C 相绕组的磁力线与 1、4 号齿之间磁力线的作用，使转子转动，1、4 号齿与 C 相绕组的磁极对齐。而 0、3 号齿与 A、B 相绕组产生错齿，2、5 号齿与 A、D 相绕组磁极产生错齿。依次类推，当 A、B、C、D 四相绕组轮流供电时，转子会沿着 A、B、C、D 方向转动。

四相步进电机按照通电顺序的不同，可分为单四拍、双四拍和八拍三种工作方式。单四拍与双四拍的步距角相等，但单四拍的转动力矩小。八拍工作方式的步距角是单四拍与双四拍的一半，因此，八拍工作方式既可以保持较高的转动力矩，又可以提高控制精度。

单四拍、双四拍与八拍工作方式的电源通电时序与波形分别如图 13－7 的(a)、(b)、(c)所示。

### 3. 步进电机的静态指标术语

**相数：**产生不同对极 N、S 磁场的激磁线圈对数，常用 $m$ 表示。

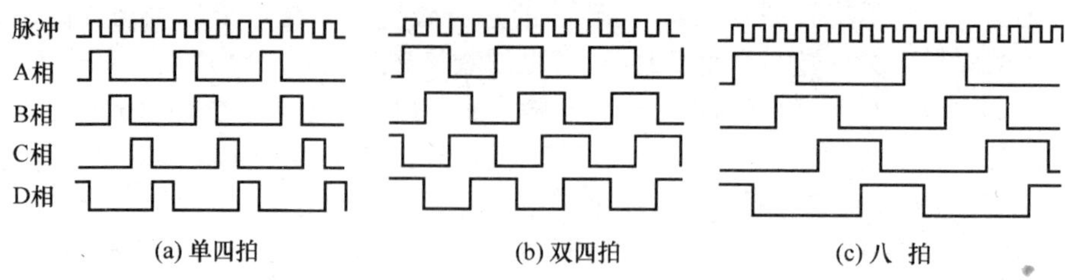


图 13－7　步进电机工作时序波形图

**拍数**：完成一个磁场周期性变化所需的脉冲数，用 $n$ 表示。或者指电机转过一个齿距角所需的脉冲数，以四相电机为例，有四相四拍运行方式即 AB—BC—CD—DA—AB，四相八拍运行方式即 A—AB—B—BC—C—CD—D—DA—A。

**步距角**：对应一个脉冲信号，电机转子转过的角位移，用 $\theta$ 表示。对于 $\theta=360°$（转子齿数 $J\times$ 运行拍数），以常规二、四相，转子齿为 50 齿电机为例，四拍运行时步距角为 $\theta=360°/(50\times4)=1.8°$（俗称整步），八拍运行时步距角为 $\theta=360°/(50\times8)=0.9°$（俗称半步）。

**定位转矩**：电机在不通电状态下，电机转子自身的锁定力矩（这是由磁场齿形的谐波及机械误差造成的）。

**静转矩**：电机在额定静态电作用下，当电机不做旋转运动时，电机转轴的锁定力矩。此力矩是衡量电机体积（几何尺寸）的标准，与驱动电压及驱动电源等无关。虽然静转矩与电磁激磁安匝数成正比，与定齿转子间的气隙有关，但过分采用减小气隙、增加激磁安匝数来提高静力矩是不可取的，这样会造成电机发热及机械噪声。

## 4. 步进电机的动态指标术语

**步距角精度**：步进电机每转过一个步距角的实际值与理论值的误差，用百分比表示，即步距角精度＝误差/步距角×100％。对于不同的运行拍数，其值也不同，四拍运行时应在 5％之内，八拍运行时应在 15％之内。

**失步**：电机运转时运转的步数。它不等于理论上的步数，因此称之为失步。

**失调角**：转子齿轴线偏移定子齿轴线的角度。电机运转必存在失调角，由失调角产生的误差采用细分驱动是不能解决的。

**最大空载启动频率**：电机在某种驱动形式、电压及额定电流下，在不加负载的情况下，能够直接启动的最大频率。

**最大空载的运行频率**：电机在某种驱动形式、电压及额定电流下，不带负载的最高转速频率。

**运行矩频特性**：电机在某种测试条件下测得运行中输出力矩与频率关系的曲线称为运行矩频特性，这是电机诸多动态曲线中最重要的一个，也是电机选择的根本依据。其他特性还包括惯频特性和启动频率特性等。电机一旦选定，电机的静态力矩就确定了。而动态力矩却不然，电机的动态力矩取决于电机运行时的平均电流（而非静态电流），平均电流越大，电机的输出力矩越大，即电机的频率特性越硬。电机的共振点是：步进电机均有固定的共振区域，二、四相感应子式的共振区一般在 180～250 pps之间（步距角 1.8°）或在 400 pps 左右（步距角为 0.9°），电机的驱动电压越高，电机的电流越大，负载越小，电机的体积越小，则共振区向上偏移；反之亦然。为使电机的输出力矩大、不失步和降低整个系统的噪声，一般的工作点均应偏移共振区较多。

**电机正反转控制**：当电机绕组的通电时序为 AB—BC—CD—DA 时为正转，当通电时序为 DA—CD—BC—AB 时为反转。

### 5. 步进电机的一些基本参数

**电机固有步距角**：表示控制系统每发出一个步进脉冲信号电机所转动的角度。电机出厂时给出了一个步距角的值，如 86BYG250A 型电机给出的值为 0.9°/1.8°（表示半步工作时为 0.9°，整步工作时为 1.8°），该步距角可称为“电机固有步距角”。它不一定是电机实际工作时的真正步距角，真正的步距角与驱动器有关。

通常，步进电机步距角 $\beta$ 的一般计算式为

$$\beta=360^\circ/(Z\cdot m\cdot K)$$

式中，$\beta$ 为步进电机的步距角；$Z$ 为转子齿数；$m$ 为步进电动机的相数；$K$ 为控制系数，是拍数与相数的比例系数。

**步进电机的相数**：指电机内部的线圈组数。目前常用的有二相、三相、四相、五相步进电机。电机相数不同，其步距角也不同，一般二相电机的步距角为 0.9°/1.8°、三相的为 0.75°/1.5°、五相的为 0.36°/0.72°。在没有细分驱动器时，用户主要靠选择不同相数的步进电机来满足自己步距角的要求。如果使用细分驱动器，则“相数”将变得没有意义，用户只需在驱动器上改变细分数，就可以改变步距角。

**保持转矩(HOLDING TORQUE)**：指步进电机通电但没有转动时，定子锁住转子的力矩。它是步进电机最重要的参数之一，通常步进电机在低速时的力矩接近保持转矩。由于步进电机的输出力矩随速度的增大而不断衰减，输出功率也随速度的增大而变化，所以保持转矩就成为衡量步进电机性能最重要的参数之一。比如，当人们说 2 N·m 的步进电机时，在没有特殊说明的情况下则指保持转矩为 2 N·m 的步进电机。

**DETENT TORQUE**：指步进电机在没有通电的情况下，定子锁住转子的力矩。DETENT TORQUE 在国内没有统一的翻译方式，容易使大家产生误解。由于反应式步进电机的转子不是永磁材料，所以它没有 DETENT TORQUE 参数。

### 6. 步进电机的特点

步进电机的特点是：

① 一般步进电机的精度为步进角的 3%～5%，且不累积。

② 步进电机外表允许的最高温度如果过高，首先会使电机的磁性材料退磁，从而导致力矩下降乃至失步，因此电机外表允许的最高温度应取决于不同电机磁性材料的退磁点。一般来讲，磁性材料的退磁点都在 130 ℃以上，有的甚至高达 200 ℃以上，所以，步进电机外表温度在 80～90 ℃完全正常。

③ 步进电机的力矩会随转速的升高而下降。当步进电机转动时，电机各相绕组的电感将形成一个反向电动势，频率越高，反向电动势越大。在它的作用下，电机的相电流随频率(或速度)的增大而减小，从而导致力矩下降。

④ 步进电机低速时可以正常运转，但若高于一定速度就无法启动，并伴有啸叫声。

步进电机有一个技术参数——空载启动频率(即步进电机在空载情况下能够正常启动的脉冲频率)，如果脉冲频率高于该值，则电机不能正常启动，并可能发生失步或堵转。在有负载的情况下，启动频率应更低。如果要使电机达到高速转动，则脉冲频率应该有一个加速过程，即启动频率较低，然后按一定加速度升到所希望的高频(电机转速从低速升到高速)。

### 13.2.2 任务要求和分析

步进电机以其显著的特点，在数字化制造时代发挥着重大作用。伴随着不同的数字化技术的发展及步进电机本身技术的提高，步进电机将会在更多的领域得到应用。本项目就是用 LM3S811 来驱动步进电机旋转，电机的运行状态有正转、反转、加速和减速等。设计两个控制按键，一个控制正转，表示上升；一个控制反转，表示下降。

### 13.2.3 硬件电路设计

硬件电路设计如图 13-8 所示，CPU 的 PD 口输出四相信号，经过 ULN2003A 驱动送入步进电机，步进电机的绕组公共端接电源正极(图中未画)，PA0 和 PA1 接两个按键，分别控制电机的正转和反转，由软件控制电机的速度变动。

### 13.2.4 程序设计

系统软件由正转函数、反转函数、上升函数、下降函数、加速函数和减速函数等构成。当按下 KEY0 键时，启动上升函数，在上升函数中调用正转函数，使电机由加速、匀速到减速转动，按下 KEY1 时，启动下降函数，在下降函数中调用反转函数，使电机由加速反转、匀速反转到减速反转运动。

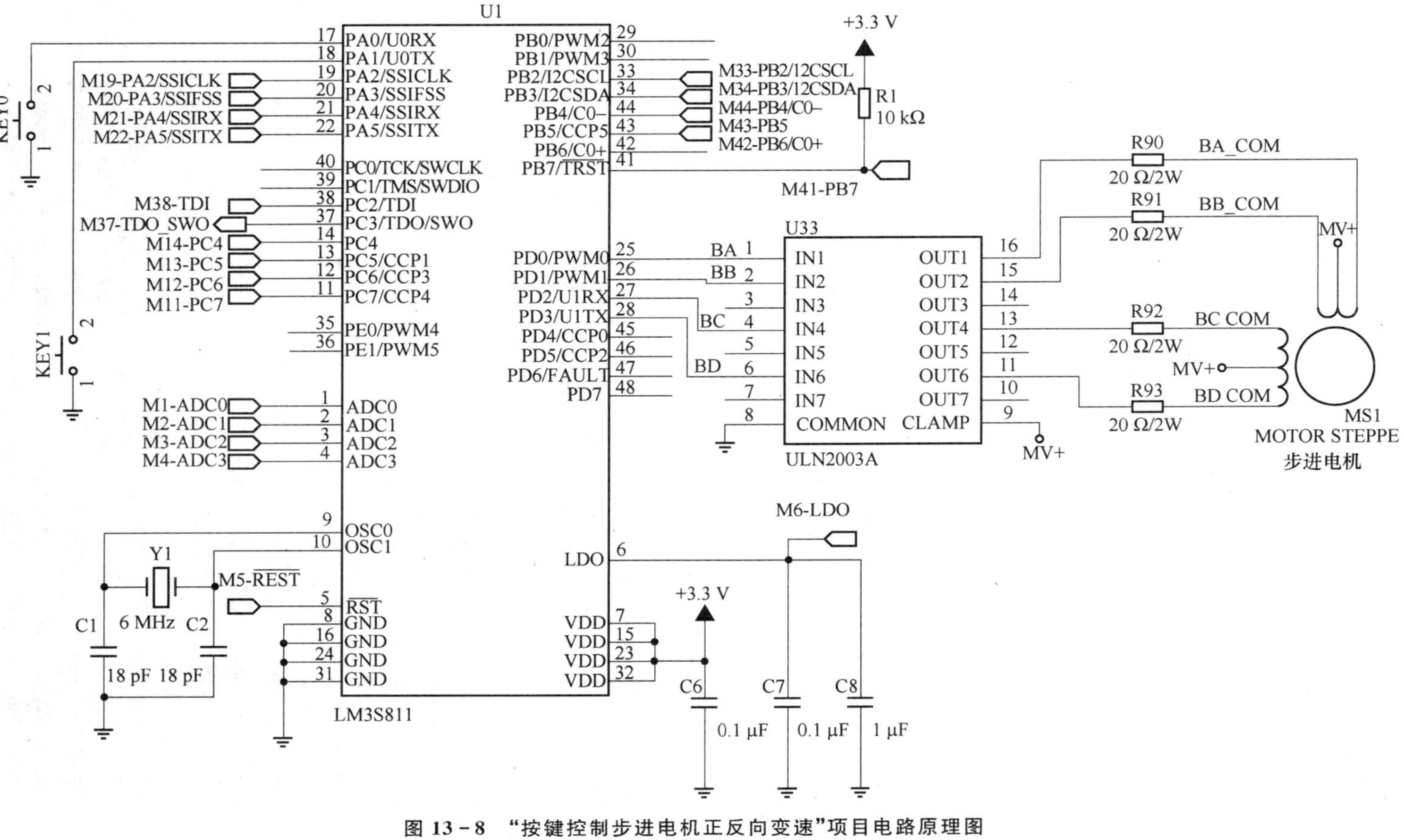


图 13－8　"按键控制步进电机正反向变速"项目电路原理图

程序清单如下：

```
#include<lm3sxxx.h>
#include<stdio.h>
typedef unsigned char uint8;                    //无符号 8 位整型变量
typedef signed char int8;                       //有符号 8 位整型变量
typedef unsigned short uint16;                  //无符号 16 位整型变量
typedef signed short int16;                     //有符号 16 位整型变量
typedef unsigned int uint32;                    //无符号 32 位整型变量
typedef signed int int32;                       //有符号 32 位整型变量
typedef float fp32;                             //单精度浮点数(32 位长度)
typedef double fp64;                            //双精度浮点数(64 位长度)
#define uchar unsigned char
uchar rate;
#ifndef TRUE
#define TRUE 1
#endif
#ifndef FALSE
#define FALSE 0
#endif
//定义全局的系统时钟变量
unsigned long TheSysClock = 12000000UL;
#define XTAL 50000000/5
#define SysCtlPeriEnable  SysCtlPeripheralEnable
#define SysCtlPeriDisable SysCtlPeripheralDisable
#define GPIOPinTypeIn     GPIOPinTypeGPIOInput
#define GPIOPinTypeOut    GPIOPinTypeGPIOOutput
#define GPIOPinTypeOD     GPIOPinTypeGPIOOutputOD
#define R0 GPIO_PIN_0
#define R1 GPIO_PIN_1
#define R2 GPIO_PIN_2
#define R3 GPIO_PIN_3
#define key0 GPIO_PIN_0
#define key1 GPIO_PIN_1
//定义 KEY
#define KEY_PERIPH  SYSCTL_PERIPH_GPIOC
#define KEY_PORT    GPIO_PORTC_BASE
#define KEY_PIN     GPIO_PIN_4
// 防止 JTAG 失效
void jtagWait(void)
{
    SysCtlPeriEnable(KEY_PERIPH);                  //使能 KEY 所在的 GPIO 端口
    GPIOPinTypeIn(KEY_PORT,KEY_PIN);               //设置 KEY 所在引脚为输入
    if (GPIOPinRead(KEY_PORT,KEY_PIN) == 0x00) //若复位时按下 KEY,则进入
```

```
    {
        for (;;);                               //死循环,以等待 JTAG 连接
    }
    SysCtlPeriDisable(KEY_PERIPH);              //禁止 KEY 所在的 GPIO 端口
}
//系统时钟初始化
void clockInit(void)
{
    SysCtlLDOSet(SYSCTL_LDO_2_50V);             //设置 LDO 输出电压
    SysCtlClockSet(SYSCTL_USE_OSC |             //系统时钟设置
                   SYSCTL_OSC_MAIN |            //采用主振荡器
                   SYSCTL_XTAL_6MHZ |           //外接 6 MHz 晶振
                   SYSCTL_SYSDIV_1);            //不分频
    TheSysClock = SysCtlClockGet();             //获取当前的系统时钟频率
}
void delayus(uint16 time);
void Delay(uint16 time);
void delays(uint8 time);
void Init_Port(void);
void motor_turn(void);
void motor_turn1(void);
void zhuandong(void);
uchar MOTOR_H[8] = {0x01,0x03,0x02,0x06,0x04,0x0C,0x08,0x09}; //半步工作方式时
int main()
{
    jtagWait();
    clockInit();
    Init_Port();
    while(1)
    {
        zhuandong();
    }
}
void Init_Port()
{
    SysCtlPeripheralEnable(SYSCTL_PERIPH_GPIOD);
    SysCtlPeripheralEnable(SYSCTL_PERIPH_GPIOA);
    GPIODirModeSet(GPIO_PORTD_BASE,R0 | R1 | R2 | R3,GPIO_DIR_MODE_OUT);
    GPIODirModeSet(GPIO_PORTA_BASE,key0 | key1,GPIO_DIR_MODE_IN);
    GPIOPadConfigSet(GPIO_PORTD_BASE,R0 | R1 | R2 | R3,GPIO_STRENGTH_4MA,
                     GPIO_PIN_TYPE_STD);
    GPIOPinWrite(GPIO_PORTD_BASE,R0,0xFF);
    GPIOPinWrite(GPIO_PORTD_BASE,R1,0xFF);
    GPIOPinWrite(GPIO_PORTD_BASE,R2,0xFF);
```

```
    GPIOPinWrite(GPIO_PORTD_BASE,R3,0xFF);
}
void motor_ffw()                                    //正转
{
    uchar i;
    for(i = 0;i<8;i++)
    {
        GPIOPinWrite(GPIO_PORTD_BASE,R0 | R1 | R2 | R3,MOTOR_H[i]);
        Delay(1);
    }
}
void motor_fffw()                                   //反转
{
    uchar i;
    for(i = 8;i>0;i--)
    {
        GPIOPinWrite(GPIO_PORTD_BASE,R0 | R1 | R2 | R3,MOTOR_H[i]);
        Delay(1);
    }
}
void motor_turn()                                   //上升
{
    uchar x;
    rate = 0x10;
    x = 0x10;
    do
    {
        motor_ffw();                                //加速
        rate--;
    }while(rate!= 0x01);
    do{
        motor_ffw();                                //匀速
        x--;
    }while(x!= 0x01);
    do{
        motor_ffw();                                //减速
        rate++;
    }while(rate!= 0x10);
}
void motor_turn1()                              //下降
{
    uchar x;
    rate = 0x10;
    x = 0x10;
```

```
    do
    {
        motor_fffw();                          //加速
        rate--;
    }while(rate!=0x01);
    do{
        motor_fffw();                          //匀速
        x--;
    }while(x!=0x01);
    do{
        motor_fffw();                          //减速
        rate++;
    }while(rate!=0x10);
}
void zhuandong()
{
    if(GPIOPinRead(GPIO_PORTA_BASE,key0)==0)
    {
        motor_turn();
    }
    if(GPIOPinRead(GPIO_PORTA_BASE,key1)==0)
    {
        motor_turn1();
    }
}
void delayus(uint16 time)
{
    time=time*XTAL/1000000;
    while(time--);
}
void Delay(uint16 time)
{


    time=rate;
    time=time*XTAL/1000;
    while(time--);
}
void delays(uint8 time)
{
    time=time*XTAL;
    while(time);
}
```

# 13.3 项目 21：基于 DS18B20 的测温系统

基于 DS18B20 的测温系统，用 LED 数码管显示温度值，易于读数。系统电路简单、操作简便，可任意设定报警温度，并可查询最近的 10 个温度值。系统具有可靠性高、成本低、功耗小等优点。

## 13.3.1 DS18B20 简介

在传统的模拟信号远距离温度测量系统中，只有很好地解决了引线误差补偿、多点测量切换误差和放大电路零点漂移误差等技术问题，才能达到较高的测量精度。此外，一般的监控现场的电磁环境都非常恶劣，各种干扰信号较强，模拟温度信号容易受到干扰而产生测量误差，进而影响测量精度。

因此，在温度测量系统中，采用抗干扰能力强的新型数字温度传感器是解决这些问题的最有效方案。新型数字温度传感器 DS18B20 具有体积更小、精度更高、适用电压更宽、采用一线总线、可组网等优点，在实际应用中取得了良好的测温效果。

美国 Dallas 半导体公司的数字化温度传感器 DS18B20 是世界上第一片支持"一线总线"接口的温度传感器，在其内部使用了在板(on-board)专利技术。全部传感元件及转换电路都集成在形如一只三极管的集成电路内。一线总线独特而经济的特点，使用户可轻松地组建传感器网络，为测量系统的构建引入全新概念。现在，新一代的 DS18B20 体积更小、更经济、更灵活，使开发者可以充分发挥"一线总线"的优点。

### 1. DS18B20 的特性

DS18B20 具有 3 引脚 TO－92 小体积封装形式；温度测量范围为－55～＋125 ℃，可编程为 9～12 位 A/D 转换精度，测温分辨率可达 0.062 5 ℃，被测温度用符号扩展的 16 位数字量方式串行输出；工作电源既可在远端引入，也可采用寄生电源方式产生；CPU 只需一根端口线就能与诸多 DS18B20 通信，占用微处理器的端口较少，可节省大量引线和逻辑电路。

DS18B20 的功能特性如下：

- 采用单总线技术，与单片机通信只需一根 I/O 线，在一根线上可挂接多个 DS18B20。
- 每只 DS18B20 具有一个独有的、不可修改的 64 位序列号，可根据序列号访问相应的器件。
- 低压供电，电源范围为 3～5 V。可以本地供电，也可以直接从数据线上窃取电源(寄生电源方式)。
- 测温范围为－55～＋125 ℃，在－10～＋85 ℃范围内误差为±0.5 ℃。
- 可编程数据为 9～12 位，转换 12 位温度的时间为 750 ms(最大)。
- 用户可自设定报警上、下限的温度。
- 报警搜索命令可识别和寻址哪个器件的温度超出预定值。
- DS18B20 的分辨率可由用户通过 EEPROM 设置为 9～12 位。

● DS18B20 可将检测到的温度值直接转换为数字量，并通过串行通信的方式与主控制器进行数据通信。

## 2. DS18B20 的内部结构

DS18B20 主要由四部分组成：64 位光刻 ROM、温度传感器、非挥发的温度报警触发器 TH 和 TL、配置寄存器。DS18B20 的外形和封装如图 13-9 所示，DS18B20 的内部结构如图 13-10 所示。

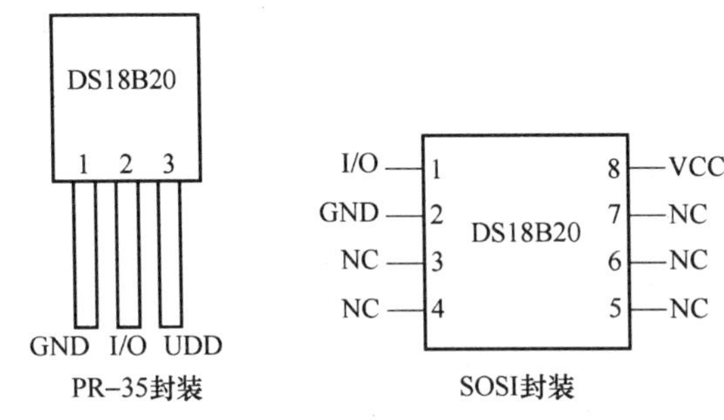


**图 13-9　DS18B20 的两种封装形式**

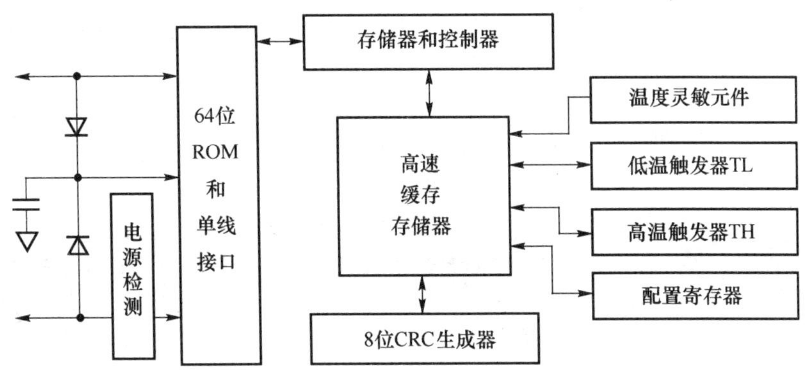


**图 13-10　DS18B20 内部结构图**

### (1) 64 位光刻 ROM

光刻 ROM 中的 64 位序列号是出厂前被光刻好的，它可以看做是该 DS18B20 的地址序列码。64 位光刻 ROM 的排列是：开始 8 位(28H)是产品类型标号，接着的 48 位是该 DS18B20 自身的序列号，最后 8 位是前面 56 位的循环冗余校验码(CRC=X8+X5+X4+1)。光刻 ROM 的作用是使每一个 DS18B20 都各不相同，这样就可以实现在一根总线上挂接多个 DS18B20 的目的。

### (2) 温度传感器

DS18B20 中的温度传感器可完成对温度的测量。以 12 位的转换为例，采用 16 位带符号扩展的二进制补码读数形式提供温度转换值，以 0.062 5 ℃/LSB 形式表达，其中 S 为符号位。例如+125 ℃的数字输出为 07D0H，+25.062 5 ℃的数字输出为 0191H，−25.062 5 ℃的数字输出为 FE6FH，−55 ℃的数字输出为 FC90H。具体内容说明详见 13.3.3 小节的“3.数据处理”部分。

**（3）非挥发的温度报警触发器 TH 和 TL**

DS18B20 温度传感器的内部存储器包括一个高速暂存 RAM 和一个非易失性的可电擦除的 EEPROM，后者存放高温和低温触发器 TH 和 TL 的值及结构寄存器的值。

**（4）配置寄存器**

DS18B20 采用一线通信接口。因为是一线通信接口，所以必须事先完成 ROM 设定，否则记忆和控制功能将无法使用。首先介绍以下主要的功能指令：

① 读 ROM 指令 0x33；

② ROM 匹配指令 0x55；

③ 搜索 ROM 指令 0xF0；

④ 跳过 ROM 指令 0xCC；

⑤ 报警检查指令 0xEC。

利用这些指令可以读出芯片内部的 64 位光刻 ROM 序列号，并对芯片进行配置；当一条总线上有多个 DS18B20 芯片时，利用这些指令还可以选择不同的芯片和统计总线上悬挂的芯片数量等。

**3. DS18B20 的工作原理**

DS18B20 的读/写时序和测温原理与 DS1820 的相同，只是得到的温度值的位数因分辨率不同而不同，且温度转换时的延时时间由 2 s 减为 750 ms。

DS18B20 的测温原理是：低温度系数晶振的振荡频率受温度的影响很小，用于产生固定频率的脉冲信号送给计数器 1。高温度系数晶振随着温度的变化，其振荡频率改变明显，所产生的信号作为计数器 2 的脉冲输入。计数器 1 和温度寄存器被预置为－55 ℃所对应的一个基数值。计数器 1 对低温度系数晶振产生的脉冲信号进行减法计数，当计数器 1 的预置值减到 0 时，温度寄存器的值加 1，计数器 1 的预置值重新被装入，计数器 1 重新开始对低温度系数晶振产生的脉冲信号进行计数，如此循环直到计数器 2 计数到 0 时，停止温度寄存器值的累加，此时温度寄存器中的数值即为所测温度。

当 DS18B20 处于写存储器操作和温度 A/D 转换操作时，总线上必须有强的上拉，上拉开启时间最大为 10 μs。采用寄生电源供电方式时 VDD 端接地。由于单线制只有一根线，因此发送接口必须是三态的。

## 13.3.2 硬件电路设计

测温系统的硬件电路如图 13－11 所示。数码管显示部分选用的是四位一体的共阳极数码管，位选线由 I/O 口线控制，段码值由 74HC595 送给，可用来显示数字和简易的字母和符号。数字传感器选用的是数字温度传感器 DS18B20，只需一根 I/O 口线即可实现单总线通信。首先，编写单总线对 DS18B20 操作的程序，使之采集环境温度值；然后，经过运算处理后得到实际温度值，并通过 SPI 总线控制数码管的动态扫描来显示该值。

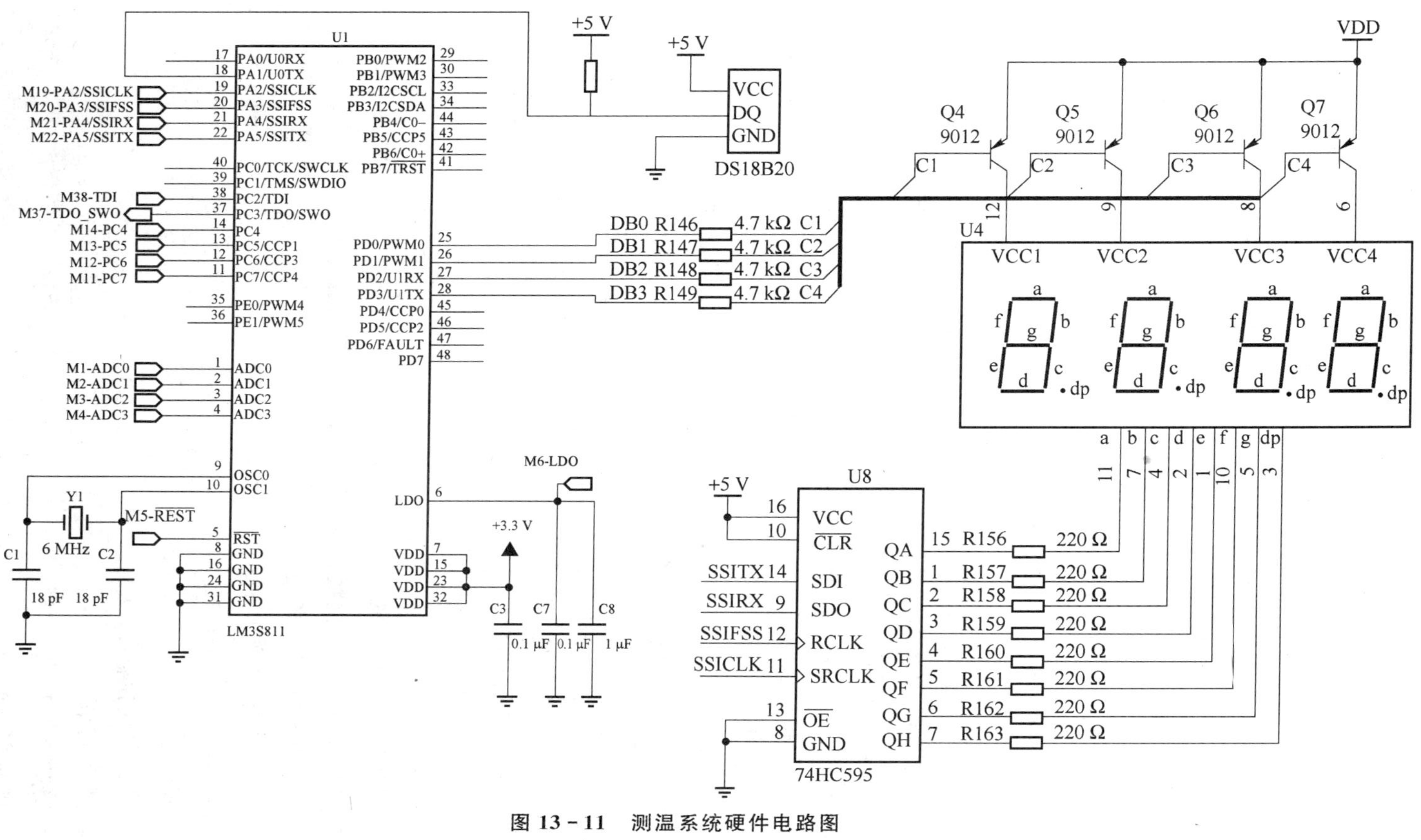


图 13-11　测温系统硬件电路图

## 13.3.3 程序设计

### 1. 对 DS18B20 温度的读取

DS18B20 在出厂时已配置为 12 位，读取温度时共读取 16 位，所以把后 11 位的 2 进制数转换为 10 进制数后再乘以 0.062 5 即为所测温度。此外还须判断正负，16 位的前 5 位为符号位，当前 5 位为 1 时，读取的温度为负数；当前 5 位为 0 时，读取的温度为正数。

DS18B20 的初始化步骤是：

① 先将数据线置为高电平“1”。

② 延时（该时间要求得不是很严格，但是应尽可能短些）。

③ 数据线拉到低电平“0”。

④ 延时 750 μs（该时间的时间范围为 480～960 μs）。

⑤ 数据线拉到高电平“1”。

⑥ 延时等待（如果初始化成功，则在 15～60 ms 之内产生一个由 DS18B20 返回的低电平“0”，根据该状态可以确定它的存在。但是，应注意不能无限地等待，否则会使程序进入死循环，所以应进行超时控制。

⑦ 当 CPU 读到了数据线上的低电平“0”之后，还要进行延时，其延时时间从发出高电平算起（第⑤步的时间算起）最少要 480 μs。

⑧ 将数据线再次拉高到高电平“1”后结束。

DS18B20 的写操作步骤是：

① 数据线先置低电平“0”。

② 延时确定的时间为 15 μs。

③ 按从低位到高位的顺序发送字节（一次只发送一位）。

④ 延时时间为 45 μs。

⑤ 将数据线拉到高电平。

⑥ 重复步骤①～⑤的操作直到所有字节全部发送完为止。

⑦ 最后将数据线拉高。

DS18B20 的读操作步骤是：

① 将数据线拉高至“1”。

② 延时 2 μs。

③ 将数据线拉低至“0”。

④ 延时 15 μs。

⑤ 将数据线拉高至“1”。

⑥ 延时 15 μs。

⑦ 读数据线的状态得到 1 个状态位，并进行数据处理。

⑧ 延时 30 μs。

### 2. DS18B20 使用中的注意事项

DS18B20 虽然具有测温系统简单、测温精度高、连接方便、占用口线少等优点，但在实际应用中也应注意以下几方面的问题：

① DS18B20 从测温结束到将温度值转换成数字量需要一定的转换时间，这是必须要保证的，否则会出现转换错误的现象，使温度输出总是显示“85”。

② 在实际使用中发现，应使电源电压保持在 5 V 左右，若电源电压过低，会使所测温度精度降低。

③ 较小的硬件开销需要相对复杂的软件进行补偿，由于 DS18B20 与微处理器间采用串行数据传送，因此，在对 DS18B20 进行读/写编程时，必须严格保证读/写时序，否则将无法读取测温结果。在使用 PL/M 和 C 等高级语言进行系统程序设计时，对 DS18B20 操作的部分最好采用汇编语言实现。

④ 在 DS18B20 的有关资料中均未提及在单总线上所挂 DS18B20 的数量问题，因此容易使人误认为可以挂任意多个 DS18B20，但在实际应用中并非如此，当在单总线上所挂 DS18B20 的数量超过 8 个时，就须解决微处理器的总线驱动问题，这一点在进行多点测温系统设计时应加以注意。

⑤ 在进行 DS18B20 的测温程序设计时，在向 DS18B20 发出温度转换命令后，程序总要等待 DS18B20 的返回信号，一旦某个 DS18B20 接触不好或断线，当程序读该 DS18B20 时，将没有返回信号，程序进入死循环，这一点在进行 DS18B20 的硬件连接和软件设计时也要给予一定的重视。

### 3. 数据处理

高速暂存存储器由 9 个字节组成，其分配如图 13－12 所示。当温度转换命令发布后，经转换所得的温度值以二进制补码形式存放在高速暂存存储器的第 0 和第 1 字节中。单片机可通过单线接口读到该数据，读取时低位在前、高位在后。

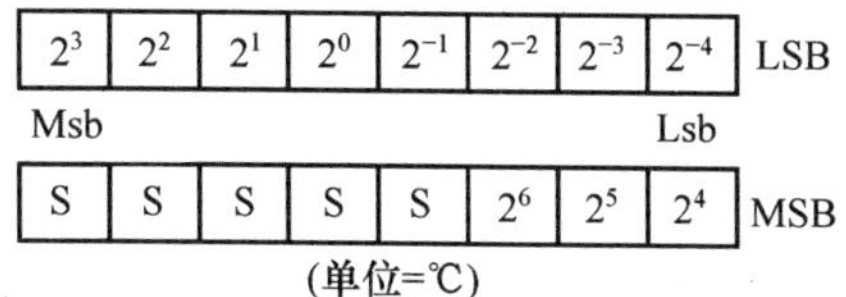


图 13－12 字节分配

表 13－6 为 12 位转换后得到的温度数据，它存储在 DS18B20 的两个 8 位的 RAM 中。二进制数中的前 5 位是符号位，如果测得的温度大于 0，则这 5 位为 0，然后将测到的数值乘以 0.062 5 即可得到实际温度值；如果温度小于 0，则这 5 位为 1，然后将测到的数值取反加 1 后再乘以 0.062 5 即可得到实际温度值。例如＋125 ℃的数字输出为 07D0H，则有

实际温度＝07D0H×0.062 5 ℃＝2 000×0.062 5 ℃＝125 ℃

再如－55 ℃的数字输出为FC90H，则应先将11位数据取反加1得370H（符号位不变，也不参加运算）后再计算实际温度，则有

实际温度＝370H×0.062 5 ℃＝880×0.062 5 ℃＝55 ℃

**表13-6　DS18B20温度数据表**

| 温度/℃ | 数字输出（二进制） | 数字输出（十六进制） |
|---|---|---|
| ＋125 | 0000 0111 1101 0000 | 07D0H |
| ＋85 | 0000 0101 0101 0000 | 0550H |
| ＋25.062 5 | 0000 0001 1001 0001 | 0191H |
| ＋10.125 | 0000 0000 1010 0010 | 00A2H |
| ＋0.5 | 0000 0000 0000 1000 | 0008H |
| 0 | 0000 0000 0000 0000 | 0000H |
| －0.5 | 1111 1111 1111 1000 | FFF8H |
| －10.125 | 1111 1111 0101 1110 | FF5EH |
| －25.062 5 | 1111 1110 0110 1111 | FE6FH |
| －55 | 1111 1100 1001 0000 | FC90H |

由表13-6可见，其中低四位为小数位。

系统软件源程序如下。

### (1) 包含文件

程序清单如下：

```
#ifndef  __18B20_H__
#define  __18B20_H__
#include  "systemInit.h"
#define DQ_PERIPH  SYSCTL_PERIPH_GPIOA                  //定义DS18B20所接的引脚PA1
#define DQ_PORT    GPIO_PORTA_BASE
#define DQ_PIN     GPIO_PIN_1
#define DQ_IN GPIOPinTypeGPIOInput(DQ_PORT,DQ_PIN);
//设置PA1的输入/输出类型
#define DQ_OUT     GPIOPinTypeGPIOOutput(DQ_PORT,DQ_PIN);
#define DQ_READ    GPIOPinRead(DQ_PORT,DQ_PIN);        //读操作获得的值
#define DQ_H       GPIOPinWrite(DQ_PORT,DQ_PIN,0xff);  //写操作
#define DQ_L       GPIOPinWrite(DQ_PORT,DQ_PIN,0x00);
//声明对DS18B20操作的函数
extern unsigned char Init_DS18B20(void);
extern unsigned char ReadOneChar(void);
extern void WriteOneChar(unsigned char dat);
extern unsigned int ReadTemperature(void);
#endif
```

### (2) 主程序

```
#include "18B20.h"
#define BitRate      115200                          //设定 SPI 的波特率
#define DataWidth    8                               //设定 SPI 的数据宽度

#define BITS_PERIPH SYSCTL_PERIPH_GPIOD
//数码管位选控制信号(PD0 控制最高位)
#define BITS_PORT GPIO_PORTD_BASE

unsigned char DISP_TAB[17] = {                       //此表为 7 段数码管显示的字模
    0xC0,0xF9,0xA4,0xB0,0x99,0x92,0x82,0xF8,
    0x80,0x90,0x88,0x83,0xC6,0xA1,0x86,0x8E,0xC6};

//对 DS18B20 的初始化
unsigned char Reset_DS18B20(void)
{
    unsigned char presence;
    DQ_OUT;                                          //设为输出
    DQ_L;                                            //拉低 DQ
    SysCtlDelay(500 * (TheSysClock/3000000));        //延时 500 μs
    DQ_H;                                            //拉高 DQ
    DQ_IN;                                           //设为输入
    SysCtlDelay(80 * (TheSysClock/3000000));
    presence = DQ_READ ;                             //读 DQ 状态
    SysCtlDelay(500 * (TheSysClock/3000000));
    if (presence)                                    //为 1 则初始化失败,为 0 则初始化成功
    {
        return 0x00;
    }
    else
    {
        return 0x01;
    }
}

//读一个字节
unsigned char ReadOneChar(void)
{
    unsigned char t,i,dat;
    dat = 0;
    for (i = 8;i>0;i--)
    {
        dat>>=1;
        DQ_OUT;
        DQ_L;                                        //拉低 DQ
        SysCtlDelay(3 * (TheSysClock/3000000));      //延时 3 μs
```

```
        DQ_H;                                               //拉高 DQ
        DQ_IN;                                              //设为输入
        SysCtlDelay(15 * (TheSysClock/3000000));            //延时 15 μs
        t = DQ_READ;                                        //读 DQ 状态
        if (t)
        {
            dat |= 0x80;
        }
        SysCtlDelay(70 * (TheSysClock/3000000));            //延时至少 60 μs
    }
    return(dat);
}

//写一个字节
void WriteOneChar(unsigned char dat)
{
    unsigned char i;
    for (i = 8; i>0; i--)
    {
        DQ_OUT;                                             //设为输出
        DQ_L;                                               //拉低 DQ
        SysCtlDelay(3 * (TheSysClock/3000000));             //延时 3 μs
        if (dat & 0x01)
        {
            DQ_H;                                           //拉高 DQ
        }
        SysCtlDelay(80 * (TheSysClock/3000000));            //延时大于 60 μs
        DQ_H;
        dat>>= 1;
    }
}
//启动 DS18B20 转换
void DS1820_start(void)
{
    Reset_DS18B20();
    WriteOneChar(0xCC);                                     //跳过读序列号操作
    WriteOneChar(0x44);                                     //启动转换
}
//读温度值
unsigned int ReadTemperature(void)
{
    unsigned int i;
    unsigned char buf[9];
    Reset_DS18B20();
    WriteOneChar(0xCC);                                     //跳过读序列号操作
    WriteOneChar(0xBE);                                     //读取温度寄存器
```

```
    for (i = 0; i < 2; i++)
    {
        buf[i] = ReadOneChar();
    }
    i = buf[1];
    i <<= 8;
    i |= buf[0];
    return i;
}

//主函数(程序入口)
int main(void)
{
    int temp,i,j;                                  //定义变量
    jtagWait();                                    //JTAG 口解锁函数
    clockInit();                                   //时钟初始化
    //使能片内 SSI 外设,为 SSI 提供时钟
    SysCtlPeripheralEnable(SYSCTL_PERIPH_SSI);
    //使能用到的端口
    SysCtlPeripheralEnable(SYSCTL_PERIPH_GPIOA | BITS_PERIPH);
    //设置连接数码管位选的 I/O 口为输出
    GPIODirModeSet(BITS_PORT,GPIO_PIN_0 | GPIO_PIN_1 | GPIO_PIN_2 | GPIO_PIN_3,
                   GPIO_DIR_MODE_OUT);
    //设置输出 I/O 口的驱动能力:8 mA,带弱上拉输出
    GPIOPadConfigSet(BITS_PORT,GPIO_PIN_1 | GPIO_PIN_2 | GPIO_PIN_3,
                     GPIO_STRENGTH_8MA_SC,GPIO_PIN_TYPE_STD);
    //设置 SPI 为主机模式 0、8 位数据宽度、115 200 的波特率
    SSIConfig(SSI_BASE,SSI_FRF_MOTO_MODE_0,SSI_MODE_MASTER,BitRate,DataWidth);
    SSIEnable(SSI_BASE);                           //使能 SPI
    GPIOPinTypeSSI(GPIO_PORTA_BASE,
                  (GPIO_PIN_2 | GPIO_PIN_3 | GPIO_PIN_4 | GPIO_PIN_5));
                                    //设定 GPIO 端口 A 的 2~5 引脚为使用 SSI 外设功能
    //数码管位选信号,初始化数码管全灭
    GPIOPinWrite(BITS_PORT,GPIO_PIN_0,0xff);
    GPIOPinWrite(BITS_PORT,GPIO_PIN_1,0xff);
    GPIOPinWrite(BITS_PORT,GPIO_PIN_2,0xff);
    GPIOPinWrite(BITS_PORT,GPIO_PIN_3,0xff);
    SysCtlPeripheralEnable(DQ_PERIPH);             //使能用到的端口
    DQ_OUT;                                        //初始化为输出
    DS1820_start();                                //启动转换
    SysCtlDelay(100 * (TheSysClock/3000));
    temp = ReadTemperature() * 0.0625;             //读温度值
    while(1)
    {
        DS1820_start();                            //启动转换
        i = temp % 10;                             //获得温度值的个位
```

```
        j = temp/10;                          //获得温度值的十位
        SSIDataPut(SSI_BASE,DISP_TAB[16]);
        //通过 SPI 总线送去显示温度符号“℃”
        GPIOPinWrite(BITS_PORT,GPIO_PIN_3,0x00);
        SysCtlDelay(5 * (SysCtlClockGet() / 3000));
        GPIOPinWrite(BITS_PORT,GPIO_PIN_3,0xff);
        SSIDataPut(SSI_BASE,DISP_TAB[i]);     //通过 SPI 总线送去显示温度值的个位
        GPIOPinWrite(BITS_PORT,GPIO_PIN_2,0x00);
        SysCtlDelay(5 * (SysCtlClockGet() / 3000));
        GPIOPinWrite(BITS_PORT,GPIO_PIN_2,0xff);
        SSIDataPut(SSI_BASE,DISP_TAB[j]);     //通过 SPI 总线送去显示温度值的十位
        GPIOPinWrite(BITS_PORT,GPIO_PIN_1,0x00);
        SysCtlDelay(5 * (SysCtlClockGet() / 3000));
        GPIOPinWrite(BITS_PORT,GPIO_PIN_1,0xff);
        temp = ReadTemperature() * 0.0625;    //读温度值
    }
}
```

## 13.4 项目 22:基于 SHT21 的温度/湿度测控与万年历系统

对温度和湿度的测量在仓储管理、生产制造、气象观测、工农业生产、科学研究及日常生活中被广泛应用。传统的模拟式湿度传感器一般都要设计信号调理电路,并须经过复杂的校准和标定过程,因此测量精度难以保证,并且在线性度、重复性、互换性和一致性等方面往往不尽如人意。为了克服这些缺点,本设计采用瑞士 Sensirion 公司生产的、具有 $I^2C$ 总线接口的单片全校准数字式相对湿度和温度传感器 SHT21。该传感器采用独特的 CMOSens 技术,具有数字式输出、免调试、免标定、免外围电路及全互换的特点。同时,在测试温度和湿度时,为了便于记录日期和时间,本设计还采用 DS1302 日历芯片,以查询当时的日期和时间。

### 13.4.1 温湿度传感器 SHT21

#### 1. 温湿度传感器 SHT21 的性能指标

SHT21 是新一代 Sensirion 湿度和温度传感器,在尺寸与智能方面建立了新的标准。它嵌入了适于回流焊的双列扁平无引脚 DFN 封装,底面为 3 mm×3 mm,高度为 1.1 mm。传感器输出的是经过标定的数字信号,采用标准 $I^2C$ 格式。

SHT21 配有一个全新设计的 CMOSens 芯片、一个经过改进的电容式湿度传感元件和一个标准的能隙温度传感元件,其性能已大大提升甚至超出了前一代传感器(SHT1x 和 SHT7x)的可靠性水平。如,新一代湿度传感器,已经过改进使其在高湿环境下的性能更稳定,其温度参数如表 13 - 7 所列,相对湿度参数如表 13 - 8 所列,电气参数如表 13 - 9 所列。

表 13－7　温度参数

| 参　数 | 条　件 | 最　小 | 典　型 | 最　大 | 单　位 |
|---|---|---|---|---|---|
| 分辨率 | 12 位 | — | 0.04 | — | %RH |
| | 8 位 | — | 0.7 | — | %RH |
| 精度误差 | 典型 | — | ±2 | — | %RH |
| | 最大 | | — | | %RH |
| 重复性 | — | — | ±0.1 | — | %RH |
| 迟滞 | — | — | ±1 | — | %RH |
| 非线性 | — | — | <0.1 | — | %RH |
| 响应时间 | 63%τ | — | 8 | — | s |
| 工作范围 | 扩展 | 0 | — | 100 | %RH |
| 长时间漂移 | 正常 | — | < 0.5 | — | %RH/a |

注：RH 指用露点温度来定义的相对湿度。

表 13－8　相对湿度参数

| 参　数 | 条　件 | 最　小 | 典　型 | 最　大 | 单　位 |
|---|---|---|---|---|---|
| 分辨率 | 14 位 | — | 0.01 | — | ℃ |
| | 12 位 | — | 0.04 | — | ℃ |
| 精度误差 | 典型 | — | ±3 | — | ℃ |
| | 最大 | | — | | ℃ |
| 重复性 | — | — | ±0.1 | — | ℃ |
| 工作范围 | 扩展 | −40 | — | 125 | ℃ |
| | | −40 | — | 257 | ℉ |
| 响应时间 | 63%τ | 5 | — | 30 | s |
| 长时间漂移 | — | — | <0.04 | — | ℃/a |

表 13－9　电气参数

| 参　数 | 条　件 | 最　小 | 典　型 | 最　大 | 单　位 |
|---|---|---|---|---|---|
| 供电电压 VDD | — | 2.1 | 3.0 | 3.6 | V |
| 供电电流 IDD | 休眠模式 | — | 0.15 | 0.4 | μA |
| | 测量状态 | 270 | 300 | 330 | μA |
| 功耗 | 休眠模式 | — | 0.5 | 1.2 | μW |
| | 测量状态 | 0.8 | 0.9 | 1.0 | mW |
| | 平均 8 位 | — | 1.5 | — | μW |
| 加热器 | VDD = 3.0 V | 5.5 mW，ΔT=+0.5～1.5 ℃ | | | |
| 通信 | 两线数字接口，标准 I²C 协议 | | | | |

每一个传感器都经过了校准和测试。在产品表面印有产品批号，同时在芯片内存储了电子识别码——可以通过输入命令读出这些识别码。此外，SHT21 的分辨率可通过输入命令来改变(8/12 位乃至 12/14 位的湿度/温度传感器)，传感器可以检测到电池低电量状态，并且输出校验和，以助于提高通信的可靠性。

由于对传感器做了改良和微型化改进，因此它的性价比更高——并且最终所有设备都将得益于尖端的节能运行模式。可以使用一个新的测试包 EK－H4 对 SHT21 进行测试。

SHT21 配有全新设计的 CMOSens 芯片，除了配有电容式相对湿度传感器和能隙温度传感器外，该芯片还包含一个放大器、A/D 转换器、OTP 内存和数字处理单元。

## 2. 接口定义

### (1) 电源引脚(VDD，VSS)

SHT2x 的供电范围为 2.1～3.6 V，推荐电压为 3.0 V。电源(VDD)和接地(VSS)之间须连接一个 100 nF 的去耦电容，且电容的位置应尽可能靠近传感器。如图 13－13 所示为 SHT21 的引脚图，其引脚功能如表 13－10 所列。

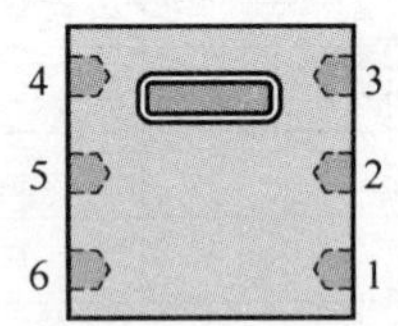


图 13－13　SHT21 引脚图

表 13－10　引脚功能

| 引　脚 | 名　称 | 释　义 |
| --- | --- | --- |
| 2 | VSS | 地 |
| 1 | SDA | 串行数据，双向 |
| 6 | SCL | 串行时钟，双向 |
| 5 | VDD | 供电电压 |
| 3，4 | NC | 必须保持不连接或接 VSS |

### (2) 串行时钟引脚(SCL)

SCL 用于微处理器与 SHT21 之间的通信同步。由于接口包含了完全静态逻辑，因而不存在最小 SCL 频率。

### (3) 串行数据引脚(SDA)

SDA 引脚用于传感器的数据输入和输出。当向传感器发送命令时，SDA 在串行时钟(SCL)的上升沿有效，且当 SCL 为高电平时，SDA 必须保持稳定。在 SCL 下降沿之后，SDA 值可被改变。为了确保通信安全，SDA 的有效时间在 SCL 上升沿之前和下降沿之后应分别延长至 $T_{SU}$ 和 $T_{HO}$。当从传感器读取数据时，SDA 在 SCL 变低以后有效，且维持到下一个 SCL 的下降沿。

为了避免信号冲突，微处理器应驱动 SDA 为低电平，需要一个外部的上拉电阻(例如 10 kΩ)将信号提拉至高电平。上拉电阻通常可能已包含在微处理器的 I/O 电路中。SHT21 采用标准的 $I^2C$ 协议进行通信。

### 3. SHT21 的操作步骤

#### (1) 启动传感器

将传感器上电，电压为所选择的 VDD 电源电压（范围为 2.1～3.6 V）。上电后，传感器最多需要 15 ms 的时间（此时 SCL 为高电平）以达到空闲状态，即做好准备接收由主机（MCU）发送的命令。启动时的最大电流消耗为 350 μA。

#### (2) 启动/停止时序

每个传输序列都以 START 状态作为开始，并以 STOP 状态作为结束，参见第 9 章的图 9－2。

#### (3) 发送命令

在启动传输后，随后传输的 $I^2C$ 首字节包括 7 位的 $I^2C$ 设备地址和一个 SDA 方向位（读（R）为 1，写（W）为 0）。在第 8 个 SCL 时钟下降沿之后，通过拉低 SDA 引脚（ACK 位）来指示传感器数据接收正常。在发出测量命令（E3H 代表温度测量，E5H 代表相对湿度测量）之后，MCU 必须等待测量完成。基本的命令如表 13-11 所列。$I^2C$ 的通信方式有两种不同的模式可供选择，即主机模式或非主机模式。

表 13－11 SHT21 基本命令集

| 命 令 | 释 义 | 代 码 |
|---|---|---|
| 触发温度测量 | 保持主机 | E3H |
| 触发湿度测量 | 保持主机 | E5H |
| 触发温度测量 | 非保持主机 | F3H |
| 触发湿度测量 | 非保持主机 | F5H |
| 写用户寄存器 | — | E6H |
| 读用户寄存器 | — | E7H |
| 软复位 | — | FEH |

#### (4) 相对湿度转换

根据 SDA 输出的相对湿度信号 $S_{RH}$，相对湿度 RH 可通过下式获得（结果以%相对湿度表示），即

$$RH=-6+125\times\frac{S_{RH}}{2^{16}}$$

#### (5) 温度转换

根据 SDA 输出的温度信号 $S_T$，温度 $T$ 可通过下式计算得到（结果以℃表示），即

$$T=-46.85\ ℃+175.72\ ℃\times\frac{S_T}{2^{16}}$$

## 13.4.2 日历芯片 DS1302

DS1302 是美国 Dallas 公司推出的一种高性能、低功耗、带 RAM 的实时时钟芯片，可以对年、月、日、周、时、分、秒进行计时，且具有闰年补偿功能，工作电压宽达

2.5～5.5 V。时钟可工作在 24 小时格式或 12 小时(AM/PM)格式。DS1302 与单片机的接口使用同步串行通信,仅用 3 条线与该时钟芯片相连。可采用一次传送一字节或以突发方式一次传送多字节的方式传送数据。DS1302 内部有一个 31×8 的用于临时存放数据的 RAM 寄存器。DS1302 是 DS1202 的升级产品,与 DS1202 兼容,但增加了主电源/后备电源双电源引脚,同时提供了对后备电源进行涓细电流充电的能力。

### 1. DS1302 的引脚功能与内部结构

DS1302 有 8 个引脚,采用 DIP8 封装形式,其引脚功能如表 13-12 所列,外形及内部结构如图 13-14 所示。

表 13-12　DS1302 的引脚功能

| 引脚号 | 引脚名称 | 功　能 |
|---|---|---|
| 1 | VCC1 | 主电源 |
| 2,3 | X1,X2 | 振荡源,外接 32 768 Hz 晶振 |
| 4 | GND | 地线 |
| 5 | RST | 复位/片选线 |
| 6 | I/O | 串行数据输入/输出端(双向) |
| 7 | SCLK | 串行时钟输入端 |
| 8 | VCC2 | 后备电源 |

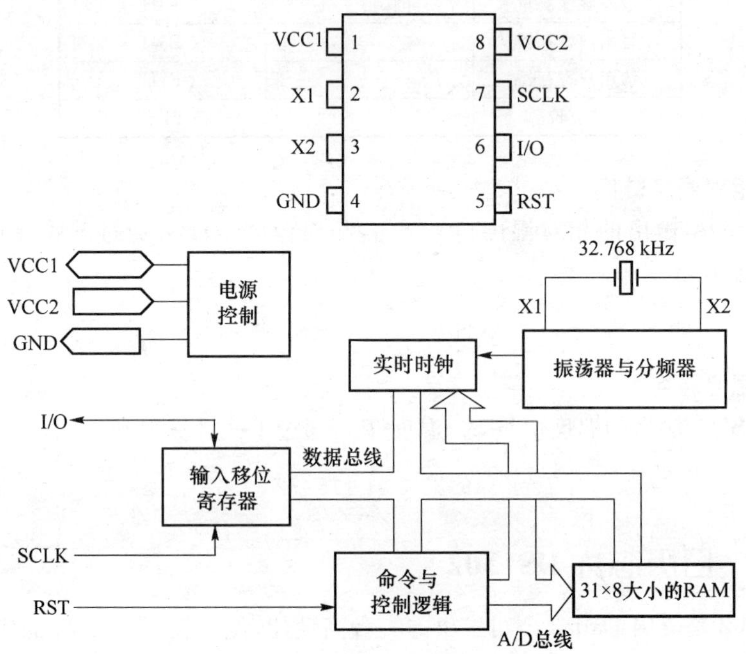


图 13-14　DS1302 引脚图及内部结构图

### 2. DS1302 的控制字

DS1302 的控制字节如图 13－15 所示，控制字节的最高有效位（位 7）必须是逻辑 1，如果它为 0，则不能把数据写入 DS1302 中。位 6 如果为 0，则表示存取日历时钟数据；如果为 1，则表示存取 RAM 数据。位 5～1 指示操作单元的地址。最低有效位（位 0）如果为 0，则表示进行写操作；如果为 1，则表示进行读操作。控制字节总是从最低位开始输出。

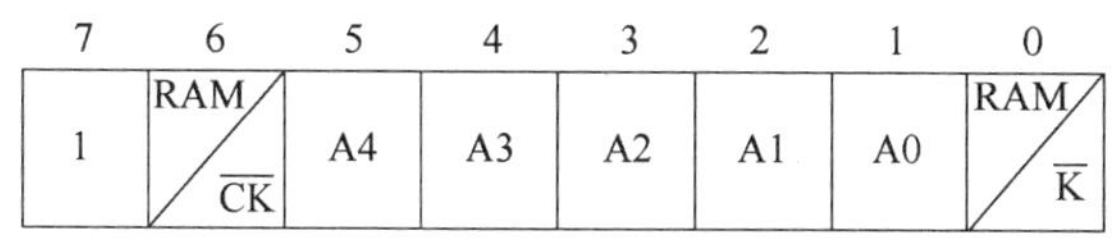

| 7 | 6 | 5 | 4 | 3 | 2 | 1 | 0 |
|---|---|---|---|---|---|---|---|
| 1 | RAM / $\overline{CK}$ | A4 | A3 | A2 | A1 | A0 | RAM / $\overline{K}$ |

图 13－15　DS1302 控制字节的含义

### 3. DS1302 的复位引脚

通过把 RST 输入驱动置高电平来启动所有的数据传送。RST 输入有两种功能：首先，RST 接通控制逻辑，允许地址/命令序列送入移位寄存器；其次，RST 提供了终止单字节或多字节数据的传送手段。当 RST 为高电平时，所有的数据传送被初始化，允许对 DS1302 进行操作。如果在传送过程中置 RST 为低电平，则会终止此次数据传送，并且 I/O 引脚变为高阻态。当上电运行时，在 VCC≥2.5 V 之前，RST 必须保持低电平。只有在 SCLK 为低电平时，才能将 RST 置为高电平。

### 4. DS1302 的数据输入/输出

在控制指令字输入后的下一个 SCLK 时钟脉冲的上升沿，数据被写入 DS1302，数据输入从低位即位 0 开始。同样，在紧跟 8 位控制指令字后的下一个 SCLK 时钟脉冲的下降沿读出 DS1302 的数据，读出数据时从低位 0 位至高位 7 位，数据读/写时序如图 13－16 所示。

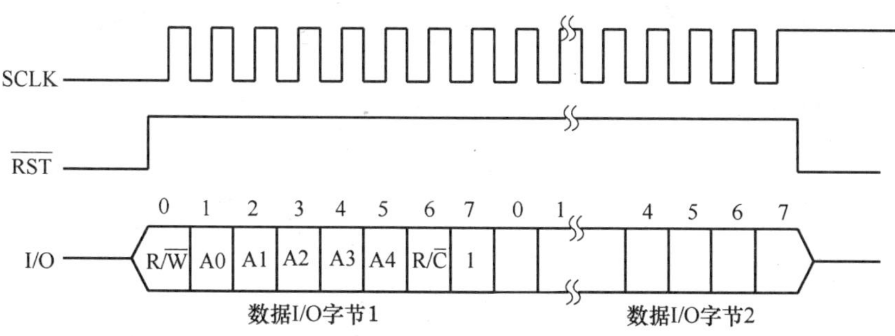


图 13－16　数据读/写时序

### 5. DS1302 的寄存器

DS1302 共有 12 个寄存器，其中有 7 个寄存器与日历和时钟相关，存放的数据为 BCD 码形式。其日历和时间寄存器及其控制字如表 13 - 13 所列。此外，DS1302 还有年份寄存器、控制寄存器、充电寄存器、时钟突发寄存器及与 RAM 相关的寄存器等。时钟突发寄存器可一次性顺序读/写除充电寄存器以外的所有寄存器的内容。DS1302 与 RAM 相关的寄存器分为两类，一类是单个 RAM 单元，共 31 个，每个单元组态为一个 8 位的字节，其命令控制字为 C0H～FDH，其中奇数为读操作，偶数为写操作；另一类为突发方式下的 RAM 寄存器，在此方式下可一次性读/写所有 RAM 的 31 个字节，命令控制字为 FEH(写)和 FFH(读)。

**表 13 - 13　DS1302 的日历、时钟寄存器及其控制字**

<table>
<tr><th rowspan="2">寄存器名</th><th colspan="2">命令字</th><th rowspan="2">取值范围</th><th colspan="8">各位内容</th></tr>
<tr><th>写操作</th><th>读操作</th><th>7</th><th>6</th><th>5</th><th>4</th><th>3</th><th>2</th><th>1</th><th>0</th></tr>
<tr><td>秒寄存器</td><td>80H</td><td>81H</td><td>00～59</td><td>CH</td><td colspan="3">秒十位</td><td colspan="4">秒个位</td></tr>
<tr><td>分寄存器</td><td>82H</td><td>83H</td><td>00～59</td><td>0</td><td colspan="3">分十位</td><td colspan="4">分个位</td></tr>
<tr><td>时寄存器</td><td>84H</td><td>85H</td><td>01～12 或 00～23</td><td>12/24</td><td>0</td><td>10</td><td>时十位</td><td colspan="4">时个位</td></tr>
<tr><td>日寄存器</td><td>86H</td><td>87H</td><td>01～28,29,30,31</td><td>0</td><td>0</td><td colspan="2">日十位</td><td colspan="4">日个位</td></tr>
<tr><td>月寄存器</td><td>88H</td><td>89H</td><td>01～12</td><td>0</td><td>0</td><td>0</td><td>月十位</td><td colspan="4">月个位</td></tr>
<tr><td>周寄存器</td><td>8AH</td><td>8BH</td><td>01～07</td><td>0</td><td>0</td><td>0</td><td>0</td><td>0</td><td colspan="3">周</td></tr>
<tr><td>年寄存器</td><td>8CH</td><td>8DH</td><td>00～99</td><td colspan="4">年十位</td><td colspan="4">年个位</td></tr>
</table>

## 13.4.3　硬件电路设计

本项目的硬件电路分为四部分，STH21 检测电路负责采集温度和湿度信号，DS1302 负责输入时钟信号和日期信号，液晶显示器负责显示温度和湿度信息及日期信息，微处理器 LM3S811 负责处理和控制，具体电路如图 13 - 17 所示。

## 13.4.4　程序设计

本项目的软件包括主程序、串行 LCD 驱动程序、温湿度传感器 SHT21 的读/写程序、蜂鸣器驱动程序、日历芯片 DS1302 的驱动程序和键盘扫描程序。

### 1. 主程序

程序清单如下：

```
#define APP_USER_IF_MAX 3
float dew_point;
unsigned char g_ulFlags;
unsigned char old_ulFlags;
```

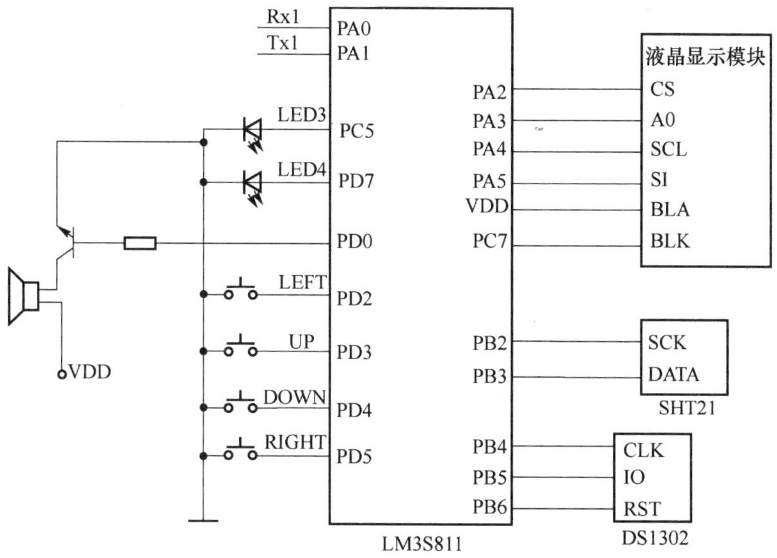


图 13-17　温度/湿度测控与万年历系统电路图

```
char g_str[10];
void lcd_time(void);
void TH_display(void);
void key_value(void);
void flash(void);
void clock_bee(unsigned char num);
//初始化时钟数据地址 S M H D M W Y(7 字节 BCD 码)
//uint8 gDateTime[7] = {0,8,8,26,7,2,11};
uint8 gDateTime[7] = {0x55,0x59,0x09,0x28,0x07,0x04,0x11};
uint8 SET_DateTime[7];
uint8 DateTime[7];
uint8 second = 0;
//时间显示数组定义
unsigned char sec_str[2];
unsigned char min_str[2];
unsigned char hur_str[2];
unsigned char day_str[2];
unsigned char mon_str[2];
unsigned char wee_str[2];
unsigned char yer_str[2];
//按键显示矩阵
unsigned char up_str[2];
unsigned char do_str[2];
unsigned char le_str[2];
```

```
unsigned char ri_str[2];
//按键标志位定义
static BOOLEAN App_B1;
static BOOLEAN App_B2;
static BOOLEAN App_B3;
static BOOLEAN App_B4;
static BOOLEAN App_B5;
//按键值定义
static INT32U App_B1Counts;
static INT32U App_B2Counts;
static INT32U App_B3Counts;
static INT32U App_B4Counts;
static INT32U App_B5Counts;
int row,l_key;
unsigned char kb2[7],kb3[7];
//数字转换字符程序
void int_2_char(uint8 bcd,unsigned char * data)
{
    * data ++ = (bcd/10) + 0x30;
    * data ++ = bcd % 10 + 0x30;
}
//BCD 码转换字符程序
void bcd_2_char(uint8 bcd,unsigned char * data)
{
    uint8 bcd1;
    bcd1 = 0xff - bcd;
    * data ++ = ((0xf0 & bcd1)>>4) % 10 + 0x30;
    * data ++ = (0x0f & bcd1) % 10 + 0x30;
}
//BCD 码转换数字程序
int bcd_2_int(uint8 bcd)
{
    int date;
    uint8 bcd1;
    bcd1 = 0xff - bcd;
    date = ((0xf0 & bcd1)>>4) * 10;
    date = (0x0f & bcd1) + date;
    return date;
}
//键盘处理程序
void App_TaskKbd (void)
{
```

```
BOOLEAN b1_prev;
BOOLEAN b2_prev;
BOOLEAN b3_prev;
BOOLEAN b4_prev;
BOOLEAN b5_prev;
b1_prev = DEF_FALSE;
b2_prev = DEF_FALSE;
b3_prev = DEF_FALSE;
b4_prev = DEF_FALSE;
b5_prev = DEF_FALSE;
App_B1   = DEF_FALSE;
App_B2   = DEF_FALSE;
App_B3   = DEF_FALSE;
App_B4   = DEF_FALSE;
App_B5   = DEF_FALSE;
while (DEF_TRUE) {
    App_B1 = BSP_PD_GetStatus(1);
    App_B2 = BSP_PD_GetStatus(2);
    App_B3 = BSP_PD_GetStatus(3);
    App_B4 = BSP_PD_GetStatus(4);
    App_B5 = BSP_PD_GetStatus(5);
    if (( App_B1 == DEF_TRUE) && (b1_prev == DEF_FALSE))
    {
        open_back_light();
        timer0_reset();
        App_B1Counts++;
        if (g_ulFlags == APP_USER_IF_MAX) {
            g_ulFlags = 1;
        }
        else {
            g_ulFlags++;
        }
    }
    if (( App_B2 == DEF_TRUE) && (b2_prev == DEF_FALSE)) {
        App_B2Counts++;
        open_back_light();
        timer0_reset();
    }

    if (( App_B3 == DEF_TRUE) && (b3_prev == DEF_FALSE)) {
        App_B3Counts++;
        open_back_light();
```

```
            timer0_reset();
        }
        if ((App_B4 == DEF_TRUE) && (b4_prev == DEF_FALSE)) {
            App_B4Counts++;
            open_back_light();
            timer0_reset();
        }
        if ((App_B5 == DEF_TRUE) && (b5_prev == DEF_FALSE)) {
            App_B5Counts++;
            open_back_light();
            timer0_reset();
        }
        b1_prev = App_B1;
        b2_prev = App_B2;
        b3_prev = App_B3;
        b4_prev = App_B4;
        b5_prev = App_B5;
        if(g_ulFlags!=old_ulFlags)
        {
            cls();
            old_ulFlags=g_ulFlags;
        }
        switch(g_ulFlags)
        {
            case 1: lcd_time();
                break;
            case 2:
                TH_display();
                break;
            case 3:
                key_value();
                if(App_B4&App_B5)
                {
                    RTC_SetClock(SET_DateTime);
                }
                break;
            default:
                break;
        }
    }
}
//键盘键码显示程序
```

```
void key_value(void)
{
    int sec_int,min_int,hur_int,day_int,mon_int,wee_int,yer_int;

    row = App_B5Counts - App_B4Counts;
    if(row<0)
    {
        App_B5Counts = 6;
        App_B4Counts = 0;
        row = App_B5Counts - App_B4Counts;
    }
    else if(row>6)
    {
        App_B5Counts = 0;
        App_B4Counts = 0;
        row = App_B5Counts - App_B4Counts;
    }
    else{
        row = App_B5Counts - App_B4Counts;
    }
    if(row!= l_key)
    {
        App_B2Counts = kb2[row];
        App_B3Counts = kb3[row];
        l_key = row;
    }
    switch (row)
    {
        case 0:
            sec_int = App_B2Counts + bcd_2_int(DateTime[0]) - App_B3Counts;
            kb2[0] = App_B2Counts;
            kb3[0] = App_B3Counts;
            if(sec_int>59)
            {
                App_B2Counts = 0;
                App_B3Counts = bcd_2_int(DateTime[0]);
                sec_int = App_B2Counts + bcd_2_int(DateTime[0]) - App_B3Counts;
            }
            else if(sec_int<0)
            {
                App_B2Counts = 59 - bcd_2_int(DateTime[0]);
                App_B3Counts = 0;
```

```
            sec_int = App_B2Counts + bcd_2_int(DateTime[0]) - App_B3Counts;
        }
        SET_DateTime[0] = int_2_bcd(sec_int);
        int_2_char(sec_int,sec_str);
        XY_display_n(8,0,"20",2);
        XY_display_n(25,0,yer_str,2);
        XY_display_n(41,0," - ",1);
        XY_display_n(49,0,mon_str,2);
        XY_display_n(65,0," - ",1);
        XY_display_n(73,0,day_str,2);
        XY_display_n(98,0,wee_str,2);
        XY_display_n(32,32,hur_str,2);
        XY_display_n(49,32,":",1);
        XY_display_n(58,32,min_str,2);
        XY_display_n(75,32,":",1);
        XY_display_n_r(83,32,sec_str,2);
        break;
    case 1:
        min_int = App_B2Counts + bcd_2_int(DateTime[1]) - App_B3Counts;
        kb2[1] = App_B2Counts;
        kb3[1] = App_B3Counts;
        if(min_int>59)
        {
            App_B2Counts = 0;
            App_B3Counts = bcd_2_int(DateTime[1]);
            min_int = App_B2Counts + bcd_2_int(DateTime[1]) - App_B3Counts;
        }
        else if(min_int<0)
        {
            App_B2Counts = 59 - bcd_2_int(DateTime[1]);
            App_B3Counts = 0;
            min_int = App_B2Counts + bcd_2_int(DateTime[1]) - App_B3Counts;
        }
        SET_DateTime[1] = int_2_bcd(min_int);
        int_2_char(min_int,min_str);
        XY_display_n(8,0,"20",2);
        XY_display_n(25,0,yer_str,2);
        XY_display_n(41,0," - ",1);
        XY_display_n(49,0,mon_str,2);
        XY_display_n(65,0," - ",1);
        XY_display_n(73,0,day_str,2);
        XY_display_n(98,0,wee_str,2);
```

```
        XY_display_n(32,32,hur_str,2);
        XY_display_n(49,32,":",1);
        XY_display_n_r(58,32,min_str,2);
        XY_display_n(75,32,":",1);
        XY_display_n(83,32,sec_str,2);
        break;
    case 2:
        hur_int = App_B2Counts + bcd_2_int(DateTime[2]) - App_B3Counts;
        kb2[2] = App_B2Counts;
        kb3[2] = App_B3Counts;
        if(hur_int>23)
        {
            App_B2Counts = 0;
            App_B3Counts = bcd_2_int(DateTime[2]);
            hur_int = App_B2Counts + bcd_2_int(DateTime[2]) - App_B3Counts;
        }
        else if(hur_int<0)
        {
            App_B2Counts = 23 - bcd_2_int(DateTime[2]);
            App_B3Counts = 0;
            hur_int = App_B2Counts + bcd_2_int(DateTime[2]) - App_B3Counts;
        }
        SET_DateTime[2] = int_2_bcd(hur_int);
        int_2_char(hur_int,hur_str);
        XY_display_n(8,0,"20",2);
        XY_display_n(25,0,yer_str,2);
        XY_display_n(41,0,"-",1);
        XY_display_n(49,0,mon_str,2);
        XY_display_n(65,0,"-",1);
        XY_display_n(73,0,day_str,2);
        XY_display_n(98,0,wee_str,2);
        XY_display_n_r(32,32,hur_str,2);
        XY_display_n(49,32,":",1);
        XY_display_n(58,32,min_str,2);
        XY_display_n(75,32,":",1);
        XY_display_n(83,32,sec_str,2);
        break;
    case 3:
        kb2[3] = App_B2Counts;
        kb3[3] = App_B3Counts;
        day_int = App_B2Counts + bcd_2_int(DateTime[3]) - App_B3Counts;
        if(day_int>31)
```

```
        {
            App_B2Counts = 0;
            App_B3Counts = bcd_2_int(DateTime[3]) - 1;
            day_int = App_B2Counts + bcd_2_int(DateTime[3]) - App_B3Counts;
        }
        else if(day_int<1)
        {
            App_B2Counts = 31 - bcd_2_int(DateTime[3]);
            App_B3Counts = 0;
            day_int = App_B2Counts + bcd_2_int(DateTime[3]) - App_B3Counts;
        }
        SET_DateTime[3] = int_2_bcd(day_int);
        int_2_char(day_int,day_str);
        XY_display_n(8,0,"20",2);
        XY_display_n(25,0,yer_str,2);
        XY_display_n(41,0,"-",1);
        XY_display_n(49,0,mon_str,2);
        XY_display_n(65,0,"-",1);
        XY_display_n_r(73,0,day_str,2);
        XY_display_n(98,0,wee_str,2);
        XY_display_n(32,32,hur_str,2);
        XY_display_n(49,32,":",1);
        XY_display_n(58,32,min_str,2);
        XY_display_n(75,32,":",1);
        XY_display_n(83,32,sec_str,2);
        break;
    case 4:
        mon_int = App_B2Counts + bcd_2_int(DateTime[4]) - App_B3Counts;
        kb2[4] = App_B2Counts;
        kb3[4] = App_B3Counts;
        if(mon_int>12)
        {
            App_B2Counts = 0;
            App_B3Counts = bcd_2_int(DateTime[4]) - 1;
            mon_int = App_B2Counts + bcd_2_int(DateTime[4]) - App_B3Counts;
        }
        else if(mon_int<1)
        {
            App_B2Counts = 12 - bcd_2_int(DateTime[4]);
            App_B3Counts = 0;
            mon_int = App_B2Counts + bcd_2_int(DateTime[4]) - App_B3Counts;
        }
```

```
        else mon_int = App_B2Counts + bcd_2_int(DateTime[4]) - App_B3Counts;
        SET_DateTime[4] = int_2_bcd(mon_int);
        int_2_char(mon_int,mon_str);
        XY_display_n(8,0,"20",2);
        XY_display_n(25,0,yer_str,2);
        XY_display_n(41,0,"-",1);
        XY_display_n_r(49,0,mon_str,2);
        XY_display_n(65,0,"-",1);
        XY_display_n(73,0,day_str,2);
        XY_display_n(98,0,wee_str,2);
        XY_display_n(32,32,hur_str,2);
        XY_display_n(49,32,":",1);
        XY_display_n(58,32,min_str,2);
        XY_display_n(75,32,":",1);
        XY_display_n(83,32,sec_str,2);
        break;
    case 5:
        wee_int = App_B2Counts + bcd_2_int(DateTime[5]) - App_B3Counts;
        kb2[5] = App_B2Counts;
        kb3[5] = App_B3Counts;
        if(wee_int>7)
        {
            App_B2Counts = 0;
            App_B3Counts = bcd_2_int(DateTime[5]) - 1;
            wee_int = App_B2Counts + bcd_2_int(DateTime[5]) - App_B3Counts;
        }
        else if(wee_int<1)
        {
            App_B2Counts = 7 - bcd_2_int(DateTime[5]);
            App_B3Counts = 0;
            wee_int = App_B2Counts + bcd_2_int(DateTime[5]) - App_B3Counts;
        }
        SET_DateTime[5] = int_2_bcd(wee_int);
        int_2_char(wee_int,wee_str);
        XY_display_n(8,0,"20",2);
        XY_display_n(25,0,yer_str,2);
        XY_display_n(41,0,"-",1);
        XY_display_n(49,0,mon_str,2);
        XY_display_n(65,0,"-",1);
        XY_display_n(73,0,day_str,2);
        XY_display_n_r(98,0,wee_str,2);
        XY_display_n(32,32,hur_str,2);
```

```
            XY_display_n(49,32,":",1);
            XY_display_n(58,32,min_str,2);
            XY_display_n(75,32,":",1);
            XY_display_n(83,32,sec_str,2);
            break;
        case 6:
            yer_int = App_B2Counts + bcd_2_int(DateTime[6]) - App_B3Counts;
            kb2[6] = App_B2Counts;
            kb3[6] = App_B3Counts;
            if(yer_int>99)
            {
                App_B2Counts = 0;
                App_B3Counts = bcd_2_int(DateTime[6]) - 1;
                yer_int = App_B2Counts + bcd_2_int(DateTime[6]) - App_B3Counts;
            }
            else if(yer_int<1)
            {
                App_B2Counts = 99 - bcd_2_int(DateTime[6]);
                App_B3Counts = 0;
                yer_int = App_B2Counts + bcd_2_int(DateTime[6]) - App_B3Counts;
            }
            SET_DateTime[6] = int_2_bcd(yer_int);
            int_2_char(yer_int,yer_str);
            XY_display_n(8,0,"20",2);
            XY_display_n_r(25,0,yer_str,2);
            XY_display_n(41,0,"-",1);
            XY_display_n(49,0,mon_str,2);
            XY_display_n(65,0,"-",1);
            XY_display_n(73,0,day_str,2);
            XY_display_n(98,0,wee_str,2);
            XY_display_n(32,32,hur_str,2);
            XY_display_n(49,32,":",1);
            XY_display_n(58,32,min_str,2);
            XY_display_n(75,32,":",1);
            XY_display_n(83,32,sec_str,2);
            break;
        default:
            break;
    }
}
//PC4 引脚中断处理,改变 LED 的闪烁频率
void GPIO_init(void)
```

```
{
    SysCtlPeripheralEnable(SYSCTL_PERIPH_GPIOA);
    //配置输出口
    GPIOPinTypeGPIOOutput(GPIO_PORTC_BASE,GPIO_PIN_5 | GPIO_PIN_7);
    GPIOPadConfigSet(GPIO_PORTC_BASE,GPIO_PIN_5 | GPIO_PIN_7,GPIO_STRENGTH_4MA,
                     GPIO_PIN_TYPE_STD_WPU);
    GPIOPinTypeGPIOOutput(GPIO_PORTA_BASE,GPIO_PIN_2 | GPIO_PIN_3 | GPIO_PIN_4 |
                          GPIO_PIN_5);
    GPIOPadConfigSet(GPIO_PORTA_BASE,GPIO_PIN_2 | GPIO_PIN_3 | GPIO_PIN_4 |
                     GPIO_PIN_5,GPIO_STRENGTH_4MA,GPIO_PIN_TYPE_STD_WPU);
    GPIOPinTypeGPIOOutput(GPIO_PORTD_BASE,GPIO_PIN_0 | GPIO_PIN_7);
    GPIOPadConfigSet(GPIO_PORTD_BASE,GPIO_PIN_0 | GPIO_PIN_7,GPIO_STRENGTH_4MA,
                     GPIO_PIN_TYPE_STD_WPU);
    GPIOPinWrite(GPIO_PORTD_BASE,GPIO_PIN_0,~GPIO_PIN_0);
}
void target_init(void)
{
    //设置时钟
    SysCtlClockSet(SYSCTL_SYSDIV_1 | SYSCTL_USE_OSC | SYSCTL_OSC_MAIN |
                   SYSCTL_XTAL_6MHZ);
    SysCtlPeripheralEnable(SYSCTL_PERIPH_GPIOC);
    SysCtlPeripheralEnable(SYSCTL_PERIPH_GPIOD);
}
void flash(void)                                         //LED 闪烁程序
{
    GPIOPinWrite(GPIO_PORTD_BASE,GPIO_PIN_7,~(GPIOPinRead(GPIO_PORTD_BASE,
                 GPIO_PIN_7)));
}
void clock_bee(unsigned char num)                        //蜂鸣器报警程序
{
    for(;num>1;num--)
    {
        GPIOPinWrite(GPIO_PORTD_BASE,GPIO_PIN_0,GPIO_PIN_0);
        delay_nms(250);
        GPIOPinWrite(GPIO_PORTD_BASE,GPIO_PIN_0,~GPIO_PIN_0);
        delay_nms(250);
    }
}
void lcd_time(void)                                      //LED 显示时钟
{
    RTC_GetClock(DateTime);
    if(DateTime[0] != second)
```

```
    {
        second = DateTime[0];
        bcd_2_char(DateTime[0],sec_str);
        bcd_2_char(DateTime[1],min_str);
        bcd_2_char(DateTime[2],hur_str);
        bcd_2_char(DateTime[3],day_str);
        bcd_2_char(DateTime[4],mon_str);
        bcd_2_char(DateTime[5],wee_str);
        bcd_2_char(DateTime[6],yer_str);
        flash();
        if((bcd_2_int(DateTime[0]) == 0) & (bcd_2_int(DateTime[1]) == 0))
            clock_bee(bcd_2_int(DateTime[2]));
        XY_display_n(8,0,"20",2);
        XY_display_n(25,0,yer_str,2);
        XY_display_n(41,0,"-",1);
        XY_display_n(49,0,mon_str,2);
        XY_display_n(65,0,"-",1);
        XY_display_n(73,0,day_str,2);
        XY_display_n(98,0,wee_str,2);
        XY_display_n(32,32,hur_str,2);
        XY_display_n(49,32,":",1);
        XY_display_n(58,32,min_str,2);
        XY_display_n(75,32,":",1);
        XY_display_n(83,32,sec_str,2);
        GetChinaCalendarStr(bcd_2_int(DateTime[6]) + 2000,bcd_2_int(DateTime[4]),
                            bcd_2_int(DateTime[3]),g_str);
        XY_display(8,16,(unsigned char *)g_str);
        if((bcd_2_int(DateTime[1]) == 59) & (bcd_2_int(DateTime[0]) == 59))
        {
            bee_long(bcd_2_int(DateTime[2])/10);
            bee(bcd_2_int(DateTime[2]) % 10);
        }
        delay_nms(50);
    }
}
void TH_display(void)                                   //温度/湿度显示程序
{
    value humi_val,temp_val;
    float dew_point;
    unsigned char error0;
    unsigned int checksum;
    char temp1[16],temp2[16],temp3[16];
```

```
    memset(temp1,0,16);
    memset(temp2,0,16);
    memset(temp3,0,16);
    error0 = 0;
    s_connectionreset();
    error0 += s_measure((unsigned char *)&humi_val.i,&checksum,HUMI); //测量湿度
    error0 += s_measure((unsigned char *)&temp_val.i,&checksum,TEMP); //测量温度
    if(error0!= 0)
    {
        s_connectionreset();
        XY_display(8,16,"err");
    } //in case of an error0: connection reset
    else
    {
        XY_display(16,0,"温湿度监测仪");
        humi_val.f = (float)humi_val.i;                    //湿度值转换整型到浮点型
        temp_val.f = (float)temp_val.i;                    //温度值转换整型到浮点型
        calc_sth11(&humi_val.f,&temp_val.f);               //计算湿度和温度
        dew_point = calc_dewpoint(humi_val.f,temp_val.f);
        ConverFloatToChar(humi_val.f,temp1);
        XY_display(0,16,"湿度(%):");
        XY_display(64,16,(unsigned char *)temp1);
        ConverFloatToChar(temp_val.f,temp2);
        XY_display(0,32,"温度(C):");
        XY_display(64,32,(unsigned char *)temp2);
        ConverFloatToChar(dew_point,temp3);
        XY_display(0,48,"结露点(C):");
        XY_display(80,48,(unsigned char *)temp3);
    }
    SCK_L;
    delay_nms(50); //(be sure that the compiler doesn't eliminate this line!)
    s_softreset();
    delay_nms(50);

}
int main (void)                                        //主程序
{
    memset(g_str,0,10);
    memset(DateTime,0,7);
    memset(sec_str,0,2);
    memset(min_str,0,2);
    memset(hur_str,0,2);
```

```
    memset(day_str,0,2);
    memset(mon_str,0,2);
    memset(yer_str,0,2);
    memset(wee_str,0,2);
    memset(up_str,0,2);
    memset(do_str,0,2);
    memset(le_str,0,2);
    memset(ri_str,0,2);
    memset(kb2,0,7);
    memset(kb3,0,7);
    g_ulFlags = 1;
    old_ulFlags = 0;
    l_key = 0;
    target_init();
    GPIO_init();
    BSP_PD_Init();
    SHT_init();
    open_back_light();
    lcdreset();
    Timer0_init();
    timer0_open();
    Init_RTC();
    buzzerInit();                                      // 蜂鸣器初始化
    while(1)
    {
        bee(1);
        App_TaskKbd();
        delay_nms(5000);
    }
}
```

## 2. SHT21 驱动程序

程序清单如下：

```
#include <math.h>
#include "SHTxx.h"
#include "12864sl.h"
void SHT_init(void)                                  //SHT21 初始化程序
{
    SysCtlPeripheralEnable(SYSCTL_PERIPH_GPIOB);
    GPIOPinTypeGPIOOutput(GPIO_PORTB_BASE,GPIO_PIN_2 | GPIO_PIN_4 | GPIO_PIN_6);
    GPIOPadConfigSet(GPIO_PORTB_BASE,GPIO_PIN_2|GPIO_PIN_4|GPIO_PIN_6,
```

```
                    GPIO_STRENGTH_8MA,GPIO_PIN_TYPE_STD_WPU);
}
static int read_sda(void)                           //读 SDA 数据
{
    int proc_result = -1;
    unsigned char tmp_data;
    tmp_data = GPIOPinRead(GPIO_PORTB_BASE,DATA);
    if (DATA == tmp_data)
    {
        proc_result = 1;
    }
    else
    {
        proc_result = 0;
    }
    return (proc_result);
}
char s_write_byte(unsigned char value)
//写字节函数,写入一字节的命令,检查传感器是否正确接收了该命令,返回 0 表示正确接收
{
    unsigned char i,error0 = 0;
    DATA_OUT;
    for (i = 0x80;i>0;i/ = 2)                       //高位为 1,循环右移
    {
        if(i & value) {DATA_H;}                     //与要发送的数相"与",结果为发送的位
        else {DATA_L;}
        SCK_H;                                      //发送时钟信号
        delay_us(5);
        SCK_L;
        delay_us(1);

    }
    //DATA_H;                                       //释放数据线
    DATA_IN;
    SCK_H;
    delay_us(2);
    error0 = read_sda();                            //返回应答位,DATA 线被拉低
    delay_us(5);
    DATA_OUT;
    DATA_H;
    SCK_L;
    return error0;                                  //通信错误,error0 = 1
}
```

```
unsigned char s_read_byte(unsigned char ack)
//读一字节的数据,并向传感器发出一字节的"已接收"信号
{
    unsigned char i,val = 0;
    DATA_IN;
    for(i = 0x80;i>0;i/ = 2)                    //右移位
    {
        SCK_H;
        if(read_sda() = = 1) val = (val | i);   //读数据线的值
        else val = (val | 0x00);
        SCK_L;
        delay_us(5);
    }
    DATA_OUT;
    DATA_H;                                     //数据线为高
    delay_us(3);
    if(ACK = = 1)
    { DATA_L; }
    else
    { DATA_H; }
    SCK_H;
    delay_us(5);
    SCK_L;
    DATA_H;                                     //在读第二字节数据之前,DATA 应为高
    return val;
}
void s_transstart(void)
// 产生一个传输开始
//
// DATA:  ‾‾|_____|‾‾
//
// SCK :  _|‾|_|‾|_
{
    DATA_OUT;
    DATA_H;SCK_L;
    delay_us(2);
    SCK_H;
    delay_us(2);
    DATA_L;
    delay_us(2);
    SCK_L;
    delay_us(2);
    SCK_H;
```

```
    delay_us(2);
    DATA_H;
    delay_us(2);
    SCK_L;
    delay_us(2);
}
void s_connectionreset(void)                              //连接复位
//通信复位：DATA-line=1 至少 9 个 SCK 周期
{
    unsigned char i;
    DATA_OUT;

    DATA_H; SCK_L;                                        //初始状态
    for(i=0;i<9;i++)
                                  //DATA 保持高,SCK 时钟触发 9 次,发送启动传输,通信即复位
    {
        SCK_H;
        delay_us(2);
        SCK_L;
        delay_us(2);
    }

    s_transstart();                                       //启动传输
}

char s_softreset(void)
// 软件复位
{
    unsigned char error0 = 0;
    s_connectionreset();                                  //通信复位
    error0 += s_write_byte(RESET);                        //发送复位命令到传感器
    return error0;                                        //没有传感器回应,error0=1
}
char s_measure(unsigned char *p_value,unsigned int *p_checksum,unsigned char mode)
// 做温度和湿度测量的校验和
{
    unsigned int error0 = 0;
    unsigned int i,j;

    s_transstart();                                       //发送启动代码
    switch(mode)
    {                                                     //发送命令给传感器
        case TEMP: error0 += s_write_byte(MEASURE_TEMP); break;
```

```
        case HUMI: error0 + = s_write_byte(MEASURE_HUMI); break;
        default  : break;
    }
    DATA_IN;
    for (i = 0;i<65535;i ++ )
    {
        for(j = 0;j<65535;j ++ )
        {
            if(read_sda() == 0) {break;}        //等待传感器完成测量
            delay_us(5);
        }
    }
    if(read_sda()) {error0 += 1;}           //如果长时间数据线没有拉低,说明测量错误

    * (p_value + 1) = s_read_byte(ACK);     //读第一个字节,高字节 (MSB)
    * (p_value) = s_read_byte(ACK);         //读第二个字节,低字节 (LSB)
    * p_checksum = s_read_byte(noACK);      //read CRC 校验码
    return error0;
}

void calc_sth11(float * p_humidity,float * p_temperature)
//补偿及输出温度和相对湿度
//输入:湿度[Ticks](12 位)
//      温度 [Ticks](14 位)
//输出:湿度 [ % RH]
//      温度
{
    const float C1 = - 4.0;                         //对于 12 位湿度修正公式
    const float C2 = + 0.0405;                      //对于 12 位湿度修正公式
    const float C3 = - 0.0000028;                   //对于 12 位湿度修正公式
    const float T1 = + 0.01;                        //对于 14 位@ 5 V 温度修正公式
    const float T2 = + 0.00008;                     //对于 14 位@ 5 V 温度修正公式
    float rh = * p_humidity;                        //rh:湿度 [Ticks] 12 位
    float t = * p_temperature;                      //t: 温度[Ticks] 14 位
    float rh_lin;                                   //rh_lin:湿度线
    float rh_true;                                  //rh_true: 温度补偿湿度
    float t_C;                                      //t_C:温度
    t_C = t * 0.01 - 39.6;                          //补偿温度
    rh_lin = C3 * rh * rh + C2 * rh + C1;           //相对湿度非线性补偿
    rh_true = (t_C - 25) * (T1 + T2 * rh) + rh_lin;//相对湿度对于温度依赖性补偿
    if(rh_true>100)rh_true = 100;                   //湿度最大修正
    if(rh_true<0.1)rh_true = 0.1;                   //湿度最小修正
    * p_temperature = t_C;                          //返回温度结果
```

```
    *p_humidity = rh_true;                        //返回湿度结果
}
//计算绝对湿度值(float h,float t)
//计算露点
//输入:湿度[%RH],温度
//输出:露点
float calc_dewpoint(float h,float t)
{
    float logEx,dew_point;
    logEx = 0.66077 + 7.5 * t/(237.3 + t) + (log10(h) - 2);
    dew_point = (logEx - 0.66077) * 237.3/(0.66077 + 7.5 - logEx);
    return dew_point;
}
void ConverFloatToChar(float flo,char * ptr)
{
    int i = 0,intnum,tmp,tmp1;
    float data;
    data = flo;
    while(i++ <8) *(ptr + i - 1) = 0;
    i = 0;
    while(data >= 1)
    {
        data = data/10;
        i++ ;
    }
    intnum = i;
    if(!intnum)
    {
        *ptr = 0;
        *(ptr + 1) = '.';
        data = flo;
        for(i = 2;i< = 3;i++ )
        {
            data * = 10;
            tmp = data;
            *(ptr + i) = tmp + 48;
            data = data - tmp;
        }
    }
    else
    {
        *(ptr + intnum) = '.';
        tmp = flo;
```

```
        for(i = 1;i< = intnum;i ++ )
        {
            tmp1 = tmp % 10;
            *(ptr + intnum - i) = tmp1 + 48;
            tmp = tmp/10;
        }
        data = flo;
        tmp = data;
        data = data - tmp;
        for(i = intnum + 1;i<6;i ++ )
        {
            data * = 10;
            tmp = data;
            *(ptr + i) = tmp + 48;
            data = data- tmp;
        }
    }
}
```

# 13.5 项目 23:超声波测距和频率测定系统

## 13.5.1 超声波测距介绍

### 1. 超声波测距的原理

当物体振动时会发出声音。科学家将每秒振动的次数称为声音的频率，单位是 Hz(赫兹)。人类耳朵能够听到的声波频率为 20 Hz～20 kHz。当声波的振动频率大于20 kHz或小于 20 Hz 时，人们便听不见了。因此，把频率高于 20 kHz 的声波称为“超声波”。通常用于医学诊断的超声波频率为 1～5 MHz。超声波具有方向性好、穿透能力强、易于获得较集中的声能和在水中传播距离远等特点，可用于测距、测速、清洗、焊接和碎石等。在医学、军事、工业及农业上具有广泛用途。

超声波测距是通过不断检测超声波发射后遇到障碍物所反射的回波，来测出发射与接收回波的时间差 $t$，进而求出距离

$$S=\frac{ct}{2}$$

式中，$c$ 为超声波在空气中传播的速度。

限制该系统的最大可测距离存在四个因素：超声波的幅度、反射物的质地、反射和入射声波之间的夹角及接收装置的灵敏度。接收装置对声波脉冲的直接接收能力将决定最小可测距离。超声波的波速 $c$ 与温度 $T$ 有关，表 13－14 列出了不同温度下的波速。

表 13-14 声速与温度的关系

| 温度/℃ | -30 | -20 | -10 | 0 | 10 | 20 | 30 | 100 |
|---|---|---|---|---|---|---|---|---|
| 声速/($m \cdot s^{-1}$) | 313 | 319 | 325 | 331 | 338 | 344 | 349 | 386 |

可以推导得出，温度与波速之间大概存在 $c=331.5+0.607T$ 的规律，波速确定后，只要测得超声波往返的时间 $t$ 即可求得距离 $S$。

## 2. 超声波探头介绍

超声波指向性强，能量消耗缓慢，在介质中传播的距离较远，因而超声波经常用于距离的测量，如测距仪和物位测量仪等都可以通过超声波来实现。利用超声波检测往往比较迅速、方便，且计算简单，易于做到实时控制，并且在测量精度方面能达到工业实用的要求。

测距模块使用的是压电式超声波发生器探头，压电式超声波发生器实际上是利用压电晶体的谐振来工作的。超声波发生器的内部结构如图 13-18 所示，它有两个压电陶瓷晶片和一个金属片共振板。当它的两极外加脉冲信号，其频率等于压电陶瓷晶片的固有振荡频率时，压电晶片将会发生共振，并带动共振板振动，于是便产生超声波。反之，如果两极间未外加电压，当金属片共振板接收到超声波时，将压迫压电晶片做振动，将机械能转换为电信号，这时它就成为了超声波接收器。

本项目采用的是超声波测距模块 DYP-ME007，它具有 3 cm～3.5 m 的非接触式距离感测功能，图 13-19 为 DYP-ME007 的外观，包括超声波发射器、接收器和控制电路。其基本工作原理是：在给予此超声波测距模块一触发信号后发射超声波，当超声波投射到物体表面而反射回来时，模块输出一回响信号，以触发信号和回响信号间的时间差来判定物体的距离。

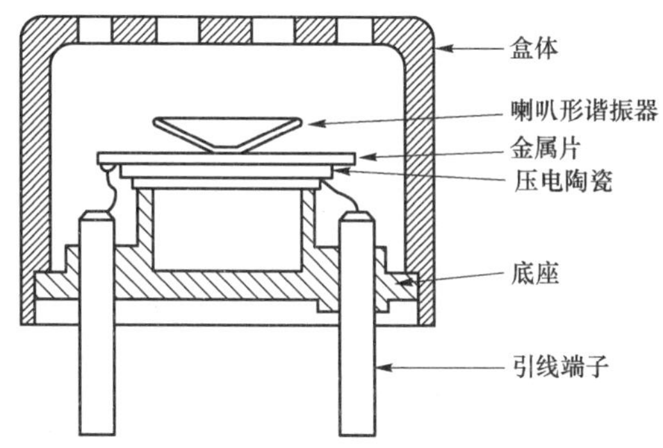


图 13-18 压电式超声波发生器内部结构

图 13-19 DYP-ME007 测距模块外形图

## 3. DYP-ME007 超声波测距模块的使用

DYP-ME007 采用 5 V 供电，工作频率为 40 kHz，超声波测距模块的电气参数如表 13-15 所列。超声波测距模块引出 5 个引脚。其引脚图和各自的功能如

图 13－20 所示。

**表 13－15　DYP－ME007 超声波测距模块的电气参数**

| 电气参数 | DYP－ME007 超声波测距模块 |
|---|---|
| 工作电压 | DC 5 V |
| 工作电流 | 15 mA |
| 工作频率 | 40 kHz |
| 最远射程 | 3.5 m |
| 最近射程 | 3 cm |
| 输入触发信号 | 10 μs 的 TTL 脉冲 |
| 输出回响信号 | 输出 TTL 电平信号，与射程成比例 |
| 规格尺寸 | 45 mm×20 mm×15 mm |

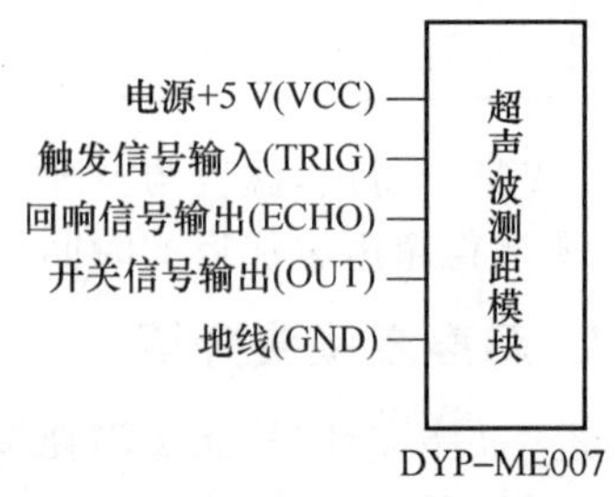


**图 13－20　DYP－ME007 引脚图**

微处理器要提供一个短期的 10 μs 的脉冲触发信号。该模块内部将发出 8 个 40 kHz的周期电平并检测回波。一旦检测到有回波信号，则输出回响信号。回响信号的脉冲宽度与所测的距离成正比。可根据对发射信号与回响信号的时间间隔进行计算来得到所测的距离。模块的时序图如图 13－21 所示。

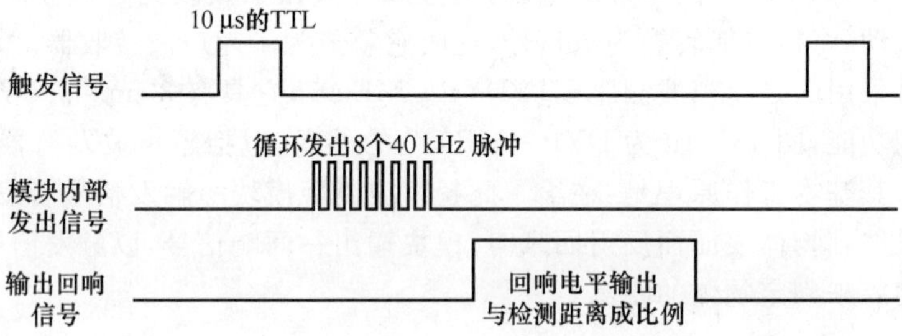


**图 13－21　超声波测距模块时序图**

若发射信号与回响信号的时间间隔用 $\Delta t$ 表示（单位为 μs），所测距离用 $S$ 表示（单位为 cm），那么测量距离的简易公式为

$$S=\Delta t/58$$

式中，58 是此超声波测距模块的系数。

## 13.5.2　数字频率计的设计基础

数字频率计是采用数字电路制成的、实现对周期性变化信号的频率进行测量的仪器。在电子技术中，频率是最基本的参数之一，并且与许多电参量的测量方案和测量结果都具有十分密切的关系，因此，频率的测量就显得更为重要。若配以适当的传感器，数字频率计还可以对许多物理量进行测量，因此被广泛应用于航天、电子和测控等领域。测量频率的方法有多种，其中数字计数器测量频率具有精度高、使用方便、测量迅速及便于实现测量过程自动化等优点，是频率测量的重要手段之一。数字

计数器测频有两种方式：一是直接测频法，即在一定闸门时间内测量被测信号的脉冲个数；二是间接测频法，如周期测频法。直接测频法适用于高频信号的频率测量，间接测频法适用于低频信号的频率测量。

频率的概念就是在一秒内脉冲的个数。要想测量外部信号的频率，在软件方面，就要利用微处理器的定时器功能，方法如下：用一个定时计数器（T1）做定时中断，定时1 s，另一个定时计数器（T0）仅做计数器使用，初始化完毕后同时开启两个定时计数器，直至产生1 s中断，产生1 s中断后立即关闭T0和T1（起保护程序和数据的作用），此时读出计数器寄存器内的值就是1 s内待测信号下降沿的次数，即待测信号的频率。调用相关显示函数显示完频率值后再次开启T0和T1即可进入下一轮测量。定时1 s测量信号脉冲次数的方法原理示意图如图13-22所示。

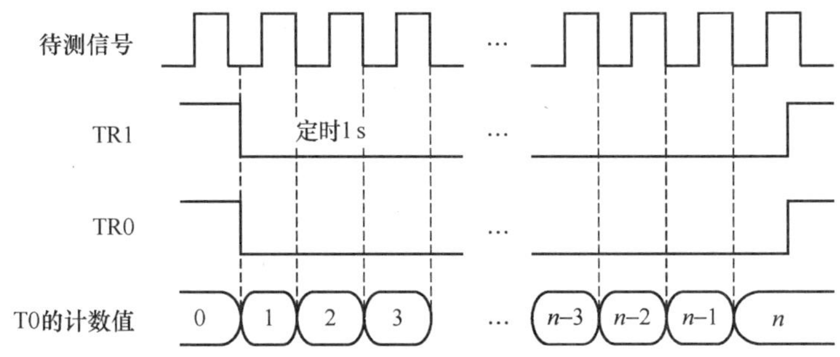


图13-22 定时1 s测量信号脉冲次数的方法原理图

## 13.5.3 液晶显示模块LCD1602简介

液晶显示模块已成为很多电子产品的通用器件，如在计算器、万用表、电子表及很多家用电子产品中都可以看到，它显示的主要是数字、专用符号和图形。液晶显示器的显示质量高，而且都是数字式的，与单片机系统的接口更加简单可靠，操作也更加方便。

### 1. 字符型液晶显示原理

点阵图形式液晶由$M \times N$个显示单元组成，假设LCD显示屏有64行，每行有128列，每8列对应1字节的8位，即每行由16字节，共16×8=128个点组成。显示屏上64×16个显示单元与显示RAM区的1 024字节相对应，每一字节的内容与显示屏上相应位置的亮暗对应。例如显示屏第一行的亮暗由RAM区的000H～00FH的16字节的内容决定，当(000H)=FFH时，屏幕左上角显示一条短亮线，长度为8个点；当(3FFH)=FFH时，屏幕右下角显示一条短亮线；当(000H)=FFH，(001H)=00H，(002H)=00H，…，(00EH)=00H，(00FH)=00H时，在屏幕的顶部显示一条由8条亮线和8条暗线组成的虚线。这就是LCD显示的基本原理。

字符型液晶显示模块是一种专门用于显示字母、数字和符号等的点阵式LCD，目前常用 16×1，16×2，20×2 和 40×2 等的模块。一般的 LCD1602 字符型液晶显示器实物如图 13－23 所示，它的内部控制器大部分为 HD44780，能够显示英文字母、阿拉伯数字、日文片假名和一般性符号。

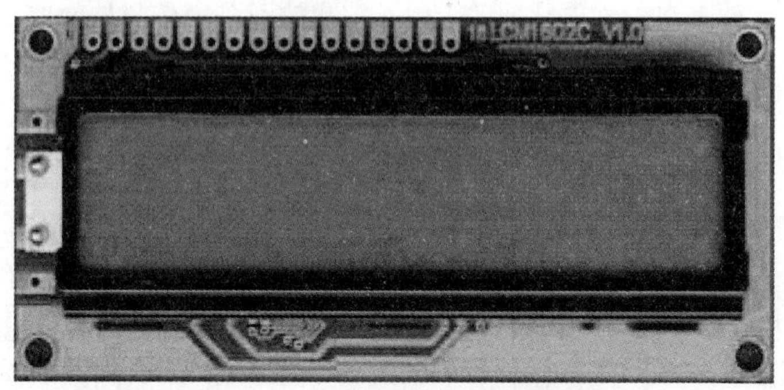

图 13－23　LCD1602 字符型液晶显示器外形图

## 2. 1602 字符型 LCD 引脚

1602 字符型 LCD 通常有 14 条引脚线或 16 条引脚线，多出来的 2 条线是背光电源线 BLA（15 脚）和地线 BLK（16 脚），如图 13－24 所示，其控制原理与 14 脚的 LCD 完全一样，表 13－16 是 LCD1602 引脚功能。

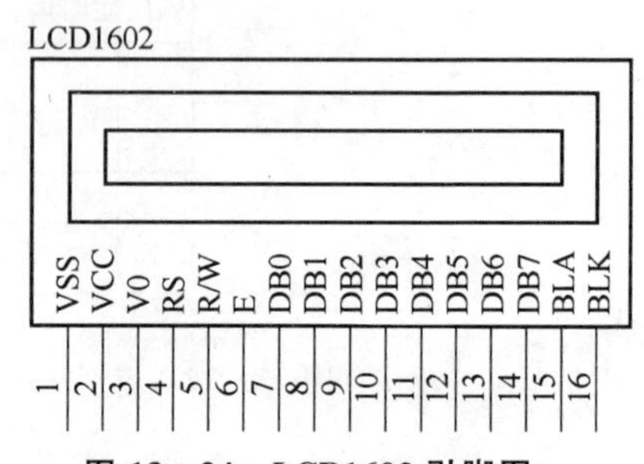


图 13－24　LCD1602 引脚图

表 13－16　LCD1602 引脚功能

| 引　脚 | 符　号 | 功能说明 |
|---|---|---|
| 1 | VSS | 一般接地 |
| 2 | VCC | 接电源（＋5 V） |
| 3 | V0 | 液晶显示器对比度调整端，接正电源时对比度最弱，接地电源时对比度最强（对比度过强时会产生“鬼影”，使用时可通过一个 10 kΩ 的电位器来调整对比度） |
| 4 | RS | RS 为寄存器选择端，当为高电平 1 时选择数据寄存器，当为低电平 0 时选择指令寄存器 |
| 5 | R/W | R/W 为读/写信号线，当为高电平 1 时进行读操作，当为低电平 0 时进行写操作 |
| 6 | E | E（或 EN）端为使能（enable）端，下降沿使能 |
| 7 | DB0 | 低 4 位三态、双向数据总线 0 位（最低位） |
| 8 | DB1 | 低 4 位三态、双向数据总线 1 位 |
| 9 | DB2 | 低 4 位三态、双向数据总线 2 位 |
| 10 | DB3 | 低 4 位三态、双向数据总线 3 位 |
| 11 | DB4 | 高 4 位三态、双向数据总线 4 位 |

续表 13-16

| 引 脚 | 符 号 | 功能说明 |
|---|---|---|
| 12 | DB5 | 高 4 位三态、双向数据总线 5 位 |
| 13 | DB6 | 高 4 位三态、双向数据总线 6 位 |
| 14 | DB7 | 高 4 位三态、双向数据总线 7 位(最高位)(也是忙标志) |
| 15 | BLA | 背光电源正极 |
| 16 | BLK | 背光电源负极 |

### 3. LCD1602 模块的控制

LCD1602 模块的控制引脚有 RS,R/W 和 E,其中 E 为使能脚,液晶显示模块初始化时 E 端为低电平,当微处理器控制 E 端由高电平跳变为低电平时,液晶显示模块执行命令。RS 与 R/W 的不同组合,其功能有所不同,如表 13-17 所列。

表 13-17 寄存器选择控制表

| RS | R/W | 操作说明 |
|---|---|---|
| 0 | 0 | 写入指令寄存器(清屏等) |
| 0 | 1 | 读忙标志(DB7),以及读取位址计数器(DB0～DB6)的值 |
| 1 | 0 | 写入数据寄存器(显示各字型等) |
| 1 | 1 | 从数据寄存器读取数据 |

当忙标志(DB7)位被清除为 0 时,LCD 将无法再处理其他的指令要求。

### 4. 字符集

1602 液晶显示模块内部的字符发生存储器(CGROM)已经存储了 160 个不同的点阵字符图形,这些字符有阿拉伯数字、英文字母的大小写、常用的符号和日文假名等,每个字符都有一个固定的代码,比如大写的英文字母“A”的代码是 01000001B(41H),在显示时,模块把地址 41H 中的点阵字符图形显示出来,这样就能看到字母“A”了。

因为 1602 识别的是 ASCII 码,所以试验可用 ASCII 码直接赋值,在进行单片机编程时,还可以用字符型常量或变量赋值,如'A'。图 13-25 是 1602 的十六进制 ASCII 码表。

ASCII 码表要先读列值,再读行值,如:感叹号“!”的 ASCII 码为 0x21,字母 B 的 ASCII 码为 0x42(前面加 0x 表示十六进制)。

字符代码 0x00～0x0F 为用户自定义的字符图形 RAM(对于 5×8 点阵的字符,可以存放 8 组;对于 5×10 点阵的字符,可以存放 4 组),也就是 CGRAM。

0x20～0x7F 为标准的 ASCII 码,0xA0～0xFF 为日文字符和希腊文字符,其余字符码(0x10～0x1F 及 0x80～0x9F)没有定义。

从图 13-25 可以看出,“A”字对应的上面的高位代码为 0100H,左边的低位代码为 0001H,合起来就是 01000001H,也就是 41H。可见 ASCII 代码与 PC 中的字符代码基本是一致的。因此在向 DDRAM 写 C51 字符代码程序时,甚至可以直接使用“P1='A'”的写法,PC 在编译时把“A”先转换为 41H 代码。

| | 0000 | 0001 | 0010 | 0011 | 0100 | 0101 | 0110 | 0111 | 1000 | 1001 | 1010 | 1011 | 1100 | 1101 | 1110 | 1111 |
|---|---|---|---|---|---|---|---|---|---|---|---|---|---|---|---|---|
| xxxx0000 | CG RAM (1) | | | 0 | @ | P | ` | p | | | | ー | タ | ミ | α | p |
| xxxx0001 | (2) | | ! | 1 | A | Q | a | q | | | 。 | ア | チ | ム | ä | q |
| xxxx0010 | (3) | | " | 2 | B | R | b | r | | | 「 | イ | ツ | メ | β | θ |
| xxxx0011 | (4) | | # | 3 | C | S | c | s | | | 」 | ウ | テ | モ | ε | ∞ |
| xxxx0100 | (5) | | $ | 4 | D | T | d | t | | | 、 | エ | ト | ヤ | μ | Ω |
| xxxx0101 | (6) | | % | 5 | E | U | e | u | | | ・ | オ | ナ | ユ | σ | ü |
| xxxx0110 | (7) | | & | 6 | F | V | f | v | | | ヲ | カ | ニ | ヨ | ρ | Σ |
| xxxx0111 | (8) | | ' | 7 | G | W | g | w | | | ァ | キ | ヌ | ラ | g | π |
| xxxx1000 | (1) | | ( | 8 | H | X | h | x | | | ィ | ク | ネ | リ | √ | x̄ |
| xxxx1001 | (2) | | ) | 9 | I | Y | i | y | | | ゥ | ケ | ノ | ル | ⁻¹ | y |
| xxxx1010 | (3) | | * | : | J | Z | j | z | | | ェ | コ | ハ | レ | j | 千 |
| xxxx1011 | (4) | | + | ; | K | [ | k | { | | | ォ | サ | ヒ | ロ | × | 万 |
| xxxx1100 | (5) | | , | < | L | ¥ | l | \| | | | ャ | シ | フ | ワ | ¢ | 円 |
| xxxx1101 | (6) | | - | = | M | ] | m | } | | | ュ | ス | ヘ | ン | £ | ÷ |
| xxxx1110 | (7) | | . | > | N | ^ | n | → | | | ョ | セ | ホ | ゛ | ñ | |
| xxxx1111 | (8) | | / | ? | O | _ | o | ← | | | ッ | ソ | マ | ゜ | ö | █ |

图 13-25 LCD 1602 内部 CGROM 中的 ASCII 码表

### 5. 显示地址和指令集

DDRAM 就是显示数据 RAM,用来寄存待显示的字符代码。它共有 80 个字节,分 2 行,其地址与屏幕的对应关系如表 13-18 所列。也就是说,想要在 LCD1602 屏幕的第一行第一列显示一个“A”字,只要向 DDRAM 的 00H 地址写入“A”字的 ASCII 代码即可。但具体写入时还要按照 LCD 模块的指令格式进行,后面会详述。那么一行可以有 40 个地址,而在 1602 中仅使用前 16 个即可。第二行也同样仅使用前 16 个地址。

表 13-18 DDRAM 的显示地址与屏幕的对应关系

| 1 | 2 | 3 | 4 | 5 | 6 | 7 | 8 | 9 | 10 | 11 | 12 | 13 | 14 | 15 | 16 |
|---|---|---|---|---|---|---|---|---|---|---|---|---|---|---|---|
| 00H | 01H | 02H | 03H | 04H | 05H | 06H | 07H | 08H | 09H | 0AH | 0BH | 0CH | 0DH | 0EH | 0FH |
| 40H | 41H | 42H | 43H | 44H | 45H | 46H | 47H | 48H | 49H | 4AH | 4BH | 4CH | 4DH | 4EH | 4FH |

液晶显示模块是一个慢显示器件,所以在执行每条指令之前一定要确认模块的忙标志为低电平,表示不忙,否则此指令失效。在显示字符时,首先输入显示字符的地址,也就是告诉模块在哪里显示字符。

LCD1602 液晶显示模块的读/写操作及屏幕和光标的操作都是通过指令编程来实现的。LCD1602 有 11 条指令,如表 13-19 所列。

各指令的功能是:

指令 1,清显示,指令码为 01H,光标复位到地址 00H 位置。

指令 2,光标复位,光标返回到地址 00H 位置。

指令 3,设置光标和显示模式。I/D 设置光标移动的方向,高电平右移,低电平左移。S 设置屏幕上所有文字是否左移或右移,高电平为有效,低电平为无效。

指令 4,显示开/关控制。D 控制整体显示的开与关,高电平表示开显示,低电平表示关显示。C 控制光标的开与关,高电平表示有光标,低电平表示无光标。B 控制光标是否闪烁,高电平闪烁,低电平不闪烁。

指令 5,光标或显示移位。当 S/C 为高电平时移动所显示的文字,当为低电平时移动光标。当 R/L 为低电平时左移一格,当 R/L 为高电平时右移一格。

指令 6,功能设置。当 DL 为高电平时表示 4 位总线,当为低电平时表示 8 位总线。当 N 为低电平时表示单行显示,当为高电平时表示双行显示。当 F 为低电平时显示 5×7 的点阵字符,当为高电平时显示 5×10 的点阵字符。

指令 7,字符发生器 RAM 地址设置。

指令 8,显示数据 RAM 地址设置。

指令 9,读忙标志或光标地址。BF 为忙标志位,高电平表示忙,此时模块不能接收命令或数据，如果为低电平则表示不忙。

指令 10，写数据。

指令 11，读数据。

**表 13－19　LCD1602 指令表**

| 序　号 | 指　令 | RS | R/W | D7 | D6 | D5 | D4 | D3 | D2 | D1 | D0 |
|---|---|---|---|---|---|---|---|---|---|---|---|
| 1 | 清显示 | 0 | 0 | 0 | 0 | 0 | 0 | 0 | 0 | 0 | 1 |
| 2 | 光标复位 | 0 | 0 | 0 | 0 | 0 | 0 | 0 | 0 | 1 | * |
| 3 | 设置光标和显示模式 | 0 | 0 | 0 | 0 | 0 | 0 | 0 | 1 | I/D | S |
| 4 | 显示开/关控制 | 0 | 0 | 0 | 0 | 0 | 0 | 1 | D | C | B |
| 5 | 光标或显示移位 | 0 | 0 | 0 | 0 | 0 | 1 | S/C | R/L | * | * |
| 6 | 功能设置 | 0 | 0 | 0 | 0 | 1 | DL | N | F | * | * |
| 7 | 设置字符发生器 RAM 地址 | 0 | 0 | 0 | 1 | 字符发生器 RAM 地址 | | | | | |
| 8 | 设置显示数据 RAM 地址 | 0 | 0 | 1 | 显示数据器 RAM 地址 | | | | | | |
| 9 | 读忙标志或光标地址 | 0 | 1 | BF | 计数器地址 | | | | | | |
| 10 | 写数据到 CGRAM 或 DDRAM | 1 | 0 | 要写的数据内容 | | | | | | | |
| 11 | 从 CGRAM 或 DDRAM 读数据 | 1 | 1 | 读出的数据内容 | | | | | | | |

注：* 表示取任意值。

与 HD44780 兼容的芯片时序表如表 13－20 所列。

**表 13－20　与 HD44780 兼容的芯片时序表**

| 操　作 | 输　入 | 输　出 |
|---|---|---|
| 读状态 | RS＝L，R/W＝H，E＝H | D0～D7＝状态字 |
| 写指令 | RS＝L，R/W＝L，D0～D7＝指令码，E＝高脉冲 | 无 |
| 读数据 | RS＝H，R/W＝H，E＝H | D0～D7＝数据 |
| 写数据 | RS＝H，R/W＝L，D0～D7＝数据，E＝高脉冲 | 无 |

### 6. LCD1602 的一般初始化(复位)过程

一般初始化(复位)过程是:

① 延时 15 ms;

② 写指令 38H(不检测忙标志);

③ 延时 5 ms;

④ 写指令 38 H(不检测忙标志);

⑤ 延时 5 ms;

⑥ 写指令 38H(不检测忙标志);

⑦ 以后每次的写指令和读/写数据操作均需要检测忙标志;

⑧ 写指令 38H,设置显示模式;

⑨ 写指令 08H,关闭显示;

⑩ 写指令 01H,显示清屏;

⑪ 写指令 06H,设置显示光标移动;

⑫ 写指令 0CH,显示开及设置光标。

## 13.5.4 硬件电路设计

系统硬件电路包括微处理器核心电路、LCD1602 液晶显示电路、超声波测距模块电路和发光管指示电路等,如图 13-26 所示。其中微处理器的 PD 口接 LCD1602 的 8 根数据线;PB0,PB1 和 PB2 分别接 LCD1602 的 RS,R/W 和 E;PB3 和 PB4 分别接 DYP-ME007 超声波测距模块的 TRIG 和 ECHO;PB6 用做外部发光二极管指示;PC5 用做 PWM 的输出;PC6 用做计数器的输入。

## 13.5.5 程序设计

系统软件包括液晶显示驱动程序、超声波测距模块驱动程序和测频处理程序。注意:要在 startup.s 文件中开通 PB 引脚中断、定时器 1 B 计数捕捉中断及 SysTick 计时中断这 3 个中断,即 extern Int_GPIO_PORTB、extern Timer1_B_ISR 和 extern SysTick_ISR。

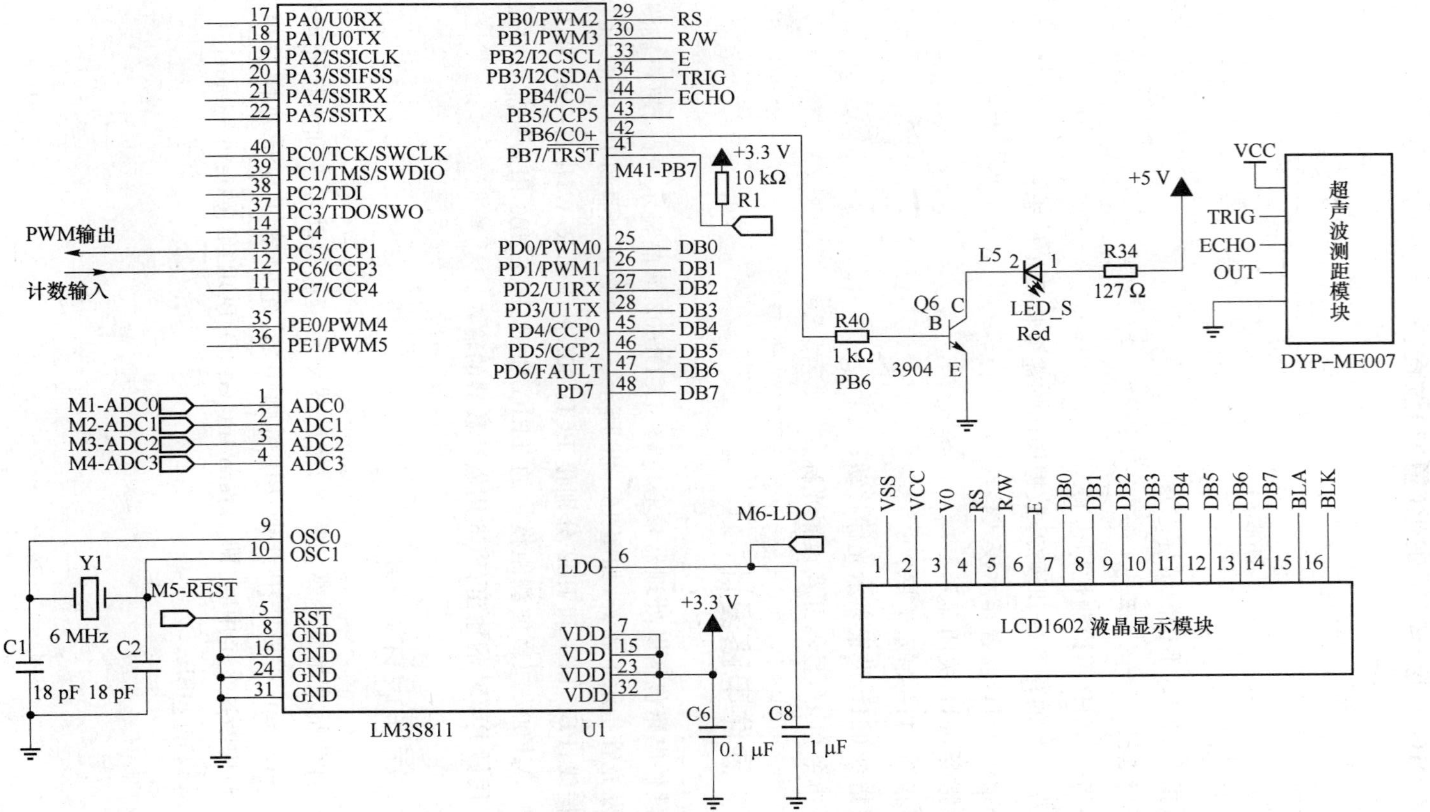

图 13－26 “超声波测距和频率测定系统”项目硬件电路图

程序清单如下：

```
#include "lm3sxxx.h"
#define  RS GPIO_PORTB_BASE,GPIO_PIN_0                 //PB0 为 LCD 命令口
#define  RW GPIO_PORTB_BASE,GPIO_PIN_1                 //PB1 为 LCD 命令口
#define  EN GPIO_PORTB_BASE,GPIO_PIN_2                 //PB2 为 LCD 命令口
#define  GPIO_WR GPIOPinWrite                          //简化库函数名
#define  GPIO_RD GPIOPinRead                           //简化库函数名
#define  GPIO_IN GPIOPinTypeGPIOInput                  //简化库函数名
#define  GPIO_OUT GPIOPinTypeGPIOOutput                //简化库函数名
#define  LCD_DATA GPIO_PORTD_BASE                      //LCD 数据口
#define  CHAOSHENG_T GPIO_PIN_3          //PB3 超声波驱动,DYP-ME007 是超声波测距模块
#define  CHAOSHENG_R GPIO_PIN_4                        //PB4 超声波状态接收
#define  LED GPIO_PIN_6                             //PB6 计数器捕获指示,每次捕获都取反
#define  LCD_BUSY GPIO_PIN_7                           //PD7 数据口第 7 位测 LCD 忙
#define  PWM_OUT GPIO_PIN_5                            //PC5 即 CCP1 = PWM 输出
#define  COUNT_IN GPIO_PIN_6                           //PC6 即 CCP3 = 计数输入
#define  PWM_PORT GPIO_PORTC_BASE
#define  COUNT_PORT GPIO_PORTC_BASE
#define  LCD_PORT GPIO_PORTB_BASE
//PB0\PB1\PB2 给液晶使用,PB5 未用,PB7 给 JTAG 使用,尽量避免用做 I/O
#define  LED_PORT GPIO_PORTB_BASE                      //PB6 给 LED 使用,秒闪烁
#define  CHAOSHENG_PORT GPIO_PORTB_BASE                //PB3 和 PB4 给超声波模块使用
/*==============================================================*/
unsigned long pinlv_vlue = 1000;
/*产生的频率可在这里设置,1 MHz 误差 10%,100 kHz 误差 1.6%,10 kHz 误差 0.1%,
1 kHz~92 Hz 没有误差,91 以下显示 0*/
unsigned long count_vlue = 65535;                      //TIME1B 计数器 count 从最大值开
                                                       //始向下计数
unsigned long systick_vlue = 6000000;                  //6 MHz 晶振,1 s
unsigned char systick_flag,echo_flag = 0,count_flag;
unsigned char string1[16] = {"     mm         Hz"};    //16 个字符
unsigned char string2[16] = {"                "};      //16 个字符
unsigned long frequency,second = 86360;
/*========================== 延时 ==============================*/
void delay(unsigned long delay_clok_1us)           //1 μs 延时
{
    while(delay_clok_1us)delay_clok_1us--;
}
/*====================== 测试 LCD 忙碌状态 ======================*/
unsigned char LCD_check_busy(void)                     //测试 LCD 忙碌状态,返回字节型
{
    unsigned char busy;
    GPIO_WR(RS,0);                                     //RS = 0
```

```
    GPIO_WR(RW,2);                                    //RW = 1
    GPIO_WR(EN,4);                                    //EN = 1
    GPIO_IN(LCD_DATA,0XFF);                           //设置数据口为输入
    busy = GPIO_RD(LCD_DATA,LCD_BUSY) & 0x80;         //读取第 8 位忙标志
    GPIO_OUT(LCD_DATA,0XFF);                          //重新设置数据口为输出
    GPIO_WR(EN,0);                                    //EN = 0
    return busy;                                      //返回检测信号
}
/*================ 为液晶 LCD1602 服务的函数 ===========================*/
//写入到 LCD
void lcd_write(unsigned char cd,unsigned char temp)
{
    while(LCD_check_busy());                          //检查忙标志
    if(cd) GPIO_WR(RS,1);                             //当写数据时使 RS = 1
    else GPIO_WR(RS,0);                               //当写指令时使 RS = 0
    GPIO_WR(RW,0);
    GPIO_WR(EN,0);
    GPIO_WR(LCD_DATA,0xFF,temp);                      //送数据到 LCD
    GPIO_WR(EN,4);
    delay(2);                                         //此延时必须要,否则不能显示
    GPIO_WR(EN,0);
}
/*================ 为液晶 LCD1602 服务的函数===========================*/
//准备显示内容
void lcd_strwdat(unsigned char x,unsigned char y,unsigned char * str)
{
    //显示位置(x,y);
    if(x<16)
    {
        if(y == 0) x = 0x80 + x;
        else x = 0xc0 + x;
        lcd_write(0,x);
    }
    while( * str!='\0')lcd_write(1, * str++);
}
/*==================== 定时器 1B_count 中断===========================*/
//定时器 1B_count 中断处理程序,下降沿触发计数
void Timer1_B_ISR (void)
{
    TimerLoadSet(TIMER1_BASE,TIMER_B,count_vlue);     //重装定时器装载值
    TimerEnable(TIMER1_BASE,TIMER_B);                 //使能定时器 1B
    TimerIntClear(TIMER1_BASE,TIMER_CAPB_MATCH);      //清除定时器 1B 中断
    count_flag++;
```

```
}
/*================== 定时器 SysTick 中断,每 1 秒中断一次 ======================*/
//SysTick 中断
void SysTick_ISR (void)
{
    unsigned long temp0;
    temp0 = TimerValueGet(TIMER1_BASE,TIMER_B);
    TimerLoadSet(TIMER1_BASE,TIMER_B,count_vlue);      //重装定时器装载值
    TimerEnable(TIMER1_BASE,TIMER_B);                  //使能定时器 1B
    GPIO_WR(LED_PORT,LED,GPIO_RD(LED_PORT,LED)^LED);   //翻转 PB6,指示秒闪烁
    temp0 = count_vlue - temp0;
    frequency = count_flag * count_vlue + temp0;
    count_flag = 0;
    systick_flag = 1;
}
/*=== 超声波测距模块的 ECHO 引脚送入 MCU 的 PB4 引脚引起 GPIO 中断的中断服务程序 ===*/
//在 PB4 引脚中断服务程序中,超声波测距模块的 ECHO 引脚送入 MCU 的 PB4 引脚
void Int_GPIO_PORTB(void)
{
    echo_flag = 1;
    GPIOPinIntClear(CHAOSHENG_PORT,CHAOSHENG_R);     //清除引脚中断标志
}
/*===== 定时器 Timer1B 用做 count 计数的初始化程序 ==========*/
void Timer1B_count_init(void)
{
    SysCtlPeripheralEnable(SYSCTL_PERIPH_TIMER1);    //使能定时器 1 外设
    SysCtlPeripheralEnable(SYSCTL_PERIPH_GPIOB);     //使能 GPIOB 口外设
    SysCtlPeripheralEnable(SYSCTL_PERIPH_GPIOC);     //使能 GPIOC 口外设
    //设置 PC6 为 CCP3 功能输入口,用做计数器输入口
    GPIOPinTypeTimer(COUNT_PORT,COUNT_IN);
    //设置 GPIO 的 PB6 为输出口,代替 GPIODirModeSet(LED_PORT,LED,GPIO_DIR_MODE_OUT)
    //GPIO_OUT(LED_PORT,LED);
    GPIO_WR(LED_PORT,LED,0);                         //点亮 LED
    //设置定时器 1B 为 16 位定时器配置及边沿计数捕获模式
    TimerConfigure(TIMER1_BASE,TIMER_CFG_16_BIT_PAIR | TIMER_CFG_B_CAP_COUNT);
    //设置为下降沿捕获
    TimerControlEvent(TIMER1_BASE,TIMER_B,TIMER_EVENT_NEG_EDGE);
    TimerLoadSet(TIMER1_BASE,TIMER_B,count_vlue);   //设置定时器装载值
    TimerMatchSet(TIMER1_BASE,TIMER_B,0);           //设置定时器匹配值
    TimerIntEnable(TIMER1_BASE,TIMER_CAPB_MATCH);   //GPTM 定时器模块捕获 B 的匹配
                                                    //中断使能
    TimerEnable(TIMER1_BASE,TIMER_B);               //使能定时器并开始等待边沿事件
    IntEnable(INT_TIMER1B);                         //使能定时器 1B 中断
```

```
}
/*================== 定时器 Timer0B 用做 PWM 的初始化程序 ====================*/
void Timer0B_PWM_init(void)
{
    SysCtlPeripheralEnable(SYSCTL_PERIPH_TIMER0);   //使能定时器 0 外设
    SysCtlPeripheralEnable(SYSCTL_PERIPH_GPIOC);    //使能 GPIOC 口外设
    GPIOPinTypePWM(PWM_PORT,PWM_OUT);               //设置 PC5 输出 PWM 波形
    //设置定时器 0B 为 16 - PWMA 模式
    TimerConfigure(TIMER0_BASE,TIMER_CFG_16_BIT_PAIR | TIMER_CFG_B_PWM);
    //pwm_vlue);                                    //设置 PWM 的装载值
    TimerLoadSet(TIMER0_BASE,TIMER_B,systick_vlue/pinlv_vlue);
    //设置 PWM 的匹配值,占空比为 50%
    TimerMatchSet(TIMER0_BASE,TIMER_B,systick_vlue/pinlv_vlue/2);
    TimerEnable(TIMER0_BASE,TIMER_B);               //PWMA 模式使能
    }
/* ============ 液晶模块 + 超声波模块初始化程序 ========== */
void LCD_UltraWave_init(void)
{
    //端口使能声明
    SysCtlPeripheralEnable(SYSCTL_PERIPH_GPIOB | SYSCTL_PERIPH_GPIOD);
    GPIO_IN(CHAOSHENG_PORT,CHAOSHENG_R);   //设置输入引脚(接超声波测距模块的 ECHO)
    GPIOPinIntEnable(CHAOSHENG_PORT,CHAOSHENG_R);   //作为外部引脚中断
    GPIOIntTypeSet(CHAOSHENG_PORT,CHAOSHENG_R,GPIO_RISING_EDGE);      //上升沿触发
    IntEnable(INT_GPIOB);                        //使能 PB 口中断(仅 PC4 中断被使能)
    SysTickPeriodSet(systick_vlue);   //设置 SysTick 初值,最大为 16 777 216,用于计时
    SysTickEnable();                             //启动 SysTick
    SysTickIntEnable();                          //SysTick 系统定时器中断使能
    GPIO_OUT(LCD_DATA,0xff);                     //设置 LCD 数据口(PD)全为输出
    GPIO_OUT(LCD_PORT,0x0f);                     //设置控制口(PB)低 4 位(LCD 的 3 位,
                                                 //超声波测距模块的 1 位)为输出
    lcd_write(0,0x38);//delay(1);                //8 位数据、双行显示、5X7 点阵
    lcd_write(0,0x0C);//delay(1);                //显示开、关光标
    lcd_write(0,0x06);//delay(1);                //数据读/写操作后,地址指针 AC 自动增 1
    lcd_write(0,0x01);//delay(1);                //清屏
}
/*============ 主函数 ===================*/
main(void)
{
    long i;
    unsigned long j,ulm,ulm0,ulm1,hour,mon;
    SysCtlClockSet(SYSCTL_SYSDIV_1 | SYSCTL_USE_OSC | SYSCTL_OSC_MAIN |
                   SYSCTL_XTAL_6MHZ);            //系统时钟
    Timer0B_PWM_init();                        //PWM 初始化,产生 PWM 波,经 CCP1(PC5)输出
```

```
    Timer1B_count_init();     //计数器初始化,检测 CCP3(PC6)的脉冲,分频后从 PB6 输出
    LCD_UltraWave_init();                    //液晶模块 + 超声波模块初始化程序
    while(1)
    {
        if(echo_flag == 1)                   //超声波测距模块接收到信号的中断标志
        {
/*========================= 以下处理测距离数据 ==========================*/
            echo_flag = 0;                   //中断标志
            ulm0 = SysTickValueGet();        //读取 SysTick 计数值
            i = 0;                           //i 暂时当计时用
            LoopG00:
            j = GPIO_RD(CHAOSHENG_PORT,CHAOSHENG_R);//读出超声波引脚送出的电平
            j = j & CHAOSHENG_R;
                              //第 4 位 00010000B = 0x10 保留,其余位(还有 31 位)清零
            i++;                    //计时
            if(i>60000) goto LoopG01;//防止超时停机
            if(j == 0x10) goto LoopG00;//如果超声波引脚送出的电平还是高电平,则转
                                   //再读引脚
            LoopG01:
            ulm1 = SysTickValueGet();//再次读取计数值
            if(ulm0<ulm1) ulm0 + = systick_vlue;//为下一行做减法不够减做准备,
                                             //加一个预置数
            ulm = (ulm0 - ulm1)/32.32;//计算两次读取 SysTick 计数值的差所对应的距离
/*============ 以下写入测距离数据至数组 1 ===========*/
            i = 3;                       //在液晶的 4 位上先显示最低位,后面是 mm
            while(i> - 1)                //左边顶格
            {
                string1[i -- ] = ulm % 10 + 0x30; //每次都取除 10 的余数,下一个 i --
                                               //往左移动一位显示
                ulm = ulm/10;            //每次都去掉最低位
            }
        }
/*=================== 以下为每 1 秒钟到达时的事件处理 ======================*/
        if(systick_flag == 1)            //SysTick 中断标志,表示又到 1 秒
        {
            systick_flag = 0;
/*====== 以下写入测频数据 ==========*/
            i = 13;                      //在液晶的 10 位上先显示最低位,后面是 mm,
                                         //右边留 3 个空
            while(i>6)                   //左边也留 3 个空
            {
                string1[i -- ] = frequency % 10 + 0x30; //每次都取除 10 的余数,下一个
                                                       //i -- 往左移动一位显示
```

```
            frequency = frequency/10;              //每次都去掉最低位
        }
/*========== 以下处理时钟 ==============*/
        second++;                                  //秒数加 1
        if(second>86399)second = 0;                //一昼夜 = 86 400 秒
        hour = second/3600;                        //取出小时
        j = second % 3600;                         //取出去除小时后的秒
        mon = j/60;                                //取出分钟
        j = j % 60;                                //取出秒(临时的)
        i = 4;                                     //左边空 4 个,在液晶的第 5、6 位
                                                   //显示小时
        string2[i++] = hour/10 + 0x30;             //写入小时的十位
        string2[i++] = hour % 10 + 0x30;           //写入小时的个位
        string2[i++] = ':';                        //写入":"
        string2[i++] = mon/10 + 0x30;              //写入分钟的十位
        string2[i++] = mon % 10 + 0x30;            //写入分钟的个位
        string2[i++] = ':';                        //写入":"
        string2[i++] = j/10 + 0x30;                //写入秒钟的十位
        string2[i++] = j % 10 + 0x30;              //写入秒钟的个位
/*==================== 以下驱动液晶显示 ==============================*/
        lcd_strwdat(0,0,string1);                  //显示第 1 行
        lcd_strwdat(0,1,string2);                  //显示第 2 行
/*================ 以下向超声波测距模块发出驱动电平 =======================*/
        //输出测距模块触发信号为高电平
        GPIO_WR(CHAOSHENG_PORT,CHAOSHENG_T,CHAOSHENG_T);
        delay(13);                                 //高电平延时 10 μs
        //输出测距模块触发信号为低电平
        GPIO_WR(CHAOSHENG_PORT,CHAOSHENG_T,~CHAOSHENG_T);
      }
    }
}
```

## 习　题

1. 简述独立式键盘和矩阵式键盘的特点。
2. 编写 LCD12864 的初始化子程序。
3. 编写两相步进电机正转和反转的驱动函数。
4. 编写 DS18B20 的初始化函数。
5. 编写温湿度传感器 SHT21 的读/写子函数。

# 第14章

# LM3S811的μC/OS-Ⅱ的移植

嵌入式系统的开发已经成为IT行业的新热点，在ARM系列微处理器推动着硬件芯片飞速发展的同时，以μC/OS-Ⅱ为代表的实时操作系统也大大提高了嵌入式软件的开发效率和稳定性。嵌入式实时操作系统μC/OS-Ⅱ作为一个公开源代码的、抢占式多任务的RTOS内核，其性能和安全性可以与商业产品竞争。自1992年的第1版(μC/OS)发布以来已经有的好几百个应用，就证明了这是一个好用且稳定的内核。本章将基于ARM微处理器来向大家阐述μC/OS-Ⅱ系统的移植过程。

## 14.1 μC/OS-Ⅱ介绍

μC/OS-Ⅱ是一个实时可剥夺型操作系统内核，该操作系统支持最多64个任务，但每个任务的优先级必须互不相同，优先级号小的任务比优先级号大的任务具有更高的优先级，并且该操作系统总是调度优先级最高的、处于就绪态的任务运行。μC/OS-Ⅱ内核是由工程师Jean J. Labrosse用C语言编写的，作为嵌入式实时操作系统的代表，μC/OS-Ⅱ的优点是源代码开放、简单免费、可靠性高、实时性好和裁减灵活，虽然缺乏便利的开发环境，但良好的可裁减性使得开发人员可以自行裁减和添加所需的功能，并为特殊的使用场合定制专门的功能，因此在许多应用领域发挥着独特的作用。所以，研究μC/OS-Ⅱ在单片机上的移植使用具有广泛的实际意义。

### 14.1.1 μC/OS操作系统的特点

μC/OS是一个完整的，可移植、可固化、可裁减的抢占式实时多任务操作系统内核。主要用ANSI的C语言编写，少部分代码是汇编语言。μC/OS主要有以下特点：

- 可移植性。可移植到多个CPU上，包括三菱单片机。
- 可固化。可固化到嵌入式系统中。
- 可裁减。可定制μC/OS，使用少量的系统服务。
- 可剥夺性。μC/OS是完全可剥夺的实时内核，μC/OS总是运行优先级最高的就绪任务。

- 多任务运行。μC/OS 可以管理最多 64 个任务。不支持时间片轮转调度法，所以要求每个任务的优先级不同。
- 可确定性。μC/OS 的函数调用和系统服务的执行时间可以确定。
- 任务栈。每个任务都有自己单独的栈，而且每个任务的栈空间大小可以不同。
- 系统服务。μC/OS 有很多系统服务，如信号量、时间标志、消息邮箱、消息队列和时间管理，等等。

### 14.1.2 μC/OS 内核介绍

基本概念如下：

**(1) 前后台系统**

前后台系统也称为超循环系统。应用程序是一个无限的循环，在循环中实现相应的操作，这部分可看成是后台行为。用中断服务程序处理异步事件，处理实时性要求很强的操作，这部分可看成是前台行为。

**(2) 共享资源**

可以被一个以上任务使用的资源叫做共享资源。

**(3) 任　务**

一个任务是一个线程，一般它是一个无限的循环程序。一个任务可以认为 CPU 资源完全只属于自己。任务可以处于以下五种状态之一：休眠态、就绪态、运行态、挂起态和被中断态。μC/OS－Ⅱ提供的系统服务可以使任务从一种状态变为另一种状态。

**(4) 任务切换**

任务切换就是上下文切换，也是 CPU 寄存器内容的切换。当内核决定运行另外的任务时，它保存正在运行的任务的当前状态(CPU 寄存器的内容)到任务自己的栈区。在入栈完成后，就把下一个将要运行的任务的任务状态从该任务的栈中重新装入 CPU 寄存器，并开始该任务的运行，这个过程叫做任务切换。

**(5) 内　核**

在多任务系统中，内核负责管理和调度各个任务，为每个任务分配 CPU 时间，并负责任务间的通信。内核总是调度处于就绪态的优先级最高的任务。内核本身增加了系统的额外负荷，这是因为内核提供的服务需要一定的执行时间。

**(6) 可剥夺型内核**

μC/OS－Ⅱ及绝大多数商业实时内核都是可剥夺型内核。最高优先级的任务一旦就绪，就抢占运行着的低优先级的任务，以得到 CPU 的使用权。

**(7) 可重入函数**

可重入函数指可以被多个任务调用,并且不用担心数据会被破坏的函数。

**(8) 优先级反转**

优先级反转问题是使用实时内核系统中出现最多的问题。其现象描述如下:假设当前系统有任务3正在运行,并且低优先级的任务3占用了共享资源,而高优先级的任务1就绪得到CPU使用权后,也要使用任务3占用的共享资源,这时任务1只能挂起等待任务3使用完共享资源。当任务3继续运行时,优先级处于任务1和任务3之间的任务2就绪并抢占了任务3的CPU使用权,直到运行完后才把CPU使用权还给任务3。此时任务3继续运行,在任务3释放了共享资源后,任务1才得以运行。这样,任务1实际上降到了任务3的优先级水平。这种情况就是优先级反转问题。在μC/OS-Ⅱ中,可以利用互斥信号量来解决这个问题。

**(9) 互斥方法**

在使用共享数据结构进行任务间的通信时,要求对其进行互斥。保证互斥的方法有:关中断、使用测试变量、禁止任务切换和利用信号量。

**(10) 同　步**

可以利用信号量来使任务与任务和任务与ISR之间同步。任务之间没有数据交换。

**(11) 事件标志**

当任务要与多个事件同步时,需要使用事件标志(event flag)。事件标志同步分为独立型同步(逻辑"或"关系)和关联型同步(逻辑"与"关系)。

**(12) 任务间通信**

任务间信息的传递有两个途径:其一是通过全局变量或通过内核发消息给另一个任务;其二是通过内核服务发送消息,包括消息邮箱和消息队列。任务或ISR可以把一个指针放到消息邮箱中,让另一个任务接收。消息队列实际上就是邮箱阵列。

**(13) 时钟节拍**

时钟节拍是特定的周期性的定时器中断。时钟节拍是系统的心脏脉动,它提供周期性的信号源,是系统进行任务调度的频率依据和任务延时依据。时钟节拍越快,系统开销就越大。通常移植过程中采用的方法是:初始化定时器TA0,其周期是20 ms,作为操作系统的时钟节拍。

## 14.1.3 μC/OS-Ⅱ内核结构

### 1. μC/OS-Ⅱ的文件结构

μC/OS-Ⅱ是以源代码形式提供的实时操作系统内核,其文件结构如图14-1所示。

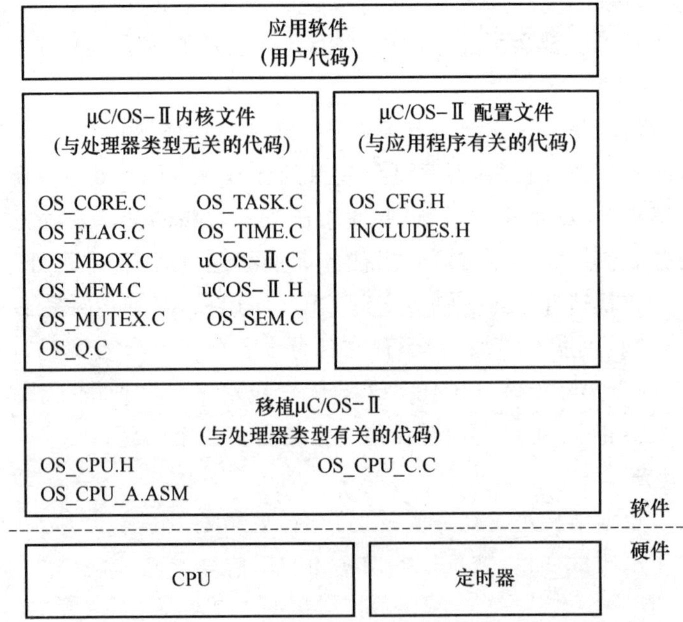


图 14-1 μC/OS-Ⅱ的文件结构

在进行基于 μC/OS-Ⅱ内核的应用系统的设计时，设计的主要任务是将系统合理地划分成多个任务，并由 RTOS 进行调度，任务之间使用 μC/OS-Ⅱ提供的系统服务进行通信，以配合实现应用系统的功能。图 14-1 中应用代码部分主要是设计人员设计的业务代码。

与前、后台系统一样，基于 μC/OS-Ⅱ的多任务系统也有一个 main 主函数，main 主函数由编译器所带的 C 启动程序调用。在 main 主函数中主要实现 μC/OS-Ⅱ的初始化（函数 OSInit()）、任务创建、一些任务通信方法的创建和 μC/OS-Ⅱ的多任务启动（函数 OSStart()）等常规操作。另外，还有一些与应用程序相关的初始化操作，例如硬件初始化和数据结构初始化等。

在使用 μC/OS-Ⅱ提供的任何功能之前，必须先调用 OSInit()函数进行初始化。在 main 主函数中调用 OSStart()启动多任务之前，至少应先建立一个任务，否则应用程序会崩溃。

OSInit()函数初始化 μC/OS-Ⅱ的所有变量和数据结构；OS_TaskIdle()函数建立空闲任务，并且该任务总是处于就绪态。

文件 OS_CFG.H 是与应用程序有关的配置文件，主要是对操作系统进行设置，包括系统的最多任务数 OS_MAX_TASKS、最多事件控制块数 OS_MAX_EVENTS、堆栈的方向 OS_STK_GROWTH（1 为递减、0 为递增）、是否支持堆栈检验 OS_TASK_CREATE_EXT、是否支持任务统计 OS_ASK_STAT_EN 和是否支持事件标志组 OS_FLG_EN，等等。

文件 INCLUDES. H 是主控头文件，包含了整个系统需要的所有头文件，包括操作系统的头文件和用户设计的应用系统的头文件。

OS_CPU. H 和 OS_CPU_A. ASM 等文件是与移植 μC/OS - Ⅱ 有关的文件，包含了与处理器类型有关的代码。关于这几个文件的介绍参见何博士的 μC/OS - Ⅱ 移植文档。

### 2. μC/OS - Ⅱ 内核体系结构图

μC/OS - Ⅱ 内核主要是对用户任务进行调度和管理，并为任务间的共享资源提供服务，它包含的模块有任务管理、任务调度、任务间通信、时间管理和内核初始化等。μC/OS - Ⅱ 内核体系结构如图 14 - 2 所示。

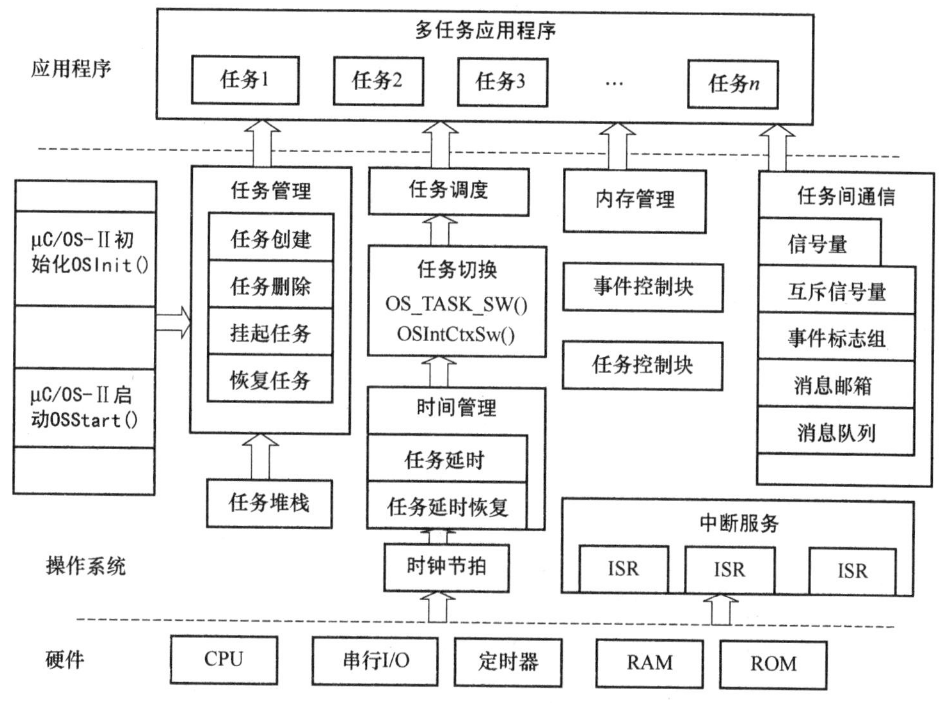


图 14 - 2　μC/OS - Ⅱ 内核体系结构

## 14.2　μC/OS - Ⅱ 的移植代码说明

μC/OS -Ⅱ代码中的大部分都是用 C 语言编写的，但由于涉及数据类型的重定义、堆栈结构的设计、任务切换时状态的保存和恢复等问题的大部分代码与处理器有关，因此这部分代码是用汇编语言实现的。移植所要做的工作就是，在不同处理器上使用汇编语言来改写与处理器有关的代码及其他与处理器特性相关的部分。这里的移植实例是在广州致远电子股份有限公司发布的《基于群星 Cortex - M3 的 μC/OS -Ⅱ移植模板的使用》的基础上修改而成的。

### 14.2.1 μC/OS－Ⅱ的移植条件

首先必须明确一个前提，就是并非所有的 MCU 都可以使用 μC/OS－Ⅱ，若想使用则必须满足以下几个条件：

① 处理器 C 编译器支持可重入代码的生成；

② 用 C 语言可以打开和关闭中断；

③ 处理器支持中断，并能产生定时中断(中断频率通常设置在 10～100 Hz 之间)；

④ 处理器支持足够的 RAM 空间，以满足多任务环境下设置任务堆栈的要求；

⑤ 处理器有相应的指令，能够将堆栈指针和其他 CPU 寄存器读出并存储到堆栈或内存中。

### 14.2.2 移植模板的层次结构

本移植模板的层次结构如图 14－3 所示，它由用户层、中间件层、μC/OS－Ⅱ源码层、μC/OS－Ⅱ移植层和驱动库层等五个层次组成。

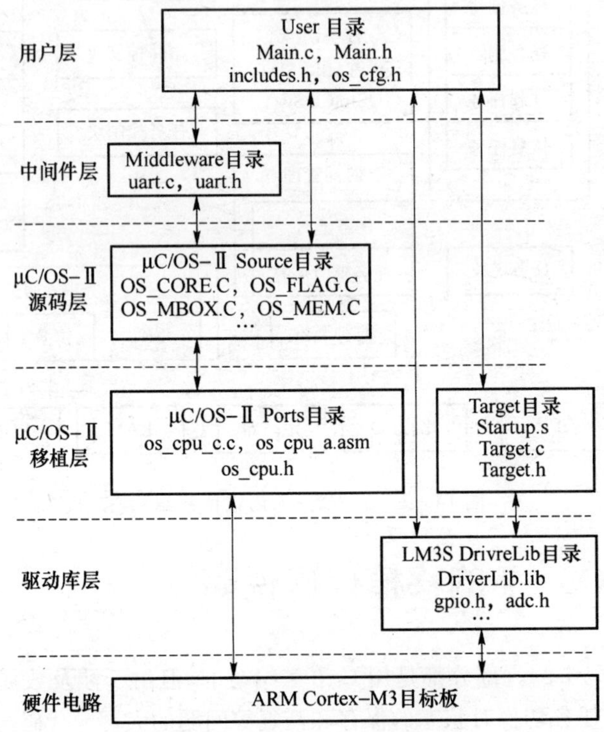


图 14－3 移植模板的层次结构

## 14.2.3 各层文件说明

### 1. 用户层

用户层的 User 目录存放用户代码与设置。其中 Main.c 是用户编写任务的地方，Main.h 定义任务的堆栈大小和优先级等。os_cfg.h 是 μC/OS-Ⅱ 的配置文件。includes.h 是总的头文件，除了 μC/OS-Ⅱ 的源代码外，所有的.c 文件都包含它，这样，用户所需的头文件和其他声明只须在 includes.h 中声明一次即可。

### 2. 中间件层

中间件层的 Middleware 目录存放用户自己编写的中间件，如 uart.c 和 uart.h 串口通信中间件等。

### 3. μC/OS-Ⅱ 源码层

μC/OS-Ⅱ 源码层的 μC/OS-Ⅱ Source 目录存放 μC/OS-Ⅱ 2.52 的源代码(除 uCOS_II.C 外的全部.c 和.h 的文件)。用户只须把源代码复制到此目录中，而不须对源代码做任何修改。

### 4. μC/OS-Ⅱ 移植层

μC/OS-Ⅱ移植层的 μC/OS-Ⅱ Ports 目录存放 μC/OS-Ⅱ基于 LM3S811 单片机的移植代码，包括 os_cpu_c.c，os_cpu_a.asm 和 os_cpu.h 等 3 个必要的文件。

因为不同的处理器有不同的字长，所以 os_cpu.h 中需要针对具体处理器的字长重新定义一系列数据类型，以确保系统的可移植性。

os_cpu.h 的代码清单如下：

```
#ifndef __OS_CPU_H
#define __OS_CPU_H
#ifdef OS_CPU_GLOBALS
#define OS_CPU_EXT
#else
#define OS_CPU_EXT extern
#endif
typedef unsigned char BOOLEAN;          //boolean 布尔变量
typedef unsigned char INT8U;            //无符号 8 位实体
typedef signed char INT8S;              //有符号 8 位实体
typedef unsigned short INT16U;          //无符号 16 位实体
typedef signed short INT16S;            //有符号 16 位实体
typedef unsigned int INT32U;            //无符号 32 位实体
typedef signed int INT32S;              //有符号 32 位实体
typedef float FP32;                     //单精度浮点数
typedef double FP64;                    //双精度浮点数
typedef unsigned int OS_STK;            //定义堆栈为 32 位宽度
typedef unsigned int OS_CPU_SR;         //定义 CPU 状态寄存器为 32 位
//临界区管理方法
```

```
#define OS_CRITICAL_METHOD 4
//其他定义
#define OS_STK_GROWTH 1
#define OS_TASK_SW() OSCtxSw()
//开关中断原型声明
#if OS_CRITICAL_METHOD == 4
    void OS_ENTER_CRITICAL (void);
    void OS_EXIT_CRITICAL (void);
#endif
//其他原型声明
void OSCtxSw (void);
void OSIntCtxSw (void);
void OSStartHighRdy (void);
void OSPendSV (void);
OS_CPU_EXT INT32U OsEnterSum;
#endif
```

Target 目录中的 Startup 文件(对于 Keil 是 Startup.s 汇编文件)是单片机的启动代码和中断向量表,用户应在其中加入所需要的中断服务函数的首地址,Target.c 和 Target.h 提供单片机初始化函数 targetInit()和其他简单的外设控制 API 函数,包括 LED 控制、蜂鸣器控制、按键检测和定时器 0 中断服务等,以方便用户调试程序。

μC/OS－Ⅱ的第一个运行任务,首先要调用 Target.c 文件中的 targetInit()函数来初始化工程所需要的单片机硬件资源,其函数原型的程序清单如下:

```
void  targetInit (void)
{
    #if PLL_EN == 0                    //不使用 PLL
        SysCtlClockSet(CCLK_DIV | SYSCTL_USE_OSC | SYSCTL_OSC_MAIN | EXT_CLK);
    #else                              //使用 PLL
        SysCtlClockSet(CCLK_DIV | SYSCTL_USE_PLL | SYSCTL_OSC_MAIN | EXT_CLK);
    #endif
    tickInit();                        //初始化 μC/OS－Ⅱ内核定时器
    ledInit();                         //初始化 LED 的 I/O 口
}
```

程序首先判断宏定义 PLL_EN 的值(在 Target.h 中定义),如果为零,则系统时钟不使用 PLL,系统时钟等于晶振频率 EXT_CLK 除以 CCLK_DIV(均在 Target.h 文件中设定);如果不为零,则系统时钟使用 PLL,系统时钟等于 200 MHz 除以 CCLK_DIV(在 Target.h 文件中设定)。接着初始化内核定时器,μC/OS－Ⅱ使用它的中断源作为时钟节拍。最后,加入用户所需要的其他初始化代码,如初始化 LED 和蜂鸣器等。

### 5. 驱动库层

驱动库层是直接面向硬件目标板的层。

一般来说，除 μC/OS-Ⅱ外，其他代码都要直接或间接通过它来访问硬件。驱动库层使用 Keil 或 IAR 安装目录下的 Luminary 驱动库文件及相应的头文件。对于 Keil 编译器，须复制驱动库文件 DriverLib.lib 和相应的.h 头文件到安装目录下，驱动库文件在"…\Keil\ARM\RV31\LIB\Luminary"目录下，头文件在"…\Keil\ARM\INC\Luminary"目录下。

# 14.3 项目 24：μC/OS-Ⅱ在 LM3S811 上的移植实例

## 14.3.1 软件工程介绍

Keil 开发环境下的工程结构如图 14-4 所示，它与图 14-3 的层次结构目录基本上一一对应。其中 Comment 没有对应的目录，它存放了错误更改（Errata.txt）和编译说明（LM3S_uCOS2.map）等文本文件，它们不参加编译，与编译结果无关。

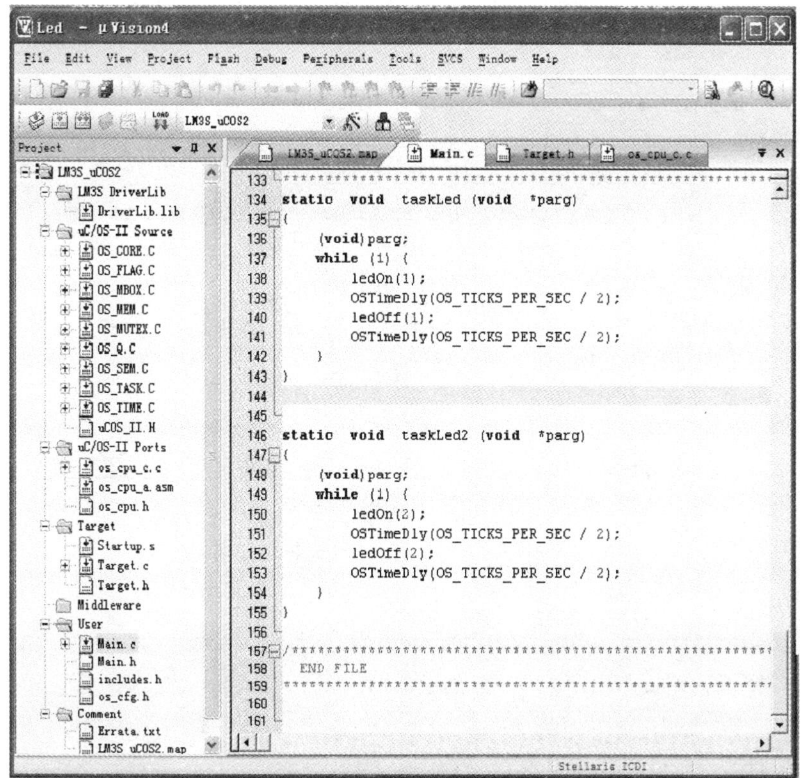


图 14-4 Keil 环境下的 μC/OS-Ⅱ工程结构

## 14.3.2 Target.c 的编写

当使用 Target.c 提供的 API 函数来控制 LED 时，先要对其进行配置。程序清单如下：

```
#include <includes.h>
#if (TARGET_LED1_EN > 0) || (TARGET_LED2_EN > 0) || (TARGET_LED3_EN > 0) ||
    (TARGET_LED4_EN > 0)
    void ledInit (void)
    {
        #if TARGET_LED1_EN > 0
            SysCtlPeripheralEnable(LED1_SYSCTL);
            GPIODirModeSet(LED1_GPIO_PORT,LED1_PIN,GPIO_DIR_MODE_OUT);
            GPIOPadConfigSet(LED1_GPIO_PORT,LED1_PIN,GPIO_STRENGTH_2MA,
                             GPIO_PIN_TYPE_STD);
        #endif
        #if TARGET_LED2_EN > 0
            SysCtlPeripheralEnable(LED2_SYSCTL);
            GPIODirModeSet(LED2_GPIO_PORT,LED2_PIN,GPIO_DIR_MODE_OUT);
            GPIOPadConfigSet(LED2_GPIO_PORT,LED2_PIN,GPIO_STRENGTH_2MA,
                             GPIO_PIN_TYPE_STD);
        #endif
        #if TARGET_LED3_EN > 0
            SysCtlPeripheralEnable(LED3_SYSCTL);
            GPIODirModeSet(LED3_GPIO_PORT,LED3_PIN,GPIO_DIR_MODE_OUT);
            GPIOPadConfigSet(LED3_GPIO_PORT,LED3_PIN,GPIO_STRENGTH_2MA,
                             GPIO_PIN_TYPE_STD);
        #endif
        #if TARGET_LED4_EN > 0
            SysCtlPeripheralEnable(LED4_SYSCTL);
            GPIODirModeSet(LED4_GPIO_PORT,LED4_PIN,GPIO_DIR_MODE_OUT);
            GPIOPadConfigSet(LED4_GPIO_PORT,LED4_PIN,GPIO_STRENGTH_2MA,
                             GPIO_PIN_TYPE_STD);
        #endif
    }
#endif
#if (TARGET_LED1_EN > 0) || (TARGET_LED2_EN > 0) || (TARGET_LED3_EN > 0) ||
    (TARGET_LED4_EN > 0)
    void ledOn (INT8U ucLed)
    {
        switch (ucLed) {
            case 1:
```

```
        #if TARGET_LED1_EN > 0
            GPIOPinWrite(LED1_GPIO_PORT,LED1_PIN,~LED1_PIN);
        #endif
        break;
    case 2:
        #if TARGET_LED2_EN > 0
            GPIOPinWrite(LED2_GPIO_PORT,LED2_PIN,~LED2_PIN);
        #endif
        break;
    case 3:
        #if TARGET_LED3_EN > 0
            GPIOPinWrite(LED3_GPIO_PORT,LED3_PIN,~LED3_PIN);
        #endif
        break;
    case 4:
        #if TARGET_LED4_EN > 0
            GPIOPinWrite(LED4_GPIO_PORT,LED4_PIN,~LED4_PIN);
        #endif
        break;
    case 0xFF:
        #if TARGET_LED1_EN > 0
            GPIOPinWrite(LED1_GPIO_PORT,LED1_PIN,~LED1_PIN);
        #endif
        #if TARGET_LED2_EN > 0
            GPIOPinWrite(LED2_GPIO_PORT,LED2_PIN,~LED2_PIN);
        #endif
        #if TARGET_LED3_EN > 0
            GPIOPinWrite(LED3_GPIO_PORT,LED3_PIN,~LED3_PIN);
        #endif
        #if TARGET_LED4_EN > 0
            GPIOPinWrite(LED4_GPIO_PORT,LED4_PIN,~LED4_PIN);
        #endif
        break;
    default:
        break;
  }
}
#endif
#if (TARGET_LED1_EN > 0) || (TARGET_LED2_EN > 0) || (TARGET_LED3_EN > 0) ||
    (TARGET_LED4_EN > 0)
  void ledOff (INT8U ucLed)
  {
```

```
        switch (ucLed) {
            case 1:
                #if TARGET_LED1_EN > 0
                    GPIOPinWrite(LED1_GPIO_PORT,LED1_PIN,LED1_PIN);
                #endif
                break;
            case 2:
                #if TARGET_LED2_EN > 0
                    GPIOPinWrite(LED2_GPIO_PORT,LED2_PIN,LED2_PIN);
                #endif
                break;
            case 3:
                #if TARGET_LED3_EN > 0
                    GPIOPinWrite(LED3_GPIO_PORT,LED3_PIN,LED3_PIN);
                #endif
                break;
            case 4:
                #if TARGET_LED4_EN > 0
                    GPIOPinWrite(LED4_GPIO_PORT,LED4_PIN,LED4_PIN);
                #endif
                break;
            case 0xFF:
                #if TARGET_LED1_EN > 0
                    GPIOPinWrite(LED1_GPIO_PORT,LED1_PIN,LED1_PIN);
                #endif
                #if TARGET_LED2_EN > 0
                    GPIOPinWrite(LED2_GPIO_PORT,LED2_PIN,LED2_PIN);
                #endif
                #if TARGET_LED3_EN > 0
                    GPIOPinWrite(LED3_GPIO_PORT,LED3_PIN,LED3_PIN);
                #endif
                #if TARGET_LED4_EN > 0
                    GPIOPinWrite(LED4_GPIO_PORT,LED4_PIN,LED4_PIN);
                #endif
                break;
            default:
                break;
        }
    }
#endif

#if (TARGET_LED1_EN > 0) || (TARGET_LED2_EN > 0) || (TARGET_LED3_EN > 0) ||
```

```
 (TARGET_LED4_EN > 0)
void ledToggle (INT8U ucLed)
{
    switch (ucLed) {
        case 1:
            #if TARGET_LED1_EN > 0
                GPIOPinWrite(LED1_GPIO_PORT,LED1_PIN,~GPIOPinRead(LED1_GPIO_
                            PORT,LED1_PIN));
            #endif
            break;
        case 2:
            #if TARGET_LED2_EN > 0
                GPIOPinWrite(LED2_GPIO_PORT,LED2_PIN,~GPIOPinRead(LED2_GPIO_
                            PORT,LED2_PIN));
            #endif
            break;
        case 3:
            #if TARGET_LED3_EN > 0
                GPIOPinWrite(LED3_GPIO_PORT,LED3_PIN,~GPIOPinRead(LED3_GPIO_
                            PORT,LED3_PIN));
            #endif
            break;
        case 4:
            #if TARGET_LED4_EN > 0
                GPIOPinWrite(LED4_GPIO_PORT,LED4_PIN,~GPIOPinRead(LED4_GPIO_
                            PORT,LED4_PIN));
            #endif
            break;
        case 0xFF:
            #if TARGET_LED1_EN > 0
                GPIOPinWrite(LED1_GPIO_PORT,LED1_PIN,~GPIOPinRead(LED1_GPIO_
                            PORT,LED1_PIN));
            #endif
            #if TARGET_LED2_EN > 0
                GPIOPinWrite(LED2_GPIO_PORT,LED2_PIN,~GPIOPinRead(LED2_GPIO_
                            PORT,LED2_PIN));
            #endif
            #if TARGET_LED3_EN > 0
                GPIOPinWrite(LED3_GPIO_PORT,LED3_PIN,~GPIOPinRead(LED3_GPIO_
                            PORT,LED3_PIN));
            #endif
            #if TARGET_LED4_EN > 0
```

```
                    GPIOPinWrite(LED4_GPIO_PORT,LED4_PIN,~GPIOPinRead(LED4_GPIO_
                                PORT,LED4_PIN));
                #endif
                break;
            default:
                break;
        }
    }
#endif
#if TARGET_BUZ_EN > 0
    void buzInit (void)
    {
        SysCtlPeripheralEnable(BUZ_SYSCTL);
        GPIODirModeSet(BUZ_GPIO_PORT,BUZ_PIN,GPIO_DIR_MODE_OUT);
        GPIOPadConfigSet(BUZ_GPIO_PORT,BUZ_PIN,GPIO_STRENGTH_2MA,
                        GPIO_PIN_TYPE_STD);
        buzOff();
    }
#endif
#if TARGET_BUZ_EN > 0
    void buzOn (void)
    {
        GPIOPinWrite(BUZ_GPIO_PORT,BUZ_PIN,~BUZ_PIN);
    }
#endif
#if TARGET_BUZ_EN > 0
    void buzOff (void)
    {
        GPIOPinWrite(BUZ_GPIO_PORT,BUZ_PIN,BUZ_PIN);
    }
#endif
#if TARGET_BUZ_EN > 0
    void buzToggle (void)
    {
        GPIOPinWrite(BUZ_GPIO_PORT,BUZ_PIN,~GPIOPinRead(BUZ_GPIO_PORT,BUZ_PIN));
    }
#endif
#if (TARGET_KEY1_EN > 0) || (TARGET_KEY2_EN > 0) || (TARGET_KEY3_EN > 0) ||
    (TARGET_KEY4_EN > 0)
    void keyInit (void)
    {
        #if TARGET_KEY1_EN > 0
```

```
            SysCtlPeripheralEnable(KEY1_SYSCTL);
            GPIODirModeSet(KEY1_GPIO_PORT,KEY1_PIN,GPIO_DIR_MODE_IN);
            GPIOPadConfigSet(KEY1_GPIO_PORT,KEY1_PIN,GPIO_STRENGTH_2MA,
                             GPIO_PIN_TYPE_STD);
        #endif
        #if TARGET_KEY2_EN > 0
            SysCtlPeripheralEnable(KEY2_SYSCTL);
            GPIODirModeSet(KEY2_GPIO_PORT,KEY2_PIN,GPIO_DIR_MODE_IN);
            GPIOPadConfigSet(KEY2_GPIO_PORT,KEY2_PIN,GPIO_STRENGTH_2MA,
                             GPIO_PIN_TYPE_STD);
        #endif

        #if TARGET_KEY3_EN > 0
            SysCtlPeripheralEnable(KEY3_SYSCTL);
            GPIODirModeSet(KEY3_GPIO_PORT,KEY3_PIN,GPIO_DIR_MODE_IN);
            GPIOPadConfigSet(KEY3_GPIO_PORT,KEY3_PIN,GPIO_STRENGTH_2MA,
                             GPIO_PIN_TYPE_STD);
        #endif
        #if TARGET_KEY4_EN > 0
            SysCtlPeripheralEnable(KEY4_SYSCTL);
            GPIODirModeSet(KEY4_GPIO_PORT,KEY4_PIN,GPIO_DIR_MODE_IN);
            GPIOPadConfigSet(KEY4_GPIO_PORT,KEY4_PIN,GPIO_STRENGTH_2MA,
                             GPIO_PIN_TYPE_STD);
        #endif
    }
#endif
#if (TARGET_KEY1_EN > 0) ||  (TARGET_KEY2_EN > 0) || (TARGET_KEY3_EN > 0) ||
     (TARGET_KEY4_EN > 0)
    INT8U keyRead (void)
    {
        INT8U ucTemp;
        ucTemp = 0xFF;
        #if TARGET_KEY1_EN > 0
            if (!GPIOPinRead(KEY1_GPIO_PORT,KEY1_PIN)) {
                ucTemp &= 0xFE;
            }
        #endif
        #if TARGET_KEY2_EN > 0
            if (!GPIOPinRead(KEY2_GPIO_PORT,KEY2_PIN)) {
                ucTemp &= 0xFD;
            }
        #endif
```

```
        #if TARGET_KEY3_EN > 0
            if (!GPIOPinRead(KEY3_GPIO_PORT,KEY3_PIN)) {
                ucTemp &= 0xFB;
            }
        #endif
        #if TARGET_KEY4_EN > 0
            if (!GPIOPinRead(KEY4_GPIO_PORT,KEY4_PIN)) {
                ucTemp &= 0xF7;
            }
        #endif
        return(ucTemp);
    }
#endif
#if TARGET_TMR0A_EN > 0
    void timer0AInit (INT32U ulTick,INT8U ucPrio)
    {
        SysCtlPeripheralEnable(SYSCTL_PERIPH_TIMER0);
        TimerConfigure(TIMER0_BASE,TIMER_CFG_32_BIT_PER);
        TimerLoadSet(TIMER0_BASE,TIMER_A,ulTick);
        TimerIntEnable(TIMER0_BASE,TIMER_TIMA_TIMEOUT);
        IntEnable(INT_TIMER0A);
        IntPrioritySet(INT_TIMER0A,ucPrio);
        TimerEnable(TIMER0_BASE,TIMER_A);
    }
#endif
#if TARGET_TMR0A_EN > 0
    void timer0AISR (void)
    {
        #if 0
            #if OS_CRITICAL_METHOD == 3
                OS_CPU_SR cpu_sr;
            #endif

            OS_ENTER_CRITICAL();
            OSIntNesting++;
            OS_EXIT_CRITICAL();
        #endif
        TimerIntClear(TIMER0_BASE,TIMER_TIMA_TIMEOUT);//清除中断标志
        #if 0
            OSIntExit();
        #endif
    }
```

```
#endif
static void tickInit (void)
{
    SysTickPeriodSet((INT32U)(SysCtlClockGet() / OS_TICKS_PER_SEC) - 1);
    SysTickEnable();
    SysTickIntEnable();
}
void tickISRHandler (void)
{
    #if OS_CRITICAL_METHOD == 3
        OS_CPU_SR cpu_sr;
    #endif
    OS_ENTER_CRITICAL();
    OSIntNesting++;
    OS_EXIT_CRITICAL();

    OSTimeTick();                    //调用 uC/OS-II 的 OSTimeTick()
    OSIntExit();
}
void targetInit (void)
{
    #if PLL_EN == 0                  //不使用 PLL
        SysCtlClockSet(CCLK_DIV | SYSCTL_USE_OSC | SYSCTL_OSC_MAIN | EXT_CLK);
    #else                            //使用 PLL
        SysCtlClockSet(CCLK_DIV | SYSCTL_USE_PLL | SYSCTL_OSC_MAIN | EXT_CLK);
    #endif

    tickInit();                      //初始化 uC/OS-II 内核定时器
    ledInit();                       //初始化 LED 的 I/O 口
}
```

### 14.3.3 Main.c 的编写

在 Main.c 文件中编写任务代码，此代码完全按照 μC/OS－Ⅱ的规范编写。主函数 main()首先调用 Target.c 中的 API 函数来关闭所有中断，以保证能够正确初始化；然后初始化 μC/OS－Ⅱ内核和创建 taskStart 启动任务；最后调用 OSStart()函数启动 μC/OS－Ⅱ。在 taskStart 任务中，首先调用 Target.c 文件中的 targetInit()函数来初始化单片机的硬件资源；接着创建和初始化 taskLed 任务；最后把自己挂起。在 taskLed 任务中，使用 Target.c 文件中的 API 函数使 LED1 点亮半秒、关闭半秒，如此循环工作。程序清单如下：

```
#include <includes.h>
static OS_STK Task_StartStk[TASK_START_STK_SIZE];
//启动任务的堆栈
static OS_STK Task_LedStk[TASK_LED_STK_SIZE];
static OS_STK Task_LedStk2[TASK_LED_STK_SIZE];
//函数声明
static void taskStart (void * parg); //启动任务
static void taskLed (void * parg);
static void taskLed2 (void * parg);
int main (void)
{
    intDisAll();                          //关闭所有中断
    OSInit();                             //初始化 uC/OS - II 的内核
    OSTaskCreate (taskStart,(void *)0,&Task_StartStk[TASK_START_STK_SIZE - 1],
                  TASK_START_PRIO);
    //初始化启动任务
    OSStart();
    return(0);
}
static void taskStart (void * parg)
{
    (void)parg;
    targetInit();                                    //初始化目标单片机
    #if OS_TASK_STAT_EN > 0
      OSStatInit();                                  //使能统计功能
    #endif
    //在这里创建其他任务
    OSTaskCreate (taskLed,(void *)0,&Task_LedStk[TASK_LED_STK_SIZE - 1],
                  TASK_LED_PRIO);                              //初始化 taskLed 任务
    OSTaskCreate (taskLed2,(void *)0,&Task_LedStk2[TASK_LED_STK_SIZE - 1],
                  TASK_LED_PRIO2);                               //初始化 taskLed 2 任务
    while (1) {
        OSTaskSuspend(OS_PRIO_SELF);              //启动任务可在这里挂起
    }
}
static void taskLed (void * parg)
{
    (void)parg;
    while (1) {
        ledOn(1);                                 //点亮 LED1
        OSTimeDly(OS_TICKS_PER_SEC / 2);          //延时 0.5 s
        ledOff(1);                                //关闭 LED1
        OSTimeDly(OS_TICKS_PER_SEC / 2);          //延时 0.5 s
    }
```

```
}
static void taskLed2 (void * parg)
{
    (void)parg;
    while (1) {
        ledOn(2);                              //点亮 LED2
        OSTimeDly(OS_TICKS_PER_SEC / 2);       //延时 0.5 s
        ledOff(2);                             //关闭 LED2
        OSTimeDly(OS_TICKS_PER_SEC / 2);       //延时 0.5 s
    }
}
```

## 14.3.4　下载 HEX 文件

用户可以在 Keil 环境下编译出 HEX 文件，然后用 CrossStudio 软件和 H－JTAG仿真接头把HEX 文件下载到单片机上直接使用。

对于 Keil 编译器，选择 Flash→Configure Flash Tools 菜单项，进入工具配置选项，选中 Output 选项卡，选中 Create HEX File 选项，编译代码后在 Object 文件夹中便生成一个后缀名为. hex 的文件，编译界面如图 14－5 所示。

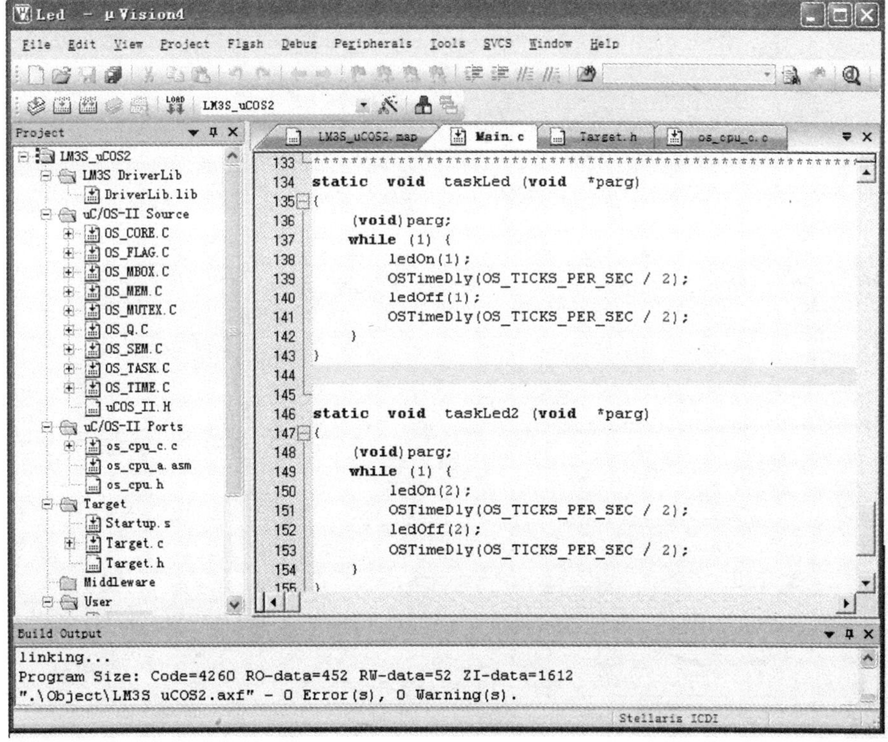


图 14－5　在 Keil 下编译生成 HEX 文件画面

# 习　题

1. 什么是 μC/OS－Ⅱ操作系统？它有何特点？
2. 什么是 μC/OS－Ⅱ的移植？它有什么条件？
3. 简述在 LM3S811 上移植 μC/OS－Ⅱ的步骤。

# 参考文献


[1] Luminary Micro 公司. LM3S811 微控制器数据手册. 广州周立功单片机发展有限公司,译.

[2] 庞海涛,陈昕,程高峰. μC/OS-Ⅱ在 Cortex-M3 系列单片机上的移植. 单片机与嵌入式系统应用,2008(11):31-33.

[3] 崔鸣,尚丽. 基于 LM3S811 单片机的 LED 点光源跟踪系统的设计. 苏州市职业大学学报, 2011(3):16-22.

[4] 张志霞,纪飞,等. 基于 ARM LM3S1138 处理器便携式实验板的开发. 辽宁大学学报,2010(2):105-107.

[5] 广州周立功单片机发展有限公司. Stellaris 外设驱动库用户指南,2008.